“十二五”国家重点图书出版规划项目
航天科学与工程专著系列

工程力学

主　编　郭　颖　李恒伟　唐玉玲
主　审　陆夏美

哈爾濱工業大學出版社

内容简介

本教材依据教育部工科力学指导小组制定的中、少学时“工程力学”课程的基本要求编写。全书共14章和两个附录，内容包括静力学和材料力学两部分。静力学内容包括静力学基本概念和公理、物体的受力分析、平面力系、摩擦、空间力系等；材料力学包括材料力学基本假设与基本概念、轴向拉伸与压缩、剪切、扭转、平面弯曲、应力状态分析、强度理论、组合变形的强度计算和压杆稳定等方面的内容。

本书可作为高等院校理工科类电气、高分子、无机等专业中、少学时的工程力学课程教材，也可供其他专业及相关的工程技术人员参考。

图书在版编目(CIP)数据

工程力学/郭颖，李恒伟，唐玉玲主编. —哈尔滨：哈尔滨工业大学出版社，2015.6(2020.8 重印)

(航天科学与工程专著系列)

ISBN 978－7－5603－5384－5

Ⅰ.①工… Ⅱ.①郭…②李…③唐… Ⅲ.①工程力学－高等学校－教材 Ⅳ.①TB12.

中国版本图书馆 CIP 数据核字(2015)第 112391 号

策划编辑 杨秀华
责任编辑 杨秀华
封面设计 刘长友
出版发行 哈尔滨工业大学出版社
社　　址 哈尔滨市南岗区复华四道街 10 号 邮编 150006
传　　真 0451－86414749
网　　址 http://hitpress.hit.edu.cn
印　　刷 哈尔滨市工大节能印刷厂
开　　本 787×1092 1/16 印张 16 字数 379 千字
版　　次 2015 年 7 月第 1 版 2020 年 8 月第 4 次印刷
书　　号 ISBN 978－7－5603－5384－5
定　　价 36.00 元

前　言

“工程力学”是高等工科院校普遍开设的技术基础课程，涉及众多的力学学科分支与广泛的工程技术领域，是一门理论性较强、与工程技术联系极为密切的学科。

为适应“高等教育面向 21 世纪教学内容和课程体系改革”的需要，根据教育部力学基础课程教学指导分委会最新制定的理工科非力学专业“理论力学课程教学基本要求(B类)”和“材料力学课程教学基本要求(B类)”，并结合近年来编者讲授的“工程力学”课程教学内容、课程体系等方面的改革实践和体会，编写了本教材。

在编写过程中，编者力求做到语言精练严谨、内容繁简得当，注重理论联系工程实际，并注意与后续课程的衔接，具有较强的教学适用性。

全书分静力学和材料力学两篇，共 14 章和两个附录。其中静力学 4 章，材料力学 8 章。重点讲述了在平面和空间力系作用下物体系统的平衡、考虑摩擦的平衡、轴向拉压、剪切、扭转和弯曲四种基本变形下的强度和刚度的计算、组合变形的强度计算及压杆的稳定性计算等内容。

本书由哈尔滨理工大学、天津科技大学、哈尔滨商业大学等院校老师联合编写，参编者包括哈尔滨理工大学郭颖(第 1 章、第 2 章、第 3 章、第 4 章)、李恒伟(第 11 章、第 12 章、第 13 章、第 14 章)，天津科技大学唐玉玲(第 6 章、第 7 章、第 8 章、第 9 章)，哈尔滨商业大学杨银环(第 5 章、第 10 章、附录Ⅰ、附录Ⅱ)，本书由郭颖、李恒伟、唐玉玲任主编，全书由郭颖统稿。本书由哈尔滨理工大学陆夏美教授主审。

本书在编写过程中参考了很多优秀教材(见参考文献)，吸取了这些教材的长处，在此向这些教材的编者们表示衷心的感谢。

由于编者水平有限，教材中的疏漏和不足之处在所难免，敬请读者批评指正。

编　者
2015 年 4 月

目　　录

第1篇　静力学

第2篇　材料力学

第1篇 静 力 学

静力学是研究物体在力系作用下的平衡条件的科学。

所谓力系，是指作用在物体上的一群力。

平衡是指物体相对于惯性参考系(如地面)保持静止或匀速直线运动状态，即物体的运动状态保持不变。如果作用于物体上的力系使物体保持平衡，则该力系称为平衡力系，此时力系所满足的条件称为平衡条件。

静力学所研究的基本问题包括以下三方面的内容：

1. 受力分析

分析物体(包括物体系统)受哪些力，每个力的作用位置和方向，并画出物体的受力图。

2. 力系的等效替换

将作用于物体上的一个力系用与之等效的另一个力系来代替的过程，称为力系的等效替换；将一个复杂力系用一个简单力系等效替换的过程，称为力系的简化。如果一个力系可与一个力等效替换，则称该力为此力系的合力，力系中各力叫作该力的分力。相应的，将一个力系等效替换为一个力叫作力的合成，将一个力等效替换为一个力系叫作力的分解。

3. 建立力系平衡条件

即研究作用在物体上的各种力系所需满足的平衡条件。

第1章　静力学基本知识和物体的受力分析

1.1　静力学基本概念

1.1.1　刚体的概念

所谓刚体，是指在力的作用下，其内部任意两点间的距离始终保持不变的物体，即受力而不变形的物体。事实上，任何物体在力的作用下都会产生不同程度的变形，因此刚体并不是实际存在的实体，而是抽象简化的理想模型。注意，刚体是理想化的力学模型。

静力学研究的力学模型都是刚体和刚体系统，故又称为刚体静力学。

1.1.2　力的概念

力是物体间相互的机械作用。这种作用的效果是使物体的运动状态发生变化，同时使物体的形状发生改变。

物体形状的改变，我们称之为物体的变形。

力使物体运动状态发生变化的效果，称为力的外效应，或者称为力的运动效应；力使物体发生变形的效果，称为力的内效应，或者称为力的变形效应。

力有三要素，即大小、方向和作用点。因此力是矢量，且是定位矢量。

力的大小的单位，在国际单位制中是牛顿(Newton)，以N来表示。工程中也常用“千牛顿”作单位，记作kN。

通过力的作用点，沿力的方向的直线称为力的作用线。

工程中常见的力系，按其作用线的分布，可分为平面力系和空间力系，按其作用线的关系，又可分为汇交力系、平行力系和任意力系。

1.2　静力学公理

公理是人们在长期社会生产实践中总结出来的正确地反映自然界事物基本规律的定律。

公理1　二力平衡公理

作用在同一个刚体上的两个力，使刚体处于平衡状态的必要和充分条件是：这两个力大小相等，方向相反，且作用在同一直线上。

公理1只适用于刚体，而对变形体，上面的条件只是必要的，但不是充分的。

只受两个力的作用而处于平衡状态的构件称为二力构件，当构件为杆件时称为二力杆。

公理 2　加减平衡力系公理

在已知力系上加上或减去任意的平衡力系，并不改变原力系对刚体的作用。

公理 2 也只适用于刚体。

根据上述公理有如下推论：

推论 1　力的可传性原理

作用于刚体上的力，可沿其作用线移动到刚体上的任一点，而不改变该力对刚体的作用效果。

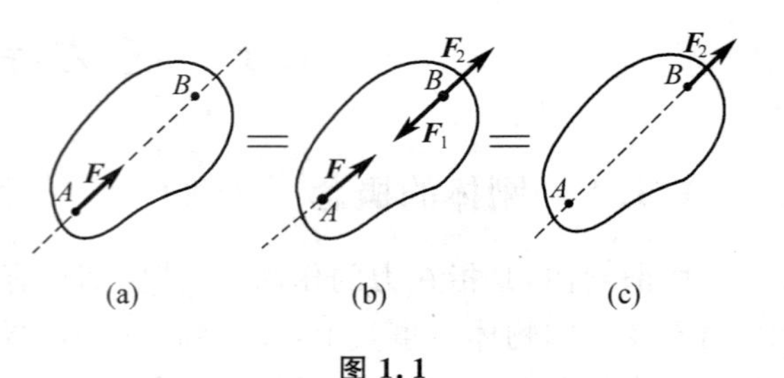

图 1.1

证明　设有力 $\boldsymbol{F}$ 作用在刚体上的点 A，如图 1.1(a) 所示。根据加减平衡力系公理，可在力的作用线上任取一点 B，并加上两个相互平衡的力 $\boldsymbol{F}_1$ 和 $\boldsymbol{F}_2$，使 $\boldsymbol{F}=\boldsymbol{F}_2=-\boldsymbol{F}_1$，如图1.1(b) 所示，由于力 $\boldsymbol{F}$ 和 $\boldsymbol{F}_1$ 也是一个平衡力系，故可除去，这样只剩一个力 $\boldsymbol{F}_2$，如图 1.1(c) 所示，即原来的力 $\boldsymbol{F}$ 沿其作用线移到了点 B。

可见，对于刚体来说，力的作用点已不是决定力的作用效果的要素，而是被作用线所代替。因此，作用于刚体上的力的三要素是：力的大小、方向和作用线。

作用于刚体上的力矢可以沿着作用线移动，这种矢量称为滑动矢量。

公理 3　力的平行四边形法则

作用在物体上同一点的两个力可以合成为一个合力，合力的作用点仍然在该点，合力的大小和方向由以这两个力为邻边所构成的平行四边形的对角线来确定。

公理 3 本质上是说明力的合成符合矢量运算法则，合力矢量等于这两个力矢量的几何和，如图 1.2(a) 所示，即

$$\boldsymbol{F}_{\mathrm{R}}=\boldsymbol{F}_1+\boldsymbol{F}_2 \tag{1.1}$$

亦可用三角形法则来求合力矢，如图 1.2(b) 和 1.2(c) 所示。但要注意的是，三角形法则并未如实地反映出每个力的三要素，只是一种求解合力矢的方法。

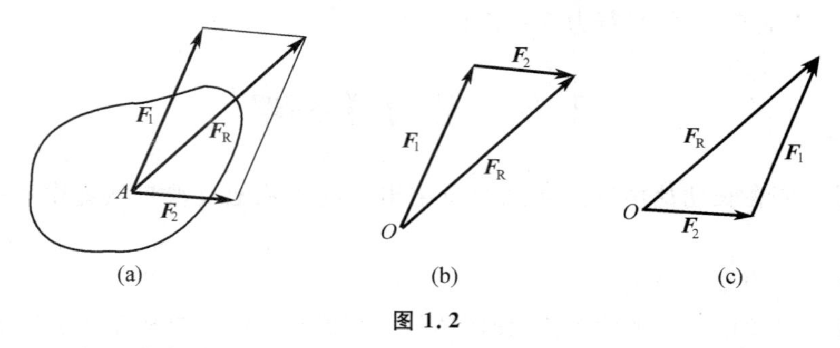

图 1.2

推论 2　三力平衡汇交定理

作用于刚体上的三个相互平衡的力，若其中两个力的作用线汇交于一点，则此三力必在同一平面内，且第三个力的作用线通过汇交点。

证明　如图 1.3 所示，在刚体的 A，B，C 三点分别作用三个相互平衡的力 $\boldsymbol{F}_1$，$\boldsymbol{F}_2$，

$\boldsymbol{F}_3$。先根据力的可传性原理，将 $\boldsymbol{F}_1$，$\boldsymbol{F}_2$ 移到汇交点 O，然后根据力的平行四边形法则得到合力 $\boldsymbol{F}_{12}$，则力 $\boldsymbol{F}_3$ 与合力 $\boldsymbol{F}_{12}$ 应平衡。由二力平衡公理，$\boldsymbol{F}_3$ 与 $\boldsymbol{F}_{12}$ 共线，故 $\boldsymbol{F}_3$ 必与 $\boldsymbol{F}_1$ 和 $\boldsymbol{F}_2$ 共面，且通过 $\boldsymbol{F}_1$ 与 $\boldsymbol{F}_2$ 的汇交点。定理得证。

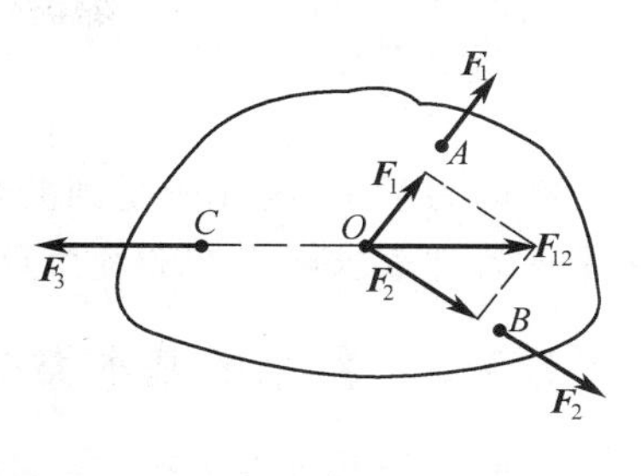

图 1.3

公理 4　作用与反作用定律

两物体间的作用力和反作用力总是同时存在、大小相等、方向相反、作用线相同，且分别作用在这两个物体上。

公理 4 概括了物体间相互作用的关系，表明作用力和反作用力总是成对出现的。由于作用力与反作用力分别作用在两个物体上，因此不能视为平衡力系。

公理 5　刚化原理

变形体在某一力系作用下处于平衡，若将此变形体刚化为刚体，其平衡状态保持不变。

这个公理提供了把变形体抽象成刚体模型的条件。如图 1.4 所示，绳索在等值、反向、共线的两个拉力作用下处于平衡，如将绳索刚化为刚体，则平衡状态保持不变。而绳索在两个等值、反向、共线的压力作用下则不能平衡，这时绳索就不能刚化为刚体。

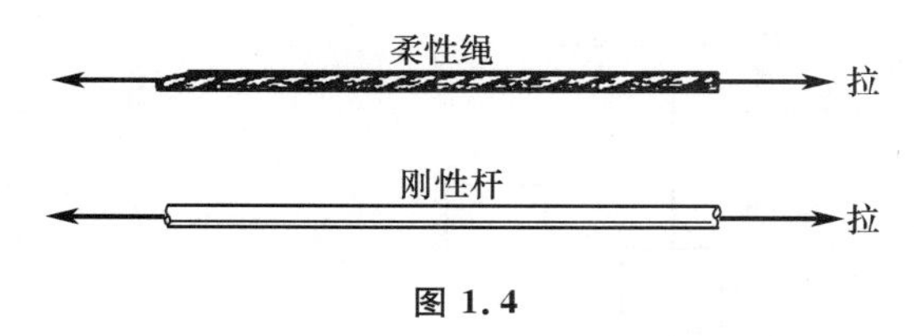

图 1.4

公理 5 建立了刚体力学与变形体力学的联系，扩大了刚体静力学的应用范围。当在变形体力学中直接应用静力学的结论和分析方法时，其理论依据就是刚化原理。

1.3　约束和约束反力

1.3.1　自由体和非自由体

有些物体，如飞行的飞机、投掷出去的石块等，在空间的位移不受任何限制。位移不受限制的物体称为自由体。相反，位移受到限制而不能做任意运动的物体称为非自由体，如放置于讲台的粉笔盒，受到讲台的限制而不能下落，再如火车受到铁轨的限制，只能沿轨道运动而不能侧向运动脱离轨道。

1.3.2　约束、约束反力和主动力

对非自由体的某些位移起限制作用的物体称为约束，如限制粉笔盒下落的讲台和限制火车侧向运动的铁轨。

约束对于物体的作用，实际上就是力，这种力称为约束反力，简称约束力或反力。因此，约束反力的方向必然与该约束能够阻碍的运动方向相反。应用这个准则，可以确定约

束反力的方向或作用线的位置，而约束反力的大小则往往是未知的。

除约束力外，非自由体上所受到的所有促使物体运动或产生运动趋势的力，统称为主动力。

在静力学中，物体所受到的全部的主动力和全部的约束反力组成平衡力系，因此可以用平衡条件来求解未知的约束反力。

1.3.3　约束的基本类型和约束反力方向的确定

下面介绍几种在工程实际中经常遇到的简单的约束类型和确定约束反力的方法。

1. 柔性体约束

柔性体约束即为由柔软的绳索、链条或皮带等构成的约束，如图 1.5 所示。由于柔软的绳索本身只能承受拉力，所以它给物体的约束反力也只能是拉力。因此，绳索对物体的约束反力，作用在接触点，方向沿着绳索背离物体。通常用 $\boldsymbol{F}$ 或 $\boldsymbol{F}_T$ 来表示这类约束力。

2. 具有光滑接触表面的约束

例如支持物体的固定平面，如图 1.6 所示，当表面非常光滑，摩擦可以忽略不计时，属于这类约束。

图 1.5　　图 1.6

这类约束不能限制物体沿约束表面切线方向的位移，只能阻碍物体沿接触表面法线并向约束内部的位移。因此，光滑支承面对物体的约束反力，作用在接触点处，方向沿接触表面的公法线，并指向受力物体。这种约束反力称为法向反力，通常用 $\boldsymbol{F}_N$ 表示。

3. 光滑铰链约束

（1）圆柱铰链和固定铰链支座

图 1.7 所示的拱形桥，由左右两拱通过圆柱铰链 C 以及固定铰链支座 A 和 B 连接而成。

圆柱铰链简称铰链，由销钉 C 将两个钻有同样大小孔的构件连接在一起而成。如图 1.8 所示，约束反力过销中心，大小和方向不能确定，通常用正交的两个分力表示。

如果两个构件中有一个固定在地面或者机架上，则这种约束就称为固定铰链支座，简

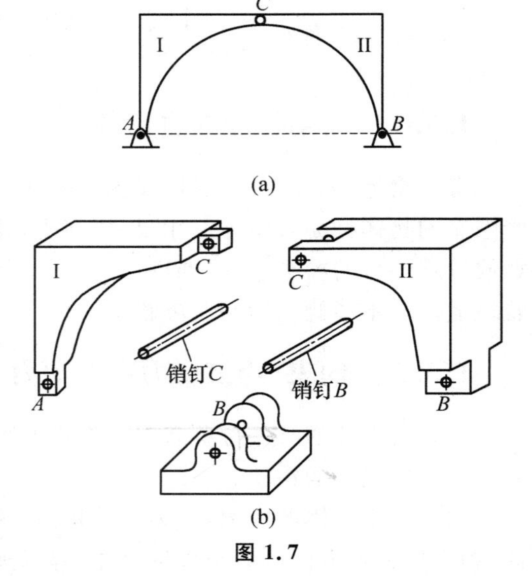

图 1.7

称固定铰支。如图 1.9 所示，其约束反力与圆柱铰链性质相同，反力过销中心，大小和方向不能确定，通常也用正交的两个分力表示。

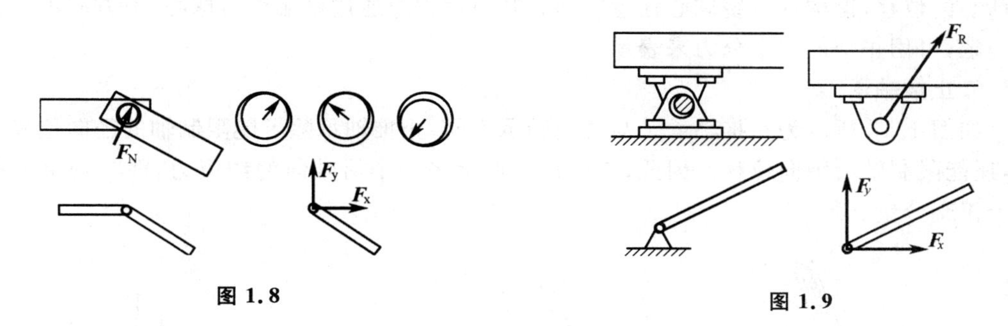

图 1.8　　　　图 1.9

（2）活动铰链支座

活动铰链支座又称辊轴支座，是在固定铰链支座与光滑支承面之间，装有几个辊轴而构成。如图 1.10 所示，辊轴支座的约束性质与光滑接触面约束相同，其约束力必垂直于支承面，且通过铰链中心。

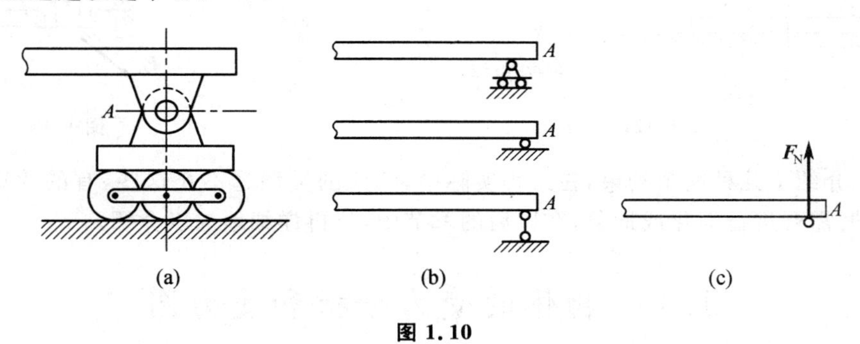

图 1.10

（3）向心轴承

向心轴承又称径向轴承，如图 1.11 所示，其约束反力与圆柱铰链性质相同，反力过销中心，大小和方向不能确定，通常用正交的两个分力表示。

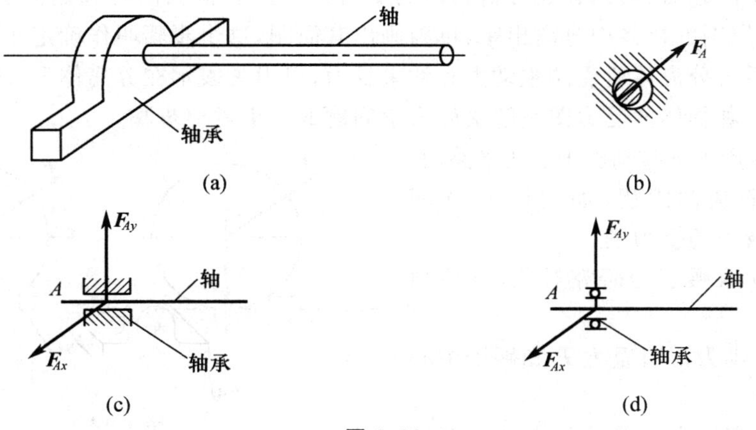

图 1.11

4. 光滑的球形铰链

通过圆球和球壳将两个构件连接在一起的约束称为球铰链，如图 1.12 所示。它限制了球心的位移，但构件可绕球心任意转动。其约束力应通过接触点与球心，但方向不能预先确定，可用正交的三个分力来表示。

5. 止推轴承

如图 1.13 所示为止推轴承。与径向轴承不同，止推轴承除了能限制轴的径向位移以外，还能限制轴沿轴向位移。因此，它比径向轴承多一个沿轴向的约束力，即其约束力有三个正交分量。

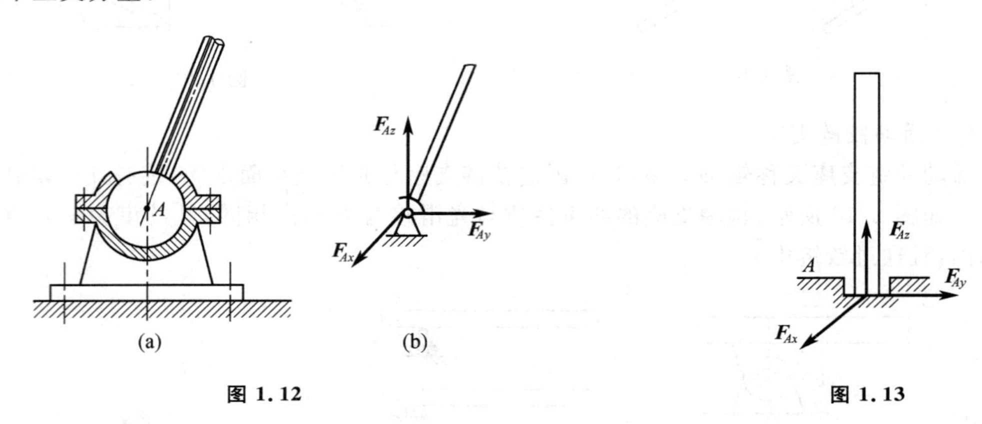

图 1.12

图 1.13

以上介绍了几种简单约束，在工程实际中，约束的类型远不止这些，有的约束比较复杂，分析时需要进行简化或抽象，在以后的章节中，将再详细地加以介绍。

1.4 物体的受力分析和受力图

在工程实际中，为了求出未知的约束反力，需要根据已知力，应用平衡条件来求解。为此，首先要确定构件受了几个力、每个力的作用位置和力的作用方向，这个过程称为物体的受力分析。

解决力学问题时，必须首先分析物体的受力情况。要根据问题选定需要进行研究的物体，将其从周围的物体中分离出来，单独画出其简图，这个步骤叫作确定研究对象，或取分离体。然后将分离体所受的主动力和约束反力，以力矢表示在分离体上，所得到的图形称为受力图。画物体的受力图是解决静力学问题的一个重要步骤。

例 1.1 用力 $\boldsymbol{F}$ 拉动碾子以压平路面，碾子受到一石块的阻碍，如图1.14(a) 所示。试画出碾子的受力图。

解 (1) 取碾子为研究对象，并单独画出其简图。

(2) 画主动力。有重力 $\boldsymbol{P}$ 和碾子中心受到的拉力 $\boldsymbol{F}$。

(3) 画约束反力。碾子在 A 和 B 两处

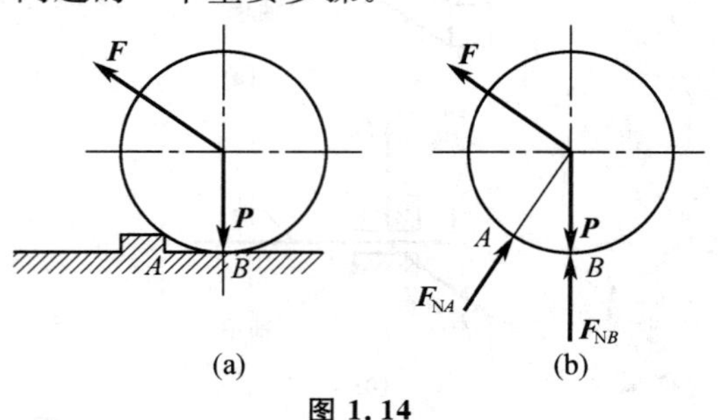

图 1.14

受到石块和地面的光滑约束，因此在 A 处和 B 处受到石块与地面的法向反力 $\boldsymbol{F}_{NA}$ 和 $\boldsymbol{F}_{NB}$ 的作用，均沿碾子上接触点的公法线而指向圆心。

受力图如图 1.14(b) 所示。

例 1.2　如图 1.15(a) 所示结构，试画 AD，BC 的受力图(不计各杆的自重)。

解　(1) 先分析曲杆 BC 的受力。容易判断，由于 BC 杆只在 B，C 两点处受力，即 BC 杆仅受两个力的作用而处于平衡状态，因此 BC 杆是二力杆，由此可确定 $\boldsymbol{F}_B$ 和 $\boldsymbol{F}_C$ 大小相等、方向相反并在同一条直线上，受力图如图 1.15(b) 所示。

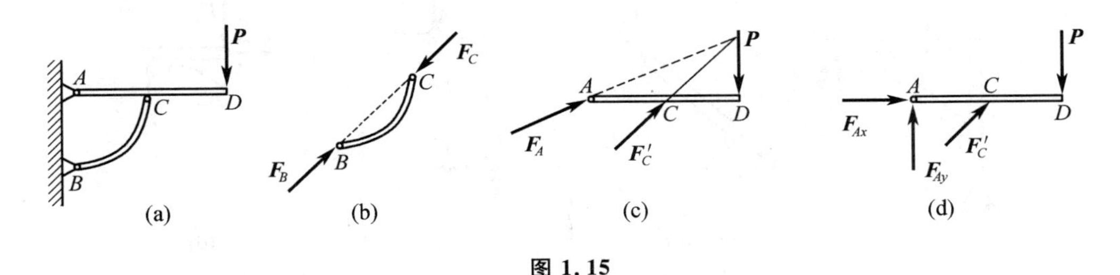

图 1.15

(2) 再分析杆 AD 的受力。先画出主动力 $\boldsymbol{P}$。在 C 点处 AD 受到 BC 给它的约束反力 $\boldsymbol{F}'_C$ 的作用，这个力与 BC 杆所受的力 $\boldsymbol{F}_C$ 符合作用与反作用定律。由于 AD 杆在 A，C，D 三处受力，符合三力平衡汇交定理的条件，可确定 A 点受力 $\boldsymbol{F}_A$ 的方向，受力图如图1.15(c) 所示。另外，也可对 A 点受力正交分解而不使用三力平衡汇交定理，如图1.15(d) 所示，这种受力分析对后面列写投影平衡方程的步骤来说会更加方便。

例 1.3　由水平杆 AB 和斜杆 BC 构成的管道支架如图 1.16(a) 所示。在 AB 杆上放一重为 P 的管道，A，B，C 处都是铰链连接，不计各杆的自重，各接触面都是光滑的。试分别画出水平杆 AB、斜杆 BC 及整体的受力图。

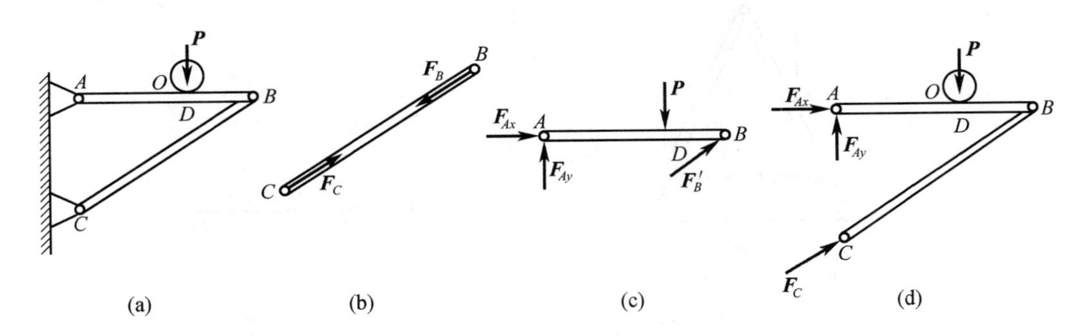

图 1.16

解　(1) 分析斜杆 BC 的受力。易见斜杆 BC 为二力杆，受力如图 1.16(b) 所示。

(2) 分析水平杆 AB 的受力。受力如图 1.16(c) 所示。

(3) 分析整体的受力。当对整体作受力分析时，铰链 B 处所受的力 $\boldsymbol{F}_B$ 和 $\boldsymbol{F}'_B$ 互为作用力与反作用力，这两个力成对地作用在整个系统内，故称为系统的内力。内力对系统的作用效果相互抵消，因此可以除去，并不影响整个系统的平衡。故内力在整体受力图上不必画出。在受力图上只需画出系统以外的物体给系统的作用力，这种力称为外力。系统的整体受力图如图 1.16(d) 所示。

例 1.4 如图 1.17(a) 所示结构，已知销钉连在 AC 杆上，试画各构件的受力图。

解 (1) 分析 DE 杆的受力。易见 DE 杆为二力杆，受力如图 1.17(b) 所示。

(2) 分析折杆 AC 的受力。由于销钉连在 AC 杆上，故认为主动力 $\boldsymbol{F}$ 作用在 AC 杆上，受力如图 1.17(c) 所示。

(3) 分析 BC 杆的受力。如图 1.17(d) 所示。

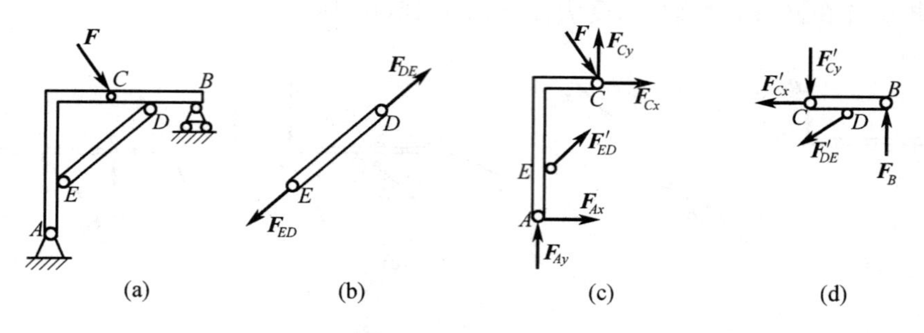

图 1.17

例 1.5 如图 1.18(a) 所示，梯子的两部分 AB 和 AC 在点 A 铰接，又在 D，E 两点用水平绳连接。梯子放在光滑水平面上，若其自重不计，但在 AB 中点 H 处作用一铅直载荷 $\boldsymbol{F}$。试分别画出绳子 DE 和梯子 AB，AC 部分以及整个系统的受力图。

解 (1) 绳子 DE 的受力分析。如图 1.18(b) 所示。

(2) 梯子 AB 部分的受力分析。如图 1.18(c) 所示。

(3) 梯子 AC 部分的受力分析。如图 1.18(d) 所示。

(4) 整个系统的受力分析。如图 1.18(e) 所示。

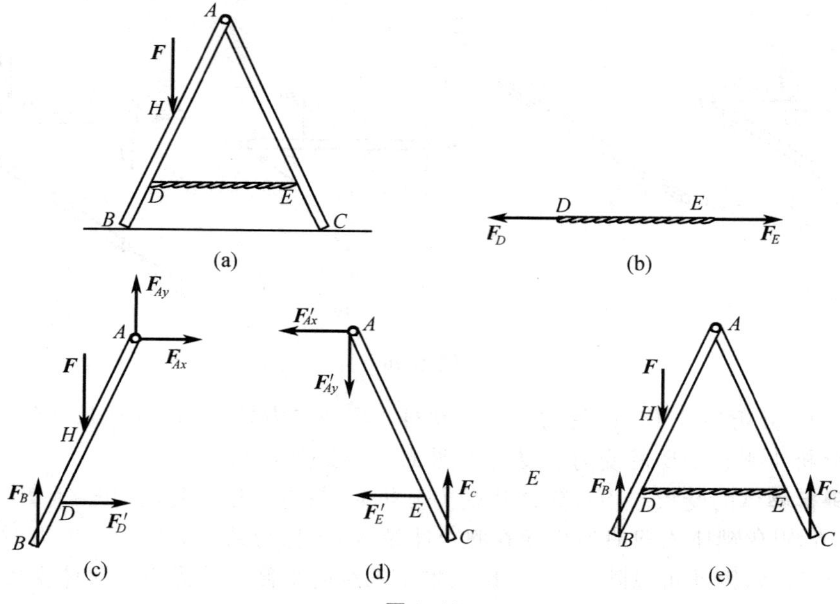

图 1.18

正确地画出物体的受力图，是分析、解决力学问题的基础。画受力图时必须注意以下几点：

(1) 必须明确研究对象。根据求解需要，可以取单个物体为研究对象，也可以取由几个物体组成的系统作为研究对象。不同研究对象的受力图是不同的。

(2) 正确确定研究对象受力的数目。由于力是物体之间相互的机械作用，因此对每一个力都应明确它是哪一个施力物体施加给研究对象的，绝不能凭空产生。同时，也不可漏掉一个力。一般可先画已知的主动力，再画约束力；凡是研究对象与外界接触的地方，都一定存在约束力。

(3) 正确画出约束力。一个物体往往同时受到几个约束的作用，这时应分别根据每个约束本身的特性来确定其约束力的方向，而不能凭主观臆测。

(4) 当分析两物体间相互的作用力时，应遵循作用、反作用关系。若作用力的方向一经假定，则反作用力的方向应与之相反。当画整个系统的受力图时，由于内力成对出现，组成平衡力系，因此不必画出，只需画出全部外力。

习　　题

1. 判断下列说法是否正确

(1) 两个力的合力大小一定大于它的任意一个分力的大小。(　　)

(2) 若有 $\boldsymbol{F}_A=-\boldsymbol{F}_B$ 的两个力作用在同一刚体上，则此二力是作用力和反作用力，或者是一对平衡的力。(　　)

(3) 悬挂的小球静止不动是因为小球对绳向下的拉力和绳对小球向上的拉力互相抵消的缘故。(　　)

(4) 两端用光滑铰链连接的构件是二力构件。(　　)

2. 选择题

(1) 在下述原理、法则、定理中，只适用于刚体的有(　　)。

(A) 二力平衡原理

(B) 力的平行四边形法则

(C) 加减平衡力系原理

(D) 力的可传性原理

(E) 作用与反作用定律

(2) 三力平衡汇交定理所给的条件是(　　)。

(A) 汇交力系平衡的充要条件

(B) 平面汇交力系平衡的充要条件

(C) 不平行的三个力平衡的必要条件

3. 填空题

(1) 作用在刚体上的两个力等效的条件是____________________。

(2) 图示结构受力 $\boldsymbol{P}$,$\boldsymbol{Q}$ 的作用，则受力图(b) 中的 $\boldsymbol{F}_{AX1}$,$\boldsymbol{F}_{AY1}$ 是__________给__________的力；受力图(c) 中的 $\boldsymbol{F}_{AX2}$,$\boldsymbol{F}_{AY2}$ 是__________给__________的力。

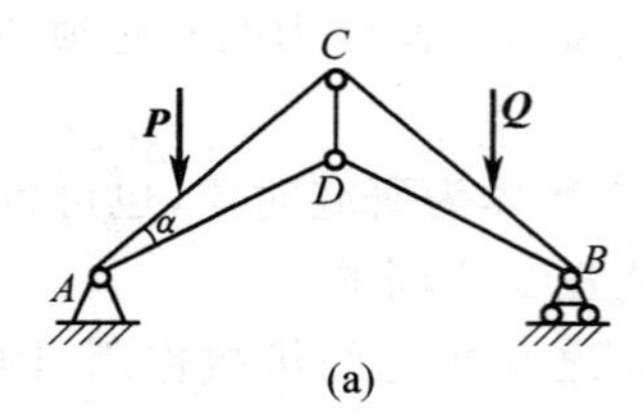

(a)

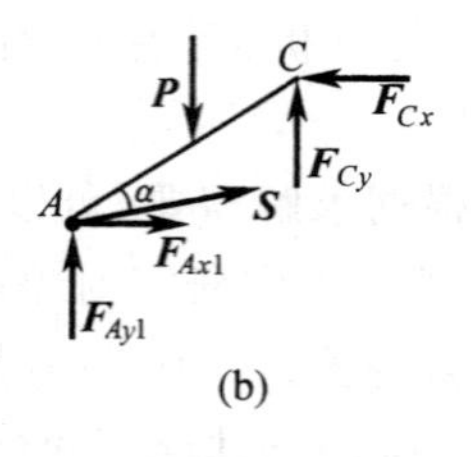

(b)

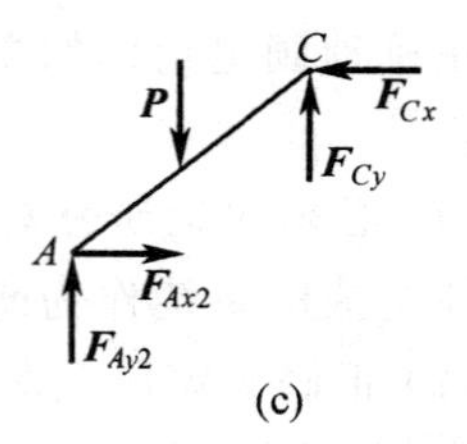

(c)

题 1.3(2) 图

（3）图示系统在 A,B 两处设置约束，并受力 $\boldsymbol{F}$ 作用而平衡。其中 A 为固定铰支座，今欲使其约束力的作用线与 AB 成 $\beta=135°$，则 B 处应设置何种约束？__________________________如何设置？请举一种约束，并用图表示。

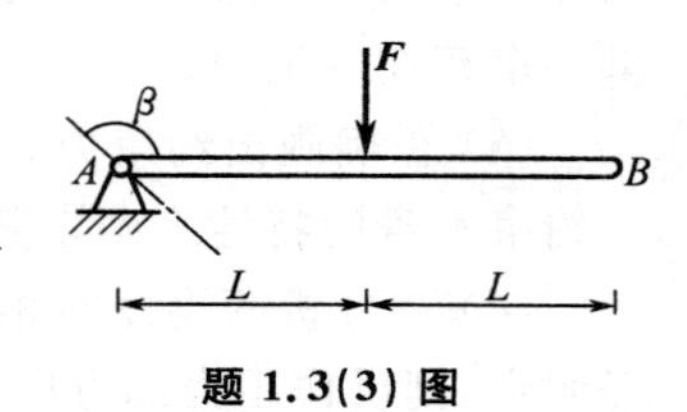

题 1.3(3) 图

4. 作图题

（1）画出图示结构中 A,B 两处反力的方位和指向。

（2）试画出图示结构 D 处反力作用线的方位(各杆自重不计)。

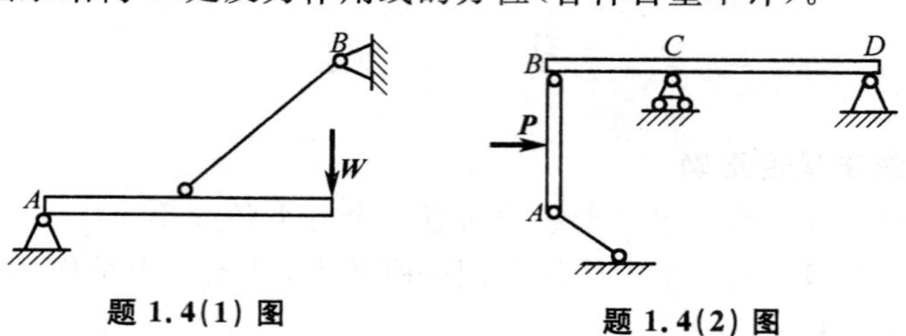

题 1.4(1) 图　　**题 1.4(2) 图**

（3）画出下列图中杆 AB 的受力图。不计各构件自重，各接触面均为光滑面。

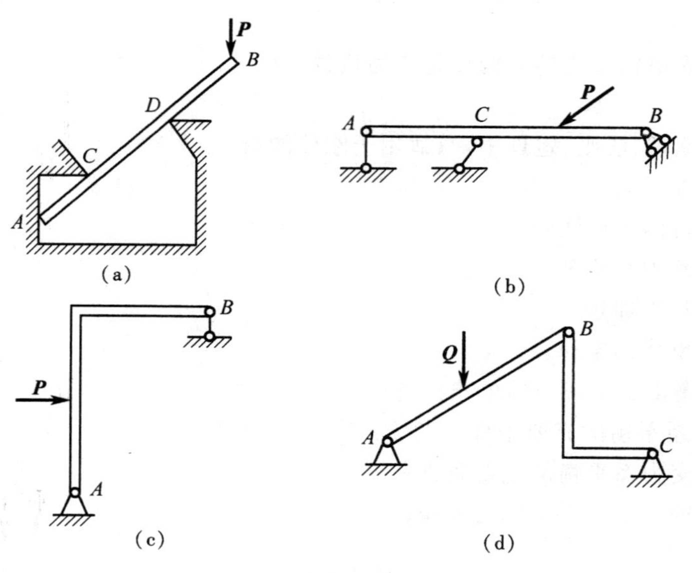

(a)　　(b)

(c)　　(d)

题 1.4(3) 图

(4) 画出下列图中每个标注字母的构件的受力图。除给出自重的构件外，其他构件自重不计，各接触面均为光滑面。

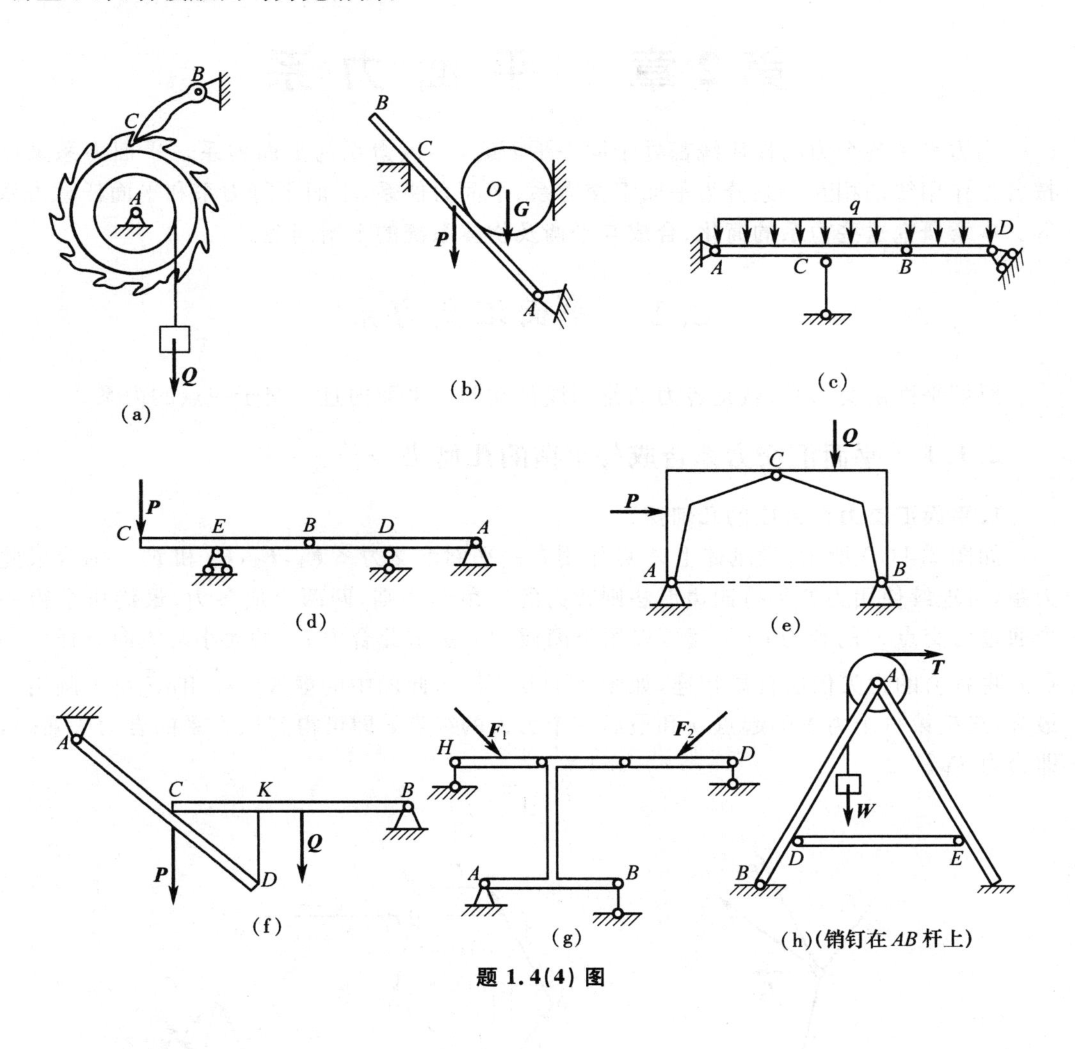

题 1.4(4) 图

第2章　平面力系

当力系中各个力的作用线都处于同一平面时，称该力系为平面力系。平面力系又可按各力作用线的相互关系分为平面汇交力系、平面力偶系、平面平行力系和平面任意力系等。本章研究这些力系的简化、合成与平衡及物体系统的平衡问题。

2.1　平面汇交力系

所谓平面汇交力系，就是各力的作用线都在同一平面内且汇交于一点的力系。

2.1.1　平面汇交力系合成与平衡的几何法

1. 平面汇交力系合成的几何法

如图2.1(a)所示，设刚体上A点作用有一平面汇交力系$\boldsymbol{F}_1$，$\boldsymbol{F}_2$，$\boldsymbol{F}_3$和$\boldsymbol{F}_4$。为合成此力系，可连续使用力的平行四边形法则或力的三角形法则，两两合成各力，最终可求得一个通过汇交点A的合力$\boldsymbol{F}_R$。还可以用更简便的方法求此合力$\boldsymbol{F}_R$的大小与方向。任取一点a将各力的力矢依次首尾相连，如图2.1(b)所示，此图中的虚线矢$\overrightarrow{ac}$和$\overrightarrow{ad}$可不画出。最终，连接第一个力矢的起点a和最后一个力矢的终点e即可得到该力系的合力矢量$\overrightarrow{ae}$，即合力$\boldsymbol{F}_R$。

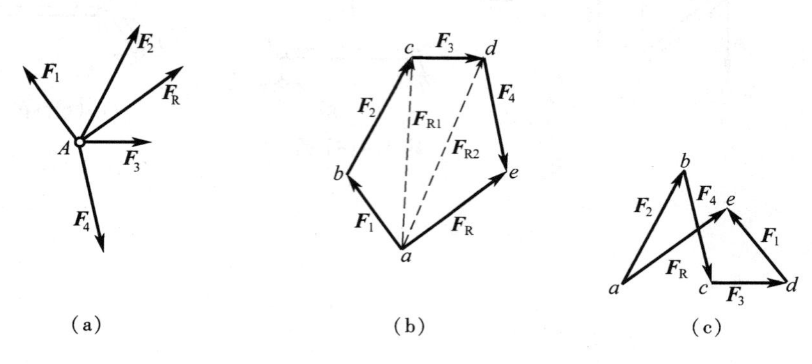

图2.1

根据矢量相加的交换律，任意变换各分力矢的作图次序，可得到不同形状的力矢图，但其合力矢量$\overrightarrow{ae}$总是不变的，如图2.1(c)所示。矢量$\overrightarrow{ae}$仅表示该平面汇交力系的合力$\boldsymbol{F}_R$的大小与方向，而合力的作用线则仍应通过汇交点A，如图2.1(a)所示的$\boldsymbol{F}_R$。

可见，平面汇交力系合成的结果是一个合力，合力的作用线通过力系的汇交点，合力的大小和方向等于力系中各力的矢量和。设平面汇交力系包含n个力，以$\boldsymbol{F}_R$表示该力系

的合力矢，则有

$$\boldsymbol{F}_{\mathrm{R}} = \boldsymbol{F}_1 + \boldsymbol{F}_2 + \cdots + \boldsymbol{F}_n = \sum_{i=1}^{n} \boldsymbol{F}_i$$

在不致引起误会的情况下，一般可省略求和符号中的 $i=1$ 和 n。这样上式可简写为

$$\boldsymbol{F}_{\mathrm{R}} = \sum \boldsymbol{F}_i \tag{2.1}$$

各力矢与合力矢构成的多边形称为力的多边形。用力多边形求合力的作图规则称为力的多边形法则。力多边形中表示合力矢量的边称为力多边形的封闭边。

2. 平面汇交力系平衡的几何条件

平面汇交力系可用其合力来代替，显然，平面汇交力系平衡的必要和充分条件是：该力系的合力等于零，即

$$\sum \boldsymbol{F}_i = 0 \tag{2.2}$$

在平衡条件下，力多边形中最后一力的终点与第一力的起点重合，此时的力多边形称为封闭的力多边形。于是平面汇交力系平衡的必要和充分条件是：该力系的力多边形自行封闭。这是平衡的几何条件。

求解平面汇交力系的平衡问题时可用图解法，即按比例先画出封闭的力多边形，然后量得所要求的未知量；也可根据图形的几何关系，用三角公式计算出所要求的未知量，这种解题方法称为几何法。

2.1.2　平面汇交力系合成与平衡的解析法

1. 力在轴上的投影

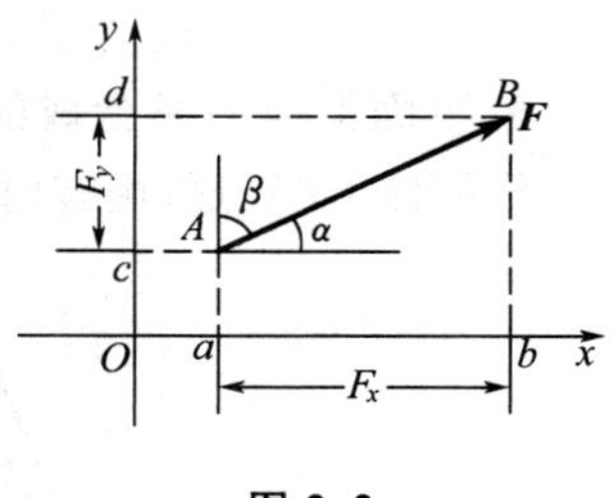

图 2.2

设刚体上的点 A 作用一个力 $\boldsymbol{F}$，从力矢的两端 A 和 B 分别向 x 轴和 y 轴作垂线，垂足分别为 a,b,c 和 d，如图2.2所示，线段 ab 和线段 cd 的长度冠以适当的正负号，就表示力 $\boldsymbol{F}$ 在 x 和 y 轴上的投影，分别记为 F_x 和 F_y。如果线段 ab 或线段 cd 的指向与 x 轴或 y 轴的正向一致，则该投影为正值，反之为负值。

若力 $\boldsymbol{F}$ 与 x 轴正向间夹角为 α，与 y 轴正向间夹角为 β，则有

$$\left.\begin{aligned} F_x &= F\cos\alpha \\ F_y &= F\cos\beta = F\sin\alpha \end{aligned}\right\} \tag{2.3}$$

即力在某轴上的投影是一个代数量，等于力的模乘以力与投影轴正向间夹角的余弦。容易看出，不为零的力在某轴上投影为零的充要条件是：该力垂直于该投影轴。

反过来，如果已知一个力在直角坐标轴上的投影 F_x 和 F_y，则该力的大小 F 和方向分别为

$$\left.\begin{aligned} F &= \sqrt{F_x^2 + F_y^2} \\ \cos\alpha &= \frac{F_x}{F} \\ \cos\beta &= \frac{F_y}{F} \end{aligned}\right\} \tag{2.4}$$

式中的 α 和 β 分别表示力 $\boldsymbol{F}$ 与 x 轴和 y 轴正向间夹角。

由图 2.3 可以看出，当力 $\boldsymbol{F}$ 沿两个正交的轴 x 轴和 y 轴分解为 $\boldsymbol{F}_x$ 和 $\boldsymbol{F}_y$ 两个力时，这两个分力的大小分别等于力 $\boldsymbol{F}$ 在两轴上的投影 F_x 和 F_y 的绝对值。若记 x 轴及 y 轴方向的单位矢量分别为 $\boldsymbol{i}$ 和 $\boldsymbol{j}$，则力 $\boldsymbol{F}$ 可记为

$$\boldsymbol{F}=\boldsymbol{F}_x+\boldsymbol{F}_y=F_x\boldsymbol{i}+F_y\boldsymbol{j} \tag{2.5}$$

称为力沿直角坐标轴的解析表达式。

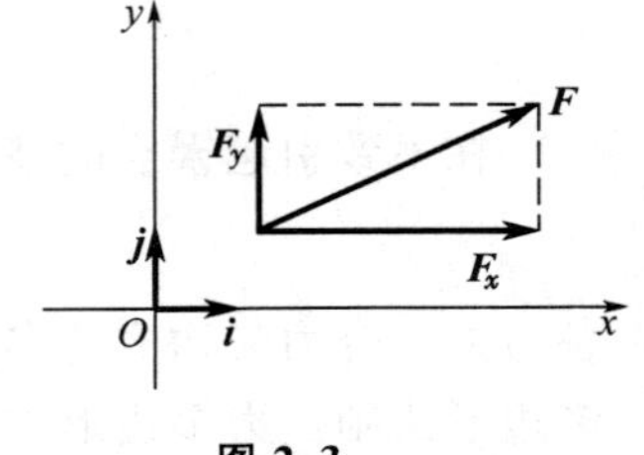

图 2.3

2. 合力投影定理

如图 2.4 所示为由平面汇交力系 $\boldsymbol{F}_1$，$\boldsymbol{F}_2$，$\boldsymbol{F}_3$ 和 $\boldsymbol{F}_4$ 组成的力多边形，$\boldsymbol{F}_{\mathrm{R}}$ 为合力，将各力矢投影到 x 轴，由图可见

$$ae=ab+bc+cd-de$$

按投影定义，上式左端为合力 $\boldsymbol{F}_{\mathrm{R}}$ 的投影，右端为四个分力的投影的代数和，即

$$F_{\mathrm{R}}=F_1+F_2+F_3+F_4$$

将上式推广到任意多个力的情况，有

$$F_{\mathrm{R}}=F_1+F_2+\cdots+F_n=\sum F_i \tag{2.6}$$

于是有结论：合力在任一轴上的投影等于各分力在同一轴上投影的代数和。这就是合力投影定理。

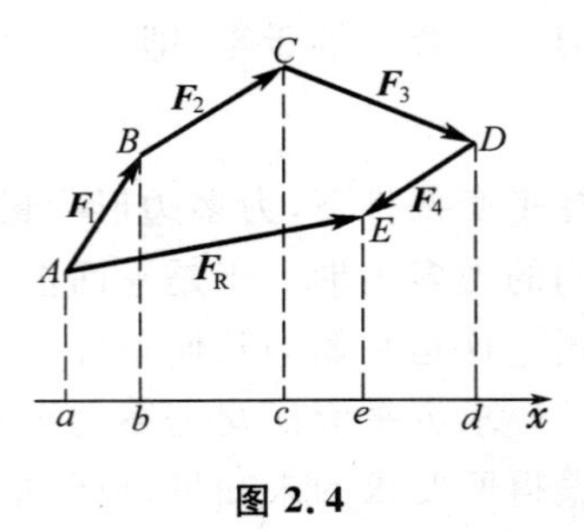

图 2.4

合力投影定理建立了合力的投影与分力的投影之间的关系。

3. 平面汇交力系合成的解析法

设刚体上 O 点作用有由 n 个力组成的平面汇交力系，建立直角坐标系如图 2.5(a) 所示。

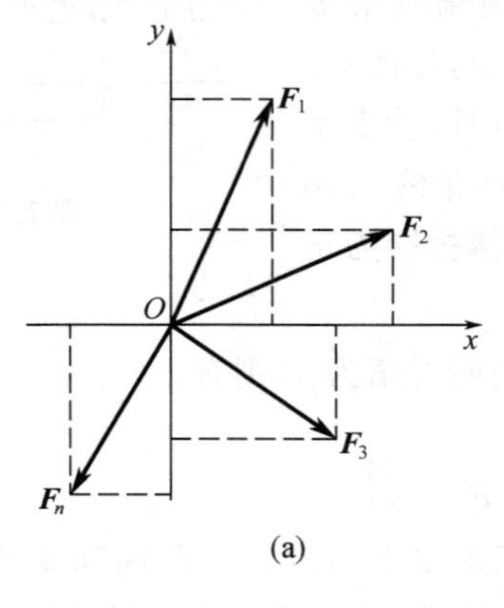

(a)

(b)

图 2.5

设 F_{1x} 和 F_{1y}，F_{2x} 和 F_{2y}，…，F_{nx} 和 F_{ny} 分别表示各力在坐标轴 x 轴和 y 轴上的投影，$F_{\mathrm{R}x}$ 和 $F_{\mathrm{R}y}$ 分别表示力系的合力 $\boldsymbol{F}_{\mathrm{R}}$ 在 x 轴和 y 轴上的投影，根据合力投影定理有

$$\left.\begin{aligned}F_{\mathrm{R}x}&=F_{1x}+F_{2x}+\cdots+F_{nx}=\sum F_x\\F_{\mathrm{R}y}&=F_{1y}+F_{2y}+\cdots+F_{ny}=\sum F_y\end{aligned}\right\} \tag{2.7}$$

于是合力矢量的大小和方向为

$$\left.\begin{aligned} F_R &= \sqrt{F_{Rx}^2 + F_{Ry}^2} = \sqrt{\left(\sum F_x\right)^2 + \left(\sum F_y\right)^2} \\ \cos\alpha &= \frac{F_{Rx}}{F_R} = \frac{\sum F_x}{F_R} \\ \cos\beta &= \frac{F_{Ry}}{F_R} = \frac{\sum F_y}{F_R} \end{aligned}\right\} \tag{2.8}$$

其中的 α 和 β 分别表示合力 $\boldsymbol{F}_R$ 与 x 轴和 y 轴间的夹角，如图 2.5(b) 所示。

4. 平面汇交力系的平衡方程

前面已经得出过结论，平面汇交力系平衡的必要和充分条件是：该力系的合力 $\boldsymbol{F}_R$ 等于零。于是由(2.8) 式有

$$F_R = \sqrt{\left(\sum F_x\right)^2 + \left(\sum F_y\right)^2} = 0$$

欲使上式成立，必须同时满足

$$\left.\begin{aligned} \sum F_x = 0 \\ \sum F_y = 0 \end{aligned}\right\} \tag{2.9}$$

于是，平面汇交力系平衡的必要和充分条件是：力系的各分力在两个坐标轴上的投影的代数和分别等于零。式(2.9) 称为平面汇交力系的平衡方程，这是两个独立的方程，可求解两个未知量。

下面举例说明平面汇交力系平衡方程的应用。

例 2.1　水平梁 AB 的 B 端吊挂一重物，重量为 P，拉杆 CD 与 AB 在 C 处铰接，已知 $P = 2\ \text{kN}$，结构尺寸与角度如图2.6(a) 所示。试求 CD 杆的内力及 A 点的约束反力。

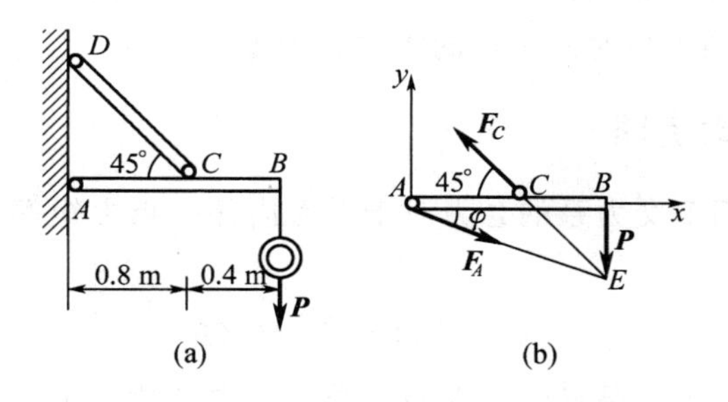

图 2.6

解　(1) 取 AB 杆为研究对象，作受力图，如图 2.6(b) 所示。

(2) 建立坐标系。

(3) 根据平衡条件列写平衡方程

$$\sum F_x = 0 \qquad F_A \cos\varphi - F_C \cos 45^\circ = 0$$

$$\sum F_y = 0 \qquad -P - F_A \sin\varphi + F_C \sin 45^\circ = 0$$

(4) 解方程，得

$$F_C = 4.24\ \text{kN},\ F_A = 3.16\ \text{kN}$$

2.2 平面力对点之矩的概念与计算

2.2.1 平面力对点之矩的概念

力对刚体的转动效果可以用力对点的矩来度量。

如图2.7所示，力 $\boldsymbol{F}$ 与点 O 位于同一平面内，点 O 称为矩心，点 O 到力的作用线的垂直距离 h 称为力臂。在平面问题中，力对点的矩定义如下：

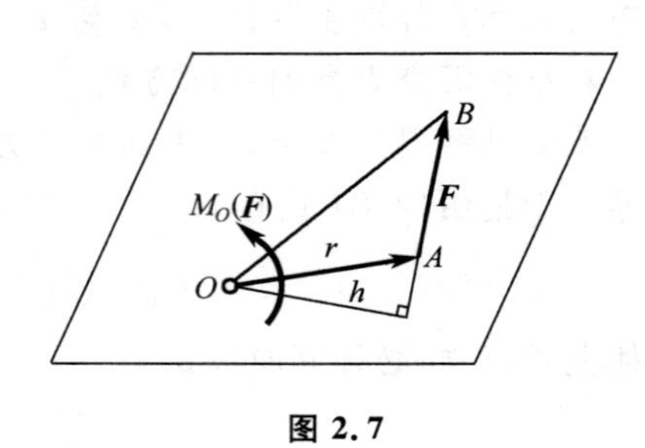

图2.7

力对点之矩是一个代数量，其绝对值等于力的大小与力臂的乘积，它的正负可按下法确定：力使物体绕矩心逆时针方向转动时为正，反之为负。力对点的矩简称力矩。在国际单位制中，力矩的单位常用N·m或kN·m。

力 $\boldsymbol{F}$ 对点 O 的矩以记号 $M_O(\boldsymbol{F})$ 来表示，即

$$M_O(\boldsymbol{F}) = \pm Fh = \pm 2S_{\triangle OAB} \tag{2.10}$$

其中 $S_{\triangle OAB}$ 表示三角形 OAB 的面积，如图2.7所示。

力矩的性质如下：

(1) 与矩心有关；

(2) 力可沿作用线任意移动；

(3) 力的大小为零或力的作用线过矩心时，力矩等于零；

(4) 互为平衡的两个力对同一点的矩之和为零。

2.2.2 合力矩定理

合力矩定理：平面汇交力系的合力对于平面内任一点之矩等于所有各分力对于该点之矩的代数和，即

$$M_O(\boldsymbol{F}_R) = \sum M_O(\boldsymbol{F}_i) \tag{2.11}$$

按力系等效概念，上式是显然成立的。合力矩定理建立了合力对点的矩与分力对同一点的矩的关系，这个定理也适用于有合力的其他各种力系。

例2.2 已知力 $\boldsymbol{F}$，作用点 $A(x,y)$ 及其与 x 轴正向间夹角 θ，如图2.8所示，求力 $\boldsymbol{F}$ 对原点 O 的矩。

解 利用合力矩定理，将 $\boldsymbol{F}$ 沿坐标轴分解为 $\boldsymbol{F}_x$ 和 $\boldsymbol{F}_y$，则

$$\begin{aligned} M_O(\boldsymbol{F}) &= \sum M_O(\boldsymbol{F}_i) = M_O(\boldsymbol{F}_x) + M_O(\boldsymbol{F}_y) \\ &= xF_y - yF_x = xF\sin\theta - yF\cos\theta \end{aligned}$$

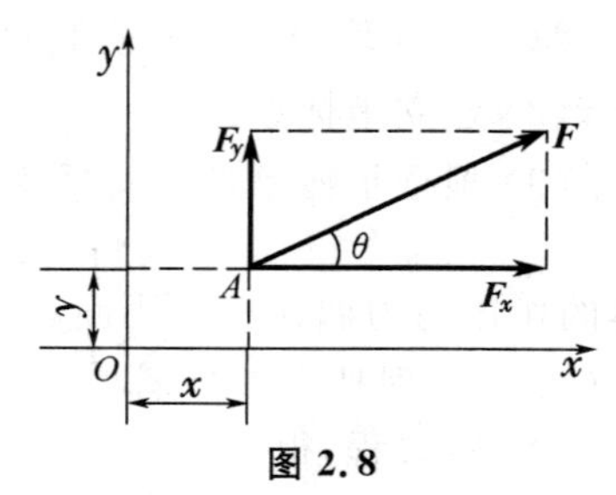

图2.8

2.3　平面力偶系

2.3.1　力偶的概念

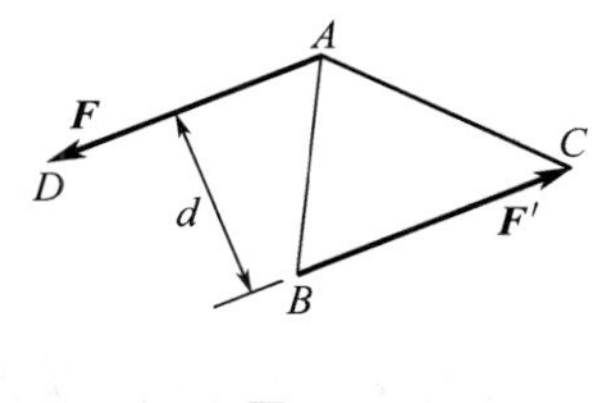

图 2.9

由两个大小相等、方向相反且不共线的平行力组成的力系，称为力偶，如图 2.9 所示，记作($\boldsymbol{F},\boldsymbol{F}'$)。力偶的两力之间的垂直距离 d 称为力偶臂，力偶所在的平面称为力偶的作用面。

力偶不能合成为一个力，也就不能用一个力来平衡，因此力偶和力是静力学的两个基本要素。

2.3.2　力偶矩

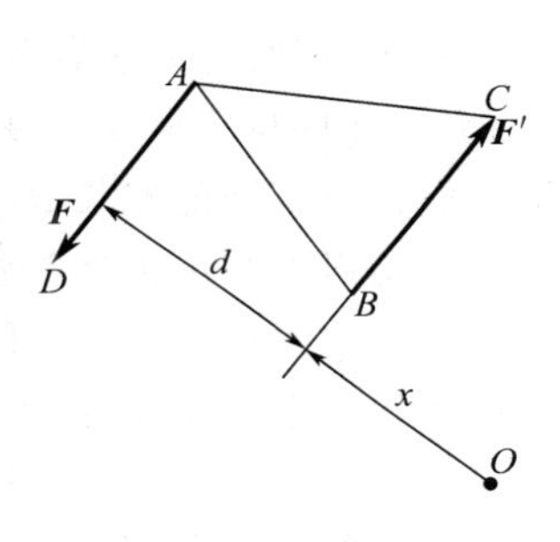

图 2.10

力偶的作用是改变物体的转动状态，力偶对物体的转动效果可用力偶矩来度量，而力偶矩的大小为力偶中的力与力偶臂的乘积 Fd。由图 2.10 易见，力偶($\boldsymbol{F},\boldsymbol{F}'$)对任取的一点 O 的矩为

$$F(d+x)-Fx=Fd$$

即力偶对任意点的矩都等于力偶矩，而与矩心位置无关。

力偶在平面内的转向不同，其作用效果也不相同，因此平面力偶对物体的作用效果，由以下两个因素决定：

(1) 力偶矩的大小；

(2) 力偶在作用平面内的转向。

故力偶矩可视为代数量，以 M 或 $M(\boldsymbol{F},\boldsymbol{F}')$ 表示，即

$$M=\pm Fd=\pm 2S_{\triangle ABC} \tag{2.12}$$

其中 $S_{\triangle ABC}$ 表示三角形 ABC 的面积，如图 2.10 所示。

于是可得结论：力偶矩是一个代数量，其绝对值大小等于力的大小与力偶臂的乘积，正负号表示力偶的转向，逆时针转向为正，反之为负。

力偶矩的单位与力矩相同，也是 N·m。

2.3.3　同平面内力偶的等效定理

定理　在同平面内的两个力偶，如果力偶矩相等，则两力偶彼此等效。

该定理给出了在同一平面内力偶等效的条件。由此可得推论：

(1) 任一力偶可以在其作用面内任意移转，而不改变它对刚体的作用。因此，力偶对刚体的作用与力偶在其作用面内的位置无关。

(2) 只要保持力偶矩的大小和力偶的转向不变，可以同时改变力偶中力的大小和力臂的长短，而不改变力偶对刚体的作用。

由此可见，力偶中力的大小和力偶臂都不是力偶的特征量，只有力偶矩才是力偶作用

的唯一量度。常用图 2.11 所示的符号表示力偶，M 为力偶矩。

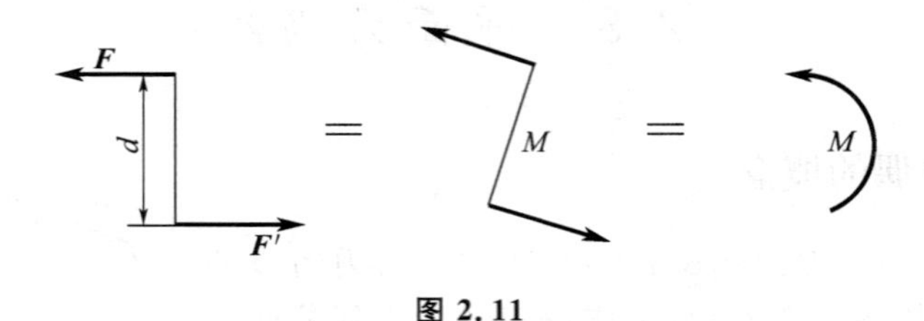

图 2.11

2.3.4 平面力偶系的合成与平衡

1. 平面力偶系的合成

作用面共面的力偶系称为平面力偶系。设在同一平面内有两个力偶($\boldsymbol{F}_1,\boldsymbol{F}_1'$)和($\boldsymbol{F}_2,\boldsymbol{F}_2'$)，它们的力偶臂分别为 d_1 和 d_2，如图 2.12(a) 所示。这两个力偶的矩分别为 M_1 和 M_2。在保持力偶矩不变的情况下，同时改变这两个力偶的力的大小和力偶臂的长短，使它们具有相同的臂长 d，并将它们在平面内移转，使力的作用线重合，如图2.12(b) 所示。于是得到与原力偶等效的两个新力偶($\boldsymbol{F}_3,\boldsymbol{F}_3'$)和($\boldsymbol{F}_4,\boldsymbol{F}_4'$)，即

$$M_1=F_1d_1=F_3d, M_2=-F_2d_2=-F_4d$$

分别将作用在 A 和 B 的力合成(设 $F_3>F_4$)，得

$$F=F_3-F_4, F'=F'_3-F'_4$$

于是得到与原力偶系等效的合力偶($\boldsymbol{F},\boldsymbol{F}'$)，如图 2.12(c) 所示。令 M 表示合力偶的矩，得

$$M=Fd=(F_3-F_4)d=F_3d-F_4d=M_1+M_2$$

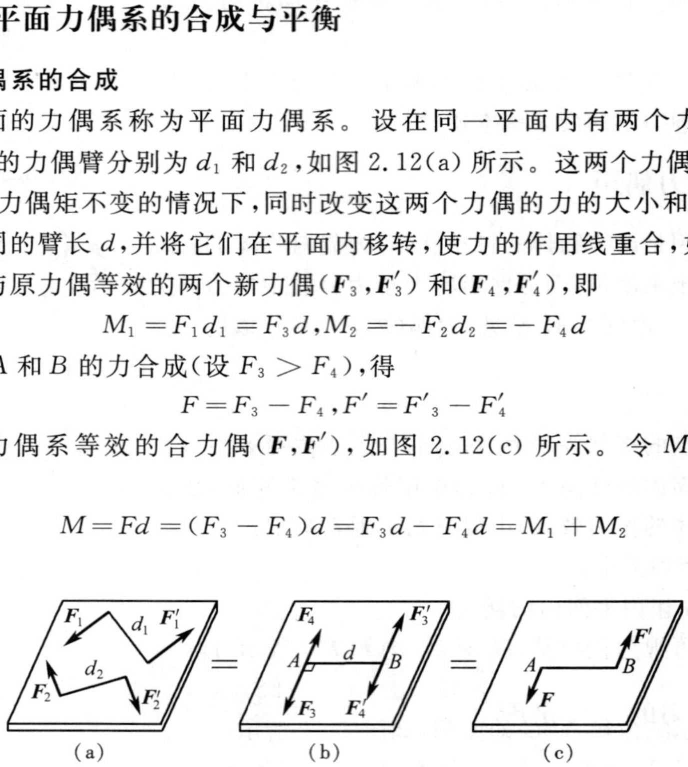

(a) (b) (c)

图 2.12

如果有两个以上的平面力偶，可以按照上述方法合成。即在同平面内的任意个力偶可合成为一个合力偶，合力偶矩等于各个力偶矩的代数和，可写为

$$M=\sum M_i \tag{2.13}$$

2. 平面力偶系的平衡条件

所谓力偶系的平衡，就是合力偶的矩等于零，因此平面力偶系平衡的必要和充分条件是所有力偶矩的代数和等于零，即

$$\sum M_i=0 \tag{2.14}$$

例 2.3 如图 2.13(a) 所示结构，已知 $M=800\ \text{N}\cdot\text{m}$，结构尺寸如图。求 A，C 两处的约束反力。

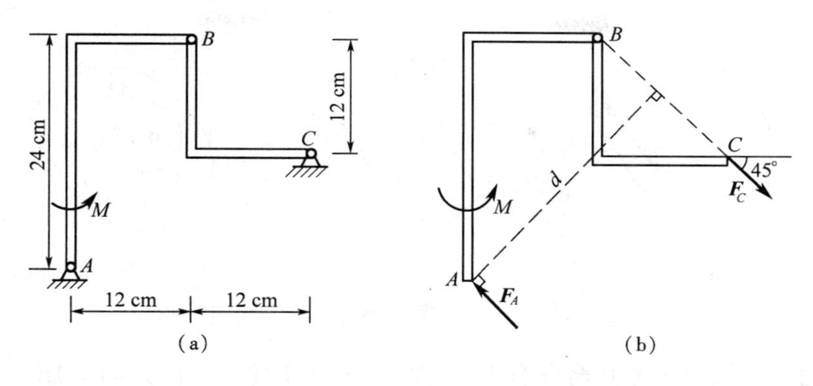

图 2.13

解 BC 为二力杆，故 $\boldsymbol{F}_C$ 作用线如图 2.13(b) 所示。

以整体为研究对象，全部的主动力仅有一个力偶 M，而约束反力只在 A，C 两点处，由于力偶只能由力偶来平衡，故 A、C 两处的反力必然大小相等、方向相反，形成一个力偶，记其力偶矩为 M_{AC}，如图 2.13(b) 所示，则平衡方程为

$$\sum M_i = 0 \quad M - M_{AC} = 0$$

$$M - F_C d = 0$$

解得

$$F_C = 3\ 137\ \text{N} = F_A$$

2.4 平面任意力系的简化

各力的作用线在同一平面内且任意分布的力系，称为平面任意力系，又称平面一般力系。

2.4.1 力的平移定理

定理 可以把作用在刚体上的点 A 的力 $\boldsymbol{F}$ 平行移到任一点 B，但必须同时附加一个力偶，这个附加力偶的矩等于原来的力 $\boldsymbol{F}$ 对新作用点 B 的矩。

证明 如图 2.14(a) 所示，刚体上的点 A 作用有力 $\boldsymbol{F}$。在刚体上任取一点 B，并在点 B 加上一对平衡力 $\boldsymbol{F}'$ 和 $\boldsymbol{F}''$，且令 $\boldsymbol{F}'=\boldsymbol{F}=-\boldsymbol{F}''$，如图 2.14(b) 所示。显然，三个力 $\boldsymbol{F}$，$\boldsymbol{F}'$ 和 $\boldsymbol{F}''$ 组成的新力系与原来的一个力 $\boldsymbol{F}$ 等效。这三个力又可视为一个作用在点 B 的力 $\boldsymbol{F}'$ 和一个力偶($\boldsymbol{F}$，$\boldsymbol{F}''$)，该力偶称为附加力偶，其力偶矩等于

$$M = Fd = M_B(\boldsymbol{F})$$

如图 2.14(c) 所示，力系等效于一个作用在点 B 的力 $\boldsymbol{F}'$ 和一个附加力偶，于是定理得证。

根据力的平移定理可知，在平面内的一个力和一个力偶，也可以用一个力来等效替换。

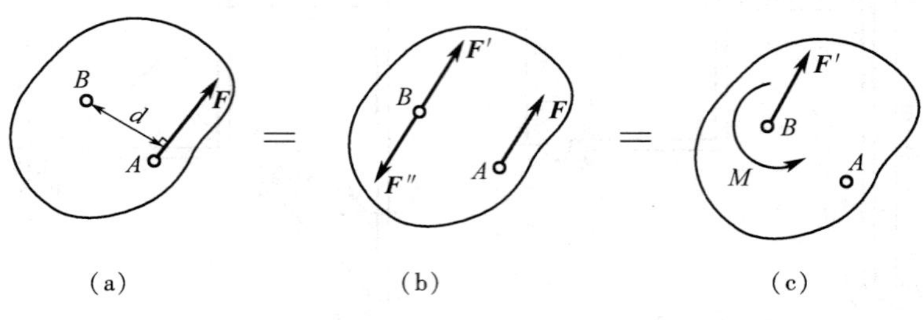

(a) (b) (c)

图 2.14

2.4.2 平面任意力系向作用面内一点的简化 主矢和主矩

设刚体上作用有 n 个力 $\boldsymbol{F}_1,\boldsymbol{F}_2,\cdots,\boldsymbol{F}_n$ 组成的平面任意力系，如图 2.15(a) 所示。在平面内任取一点 O，称为简化中心，应用力的平移定理，把各力都平移到这一点。这样，得到作用于点 O 的力 $\boldsymbol{F}'_1,\boldsymbol{F}'_2,\cdots,\boldsymbol{F}'_n$，以及相应的附加力偶，其力偶矩分别为 $M_1,M_2,\cdots,M_n$，如图 2.15(b) 所示。这些力偶的矩分别为

$$M_i=M_O(\boldsymbol{F}_i)\quad(i=1,\ 2,\cdots,n)$$

这样，平面任意力系等效为两个简单力系，平面汇交力系和平面力偶系，再分别合成这两个力系。

平面汇交力系可合成为作用线通过点 O 的一个力 $\boldsymbol{F}'_{\mathrm{R}}$，如图 2.15(c) 所示，由于各个力矢 $\boldsymbol{F}'_i=\boldsymbol{F}_i$，因此

$$\boldsymbol{F}'_{\mathrm{R}}=\boldsymbol{F}'_1+\boldsymbol{F}'_2+\cdots+\boldsymbol{F}'_n=\sum\boldsymbol{F}_i \tag{2.15}$$

即力矢 $\boldsymbol{F}'_{\mathrm{R}}$ 等于原来各力的矢量和。

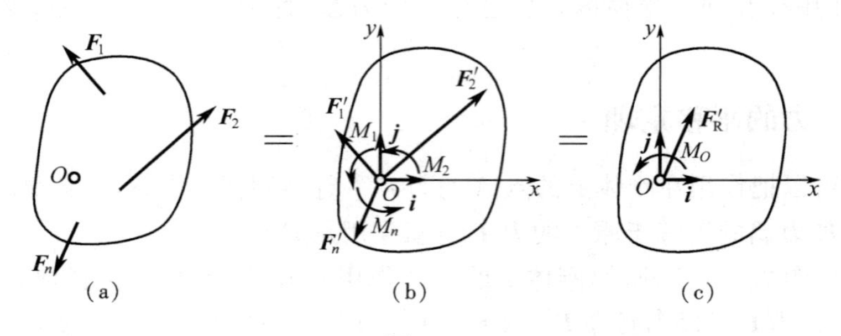

(a) (b) (c)

图 2.15

平面力偶系可合成为一个力偶，该力偶的矩 M_O 等于各附加力偶矩的代数和，根据力的平移定理，也就等于原来各力对于点 O 的矩的代数和，即

$$M_O=M_1+M_2+\cdots+M_n=\sum M_O(\boldsymbol{F}_i) \tag{2.16}$$

平面任意力系中所有各力的矢量和 $\boldsymbol{F}'_{\mathrm{R}}$，称为该力系的主矢，而各力对于任选简化中心 O 的矩的代数和 M_O，称为该力系对于简化中心 O 的主矩。

由于主矢等于各力的矢量和，所以它与简化中心的选择无关。而主矩等于各力对于简化中心的矩的代数和，取不同的点为简化中心，各力的力臂将有改变，则各力对简化中

心的矩也有改变，所以在一般情况下主矩与简化中心的选择有关。因此以后当提到主矩时，必须指出是力系对于哪一点的主矩。

综上所述，在一般情况下，平面任意力系向作用面内任选一点 O 简化，可得一个力和一个力偶，这个力的大小和方向等于该力系的主矢，作用线通过简化中心 O，这个力偶的矩等于该力系对于点 O 的主矩。

为了求出力系的主矢 $\boldsymbol{F}'_{\mathrm{R}}$ 的大小和方向，可以应用解析法。通过点 O 取坐标系 Oxy，如图 2.15(c) 所示，则有

$$\left.\begin{aligned} F'_{\mathrm{R}x} &= F_{1x} + F_{2x} + \cdots + F_{nx} = \sum F_x \\ F'_{\mathrm{R}y} &= F_{1y} + F_{2y} + \cdots + F_{ny} = \sum F_y \end{aligned}\right\}$$

于是主矢 $\boldsymbol{F}'_{\mathrm{R}}$ 的大小和方向余弦为

$$\left.\begin{aligned} F'_{\mathrm{R}} &= \sqrt{\left(\sum F_x\right)^2 + \left(\sum F_y\right)^2} \\ \cos\alpha &= \frac{\sum F_x}{F_{\mathrm{R}}} \\ \cos\beta &= \frac{\sum F_y}{F_{\mathrm{R}}} \end{aligned}\right\} \tag{2.17}$$

其中 α 和 β 分别为主矢与 x 轴和 y 轴间的夹角。

现利用力系向一点简化的方法，分析固定端约束的反力。所谓固定端约束，是指一物体的一端完全固定在另一物体上的约束，如图2.16(a) 所示。

固定端约束对物体的作用，是在接触面上作用了一群约束反力。在平面问题中，这些力为一平面任意力系，如图 2.16(b) 所示。将该力系向作用平面内的点 A 简化得到一个力和一个力偶，如图 2.16(c) 所示。一般情况下这个力的大小和方向均为未知量，可用两个正交的分力来代替。因此，在平面力系情况下，固定端 A 处的约束作用可简化为两个约束反力 $\boldsymbol{F}_{Ax}$，$\boldsymbol{F}_{Ay}$ 和一个力偶矩为 M_A 的约束力偶，如图 2.16(d) 所示。

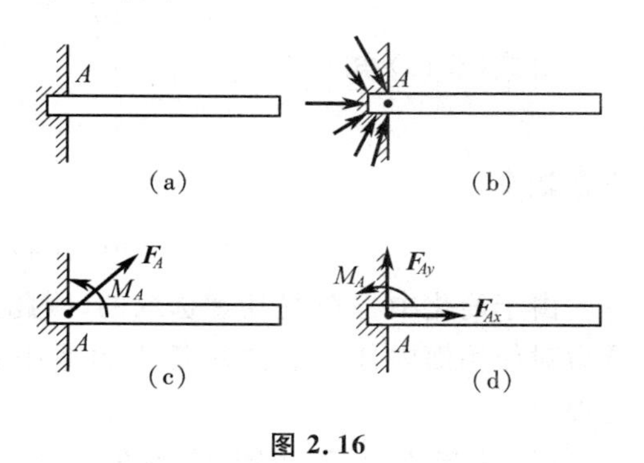

图 2.16

比较固定端支座与固定铰支座的约束性质，可知固定端约束除了限制物体在水平方向和铅直方向的移动外，还能限制物体在平面内的转动，因此除了约束反力 $\boldsymbol{F}_{Ax}$，$\boldsymbol{F}_{Ay}$ 外，还有力偶矩为 M_A 的约束力偶。而固定铰支座没有约束力偶，因为它不能限制物体在平面内的转动。

2.4.3　简化结果的分析

平面任意力系向作用面内任一点简化的结果，可能有以下四种情况。

(1) 主矢 $\boldsymbol{F}'_{\mathrm{R}} = \boldsymbol{0}$，主矩 $M_O \neq \boldsymbol{0}$

力系简化为一个力偶，合力偶的矩等于力系对简化中心的矩

$$M_O = \sum M_O(\boldsymbol{F}_i)$$

由于力偶对平面内任意一点的矩都相同，因此当力系合成为一个力偶时，主矩与简化中心的选择无关。

(2) 主矢 $\boldsymbol{F}'_R \neq \boldsymbol{0}$，主矩 $M_O = \boldsymbol{0}$

力系简化为一个合力。合力的大小和方向等于力系的主矢，合力的作用线通过简化中心。

(3) 主矢 $\boldsymbol{F}'_R \neq \boldsymbol{0}$，主矩 $M_O \neq \boldsymbol{0}$

如图 2.17 所示。现将矩为 M_O 的力偶用两个力形成的力偶($\boldsymbol{F}_R, \boldsymbol{F}''_R$) 来表示，并令 $\boldsymbol{F}'_R = \boldsymbol{F}_R = -\boldsymbol{F}''_R$，如图 2.17(b) 所示。于是可将作用于点 O 的力 $\boldsymbol{F}'_R$ 和力偶($\boldsymbol{F}_R$，$\boldsymbol{F}''_R$) 合成为一个作用在点 O' 的力 $\boldsymbol{F}_R$，如图 2.17(c) 所示。这个力 $\boldsymbol{F}_R$ 就是原力系的合力。合力的大小和方向等于主矢，合力的作用线在点 O 的哪一侧，需要根据主矢和主矩的方向确定，合力作用线到点 O 的距离 d，可按下式计算：

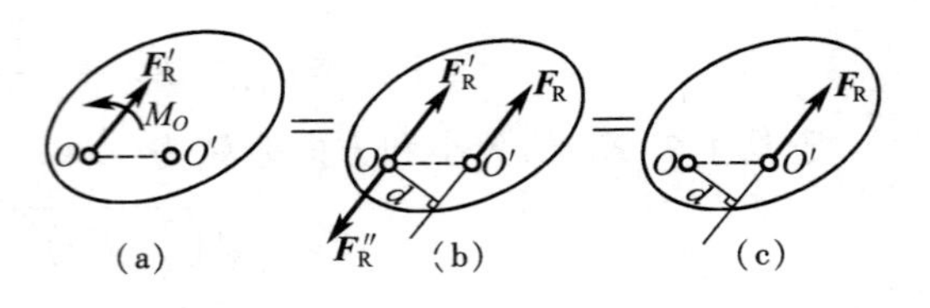

图 2.17

$$d = \frac{M_O}{F'_R}$$

下面证明平面任意力系的合力矩定理。由图 2.17(b) 可见，合力 $\boldsymbol{F}_R$ 对点 O 的矩为

$$M_O(\boldsymbol{F}_R) = F_R d = M_O$$

由式(2.16) 知

$$M_O = \sum M_O(\boldsymbol{F}_i)$$

于是就有

$$M_O(\boldsymbol{F}_R) = \sum M_O(\boldsymbol{F}_i) \tag{2.18}$$

由于简化中心 O 是任意选取的，因此上式有普遍意义，可叙述如下：平面任意力系的合力对作用面内任一点的矩等于力系中各力对同一点的矩的代数和。这就是合力矩定理。

(4) 主矢 $\boldsymbol{F}'_R = \boldsymbol{0}$，主矩 $M_O = \boldsymbol{0}$

力系是平衡力系。

2.5 平面任意力系的平衡条件

容易证明，平面任意力系平衡的必要和充分条件是：力系的主矢和对于任意一点的主矩都等于零，即 $\boldsymbol{F}'_R = \boldsymbol{0}$，且 $M_O = \boldsymbol{0}$。

该平衡条件可用解析式表示。由式(2.15) 和式(2.16) 可知

$$\left.\begin{aligned}\sum F_{ix}&=0\\\sum F_{iy}&=0\\\sum M_O(\boldsymbol{F}_i)&=0\end{aligned}\right\}\qquad(2.19)$$

由此可得结论,平面任意力系平衡的解析条件是:所有各力在两个任选的坐标轴上的投影的代数和分别等于零,以及各力对于任意一点的矩的代数和也等于零。式(2.19) 称为平面任意力系的平衡方程。为便于书写,下标 i 常可略去。式(2.19) 有三个独立的方程,只能求出三个未知数。

平面任意力系的平衡方程还有其他两种形式。

三个平衡方程中有两个力矩方程和一个投影方程,即

$$\left.\begin{aligned}\sum F_x&=0\\\sum M_A(\boldsymbol{F})&=0\\\sum M_B(\boldsymbol{F})&=0\end{aligned}\right\}\qquad(2.20)$$

其中 x 轴不能垂直于 A,B 两点的连线。

也可以写出三个力矩式的平衡方程,即

$$\left.\begin{aligned}\sum M_A(\boldsymbol{F})&=0\\\sum M_B(\boldsymbol{F})&=0\\\sum M_C(\boldsymbol{F})&=0\end{aligned}\right\}\qquad(2.21)$$

其中 A,B,C 三点不得共线。

上述三组方程(2.19),(2.20),(2.21) 都可以用来解决平面任意力系的平衡问题。究竟选用哪一组方程,需根据具体条件确定。对于受平面任意力系作用的单个刚体的平衡问题,只可以写出三个独立的平衡方程,求解三个未知量。任何第四个方程只是前三个方程的线性组合,因而不是独立的。我们可以利用这个方程来校核计算的结果。

例 2.4　求图 2.18(a) 所示刚架的约束反力。

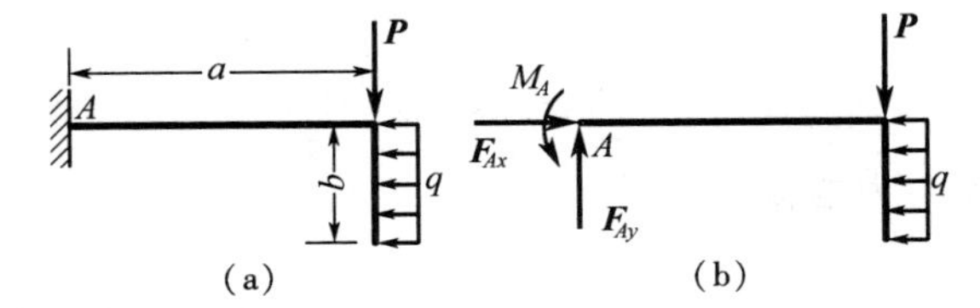

图 2.18

解　以刚架为研究对象,受力如图2.18(b) 所示。

$$\sum F_x=0\quad F_{Ax}-qb=0$$

$$\sum F_y=0\quad F_{Ay}-P=0$$

$$\sum M_A(\boldsymbol{F})=0\quad M_A-Pa-\frac{1}{2}qb^2=0$$

解得

$$F_{Ax}=qb, F_{Ay}=P, M_A=Pa+\frac{1}{2}qb^2$$

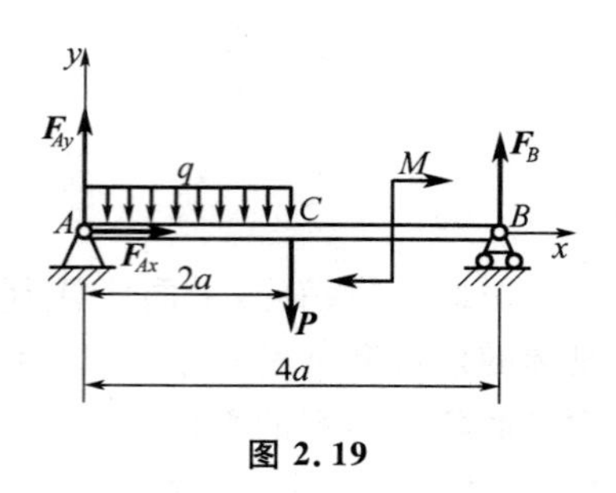

图 2.19

例 2.5 水平梁 AB 如图 2.19 所示。A 端为固定铰支座，B 端为一滚动支座。梁长为 $4a$，梁重 P 作用在梁的中点 C。在梁的 AC 段上受均布载荷 q 的作用，在梁的 BC 段上受一力偶的作用，力偶矩 $M=Pa$。试求 A 和 B 处的支座反力。

解 取梁 AB 为研究对象，受力如图。

$$\sum F_x=0 \quad F_{Ax}=0$$

$$\sum F_y=0 \quad F_{Ay}-q\cdot 2a-P+F_B=0$$

$$\sum M_A(\boldsymbol{F})=0 \quad F_B\cdot 4a-M-P\cdot 2a-q\cdot 2a\cdot a=0$$

解得

$$F_{Ax}=0, F_{Ay}=\frac{1}{4}P+\frac{3}{2}qa, F_B=\frac{3}{4}P+\frac{1}{2}qa$$

当平面力系中各力的作用线互相平行时，称其为平面平行力系，它是平面任意力系的一种特殊情形。

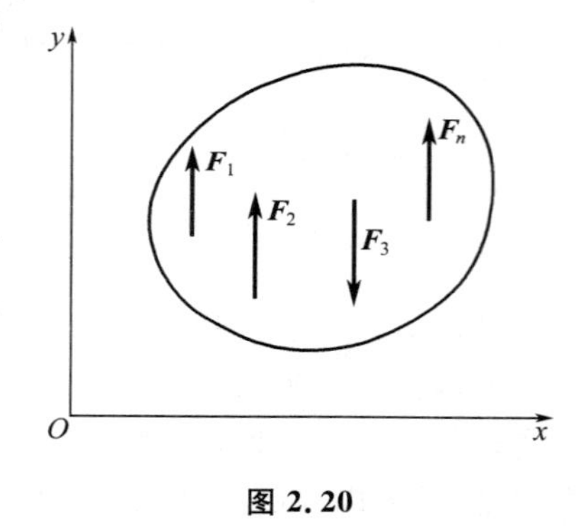

图 2.20

如图 2.20 所示，设物体受到平面平行力系 $\boldsymbol{F}_1$，$\boldsymbol{F}_2,\cdots,\boldsymbol{F}_n$ 的作用。如选取 x 轴与各力垂直，则不论力系是否平衡，各力在 x 轴上的投影恒等于零，即有 $\sum F_x\equiv 0$。于是，平面平行力系的独立平衡方程的数目只有两个，即

$$\left.\begin{aligned}\sum F_y=0\\ \sum M_O(\boldsymbol{F})=0\end{aligned}\right\} \qquad (2.22)$$

平面平行力系的平衡方程，也可用两个力矩方程的形式表示，即

$$\left.\begin{aligned}\sum M_A(\boldsymbol{F})=0\\ \sum M_B(\boldsymbol{F})=0\end{aligned}\right\} \qquad (2.23)$$

其中 A，B 两点连线不与力的作用线平行。

2.6 物体系统的平衡 静定和静不定问题的概念

由若干个物体通过约束所组成的系统称为物体系统，简称物系。当物体系统平衡时，组成该系统的每一个物体都处于平衡状态，因此对于每一个受平面任意力系作用的物体，均可写出三个平衡方程。如果物体系由 n 个物体组成，则共有 $3n$ 个独立的平衡方程。当系统中有的物体受平面汇交力系或平面平行力系作用时，系统的平衡方程数目相应减少。当系统中的未知量数目等于独立的平衡方程的数目时，则所有未知数都能由平衡方程求出，这样的问题称为静定问题。在工程实际中，有时为了提高结构的刚度和坚固性，

常常增加多余的约束，因而使这些结构的未知量的数目多于平衡方程的数目，未知量就不能全部由平衡方程求出，这样的问题称为静不定问题或超静定问题，总未知量数目与总独立平衡方程数目之差，称为静不定次数。对于静不定问题，必须考虑问题因受力作用而产生的变形，加列某些补充方程后才能使方程数目等于未知量的数目。静不定问题已超出刚体静力学的范围，需在材料力学、结构力学等变形体力学中研究。

例 2.6　判断下列结构是静定的还是静不定的。

解　如图 2.21(a)、图 2.21(d) 所示，重物分别用绳子悬挂，均受平面汇交力系作用，均有两个平衡方程。在图 2.21(a) 中，有两个未知约束力，故是静定的；而在图2.21(d)中，有三个未知约束力，因此是静不定的。

如图 2.21(b)，图 2.21(e) 所示，轴分别由轴承支承，均受平面平行力系作用，均有两个平衡方程。图 2.21(b) 中有两个未知约束力，故为静定的；而在图 2.21(e) 中，有三个未知约束力，因此为静不定的。

如图 2.21(c) 和图 2.21(f) 所示的平面任意力系，均有三个平衡方程。图2.21(c) 中有三个未知约束力，故是静定的；而图 2.21(f) 中有四个未知约束力，因此是静不定的。

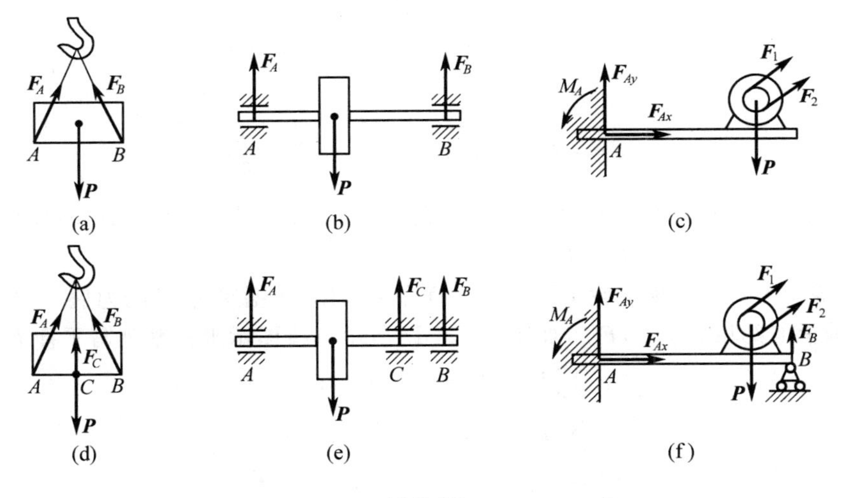

图 2.21

在求解静定的物体系统的平衡问题时，可以选取每个物体为研究对象，列出全部方程，然后求解，也可以先选取整个系统为研究对象，列出平衡方程，这样的方程中不包含内力，式中未知量较少，解出部分未知量后，再从系统中选取某些物体作为研究对象，列出另外的平衡方程，直到求出所有的未知量为止。总的原则是，使每一个平衡方程中的未知量尽可能地减少，最好是只含一个未知量，以避免求解联立方程。

例 2.7　如图 2.22(a) 所示为曲轴冲床简图，由轮 I、连杆 AB 和冲头 B 组成。$OA=R$，$AB=l$。忽略摩擦和自重，当 OA 在水平位置、冲压力为 $\boldsymbol{F}$ 时系统处于平衡状态。求：(1) 作用在轮 I 上的力偶之矩 M 的大小；(2) 轴承 O 处的约束力；(3) 连杆 AB 受的力；(4) 冲头给导轨的侧压力。

解　首先以冲头为研究对象。冲头受冲压阻力 $\boldsymbol{F}$、导轨约束力 $\boldsymbol{F}_N$ 以及连杆(二力

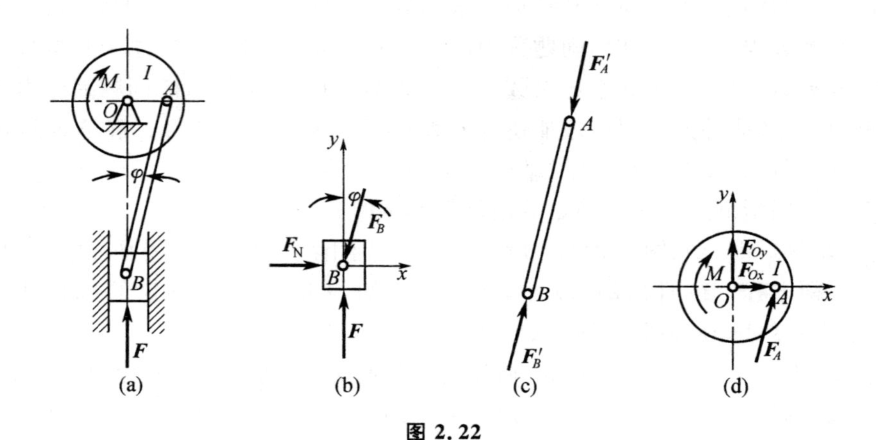

图 2.22

杆）的作用力 $\boldsymbol{F}_B$ 作用，受力如图 2.22(b) 所示，为一平面汇交力系。

设连杆与铅直线间的夹角为 φ，按图示坐标轴列平衡方程为

$$\sum F_x=0, F_N-F_B\sin\varphi=0$$

$$\sum F_y=0, F-F_B\cos\varphi=0$$

解得

$$F_B=\frac{F}{\cos\varphi}, F_N=F\tan\varphi=F\frac{R}{\sqrt{l^2-R^2}}$$

F_B 为正值，说明假设的 $\boldsymbol{F}_B$ 的方向是对的，即连杆受压力，如图 2.22(c) 所示。而冲头对导轨的侧压力大小等于 F_N，方向相反。

再以轮 I 为研究对象。轮 I 受平面任意力系作用，包括矩为 M 的力偶、连杆的作用力 $\boldsymbol{F}_A$ 以及轴承的约束力 $\boldsymbol{F}_{Ox}$，$\boldsymbol{F}_{Oy}$，如图 2.22(d) 所示。按图示坐标轴列写平衡方程

$$\sum F_x=0, F_{Ox}+F_A\sin\varphi=0$$

$$\sum F_y=0, F_{Oy}+F_A\cos\varphi=0$$

$$\sum M_O(\boldsymbol{F})=0, F_A\cos\varphi\cdot R-M=0$$

解得

$$M=FR, F_{Ox}=-F\frac{R}{\sqrt{l^2-R^2}}, F_{Oy}=-F$$

负号说明力 $\boldsymbol{F}_{Ox}$，$\boldsymbol{F}_{Oy}$ 的方向与图示假设的方向相反。

例 2.8　求图 2.23(a) 所示三铰钢架的支座反力。

解　先以整体为研究对象，受力如图 2.23(a) 所示，根据平衡条件，列写平衡方程如下

$$\sum F_x=0, F_{Ax}+F_{Bx}+F=0$$

$$\sum F_y=0, F_{Ay}+F_{By}-q\cdot a=0$$

$$\sum M_A(\boldsymbol{F})=0, F_{By}\cdot 2a-F\cdot a-q\cdot a\cdot\frac{3}{2}a=0$$

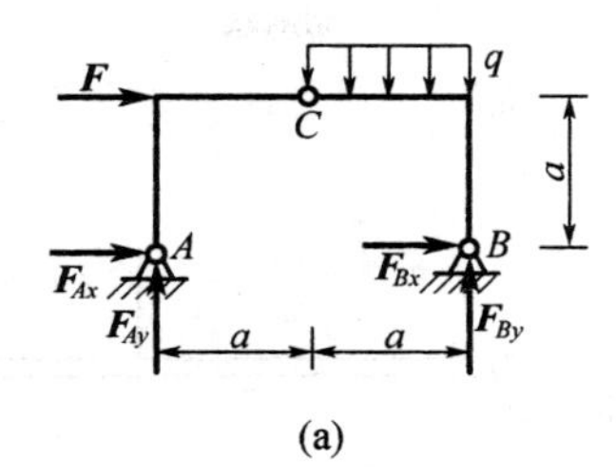

(a)

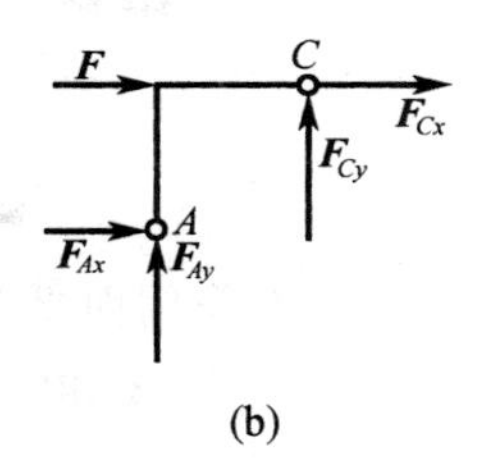

(b)

图 2.23

解得

$$F_{Ay}=\frac{1}{4}qa-\frac{1}{2}F,F_{By}=\frac{3}{4}qa+\frac{1}{2}F$$

以上三个方程包含四个未知量，故应再以 AC 为研究对象，受力如图 2.23(b) 所示，即

$$\sum M_C(\boldsymbol{F})=0,F_{Ax}\cdot a-F_{Ay}\cdot a=0$$

解得

$$F_{Ax}=\frac{1}{4}qa-\frac{1}{2}F,F_{Bx}=-\frac{1}{4}qa-\frac{1}{2}F$$

例 2.9　如图 2.24(a) 所示多跨静定梁，已知 $F=20\ \text{kN}$，$q=10\ \text{kN/m}$，$a=1\ \text{m}$，求支座 A,B,D 处的支反力。

解　以整体为研究对象，受力如图 2.24(a) 所示，有

$$\sum F_x=0,F_{Ax}=0$$

$$\sum F_y=0,F_{Ay}+F_B+F_D-F-4a\cdot q=0$$

$$\sum M_A(\boldsymbol{F})=0,F_B\cdot 4a+F_D\cdot 8a-F\cdot 2a-4a\cdot q\cdot 6a=0$$

再取 CD 为研究对象，受力如图 2.24(b) 所示，有

$$\sum M_C(\boldsymbol{F})=0,F_D\cdot 3a-3a\cdot q\cdot \frac{3}{2}a=0$$

解得

$$F_{Ax}=0,F_{Ay}=5\ \text{kN},F_B=40\ \text{kN},F_D=15\ \text{kN}$$

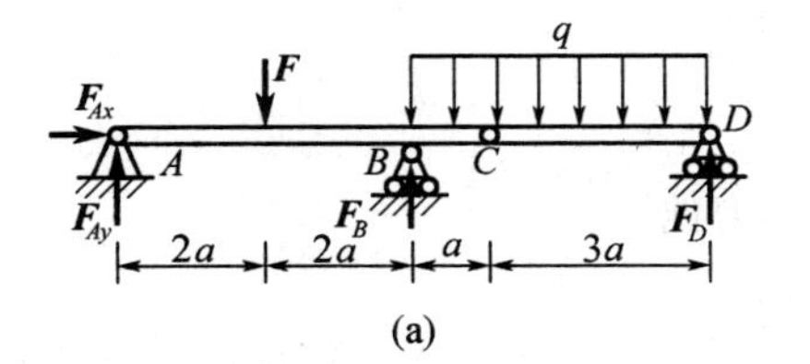

(a)

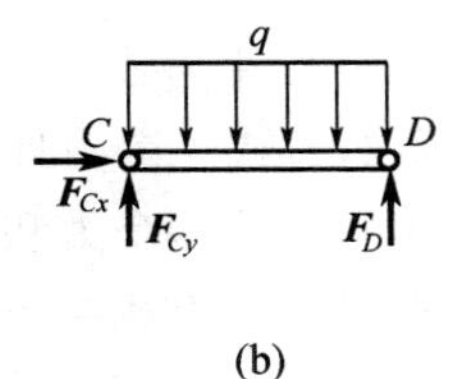

(b)

图 2.24

习　　题

1. 选择题

(1) 图示系统只受 $\boldsymbol{F}$ 作用而平衡。欲使 A 支座约束力的作用线与 AB 成 $30°$ 角，则斜面的倾角应为(　　)。

(A) $0°$　　(B) $30°$

(C) $45°$　　(D) $60°$

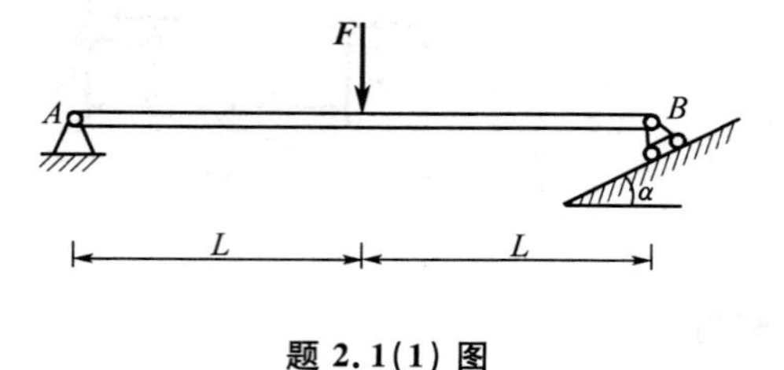

题 2.1(1) 图

(2) 设力 $\boldsymbol{F}$ 在 x 轴上的投影为 F_x，则该力在与 x 轴共面的任一轴上的投影(　　)。

(A) 一定不等于零　　(B) 不一定等于零

(C) 一定等于零　　(D) 等于 F

(3) 五根等长的细直杆铰接成图示杆系结构，各杆重量不计。若 $F_A=F_C=F$，且垂直 BD。则杆 BD 的内力等于(　　)。

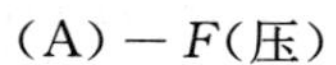

(A) $-F$(压)

(B) $-\sqrt{3}F$(压)

(C) $-\sqrt{3}F/3$(压)

(D) $-\sqrt{3}F/2$(压)

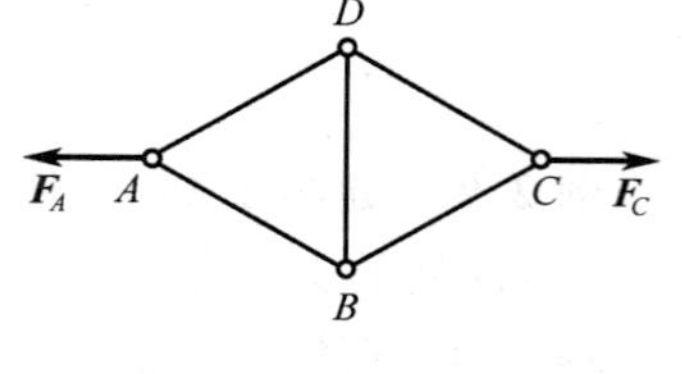

题 2.1(3) 图

(4) 汇交于 O 点的平面汇交力系，其平衡方程式可表示为二力矩形式。即 $\sum M_A(\boldsymbol{F})=0$，$\sum M_B(\boldsymbol{F})=0$，但必须(　　)。

(A) A，B 两点中有一点与 O 点重合

(B) 点 O 不在 A，B 两点的连线上

(C) 点 O 应在 A，B 两点的连线上

(5) 作用在一个刚体上的两个力 $\boldsymbol{F}_A$ 和 $\boldsymbol{F}_B$，满足 $\boldsymbol{F}_A=-\boldsymbol{F}_B$ 的条件，则二力可能是(　　)。

(A) 作用力和反作用力或一对平衡力

(B) 一对平衡的力或一个力偶

(C) 一对平衡的力或一个力和一个力偶

(D) 作用力和反作用力或一个力偶

(6) 二直角折杆(重量不计)上各受力偶 M 作用。A_1，A_2 处的约束力分别为 $\boldsymbol{F}_1$ 和 $\boldsymbol{F}_2$，如图所示，则它们的大小应满足条件(　　)。

(A) $F_1>F_2$　　(B) $F_1=F_2$　　(C) $F_1<F_2$

(7) 均质杆 AB 重 $\boldsymbol{P}$，用铅垂绳 CD 吊在天花板上，A，B 两端分别靠在光滑的铅垂墙面上，如图所示则 A，B 两端反力的大小是(　　)。

(A) A 点反力大于 B 点反力

(B)B 点反力大于 A 点反力

(C)A,B 两点反力相等

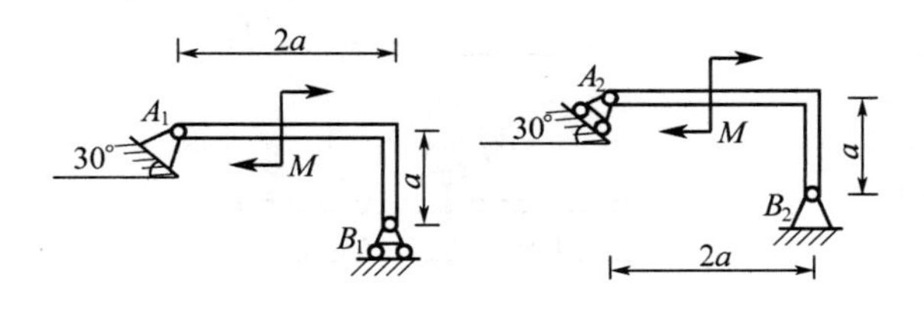

题 2.1(6) 图

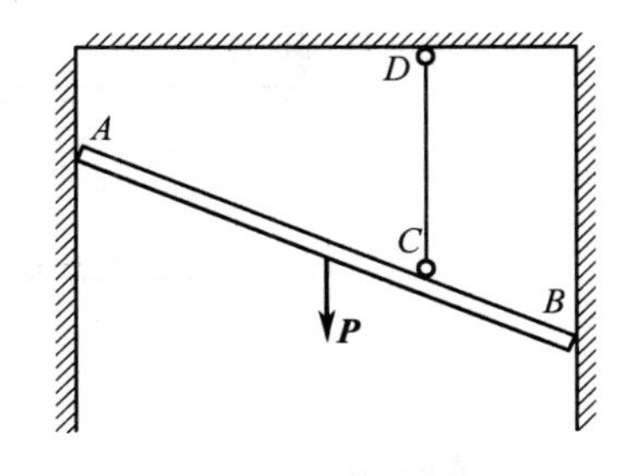

题 2.1(7) 图

(8) 如图所示已知杆 AB 和 CD 的自重不计,且在 C 处光滑接触,若作用在 AB 杆上的力偶的矩为 M_1,则欲使系统保持平衡,作用在 CD 杆上的力偶的矩 M_2 的转向如图,其值为(　　)。

(A)$M_2=M_1$

(B)$M_2=4M_1/3$

(C)$M_2=2M_1$

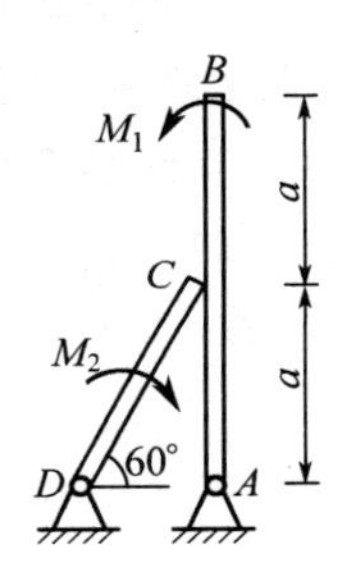

题 2.1(8) 图

(9) 若一平面力系向其作用面内任意两点简化,所得的主矢相等,主矩也相等,且主矩不为零。则该平面力系简化的最后结果是(　　)。

(A) 一个合力　　(B) 一个力偶　　(C) 平衡

(10) 图示结构中,静定结构有(　　),静不定结构有(　　)。

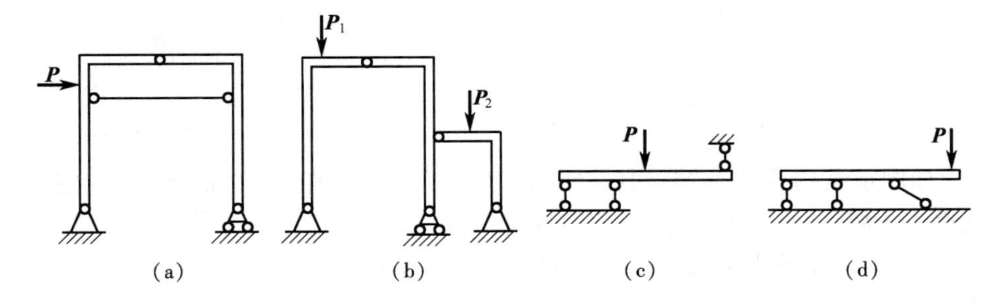

题 2.1(10) 图

(11) 某平面任意力系向 O 点简化后,得到如图所示的一个力 $\boldsymbol{F}'_R$ 和一个力偶矩为 M_O 的力偶,则该力系的最后合成结果是(　　)。

(A) 作用在 O 点的一个合力

(B) 合力偶

(C) 作用在 O 点左边某点的一个合力

(D) 作用在 O 点右边某点的一个合力

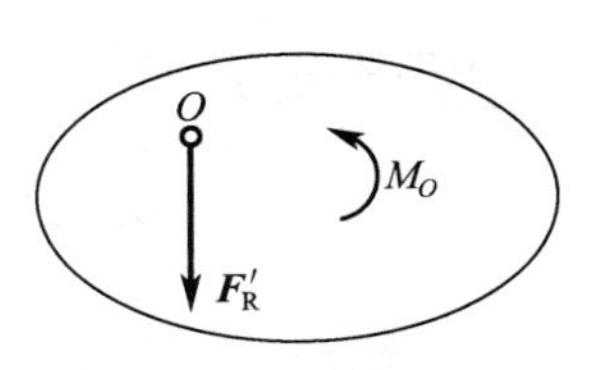

题 2.1(11) 图

(12) 已知杆 AB 长 2 m,C 是其中点。分别受图示四个力系作用,其中 $F=2$ kN,$M=4$ kN·m,则(　　)和(　　)是等效力系。

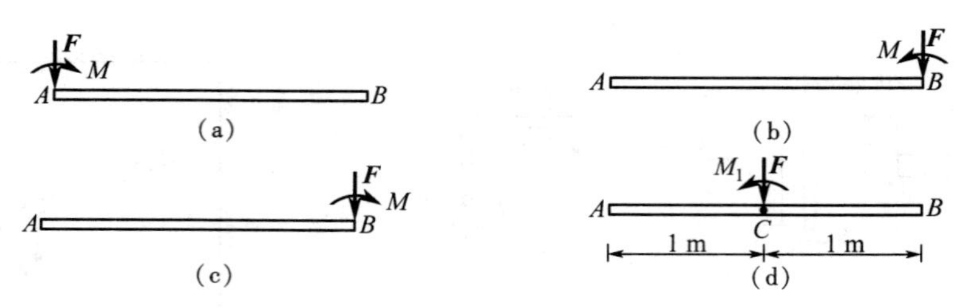

题 2.1(12) 图

2. 填空题

(1) 杆 AB 长 l,在其中点 C 处由曲杆 CD 支,承如图所示。若 $AD=AC$,不计各杆自重及各处摩擦,且受矩为 M 的平面力偶作用,则图中 A 处反力的大小为______________。(力的方向请在图中画出)

(2) 如图所示,系统在力偶矩分别为 M_1,M_2 的力偶作用下平衡,不计滑轮和杆件的质量。若 $r=0.5$ m,$M_2=50$ kN·m,则支座 A 约束力的大小为________,方向________。

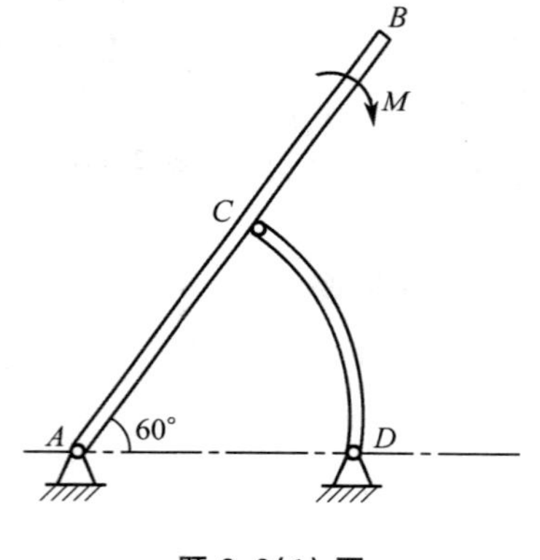

题 2.2(1) 图

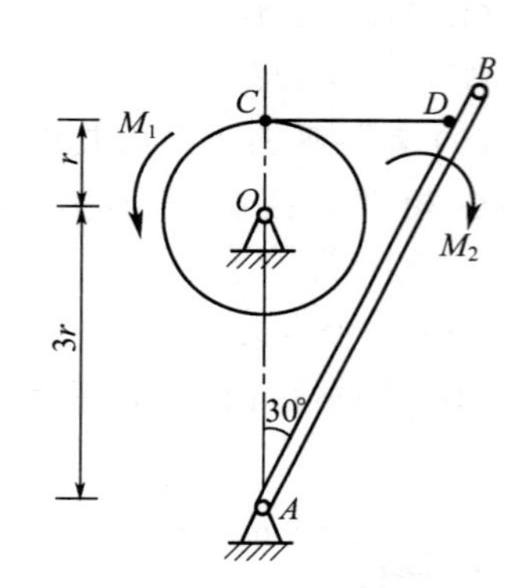

题 2.2(2) 图

(3) 如图示结构受矩为 $M=10$ kN·m 的力偶作用。若 $a=1$ m,各杆自重不计,则固定铰支座 D 的反力的大小为________,方向________。

(4) 如图所示直角杆 CDA 和 T 字形杆 BDE 在 D 处铰接,并支承如图。若系统受力偶矩为 M 的力偶作用,不计各杆自重,则 A 支座反力的大小为________,方向________。

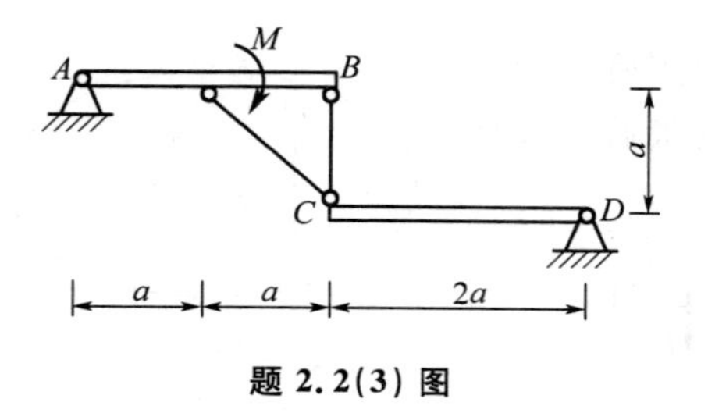

题 2.2(3) 图

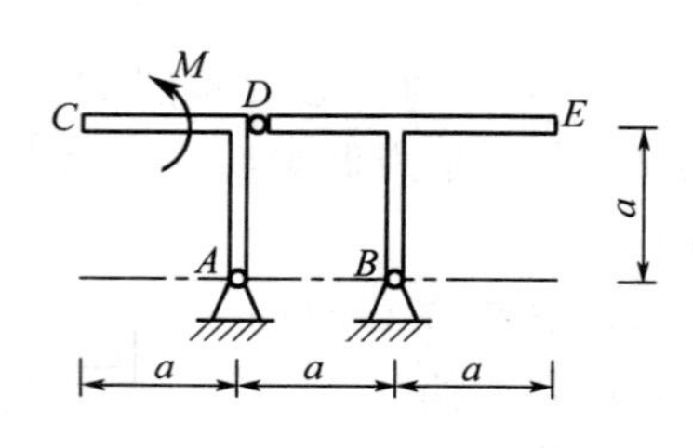

题 2.2(4) 图

(5) 如图所示结构中,静定结构有________,静不定结构有________。

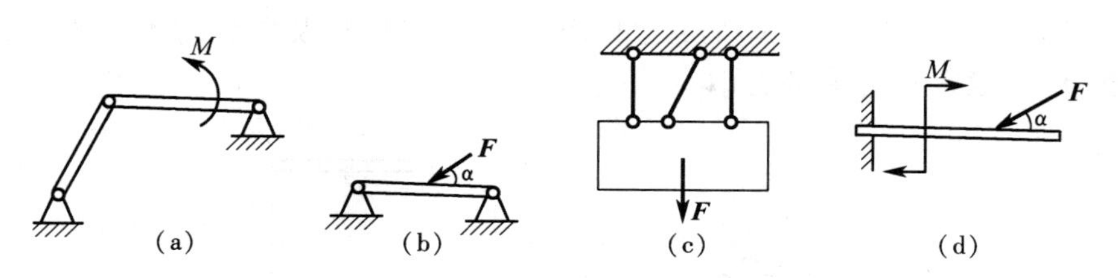

题 2.2(5) 图

(6) 图 2.2(6) 所示系统受力 **W**,**P** 作用,在图示平面内处于平衡状态。则系统有________个独立的平衡方程,有________个未知数,是静定还是静不定问题? ________。

(7) 图示正方形 $ABCD$,边长为 a,在刚体的 A,B,C 三点上分别作用了三个力 $\boldsymbol{F}_1,\boldsymbol{F}_2,\boldsymbol{F}_3$,且 $F_1=F_2=F_3=F$。则该力系简化的最后结果为________________,请在图中表示。

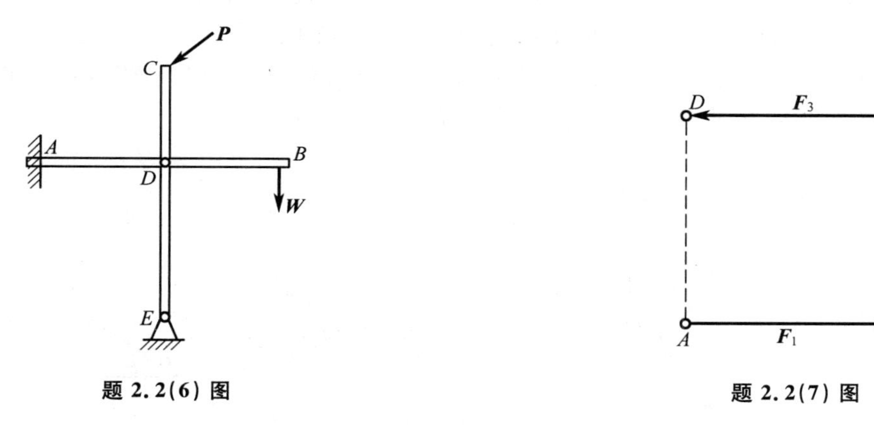

题 2.2(6) 图　　　　题 2.2(7) 图

3. 计算题

(1) 不计质量的直杆 AB 与折杆 CD 在 B 处用光滑铰链铰接如图。若系统受力 **F** 作用,试画出 D 端约束反力作用线的方向。

(2) 图示系统中,已知 $Q=40$ kN,$W=50$ kN,$P=20$ kN。不计摩擦,试求系统平衡时 A 轮对地面的压力和 θ 角。

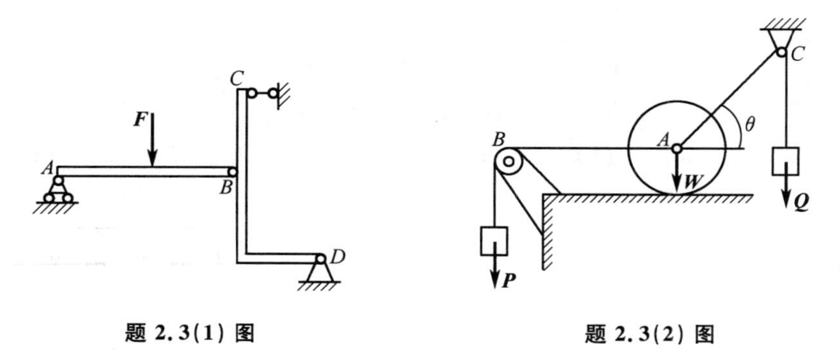

题 2.3(1) 图　　　　题 2.3(2) 图

(3) 图示系统中，已知 $P_1=20$ N，$P_2=10$ N 的 A，B 两轮和长 $L=40$ cm 的无重钢杆相铰接，且可在 $\beta=45°$ 的光滑斜面上滚动。试求平衡时的距离 x 值。

(4) 图示机构中 $M=100$ N·cm，$OA=10$ cm，不计摩擦及自重，欲使机构在图示位置处于平衡状态，求水平力 $\boldsymbol{F}$ 的大小。

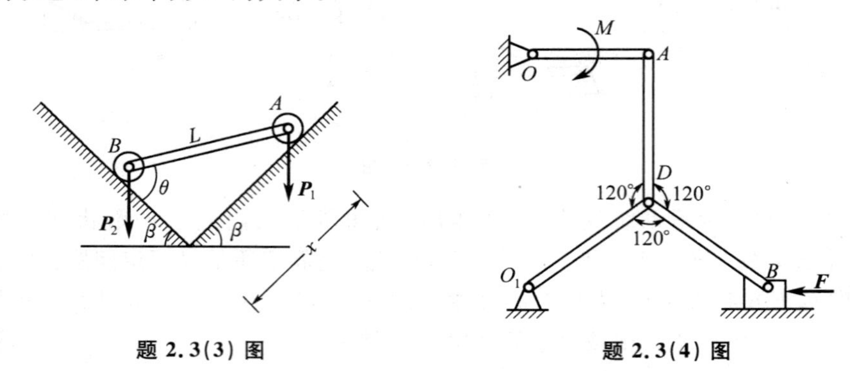

题 2.3(3) 图　　　　题 2.3(4) 图

(5) 图示平面力系已知 $F_1=8$ kN，$F_2=3$ kN，$M=10$ kN·m，$R=2$ m，$\theta=120°$。试求：① 力系向 O 点简化结果；② 力系的最后简化结果，并示于图上。

(6) 简支梁 AB 的支撑和受力如图，已知 $q_0=2$ kN/m，力偶矩 $M=2$ kN·m，梁的跨度 $L=6$ m，$\theta=30°$。若不计梁的自重，试求 A，B 支座的反力。

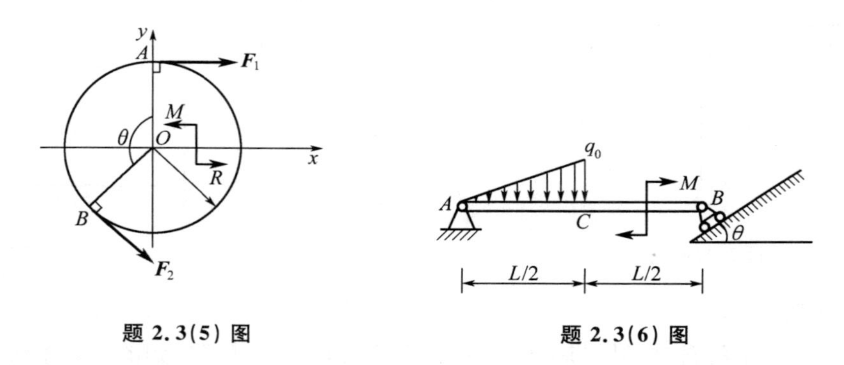

题 2.3(5) 图　　　　题 2.3(6) 图

(7) 构架如图所示，重物 $P=800$ N，挂于定滑轮 A 上，滑轮直径为 20 cm，不计构架杆重和滑轮重量，不计摩擦。求 C，E，B 处的约束反力。

(8) 图示多跨梁，自重不计。已知 M，F，q，L。试求支座 A，B 的反力及销钉 C 给 AC 梁的反作用力。

(9) 在图示系统中，已知 $F=20$ kN，$q=5$ kN/m，$M=20$ kN·m，E，C，D 为铰链，各杆自重不计。试求支座 A，B 的约束反力及杆 1、杆 2 的内力。

(10) 三铰拱尺寸如图。已知分布载荷 $q=2$ kN/m，力偶矩 $M=4$ kN·m，$L=2$ m，不计拱自重，求 C 处的反力。

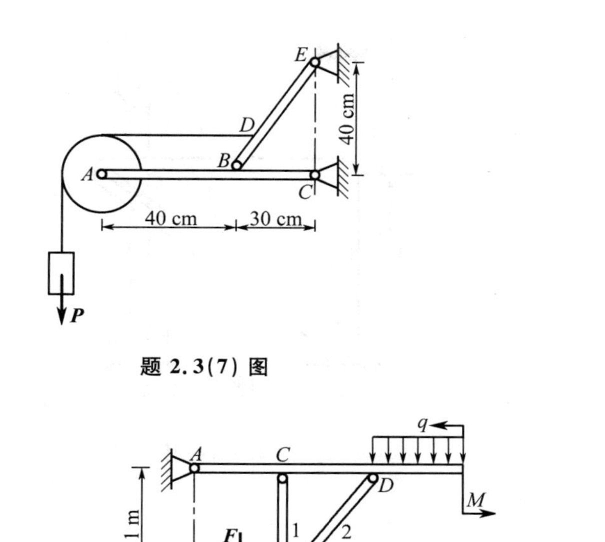

题 2.3(7) 图

题 2.3(9) 图

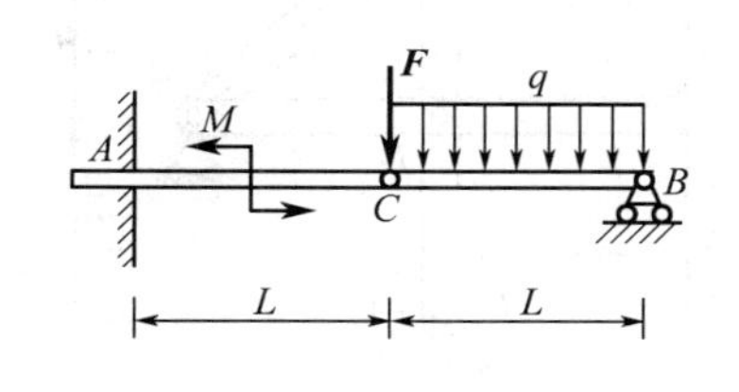

题 2.3(8) 图

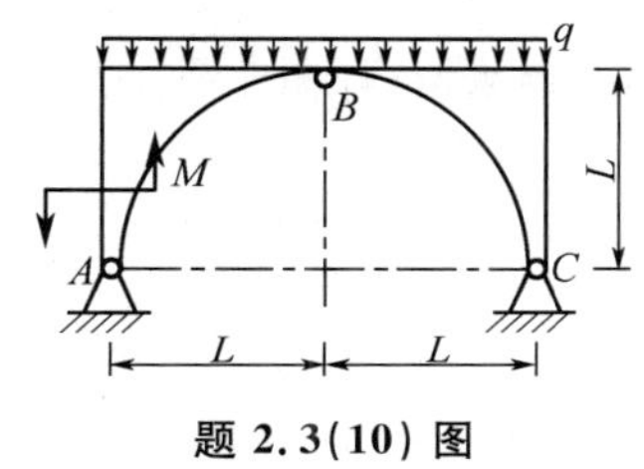

题 2.3(10) 图

(11) 结构由梁 AB，BC 和杆 1、杆 2、杆 3 组成，A 为固定端约束，B，D，E，F，G 均为光滑铰链。已知 $F=2$ kN，$q=1$ kN/m，梁、杆自重均不计。试求杆 1、杆 2、杆 3 所受的力。

(12) 露天厂房立柱的底部是杯形基础。立柱底部用混凝土砂浆与杯形基础固连在一起。已知吊车梁传来的铅垂载荷为 $F=60$ kN，风压集度 $q=2$ kN/m，又立柱自重 $G=40$ kN，长度 $a=0.5$ m，$h=10$ m，试求立柱底部的约束力。

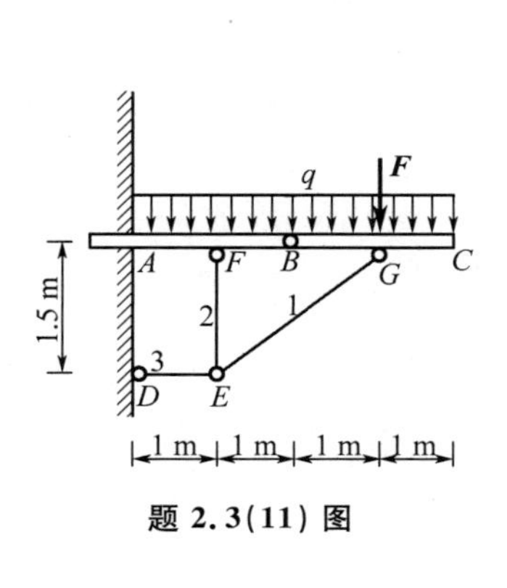

题 2.3(11) 图

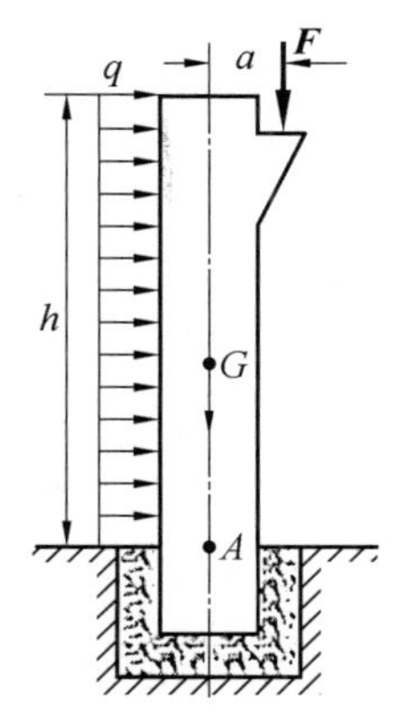

题 2.3(12) 图

(13) 图示构架中，物体重 $W=1\ 200$ N，由细绳跨过滑轮 E 而水平系于墙上，尺寸如图，求支承 A 和 B 处的约束力及杆 BC 的内力 F_{BC}。

(14) 三角形平板 A 点铰链支座，销钉 C 固结在杆 DE 上，并与滑道光滑接触。已知 $F=100$ N，各杆件重量略去不计，试求铰链支座 A 和 D 的约束反力。

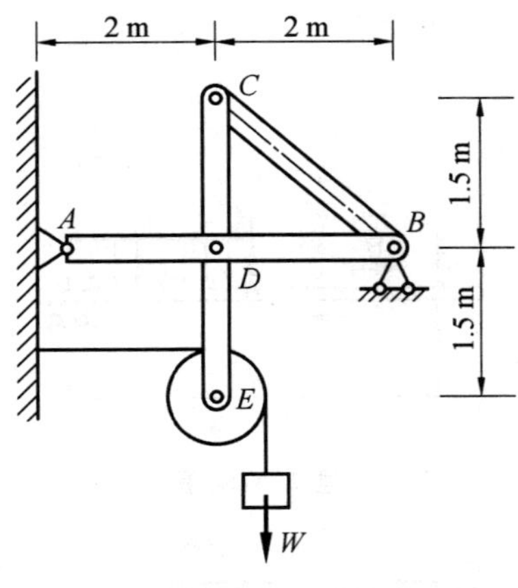

题 2.3(13) 图

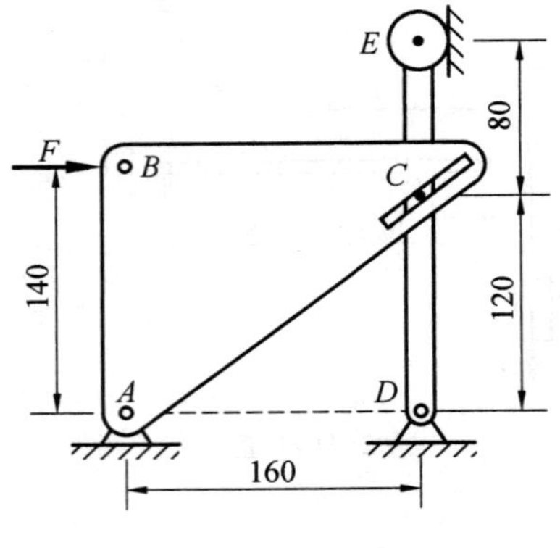

题 2.3(14) 图

第3章　摩　擦

3.1　摩擦的概念

3.1.1　摩擦现象

前两章在对物体或物体系统进行受力分析时，将物体的接触表面看作是绝对光滑的，忽略了物体之间的摩擦。本章将介绍有摩擦时物体的受力与平衡问题。由于摩擦是一种极其复杂的力学现象，这里仅介绍工程中常用的近似理论，还将重点研究有摩擦存在时物体的平衡问题。

按照接触物体之间的运动情况，摩擦可分为滑动摩擦和滚动摩阻。当两物体接触处有相对滑动或相对滑动趋势时，在接触处的公切面内将受到一定的阻力阻碍其滑动，这种现象称为滑动摩擦。当两物体接触处有相对滚动或相对滚动趋势时，物体间产生相对滚动的阻碍称为滚动摩阻，简称滚阻。

由于物理本质的不同，滑动摩擦又分为干摩擦和湿摩擦。如果两物体的接触面相对来说是干燥的，它们之间的摩擦称为干摩擦。如果两物体之间充满足够多的液体，它们之间的摩擦称为湿摩擦。

摩擦对人类的生活和生产，既有有利的一面，也有不利的一面。研究摩擦的任务在于掌握摩擦的规律，尽量利用其有利的一面，减少或避免其不利的一面。

3.1.2　静滑动摩擦

两个相互接触的物体，当其接触表面之间有相对滑动的趋势，但尚保持相对静止时，彼此作用着阻碍相对滑动的阻力，这种阻力称为静滑动摩擦力，简称静摩擦力。

如图 3.1(a) 所示，在粗糙的水平面上放置一重为 P 的物体，该物体在重力 $\boldsymbol{P}$ 和法向反力 $\boldsymbol{F}_N$ 的作用下处于静止状态。今在该物体上作用一大小可变化的水平拉力 $\boldsymbol{F}$，当拉力 $\boldsymbol{F}$ 由零逐渐增加但不是很大时，物体和水平面间仅有相对滑动的趋势，但仍保持静止。可见支承面对物体除了存在有法向约束力 $\boldsymbol{F}_N$ 外，还有一个阻碍物体沿水平面向右滑动的切向约束力，此力即为静摩擦力。一般以 $\boldsymbol{F}_S$ 表示，方向向左，如图 3.1(b) 所示。其大小由平衡条件确定

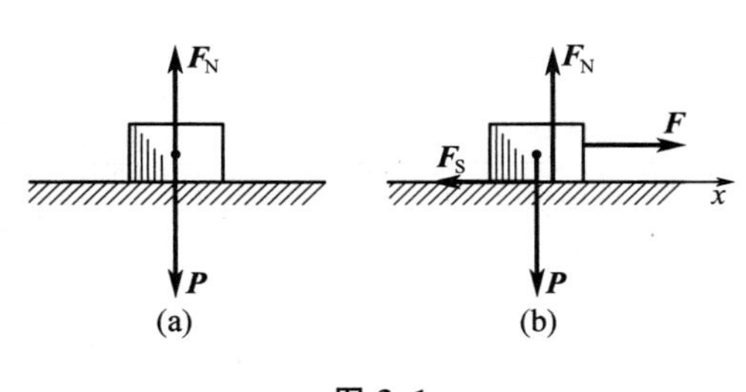

图 3.1

$$\sum F_x = 0, F_S = F$$

由上式可知，静摩擦力的大小随主动力 $\boldsymbol{F}$ 的增大而增大，这是静摩擦力和一般约束力共同的性质。

但是，静摩擦力又与一般的约束力不同，它并不随主动力 $\boldsymbol{F}$ 的增大而无限度地增大。当主动力 $\boldsymbol{F}$ 的大小达到一定数值时，物块处于平衡的临界状态。这时，静摩擦力达到最大值，即为最大静滑动摩擦力，简称最大静摩擦力，以 $\boldsymbol{F}_{\max}$ 表示。此后，如果主动力 $\boldsymbol{F}$ 再继续增大，但静摩擦力不能再随之增大，物体将失去平衡而滑动。这就是静摩擦力的特点。

综上所述，静摩擦力的大小随主动力的情况而改变，但介于零与最大值之间，即

$$0 \leqslant F_S \leqslant F_{\max} \tag{3.1}$$

大量实验证明，最大静摩擦力的方向与相对滑动趋势的方向相反，其大小与两物体间的正压力（即法向反力）成正比，即

$$F_{\max} = f_S F_N \tag{3.2}$$

式中，f_S 是比例常数，称为静摩擦系数，是无量纲量。

式(3.2)称为静摩擦定律，又称库仑摩擦定律，是工程中常用的近似理论。

静摩擦系数的大小由实验测定。它与接触物体的材料和表面情况（如粗糙度、温度和湿度等）有关，而与接触面积的大小无关。

静摩擦系数的数值可在工程手册中查到，表3.1中列出了部分常用材料的摩擦系数。但影响摩擦系数的因素很复杂，如果需用比较准确的数值时，必须在具体条件下进行实验测定。

表3.1　常用材料的滑动摩擦系数

材料名称	静摩擦系数		动摩擦系数	
	无润滑	有润滑	无润滑	有润滑
钢－钢	0.15	0.1～0.12	0.15	0.05～0.1
钢－软钢			0.2	0.1～0.2
钢－铸铁	0.3		0.18	0.05～0.15
钢－青铜	0.15	0.1～0.15	0.15	0.1～0.15
软钢－铸铁	0.2		0.18	0.05～0.15
软钢－青铜	0.2		0.18	0.07～0.15
铸铁－铸铁		0.18	0.15	0.07～0.12
铸铁－青铜			0.15～0.2	0.07～0.15
青铜－青铜		0.1	0.2	0.07～0.1
皮革－铸铁	0.3～0.5	0.15	0.6	0.15
橡皮－铸铁			0.8	0.5
木材－木材	0.4～0.6	0.1	0.2～0.5	0.07～0.15

3.1.3 摩擦角和自锁现象

1. 摩擦角

当有摩擦时，支承面对平衡物体的约束反力包含法向反力 $\boldsymbol{F}_N$ 和切向反力 $\boldsymbol{F}_S$（即静摩擦力）。这两个分力的几何和为 $\boldsymbol{F}_{RA}=\boldsymbol{F}_N+\boldsymbol{F}_S$，称为支承面的全约束反力。设全约束反力与接触面公法线间的夹角为 φ，如图 3.2(a) 所示，当物块处于平衡的临界状态时，静摩擦力达到其最大值 F_{max}，角 φ 也达到最大值 φ_f，如图 3.2(b) 所示。全约束反力与法线间夹角的最大值 φ_f 称为摩擦角。由图可得

$$\tan\varphi_f=\frac{F_{max}}{F_N}=\frac{f_S F_N}{F_N}=f_S \tag{3.3}$$

即摩擦角的正切等于静摩擦系数。可见，摩擦角与摩擦系数一样，都是表示材料表面性质的量。

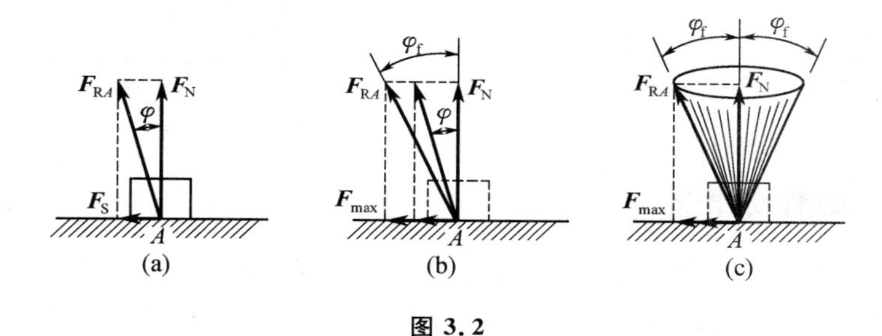

图 3.2

当物块的滑动趋势方向改变时，全约束反力作用线的方位也随之改变。在临界状态下，$\boldsymbol{F}_{RA}$ 的作用线将画出一个以接触点 A 为顶点的锥面，如图 3.2(c) 所示，称为摩擦锥。设物块与支承面间沿任何方向的摩擦系数都相同，即摩擦角都相等，则摩擦锥将是一个顶角为 $2\varphi_f$ 的圆锥。

2. 自锁现象

物块平衡时，静摩擦力不一定达到最大值，可在零与最大值 F_{max} 之间变化，所以全约束反力与法线间的夹角 φ 也在零与摩擦角 φ_f 之间变化，即

$$0\leqslant\varphi\leqslant\varphi_f \tag{3.4}$$

由于静摩擦力不可能超过最大值，因此全约束反力的作用线也不可能超出摩擦角以外，即全约束力必在摩擦角之内。由此可知：

(1) 如果作用于物体的全部主动力的合力 $\boldsymbol{F}_R$ 的作用线在摩擦角 φ_f 之内，则无论这个力多大，物体必保持静止，这种现象称为自锁现象。因为在这种情况下，主动力的合力 $\boldsymbol{F}_R$ 和全约束反力 $\boldsymbol{F}_{RA}$ 必能满足二力平衡条件，如图 3.3(a) 所示。工程实际中常应用自锁条件设计一些机构或夹具，如千斤顶、圆锥销等，使它们始终保持在平衡状态下工作。

(2) 如果作用于物体的全部主动力的合力 $\boldsymbol{F}_R$ 的作用线在摩擦角 φ_f 之外，则无论这个力多小，物体一定会滑动。因为在这种情况下，主动力的合力 $\boldsymbol{F}_R$ 和全约束反力 $\boldsymbol{F}_{RA}$ 不能满足二力平衡条件，如图3.3(b) 所示。

利用摩擦角的概念，可用简单的实验方法测定静摩擦系数。如图 3.4 所示，把要测定

的两种材料分别制成斜面和物块，把物块放在斜面上，并逐渐从零起增大斜面的倾角 θ，直到物块刚开始下滑时为止。这时的 θ 角就是要测定的摩擦角 φ_f，于是可得静摩擦系数为

$$f_S = \tan\varphi_f = \tan\theta$$

根据上式也可以同时得到斜面的自锁条件，即斜面的自锁条件是斜面的倾角小于或等于摩擦角，即 $\theta \leqslant \varphi_f$。

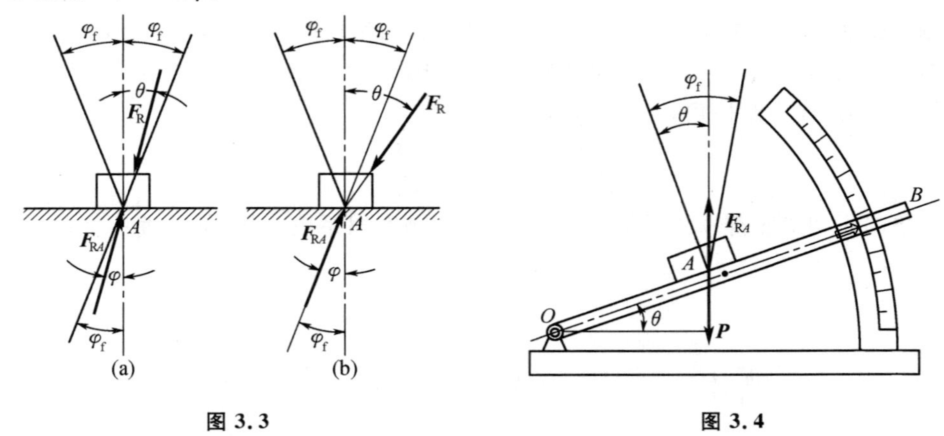

图 3.3　　图 3.4

3.1.4　动滑动摩擦

当两个相互接触的物体，其接触表面之间有相对滑动时，彼此间作用着阻碍相对滑动的阻力，这种阻力称为动滑动摩擦力，简称动摩擦力，一般以 $\boldsymbol{F}_k$ 表示。实验表明，动摩擦力的大小与接触物体间的正压力成正比，即

$$F_k = f_k F_N \tag{3.5}$$

式中，f_k 是动摩擦系数，与接触物体的材料和表面情况有关。

一般情况下，动摩擦系数小于静摩擦系数，即 $f_k < f_S$。此外，动摩擦系数还与接触物体间相对滑动的速度大小有关，大多数情况下，动摩擦系数随相对滑动速度的增大而稍微减小。但当相对滑动速度不大时，动摩擦系数可以近似地认为是个常数。

3.2　考虑摩擦的平衡问题

求解有摩擦时物体的平衡问题，其方法步骤与前两章所述的相同。新的问题是，在分析物体受力情况时，必须考虑摩擦力。摩擦力有以下特点：

(1) 静摩擦力的方向与相对滑动趋势的方向相反，两个物体相互作用的摩擦力互为作用力和反作用力。

(2) 摩擦力的大小在零与最大值之间，是个未知量。要确定这些新增的未知量，除列出平衡方程外，还需要列出补充方程 $F_S \leqslant f_S F_N$，补充方程的数目应与摩擦力的数目相同。

(3) 由于物体平衡时，静摩擦力的大小可在零与最大值之间取值，即 $0 \leqslant F_S \leqslant F_{max}$，因此在考虑摩擦时，物体有一个平衡范围，解题时必须注意分析。

工程实际中有不少问题只需要分析平衡的临界状态，这时静摩擦力等于最大值，补充方程中只取等号。有时为了解题方便，可以先就临界状态计算，求得结果后再进行分析讨论。

例3.1　如图3.5(a)所示，梯子AB长为$2a$，重为P，其一端置于水平面上，另一端靠在铅垂墙上。设梯子与地和墙的静摩擦系数均为f_S，问梯子与水平线的夹角α多大时，梯子能处于平衡？

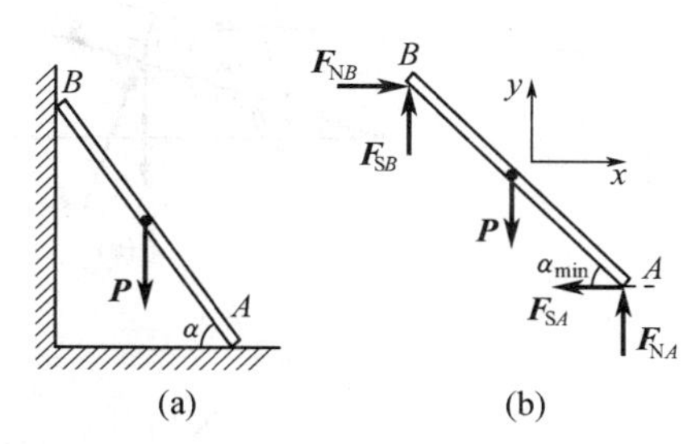

图3.5

解　以梯子为研究对象，当梯子处于向下滑动的临界平衡状态时，受力如图3.5(b)所示，此时α角取最小值α_{min}，根据平衡条件，列写平衡方程

$$\sum F_x=0, F_{NB}-F_{SA}=0$$

$$\sum F_y=0, F_{NA}+F_{SB}-P=0$$

$$\sum M_A(\boldsymbol{F})=0, P\cdot a\cdot\cos\alpha_{min}-F_{SB}\cdot 2a\cdot\cos\alpha_{min}-F_{NB}\cdot 2a\cdot\sin\alpha_{min}=0$$

补充方程

$$F_{SA}=f_S F_{NA}, F_{SB}=f_S F_{NB}$$

注意到$f_S=\tan\varphi_f$，其中φ_f为摩擦角，可解得

$$\tan\alpha_{min}=\frac{1-\tan^2\varphi_f}{2\tan\varphi_f}=\cot 2\varphi_f=\tan\left(\frac{\pi}{2}-2\varphi_f\right)$$

故

$$\frac{\pi}{2}-2\varphi_f\leqslant\alpha\leqslant\frac{\pi}{2}$$

此即为梯子的自锁条件。

例3.2　物体重为$\boldsymbol{P}$，放在倾角为θ的斜面上，它与斜面间的摩擦系数为f_S，如图3.6(a)所示。当物体处于平衡时，试求水平推力$\boldsymbol{F}_1$的大小。

解　(1)当物块有向上滑动的趋势时，设其处于平衡的临界状态，此时摩擦力沿斜面向下，并达到最大值F_{max}，如图3.6(a)所示。建立坐标系如图，列写平衡方程

$$\sum F_x=0, F_1\cos\theta-P\sin\theta-F_{max}=0$$

$$\sum F_y=0, F_N-F_1\sin\theta-P\cos\theta=0$$

补充方程

$$F_{max}=f_S F_N$$

解得水平推力$\boldsymbol{F}_1$的最大值为

$$F_{1max}=P\frac{\sin\theta+f_S\cos\theta}{\cos\theta-f_S\sin\theta}$$

(2)当物块有向下滑动的趋势时，设其处于平衡的临界状态，此时摩擦力沿斜面向上，并达到最大值，记为F'_{max}，如图3.6(b)所示。建立坐标系如图，列写平衡方程

$$\sum F_x=0, F_1\cos\theta-P\sin\theta+F'_{max}=0$$

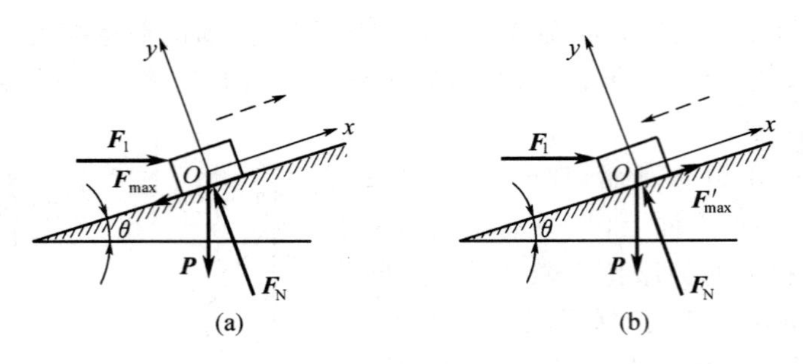

图 3.6

$$\sum F_y = 0, F'_N - F_1 \sin\theta - P\cos\theta = 0$$

补充方程

$$F'_{max} = f_S F'_N$$

解得水平推力 $\boldsymbol{F}_1$ 的最小值为

$$F_{1\min} = P\frac{\sin\theta - f_S\cos\theta}{\cos\theta + f_S\sin\theta}$$

综上，为使物块静止，力 $\boldsymbol{F}_1$ 的大小必须满足

$$P\frac{\sin\theta - f_S\cos\theta}{\cos\theta + f_S\sin\theta} \leqslant F_1 \leqslant P\frac{\sin\theta + f_S\cos\theta}{\cos\theta - f_S\sin\theta}$$

例 3.3 如图 3.7 所示的均质木箱重 $P=5$ kN，木箱与地面之间的静摩擦系数 $f_S=0.4$。图 3.7 中，$h=2a=2$ m，$\theta=30°$。求：(1) 当 D 处的拉力 $F=1$ kN 时，木箱是否平衡？(2) 能保持木箱平衡的最大拉力。

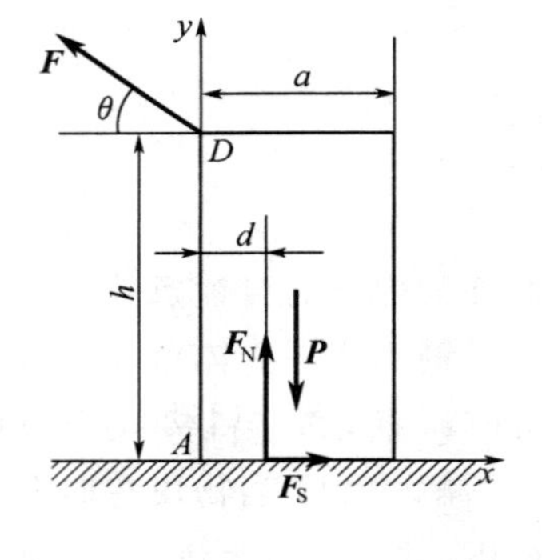

图 3.7

解 欲保持木箱平衡，必须满足两个条件，一是不发生滑动，即要求静摩擦力 $F_S \leqslant F_{max} = f_S F_N$，二是不绕 A 点翻倒，这时法向约束力 $\boldsymbol{F}_N$ 的作用线应在木箱内，即 $d>0$。

(1) 取木箱为研究对象，受力如图 3.7 所示，列写平衡方程

$$\sum F_x = 0, F_S - F\cos\theta = 0$$

$$\sum F_y = 0, F_N - P + F\sin\theta = 0$$

$$\sum M_A(\boldsymbol{F}) = 0, hF\cos\theta - P\frac{a}{2} + F_N d = 0$$

解得

$$F_S = 0.866\ \text{kN}, F_N = 4.5\ \text{kN}, d = 0.171\ \text{m}$$

此时，木箱与地面间最大摩擦力为

$$F_{max} = f_S F_N = 1.8\ \text{kN}$$

由于 $F_S \leqslant F_{max}$，木箱不会滑动，又 $d>0$，木箱不会翻倒。因此，木箱保持平衡。

(2) 为求保持平衡的最大拉力 $\boldsymbol{F}$，可分别求出木箱将滑动时的临界拉力 $\boldsymbol{F}_{滑}$ 和木箱将绕 A 点翻倒的临界拉力 $\boldsymbol{F}_{翻}$。二者中取较小者，即为所求。

列写平衡方程

$$\sum F_x = 0, F_S - F\cos\theta = 0$$

$$\sum F_y = 0, F_N - P + F\sin\theta = 0$$

木箱滑动的条件为

$$F_S = F_{max} = f_S F_N$$

解得

$$F_{滑} = 1.878\ \text{kN}$$

木箱将绕 A 点翻倒的条件为 $d=0$，于是有平衡方程

$$\sum M_A(\boldsymbol{F}) = 0, hF\cos\theta - P\frac{a}{2} = 0$$

解得

$$F_{翻} = 1.443\ \text{kN}$$

综上，保持木箱平衡的最大拉力为

$$F = F_{翻} = 1.443\ \text{kN}$$

这说明，当拉力 $\boldsymbol{F}$ 逐渐增大时，木箱将先翻倒而失去平衡。

习 题

1. 选择题

(1) 图示系统仅在直杆 OA 与小车接触的 A 点处存在摩擦，在保持系统平衡的前提下，逐步增加拉力 $\boldsymbol{F}$，则在此过程中，A 处的法向反力将(　　)。

(A) 越来越大　　(B) 越来越小　　(C) 保持不变　　(D) 不能确定

(2) 已知图示系统 $W=100$ kN，$F=80$ kN，摩擦系数 $f_S=0.2$，物块将(　　)。

(A) 向上运动　　(B) 向下运动　　(C) 静止不动

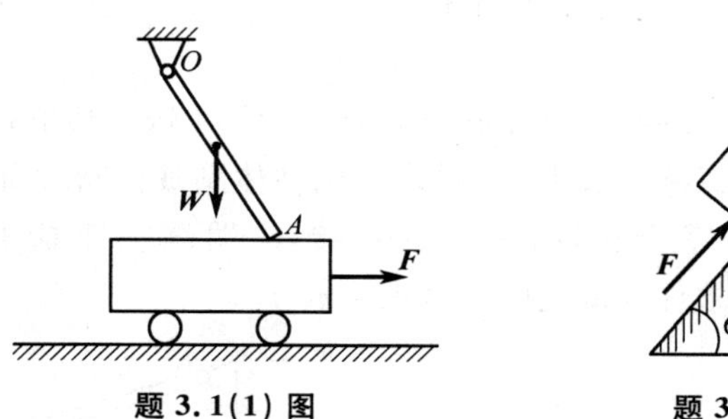

题 3.1(1) 图　　题 3.1(2) 图

(3) 物块重 Q，放在粗糙的水平面上，其摩擦角 $\varphi_f = 20°$，若力 $\boldsymbol{P}$ 作用于摩擦角之外，并已知 $\alpha = 30°$，$P=Q$，物体是否能保持静止？(　　)

(A) 能

(B) 不能

(C) 处于临界状态

(D) P 与 Q 的值比较小时能保持静止，否则不能

(4) 如图所示，四本相同的书，每本重 G，设书与书间摩擦系数为0.1，书与手间的摩擦系数为0.25，欲将四本书一起提起，则两侧应加之 F 应至少大于(　　)。

(A) $10G$　　(B) $8G$　　(C) $4G$　　(D) $12.5G$

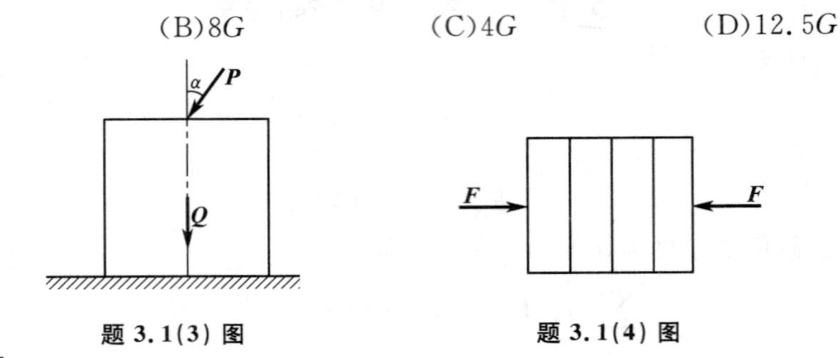

题 3.1(3) 图　　题 3.1(4) 图

2. 填空题

(1) 如图所示，已知 A 重100 kN，B 重25 kN，A 物与地面间摩擦系数为0.2，滑轮处摩擦不计。则物体 A 与地面间的摩擦力的大小为________。

(2) 如图所示，重 W、半径为 R 的圆轮放在水平面上，轮与地面间的滑动摩擦系数为 f_S，圆轮在水平力 $\boldsymbol{F}$ 的作用下平衡，则接触处摩擦力 $\boldsymbol{F}_S$ 的大小为________。

(3) 图示一均质矩形物块重 P，与固定支撑面之间的静滑动摩擦系数为 f_S，其上作用有水平力 $\boldsymbol{F}$，若矩形物块处于平衡状态，试问图示受力图是否正确？____________。请说明理由________________。

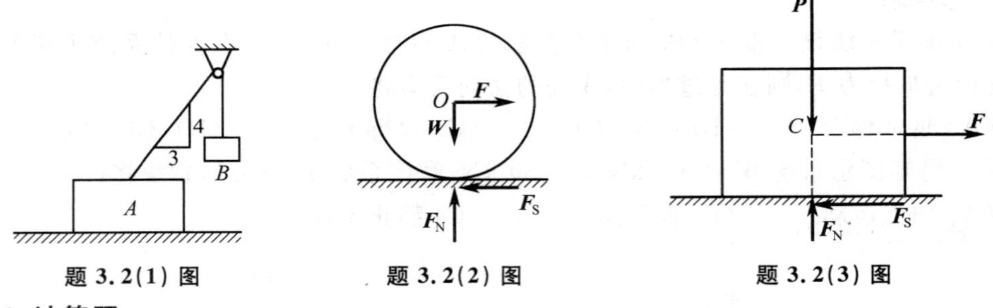

题 3.2(1) 图　　题 3.2(2) 图　　题 3.2(3) 图

3. 计算题

(1) 半圆柱体重 P，重心 C 到圆心 O 点的距离为 $a=4R/(3\pi)$，其中 R 为半圆柱半径。如半圆柱体与水平面间的静摩擦系数为 f_S，试求半圆柱体刚被拉动时所偏过的角度 θ。

(2) 均质杆 AB 和 BC 完全相同，A,B 为铰接，C 端靠在粗糙的墙面上。若在 $0<\theta\leqslant 10°$ 时系统平衡，试求杆与墙之间的摩擦系数 f_S。

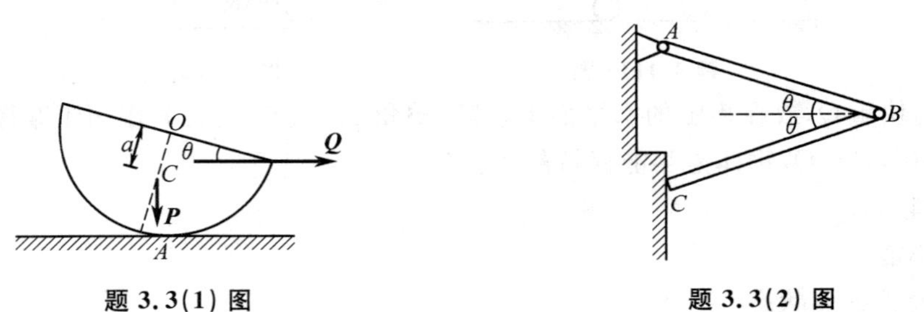

题 3.3(1) 图　　题 3.3(2) 图

(3) 在图示凸轮顶推机构中,已知 $\boldsymbol{F}$,M,e,顶杆与导轨之间的静摩擦系数为 f_S,不计凸轮与顶杆的摩擦。欲使顶杆不被导轨卡住,试求滑道的宽度 L。

(4) 均质长板 AD 重 P,长为 4 m,用短板 BC 支撑,如图所示。若 $AC=BC=AB=3$ m,BC 板的自重不计。求 A,B,C 处摩擦角各为多大才能使之保持平衡?

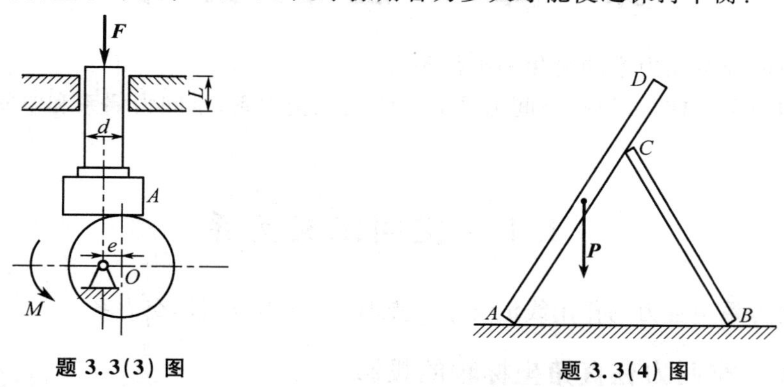

题 3.3(3) 图　　　　题 3.3(4) 图

(5) 均质圆柱重 P、半径 r,搁在不计自重的水平杆和固定斜面之间,杆端 A 为光滑铰链,D 端受一铅垂向上的力 $\boldsymbol{F}$,圆柱上作用一力偶,如图所示。已知 $F=P$,圆柱与杆和斜面间的静摩擦系数皆为 $f_S=0.3$,不计滚动摩阻,当 $\alpha=45°$ 时,$AB=BD$。求此时能保持系统静止的力偶矩 M 的最小值。

(6) 图示物块 A 重 $P=2$ kN,楔块 B 质量可不计,各接触面间的静摩擦系数均为 $f_S=0.3$。试求使物块 A 开始上升所需的最小水平力 $\boldsymbol{F}$。

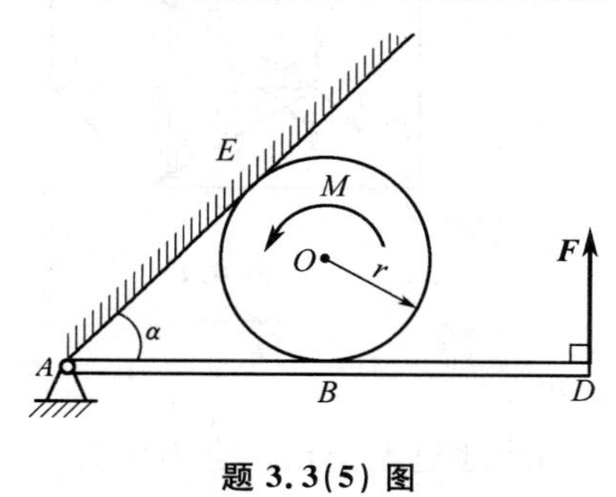

题 3.3(5) 图

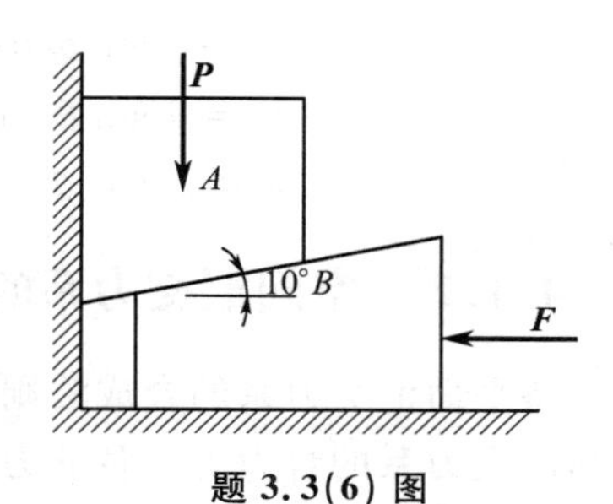

题 3.3(6) 图

第4章　空间力系

本章将研究空间力系的简化和平衡条件。

与平面力系一样，可以把空间力系分为空间汇交力系、空间力偶系和空间任意力系来研究。

4.1　空间汇交力系

当空间力系中各力的作用线汇交于一点时，称其为空间汇交力系。

4.1.1　空间力在直角坐标轴的投影

已知力 $\boldsymbol{F}$ 与空间直角坐标系 $Oxyz$ 三轴间的夹角为 α，β 和 γ，则可用直接投影法。即

$$F_x = F\cos\alpha, F_y = F\cos\beta, F_z = F\cos\gamma$$

当力 $\boldsymbol{F}$ 与坐标轴 Ox，Oy 间的夹角不易确定时，可把力 $\boldsymbol{F}$ 先投影到坐标平面 Oxy 上，得到力 $\boldsymbol{F}_{xy}$，然后再把这个力投影到 x，y 轴上，此为间接投影法。如图4.1所示，已知角 θ 和 φ，则力 $\boldsymbol{F}$ 在三个坐标轴上的投影分别为

$$\left.\begin{aligned} F_x &= F\sin\theta\cos\varphi \\ F_y &= F\sin\theta\sin\varphi \\ F_z &= F\cos\theta \end{aligned}\right\}$$

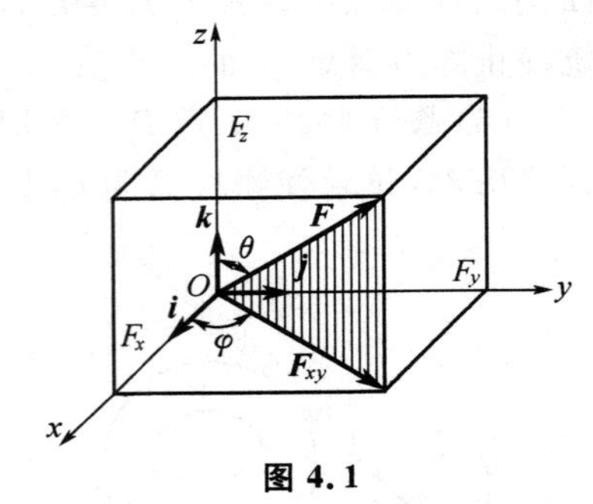

图 4.1

4.1.2　空间汇交力系的合成

将平面汇交力系的合成法则扩展到空间力系，可得

空间汇交力系的合力等于各分力的矢量和，合力的作用线通过汇交点。合力矢为

$$\boldsymbol{F}_{\mathrm{R}} = \boldsymbol{F}_1 + \boldsymbol{F}_2 + \cdots + \boldsymbol{F}_n = \sum \boldsymbol{F}_i \tag{4.1}$$

根据矢量和的投影定理，合力 $\boldsymbol{F}_{\mathrm{R}}$ 在任一轴上的投影等于各分力在同一轴上投影的代数和。由此可得合力的大小 F_{R} 和方向余弦为

$$\left.\begin{aligned} F_{\mathrm{R}} &= \sqrt{\left(\sum F_x\right)^2 + \left(\sum F_y\right)^2 + \left(\sum F_z\right)^2} \\ \cos\alpha &= \frac{F_{\mathrm{R}x}}{F_{\mathrm{R}}} = \frac{\sum F_x}{F_{\mathrm{R}}} \\ \cos\beta &= \frac{F_{\mathrm{R}y}}{F_{\mathrm{R}}} = \frac{\sum F_y}{F_{\mathrm{R}}} \\ \cos\gamma &= \frac{F_{\mathrm{R}z}}{F_{\mathrm{R}}} = \frac{\sum F_z}{F_{\mathrm{R}}} \end{aligned}\right\} \tag{4.2}$$

4.1.3　空间汇交力系的平衡

由于空间汇交力系可以合成为一个合力，因此空间汇交力系平衡的必要和充分条件为：该力系的合力等于零，即

$$\boldsymbol{F}_{\mathrm{R}}=\sum \boldsymbol{F}_i=\mathbf{0}$$

由(4.2)易知，欲使合力 $\boldsymbol{F}_{\mathrm{R}}$ 为零，必须同时满足

$$\left.\begin{aligned}\sum F_x&=0\\ \sum F_y&=0\\ \sum F_z&=0\end{aligned}\right\}\tag{4.3}$$

空间汇交力系平衡的必要和充分条件为：该力系中所有各力在三个坐标轴上的投影的代数和分别等于零。式(4.3)也就是空间汇交力系的平衡方程。

应用解析法求解空间汇交力系的平衡问题的步骤，与平面汇交力系问题相同，只是要列出三个平衡方程，可求解三个未知量。

例 4.1　如图 4.2(a)所示，用起重杆吊起重物。起重杆的 A 端用球铰链固定在地面上，而 B 端则用绳 CB 和 DB 拉住，两绳分别系在墙上的点 C 和 D，连线 CD 平行于 x 轴。已知，$CE=EB=DE$，$\theta=30^\circ$，CDB 平面与水平面间的夹角 $\angle EBF=30^\circ$，如图 4.2(b) 所示。重物 $P=10$ kN。如起重杆的质量不计，试求起重杆所受的压力和绳子的拉力。

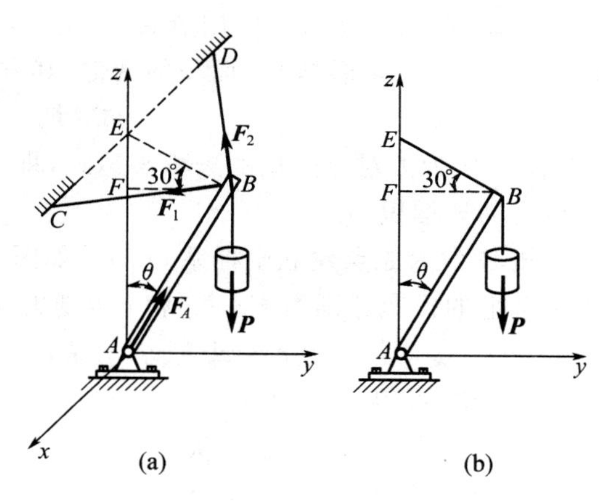

图 4.2

解　取起重杆 AB 与重物为研究对象，受力如图 4.2(a) 所示。列写平衡方程

$$\sum F_x=0,F_1\sin 45^\circ-F_2\sin 45^\circ=0$$

$$\sum F_y=0,F_A\sin 30^\circ-F_1\cos 45^\circ\cos 30^\circ-F_2\cos 45^\circ\cos 30^\circ=0$$

$$\sum F_z=0,\ F_1\cos 45^\circ\sin 30^\circ+F_2\cos 45^\circ\sin 30^\circ+F_A\cos 30^\circ-P=0$$

解得

$$F_1=F_2=3.536\ \mathrm{kN},F_A=8.66\ \mathrm{kN}$$

4.2 空间力对点之矩与力对轴之矩

4.2.1 空间力对点之矩的矢量表示

对于平面力系，用代数量表示力对点的矩足以概括它的全部要素。但是在空间情况下，不仅要考虑力矩的大小和转向，还要考虑力与矩心所组成的平面，也就是力矩作用面的方位。方位不同，即使力矩大小一样，作用效果也将完全不同。这三个因素可以用力矩矢 $\boldsymbol{M}_O(\boldsymbol{F})$ 来描述。其中矢量的模即 $|\boldsymbol{M}_O(\boldsymbol{F})|=Fh=2S_{\triangle OAB}$，矢量的方位和力矩作用面的法线方向相同，矢量的指向按右手螺旋法则来确定，如图 4.3 所示。

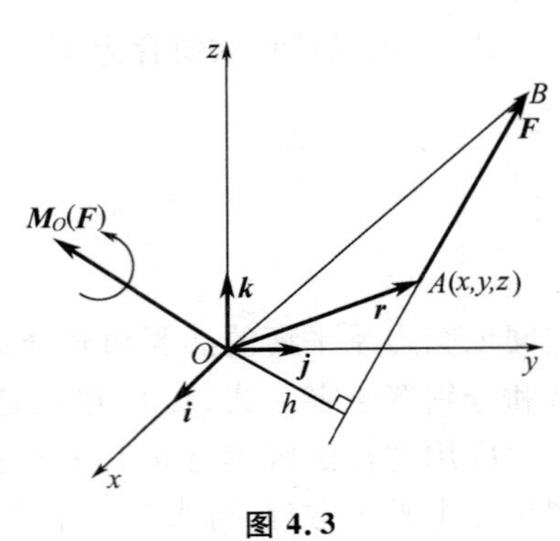

图 4.3

由图易见，以 $\boldsymbol{r}$ 表示力作用点 A 的矢径，则矢积 $\boldsymbol{r}\times\boldsymbol{F}$ 的模等于三角形 OAB 面积的两倍，其方向与力矩矢一致。因此可得

$$\boldsymbol{M}_O(\boldsymbol{F})=\boldsymbol{r}\times\boldsymbol{F} \tag{4.4}$$

式(4.4)为力对点的矩的矢积表达式，即力对点的矩矢等于矩心到该力作用点的矢径与该力的矢量积。

以矩心 O 为原点建立坐标系 $Oxyz$，如图 4.3 所示，设力的作用点 $A(x,y,z)$，力在三个坐标轴上的投影分别为 F_x，F_y 和 F_z，则矢径 $\boldsymbol{r}$ 和力 $\boldsymbol{F}$ 分别为

$$\boldsymbol{r}=x\boldsymbol{i}+y\boldsymbol{j}+z\boldsymbol{k},\boldsymbol{F}=F_x\boldsymbol{i}+F_y\boldsymbol{j}+F_z\boldsymbol{k}$$

代入(4.4)式，可得

$$\boldsymbol{M}_O(\boldsymbol{F})=\boldsymbol{r}\times\boldsymbol{F}=\begin{vmatrix}\boldsymbol{i}&\boldsymbol{j}&\boldsymbol{k}\\x&y&z\\F_x&F_y&F_z\end{vmatrix}=(yF_z-zF_y)\boldsymbol{i}+(zF_x-xF_z)\boldsymbol{j}+(xF_y-yF_x)\boldsymbol{k} \tag{4.5}$$

由上式可知，单位矢量 $\boldsymbol{i}$，$\boldsymbol{j}$，$\boldsymbol{k}$ 前面的三个系数，应分别表示力矩矢 $\boldsymbol{M}_O(\boldsymbol{F})$ 在三个坐标轴上的投影，即

$$\left.\begin{aligned}[\boldsymbol{M}_O(\boldsymbol{F})]_x&=yF_z-zF_y\\ [\boldsymbol{M}_O(\boldsymbol{F})]_y&=zF_x-xF_z\\ [\boldsymbol{M}_O(\boldsymbol{F})]_z&=xF_y-yF_x\end{aligned}\right\} \tag{4.6}$$

由于力矩矢的大小和方向都与矩心的位置有关，因此力矩矢的始端必须在矩心，不可任意移动，这种矢量称为定位矢量。

4.2.2 力对轴之矩

为了度量力对绕定轴转动刚体的作用效果，我们引入力对轴的矩的概念。

现计算作用在斜齿轮上的力 $\boldsymbol{F}$ 对 z 轴的矩。根据合力矩定理，将力分解为 $\boldsymbol{F}_z$ 与 $\boldsymbol{F}_{xy}$，

其中分力 $\boldsymbol{F}_z$ 平行于 z 轴，故它对 z 轴之矩为零，只有垂直于 z 轴的分力 $\boldsymbol{F}_{xy}$ 对 z 轴有矩，等于力 $\boldsymbol{F}_{xy}$ 对轮心 C 的矩，如图 4.4(a) 所示。一般情况下，可先将空间一力 $\boldsymbol{F}$，投影到垂直于 z 轴的 Oxy 平面内，得力 $\boldsymbol{F}_{xy}$，再将力 $\boldsymbol{F}_{xy}$ 对平面与轴的交点 O 取矩，如图 4.4(b) 所示。以符号 $M_z(\boldsymbol{F})$ 表示力对 z 轴的矩，即

$$M_z(\boldsymbol{F}) = M_O(\boldsymbol{F}_{xy}) = \pm F_{xy}h = \pm 2S_{\triangle Oab} \tag{4.7}$$

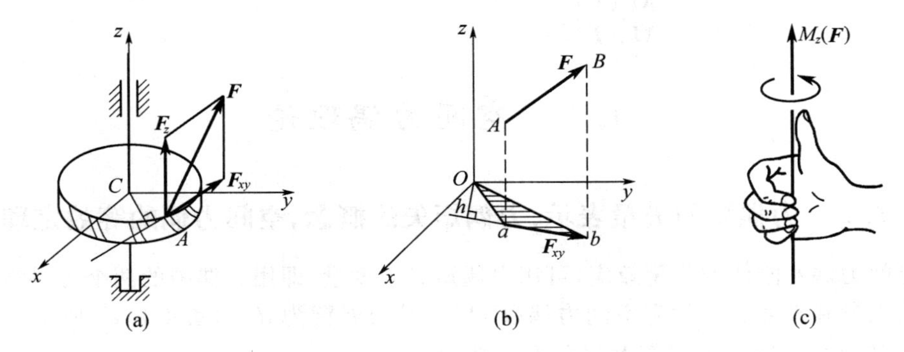

图 4.4

力对轴的矩定义如下，力对轴的矩是力使物体绕该轴转动效果的度量，是一个代数量，其绝对值等于该力在垂直于该轴的平面上的投影对于这个平面与该轴交点的矩，其正负号如下规定：从 z 轴正向来看，若力的这个投影使物体绕该轴逆时针转动，则取正号，反之取负号。也可按右手螺旋法则确定其正负号，如图 4.4(c) 所示。

力对轴的矩等于零的情形：

(1) 力与轴相交；

(2) 力与轴平行。

这两种情形可以合起来表述为，当力与轴在同一平面时，力对该轴的矩等于零。

力对轴的矩也可用解析表达式表示。设力 $\boldsymbol{F}$ 在三个坐标轴上的投影分别为 F_x、F_y 和 F_z，力的作用点 $A(x,y,z)$，则

$$\left.\begin{aligned} M_x(\boldsymbol{F}) &= yF_z - zF_y \\ M_y(\boldsymbol{F}) &= zF_x - xF_z \\ M_z(\boldsymbol{F}) &= xF_y - yF_x \end{aligned}\right\} \tag{4.8}$$

4.2.3　力对点的矩与力对通过该点的轴的矩的关系

比较式(4.6) 和式(4.8)，可得

$$\left.\begin{aligned} [\boldsymbol{M}_O(\boldsymbol{F})]_x &= M_x(\boldsymbol{F}) \\ [\boldsymbol{M}_O(\boldsymbol{F})]_y &= M_y(\boldsymbol{F}) \\ [\boldsymbol{M}_O(\boldsymbol{F})]_z &= M_z(\boldsymbol{F}) \end{aligned}\right\} \tag{4.9}$$

这个式子可以表述为：力对点的矩矢在通过该点的某轴上的投影，等于力对该轴的矩。

若力对通过点 O 的直角坐标轴三个轴的矩是已知的，则可求得该力对点 O 的矩矢的大小和方向

$$\left.\begin{aligned}&|\boldsymbol{M}_O(\boldsymbol{F})|=\sqrt{[M_x(\boldsymbol{F})]^2+[M_y(\boldsymbol{F})]^2+[M_z(\boldsymbol{F})]^2}\\&\cos\alpha=\frac{M_x(\boldsymbol{F})}{|\boldsymbol{M}_O(\boldsymbol{F})|}\\&\cos\beta=\frac{M_y(\boldsymbol{F})}{|\boldsymbol{M}_O(\boldsymbol{F})|}\\&\cos\gamma=\frac{M_z(\boldsymbol{F})}{|\boldsymbol{M}_O(\boldsymbol{F})|}\end{aligned}\right\}\tag{4.10}$$

4.3 空间力偶理论

4.3.1 力偶矩的矢量表示，力偶矩矢的概念，空间力偶的等效定理

空间力偶对刚体的作用效应，可用力偶矩矢来度量，即用力偶中的两个力对空间某点之矩的矢量和来度量。设有空间力偶$(\boldsymbol{F},\boldsymbol{F}')$，其力偶臂为 d，如图 4.5(a) 所示。力偶对空间任意一点 O 的矩矢记作 $\boldsymbol{M}_O(\boldsymbol{F},\boldsymbol{F}')$，则有

$$\boldsymbol{M}_O(\boldsymbol{F},\boldsymbol{F}')=\boldsymbol{M}_O(F)+\boldsymbol{M}_O(\boldsymbol{F}')=\boldsymbol{r}_A\times\boldsymbol{F}+\boldsymbol{r}_B\times\boldsymbol{F}'$$

注意到 $\boldsymbol{F}=-\boldsymbol{F}'$，故上式可改写为

$$\boldsymbol{M}_O(\boldsymbol{F},\boldsymbol{F}')=(\boldsymbol{r}_A-\boldsymbol{r}_B)\times\boldsymbol{F}=\boldsymbol{r}_{AB}\times\boldsymbol{F}$$

计算表明，力偶对空间任一点的矩矢与矩心无关，以记号 $\boldsymbol{M}(\boldsymbol{F},\boldsymbol{F}')$ 或 $\boldsymbol{M}$ 表示力偶矩矢，则

$$\boldsymbol{M}=\boldsymbol{r}_{AB}\times\boldsymbol{F}\tag{4.11}$$

由于矢量 $\boldsymbol{M}$ 无须确定矢的始末位置，这样的矢量称为自由矢量，如图 4.5(b) 所示。

总之，空间力偶对刚体的作用效果决定于下列三个因素：

(1) 矢量的模，即力偶矩的大小；

(2) 矢量的方位与力偶作用面相垂直；

(3) 矢量的指向与力偶转向的关系服从右手螺旋法则，如图 4.5(c) 所示。

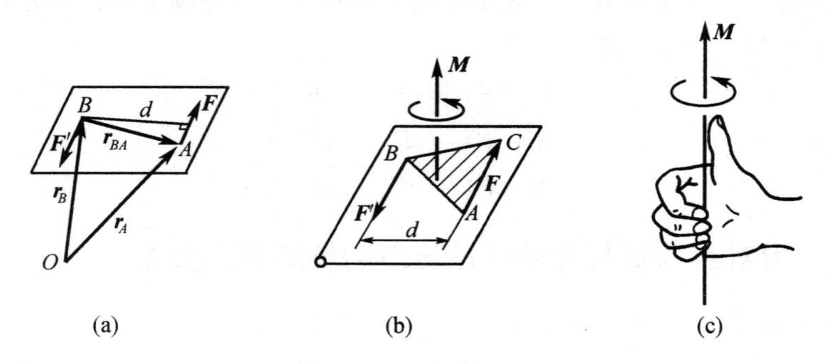

图 4.5

由于空间力偶对刚体的作用效果完全由力偶矩矢来确定，因此有下面的定理：作用在同一刚体上的两个空间力偶，如果其力偶矩矢相等，则它们彼此等效。

这一定理表明，空间力偶可以平移到与其作用面平行的任意平面上而不改变力偶对刚体的作用效果，也可以同时改变力与力偶臂的大小或将力偶在其作用面内任意移转，只

要保持力偶矩矢的大小、方向不变，其作用效果就不变。可见，力偶矩矢是空间力偶作用效果的唯一度量。

4.3.2　空间力偶系的合成

任意个空间分布的力偶可合成为一个合力偶，合力偶矩矢等于各分力偶矩矢的矢量和，即

$$\boldsymbol{M}=\boldsymbol{M}_1+\boldsymbol{M}_2+\cdots+\boldsymbol{M}_n=\sum \boldsymbol{M}_i \tag{4.12}$$

空间力偶系的合成也可以用解析法

$$\left.\begin{aligned} M_x &= M_{1x}+M_{2x}+\cdots+M_{nx}=\sum M_{ix} \\ M_y &= M_{1y}+M_{2y}+\cdots+M_{ny}=\sum M_{iy} \\ M_z &= M_{1z}+M_{2z}+\cdots+M_{nz}=\sum M_{iz} \end{aligned}\right\} \tag{4.13}$$

算出合力偶矩矢的投影，合力偶矩矢的大小和方向余弦可用下列公式求出，即

$$\left.\begin{aligned} &M=\sqrt{\left(\sum M_x\right)^2+\left(\sum M_y\right)^2+\left(\sum M_z\right)^2} \\ &\cos\alpha=\frac{M_x}{M} \\ &\cos\beta=\frac{M_y}{M} \\ &\cos\gamma=\frac{M_z}{M} \end{aligned}\right\} \tag{4.14}$$

4.3.3　空间力偶系的平衡条件

由于空间力偶系可以用一个合力偶来代替，因此空间力偶系平衡的必要和充分条件是：该力偶系的合力偶矩等于零，即所有力偶矩矢的矢量和等于零

$$\sum \boldsymbol{M}_i=\boldsymbol{0} \tag{4.15}$$

欲使上式成立，必须同时满足

$$\left.\begin{aligned} \sum M_x &= 0 \\ \sum M_y &= 0 \\ \sum M_z &= 0 \end{aligned}\right\} \tag{4.16}$$

上式为空间力偶系的平衡方程，即空间力偶系平衡的必要和充分条件是：该力偶系中所有各力偶矩矢在三个坐标轴上投影的代数和分别等于零。

4.4　空间任意力系向一点的简化　主矢和主矩

4.4.1　空间任意力系向一点的简化

设刚体上作用有 n 个力 $\boldsymbol{F}_1,\boldsymbol{F}_2,\cdots,\boldsymbol{F}_n$ 组成的平面任意力系，如图 4.6(a) 所示。应用

力的平移定理，依次将各力向简化中心 O 平移，同时附加一个相应的力偶。这样，原来的空间任意力系被空间汇交力系和空间力偶系两个简单力系等效替换，如图 4.6(b) 所示。其中

$$\left.\begin{aligned}\boldsymbol{F}'_i &= \boldsymbol{F}_i \\ \boldsymbol{M}_i &= \boldsymbol{M}_O(\boldsymbol{F}_i)\end{aligned}\right\} \quad (i = 1, 2, \cdots, n)$$

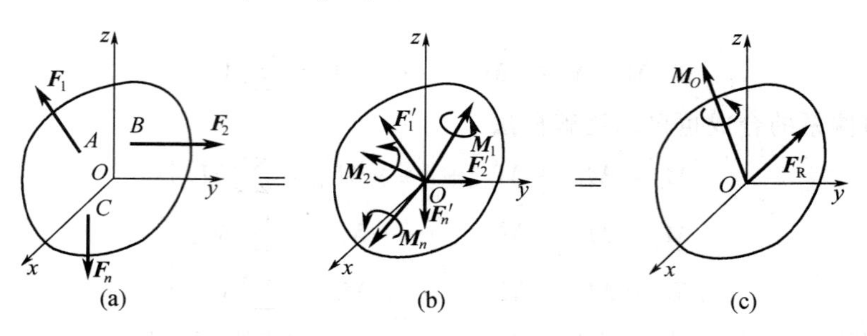

图 4.6

作用于点 O 的空间汇交力系可合成一个力 $\boldsymbol{F}'_R$，如图 4.6(c) 所示。此力的作用线通过点 O，其大小和方向等于力系的主矢，即

$$\boldsymbol{F}'_R = \sum \boldsymbol{F}_i \tag{4.17}$$

空间分布的力偶系可合成为一力偶，如图 4.6(c) 所示。其力偶矩矢等于原力系对点 O 的主矩，即

$$\boldsymbol{M}_O = \sum \boldsymbol{M}_i \tag{4.18}$$

总之，空间任意力系向任一点 O 简化，可得一力和一力偶。这个力的大小和方向等于该力系的主矢，作用线通过简化中心 O，这个力偶的矩矢等于该力系对简化中心的主矩。与平面任意力系一样，主矢与简化中心的位置无关，主矩一般与简化中心的位置有关。

4.4.2 简化结果分析

空间任意力系向作用面内任一点简化的结果，可能有以下几种情况。

(1) 主矢 $\boldsymbol{F}'_R = \boldsymbol{0}$，主矩 $\boldsymbol{M}_O \neq \boldsymbol{0}$

简化结果为一个合力偶，其力偶矩矢等于原力系对简化中心的主矩。此时，主矩与简化中心的位置无关。

(2) 主矢 $\boldsymbol{F}'_R \neq \boldsymbol{0}$，主矩 $\boldsymbol{M}_O = \boldsymbol{0}$

简化结果为一个合力，合力的大小和方向等于原力系的主矢，合力的作用线通过简化中心。

(3) 主矢 $\boldsymbol{F}'_R \neq \boldsymbol{0}$，主矩 $\boldsymbol{M}_O \neq \boldsymbol{0}$，且 $\boldsymbol{F}'_R \perp \boldsymbol{M}_O$

如图 4.7(a) 所示，此时力 $\boldsymbol{F}'_R$ 和力偶矩矢为 $\boldsymbol{M}_O$ 的力偶($\boldsymbol{F}_R$，$\boldsymbol{F}''_R$) 在同一平面内，如图 4.7(b) 所示，可将力 $\boldsymbol{F}'_R$ 与力偶($\boldsymbol{F}_R$，$\boldsymbol{F}''_R$) 进一步合成，得作用于点 O' 的一个力 $\boldsymbol{F}_R$，如图 4.7(c)。此力即为原力系的合力，其大小和方向等于原力系的主矢，其作用线离简化中心 O 的距离为

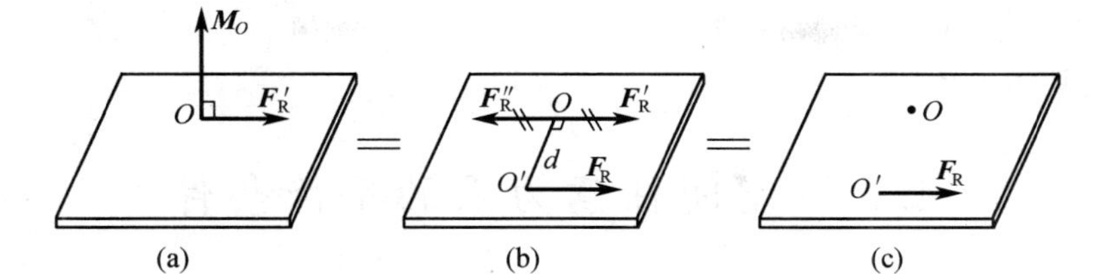

图 4.7

$$d=\frac{|\boldsymbol{M}_O|}{F'_R} \tag{4.19}$$

(4) 主矢 $\boldsymbol{F}'_R \neq \mathbf{0}$，主矩 $\boldsymbol{M}_O \neq \mathbf{0}$，且 $\boldsymbol{F}'_R \parallel \boldsymbol{M}_O$

如图 4.8 所示，这种结果称为力螺旋。所谓力螺旋就是由一个力和一个力偶组成的力系，其中的力垂直于力偶的作用面。

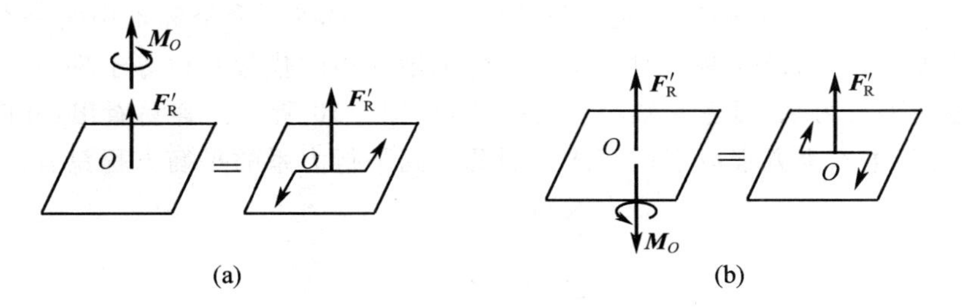

图 4.8

力螺旋是由静力学的两个基本要素力和力偶组成的最简单的力系，不能再进一步合成。力偶的转向和力的指向符合右手螺旋法则的称为右螺旋，否则称为左螺旋。力螺旋的力作用线称为该力螺旋的中心轴。在上述情况下，中心轴通过简化中心。

(5) 主矢 $\boldsymbol{F}'_R \neq \mathbf{0}$，主矩 $\boldsymbol{M}_O \neq \mathbf{0}$，且二者既不平行也不垂直

如图 4.9(a) 所示，可将 $\boldsymbol{M}_O$ 分解为两个力偶 $\boldsymbol{M}''_O$ 和 $\boldsymbol{M}'_O$，如图 4.9(b) 所示。显然这种情况最终的合成结果也是力螺旋，但是此时力螺旋的中心轴不再通过简化中心 O，而是通过另外的一点 O'，两点间的距离为

$$d=\frac{|\boldsymbol{M}''_O|}{F'_R}=\frac{M_O\sin\theta}{F'_R} \tag{4.20}$$

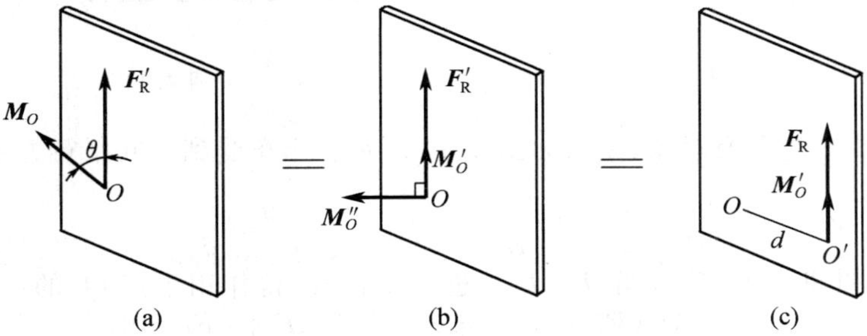

图 4.9

(6) 主矢 $\boldsymbol{F}'_R = \boldsymbol{0}$，主矩 $\boldsymbol{M}_O = \boldsymbol{0}$

力系是平衡力系。

4.5 空间任意力系的平衡条件

空间任意力系处于平衡状态的必要和充分条件是：该力系的主矢和对于任一点的主矩都等于零，即

$$\boldsymbol{F}'_R = \boldsymbol{0}, \boldsymbol{M}_O = \boldsymbol{0}$$

可将上述条件写成空间任意力系的平衡方程

$$\left.\begin{aligned} &\sum F_x = 0, \quad \sum F_y = 0, \quad \sum F_z = 0 \\ &\sum M_x(\boldsymbol{F}) = 0, \quad \sum M_y(\boldsymbol{F}) = 0, \quad \sum M_z(\boldsymbol{F}) = 0 \end{aligned}\right\} \tag{4.21}$$

空间任意力系平衡的必要和充分条件是：所有各力在三个坐标轴中每一个轴上的投影的代数和等于零，以及这些力对于每一个坐标轴的矩的代数和也等于零。

对于空间平行力系，可令 z 轴与各力平行，如图4.10 所示。容易看出，此时式(4.21)中第一、第二和第六个方程成了恒等式。因此空间平行力系的平衡方程只有三个，即

$$\left.\begin{aligned} &\sum F_z = 0 \\ &\sum M_x(\boldsymbol{F}) = 0 \\ &\sum M_y(\boldsymbol{F}) = 0 \end{aligned}\right\} \tag{4.22}$$

例 4.2 如图 4.11 所示的三轮小车，自重 $P = 8$ kN，作用于点 E，载荷 $P_1 = 10$ kN，作用于点 C。求小车静止时地面对车轮的约束力。

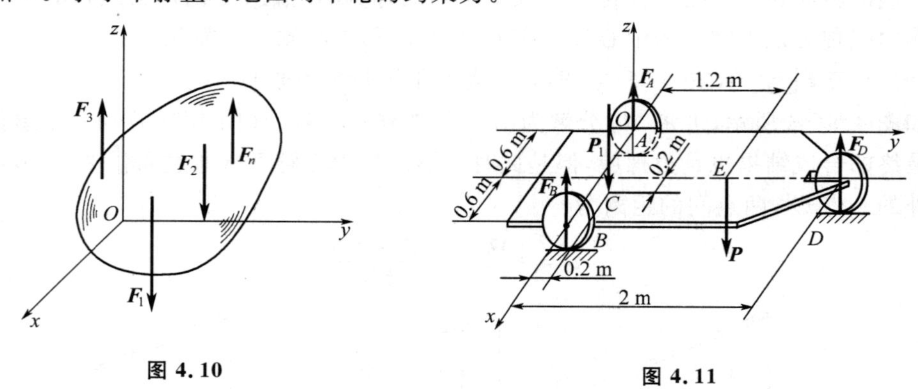

图 4.10

图 4.11

解 以小车为研究对象，受力如图 4.11 所示。小车受到空间平行力系作用，列写平衡方程

$$\sum F_z = 0, -P_1 - P + F_A + F_B + F_D = 0$$

$$\sum M_x(\boldsymbol{F}) = 0, -0.2P_1 - 1.2P + 2F_D = 0$$

$$\sum M_y(\boldsymbol{F}) = 0, 0.8P_1 + 0.6P - 0.6F_D - 1.2F_B = 0$$

解得

$$F_D=5.8\ \mathrm{kN}, F_B=7.777\ \mathrm{kN}, F_A=4.423\ \mathrm{kN}$$

例 4.3 如图 4.12(a) 所示，胶带拉力 $F_2=2F_1$，曲柄上作用有铅垂力 $F=2$ kN。已知胶带轮直径 $D=400$ mm，曲柄长 $R=300$ mm，胶带 1 和胶带 2 与铅垂线间夹角分别为 θ 和 β，$\theta=30°$，$\beta=60°$，如图 4.12(b)，其他尺寸如图所示。求胶带拉力和轴承约束反力。

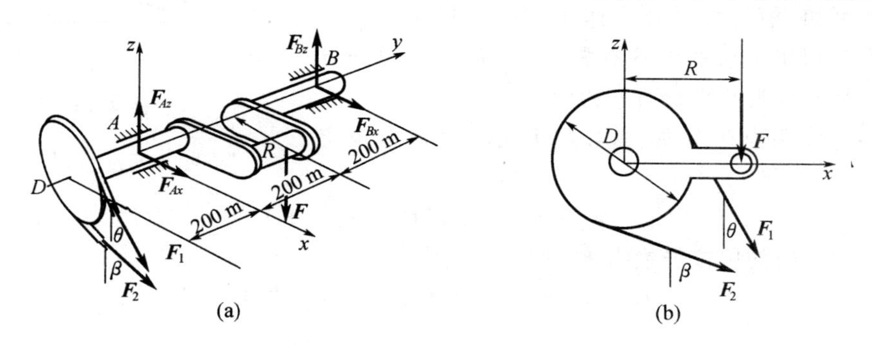

图 4.12

解 以整个轴为研究对象，受力分析如图 4.12 所示。列写平衡方程

$$\sum F_x=0, F_1\sin\theta+F_2\sin\beta+F_{Ax}+F_{Bx}=0$$

$$\sum F_y=0, 0=0$$

$$\sum F_z=0, -F_1\cos\theta-F_2\cos\beta-F+F_{Az}+F_{Bz}=0$$

$$\sum M_x(\boldsymbol{F})=0, F_1\cos\theta\cdot 0.2+F_2\cos\beta\cdot 0.2-F\cdot 0.2+F_{Bz}\cdot 0.4=0$$

$$\sum M_y(\boldsymbol{F})=0, FR-\frac{D}{2}(F_2-F_1)=0$$

$$\sum M_z(\boldsymbol{F})=0, F_1\sin\theta\cdot 0.2+F_2\sin\beta\cdot 0.2-F_{Bx}\cdot 0.4=0$$

注意到 $F_2=2F_1$，解得

$$F_1=3\ 000\ \mathrm{N}, F_2=6\ 000\ \mathrm{N}, F_{Ax}=-10\ 044\ \mathrm{N},$$
$$F_{Az}=9\ 397\ \mathrm{N}, F_{Bx}=3\ 348\ \mathrm{N}, F_{Bz}=-1\ 799\ \mathrm{N}$$

4.6 平行力系的中心与物体的重心

4.6.1 平行力系的中心

平行力系的中心是平行力系合力通过的一个点。设在刚体上 A，B 两点作用两个平行力 $\boldsymbol{F}_1$，$\boldsymbol{F}_2$，如图 4.13 所示。将其合成，得合力矢为

$$\boldsymbol{F}_\mathrm{R}=\boldsymbol{F}_1+\boldsymbol{F}_2$$

由合力矩定理可确定合力作用点 C

$$\frac{F_1}{BC}=\frac{F_2}{AC}=\frac{F_\mathrm{R}}{AB}$$

若将原有各力绕其作用点转过同一角度，使它们保持相互平行，则合力 $\boldsymbol{F}_R$ 仍随各力也绕C转过相同的角度，且合力作用点不变，如图 4.13 所示。上面的分析对反向平行力也适用。对于多个力组成的平行力系，以上的分析方法和结论仍然适用。

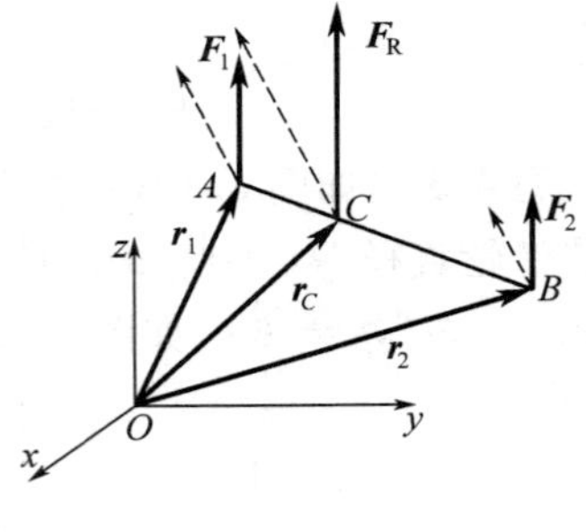

图 4.13

由此可知，平行力系合力作用点的位置仅与各平行力的大小和作用点的位置有关，而与各平行力的方向无关。称该点为此平行力系的中心。

取各力作用点矢径如图 4.13 所示，由合力矩定理得

$$\boldsymbol{r}_C \times \boldsymbol{F}_R = \boldsymbol{r}_1 \times \boldsymbol{F}_1 + \boldsymbol{r}_2 \times \boldsymbol{F}_2$$

设力作用线方向的单位矢量为 $\boldsymbol{F}^0$，则上式变为

$$\boldsymbol{r}_C \times F_R \boldsymbol{F}^0 = \boldsymbol{r}_1 \times F_1 \boldsymbol{F}^0 + \boldsymbol{r}_2 \times F_2 \boldsymbol{F}^0$$

于是得

$$\boldsymbol{r}_C = \frac{F_1 \boldsymbol{r}_1 + F_2 \boldsymbol{r}_2}{F_R} = \frac{F_1 \boldsymbol{r}_1 + F_2 \boldsymbol{r}_2}{F_1 + F_2}$$

若有若干个力组成的平行力系，用上述方法可以求得合力大小 $F_R = \sum F_i$，合力方向与各力方向平行，合力的作用点为

$$\boldsymbol{r}_C = \frac{\sum F_i \boldsymbol{r}_i}{\sum F_i} \tag{4.23}$$

显然，$\boldsymbol{r}_C$ 只与各力的大小及作用点有关，而与平行力系的方向无关，点 C 即为此平行力系的中心。

将式(4.23) 投影到直角坐标轴上，可得

$$x_C = \frac{\sum F_i x_i}{\sum F_i}, y_C = \frac{\sum F_i y_i}{\sum F_i}, z_C = \frac{\sum F_i z_i}{\sum F_i} \tag{4.24}$$

4.6.2 物体重心的坐标公式

相对于工程中的结构和构件来说，地球的半径非常大，因此其地表弧度可以忽略不计，处于地表的物体所受的重力可看作是平行力系。此平行力系的中心即为物体的重心。物体的重心相对于物体有确定的位置，与该物体在空间的位置无关。

设物体由若干部分组成，其第 i 部分重为 P_i，重心坐标(x_i, y_i, z_i)，则由式(4.24) 可得物体的重心坐标为

$$x_C = \frac{\sum P_i x_i}{\sum P_i}, y_C = \frac{\sum P_i y_i}{\sum P_i}, z_C = \frac{\sum P_i z_i}{\sum P_i} \tag{4.25}$$

如果物体是连续均质的，则有

$$x_C = \frac{\int_V x \, dV}{V}, y_C = \frac{\int_V y \, dV}{V}, z_C = \frac{\int_V z \, dV}{V} \tag{4.26}$$

式中,V 是物体的体积。

显然,均质物体的重心就是几何中心,也称形心。

4.6.3　求解物体重心的方法

1. 公式法

对于简单形状的物体,可以直接用前面所给的公式计算。在工程实际中,也可以查阅工程手册。另外,工程上常用的型钢的截面的形心,也可以从型钢表中查到。

2. 组合法

组合法主要有分割法和负面积法。若一个物体由几个简单形状的物体组合而成,而这些物体的重心是已知的,那么整个物体的重心就可以用公式(4.25)求解,这种方法就是分割法。若在物体或薄板内切去一部分,则这类物体的重心仍可用与分割法相同的公式来求得,只是切去部分的体积或面积应取负值,故称负面积法。下面举例来说明如何用组合法求解重心。

例 4.4　求图 4.14(a)所示均质板重心的位置。

解　解法一(分割法)

如图 4.14(a)所示,沿虚线将板分割为两部分,以 C_1,C_2 分别表示矩形和正方形的重心,按公式易得

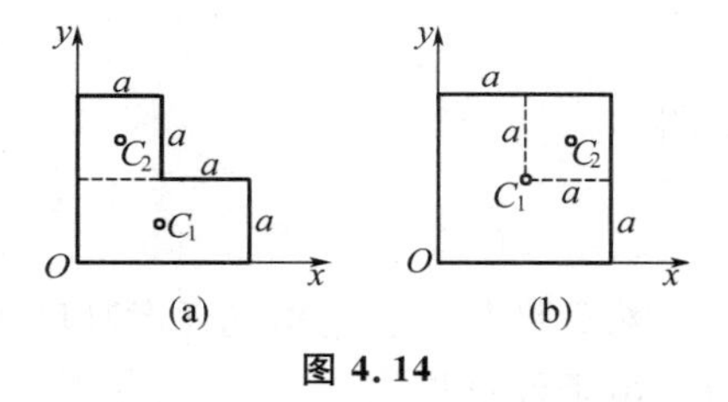

图 4.14

$$x_C=\frac{A_1x_1+A_2x_2}{A_1+A_2}=\frac{a^2\cdot\frac{a}{2}+2a^2\cdot a}{3a^2}=\frac{5}{6}a$$

$$y_C=\frac{A_1y_1+A_2y_2}{A_1+A_2}=\frac{a^2\cdot\frac{3a}{2}+2a^2\cdot\frac{a}{2}}{3a^2}=\frac{5}{6}a$$

解法二(负面积法)

如图 4.14(b)所示,将板看成由一块大正方形板沿虚线切下一块小正方形板,以 C_1,C_2 分别表示大、小正方形的重心,按公式易得

$$x_C=\frac{A_1x_1-A_2x_2}{A_1-A_2}=\frac{4a^2\cdot a-a^2\cdot\frac{3}{2}a}{3a^2}=\frac{5}{6}a$$

$$y_C=\frac{A_1y_1-A_2y_2}{A_1-A_2}=\frac{4a^2\cdot a-a^2\cdot\frac{3}{2}a}{3a^2}=\frac{5}{6}a$$

两种方法得到的结果完全相同。

3. 实验法

工程中一些外形复杂或质量分布不均的物体很难用计算方法求其重心,此时可用实验方法测定重心位置。

下面以汽车为例用称重法测定重心。如图 4.15 所示,首先称量出汽车的重量 P,测量出前后轮距 l 和车轮半径 r。

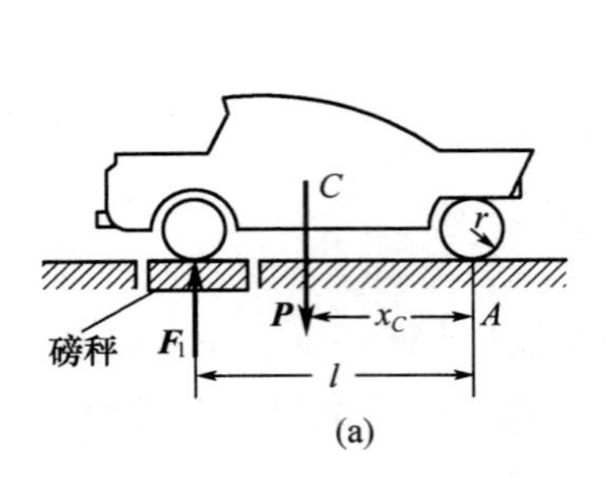

(a)

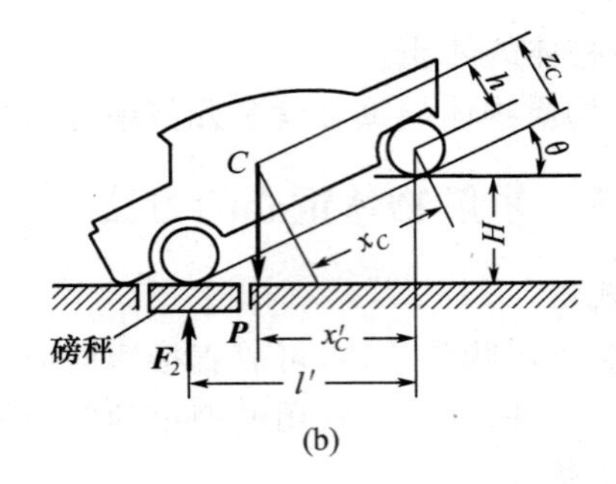

(b)

图 4.15

设汽车是左右对称的，则重心必在对称面内，因此只需测定重心 C 距地面的高度 z_C 和距后轮的距离 x_C。

首先将汽车后轮放在地面上，前轮放在磅秤上，车身保持水平，如图 4.15(a) 所示。此时记下磅秤的读数 F_1。因车身处于平衡，由 $\sum M_A(\boldsymbol{F})=0$，有

$$Px_C=F_1l$$

解得

$$x_C=\frac{F_1}{P}l$$

然后将车的后轮抬到任意高度 H，如图 4.15(b) 所示。此时磅秤读数为 F_2。同理，由平衡条件可得

$$x'_C=\frac{F_2}{P}l'$$

由图中几何关系知

$$l'=l\cos\theta, x'_C=x_C\cos\theta+h\sin\theta, \sin\theta=\frac{H}{l}, \cos\theta=\frac{\sqrt{l^2-H^2}}{l}, h=z_C-r$$

整理后即可得计算高度 z_C 的公式

$$z_C=r+\frac{F_2-F_1}{P}\cdot\frac{1}{H}\cdot\sqrt{l^2-H^2}$$

习　　题

1. 选择题

(1) 任意平面力系，若其主矢不等于零，则其简化的最后结果为(　　)，任一空间力系，若其主矢不等于零，则其简化的最后结果为(　　)。

(A) 力　(B) 力偶　(C) 力螺旋　(D) 力或力螺旋

(E) 力偶或力螺旋

(2) 在刚体的两个点上各作用一个空间共点力系，刚体处于平衡。这时利用刚体平衡条件，最多可以求出(　　)个未知量。

(A)3　(B)4　(C)5　(D)6

(3) 空间力偶矩是(　　)。

(A) 代数量　　(B) 滑动矢量　　(C) 定位矢量　　(D) 自由矢量

(4) 图示一正方体,边长为 a,力 $\boldsymbol{P}$ 沿 EC 作用。则该力对 x,y,z 三轴的矩分别为 $M_x=$(　　),$M_y=$(　　),$M_z=$(　　)。

(A) Pa　　(B) $-Pa$　　(C) $\sqrt{2}Pa/2$　　(D) $-\sqrt{2}Pa/2$

(5) 一重为 W、边长为 a 的均质正方形薄板,与一重为 $3W/4$、边长分别为 a 和 $2a$ 的直角均质三角形薄板组成的梯形板,其重心坐标 $x_C=$(　　),$y_C=$(　　)。

(A) 0　　(B) a　　(C) $a/2$　　(D) $a/7$　　(E) $3a/7$

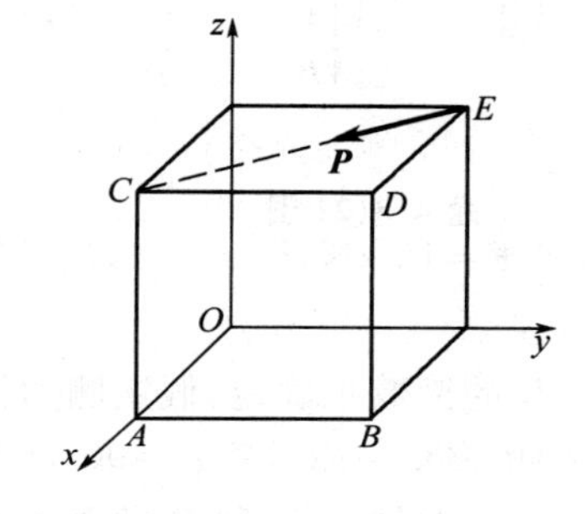

题 4.1(4) 图

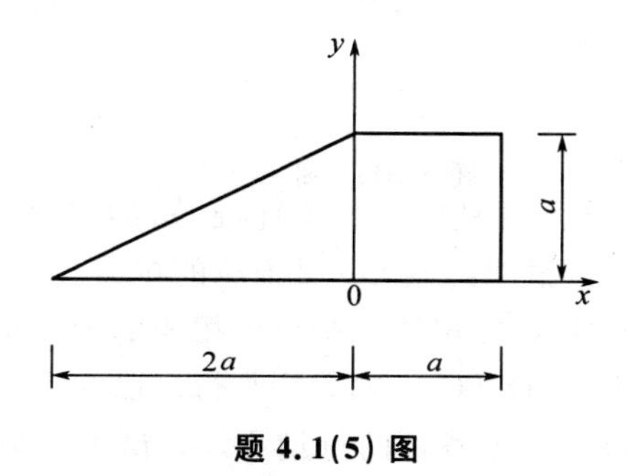

题 4.1(5) 图

2. 填空题

(1) 空间平行力系的各力平行于 z 轴,若已知 $\sum F_z=0$,$\sum M_x(\boldsymbol{F})=0$,则该力系合成的结果为________,或为________。

(2) 设有一空间力系,已知 $\sum F_y=0$,$\sum F_z=0$,$\sum M_x(\boldsymbol{F})=0$ 和 $\sum M_y(\boldsymbol{F})=0$。该力系简化的最后结果有以下几种可能:________________________________。

(3) 图示矩形板,质量不计,用六根直杆固定在地面上,各杆重量均不计,杆端均为光滑球铰链。在 A 点作用铅直力 $\boldsymbol{P}$,则其中内力为零的杆有________。

(4) 正六面体三边长分别为 4、4、$3\sqrt{2}$;沿 AB 连线方向作了一个力 $\boldsymbol{F}$,则力 $\boldsymbol{F}$ 对 x 轴的力矩为________,对 y 轴的力矩为________,对 z 轴的力矩为________。

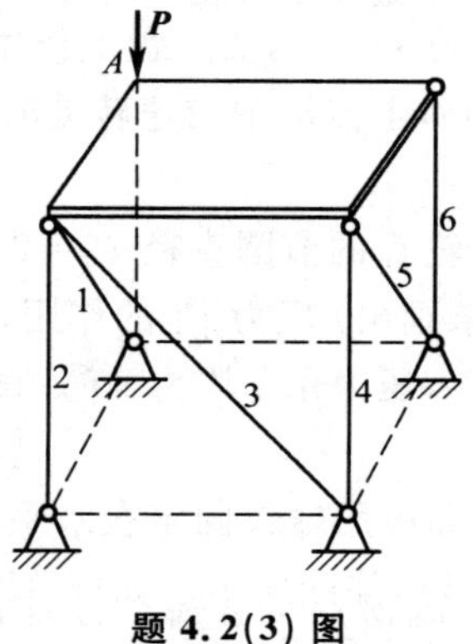

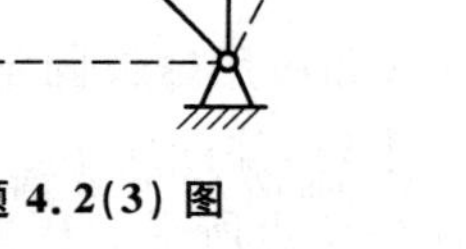

题 4.2(3) 图

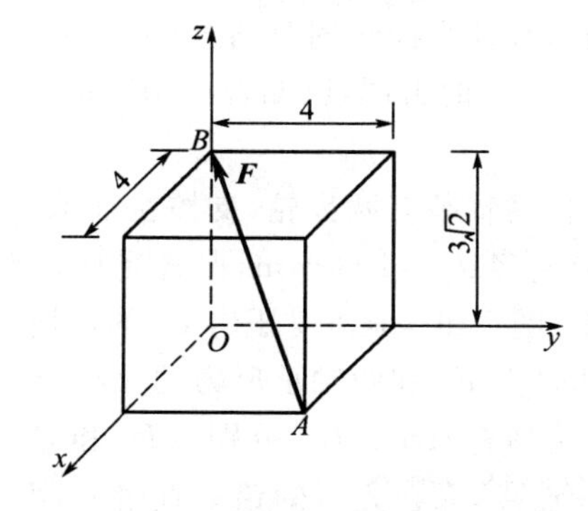

题 4.2(4) 图

3. 计算题

(1) 图示结构自重不计,已知:$F=7$ kN,$\theta=45°$,$\beta=60°$,A、B、C 为铰链连接。试求绳

索 AD 的拉力及杆 AB、AC 的内力。

(2) 曲柄 $DEAB$ 在铅垂平面内，鼓轮 C 和轴 AB 垂直，已知：a,b,c,R,P 及作用在水平面内且垂直 DE 的力 $\boldsymbol{F}$。试求平衡时 M(在鼓轮面内) 的大小及径向轴承 A,B 的反力。

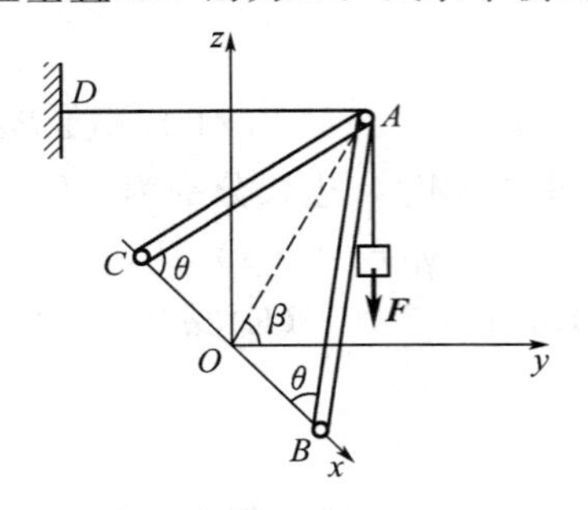

题 4.3(1) 图

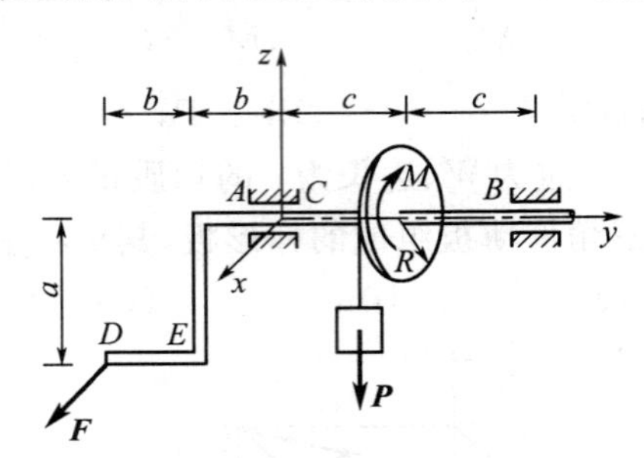

题 4.3(2) 图

(3) 图示立柱的自重不计，已知：力 $\boldsymbol{F}$ 平行于 y 轴，且 $F=10$ kN，$L_1=2$ m，$L_2=3$ m，A 为球铰链。试求绳索 CG 及 BE 的拉力。

(4) 图示，在扭转试验机里扭矩的大小根据测力计 B 的读数来确定，假定测力计所指示的力为 F，杆 BC 与轴 DE 平行。已知 K 处为光滑接触，$BK=KC$，角 $\alpha=90^\circ$，$KL=a$，$LD=b$，$DE=c$，各杆的重量不计。试求扭矩 M 的大小以及对轴承 D 和 E 的压力。

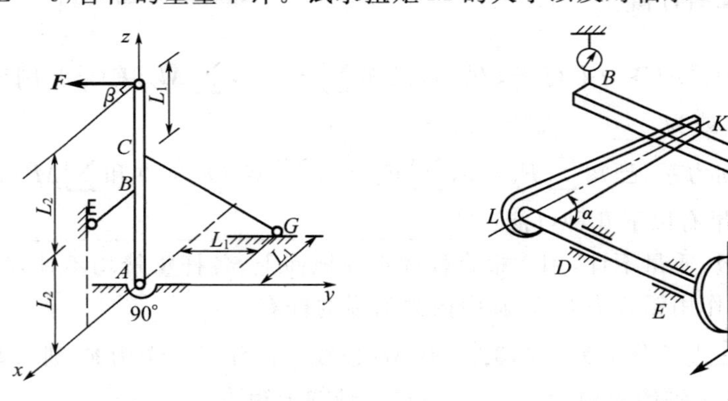

题 4.3(3) 图

题 4.3(4) 图

(5) 图示圆柱直齿轮的节圆直径 $d=173$ mm，压力角 $\alpha=20^\circ$，法兰盘上作用一力偶矩 $M=1.03$ kN·m 的力偶，已知 $l_1=200$ mm，$l_2=112$ mm，求传动轴匀速转动时 A、B 两轴承的反力。

(6) 一传动轴装有两齿轮，支撑在轴承 A、B 上。齿轮 C 的节圆直径 $d_1=210$ mm，齿轮 D 的节圆直径 $d_2=108$ mm，点 E 受啮合齿轮(图中未画出) 压力 F_1 的作用，点 H 受另一啮合齿轮(图中也未画出) 压力 F_2 的作用，$F_2=22$ kN，压力角 α 均为 20°。试求当传动轮匀速转动时力 F_1 和两轴承反力的大小。

(7) 两均质杆 AB 和 BC 分别重 P_1 和 P_2，其端点 A 和 C 用球铰固定在水平面上，另一端 B 由球铰连接，靠在光滑的铅垂直墙上，墙面与 AC 平行，如图所示。如杆 AB 与水平线交角为 45°，$\angle BAC=90^\circ$，求 A 和 C 的支座反力及墙上 B 点所受的压力。

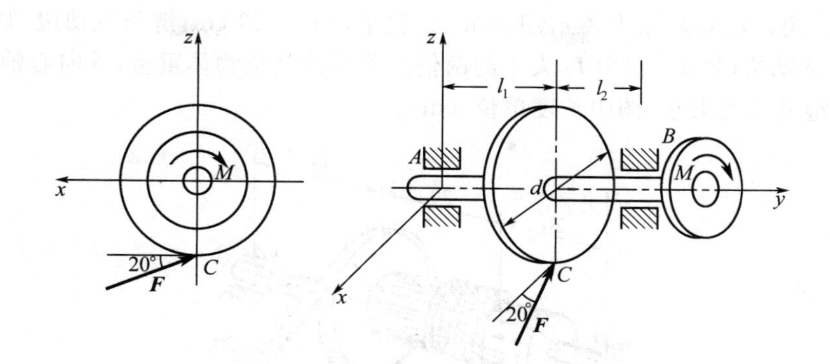

题 4.3(5) 图

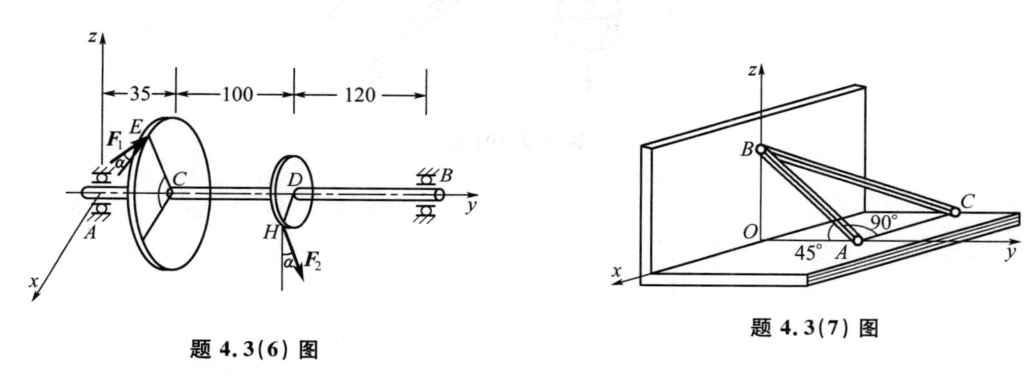

题 4.3(6) 图

题 4.3(7) 图

(8) 水平地面上放置一个三角圆桌，其半径 $r=0.5$ m，重为 $P=600$ N。圆桌的三脚 A,B,C 构成一等边三角形，如图所示。若在中线 CD 上距圆心 O 为 l 的点 D 处作用一铅垂力 $F=1.5$ kN 时，求使圆桌不至于翻倒的最大距离 l。

(9) 已知力偶 M_2 与 M_3，曲杆自重不计；求使曲杆保持平衡的力偶矩 M_1 和支座 A,D 的反力。

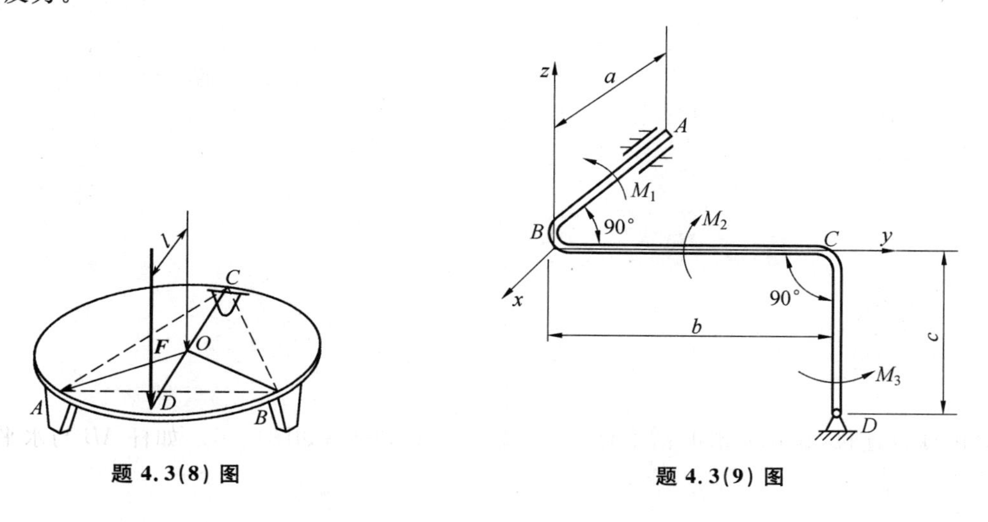

题 4.3(8) 图

题 4.3(9) 图

(10) 如图所示圆柱重 $W=10$ kN，用电机链条传动而匀速提升。链条两边都和水平方向成 30° 角。已知鼓轮半径 $r=10$ cm，链轮半径 $r_1=20$ cm，链条主动边（紧边）的拉力 $\boldsymbol{T}_1$ 大小是从动边（松边）拉力 $\boldsymbol{T}_2$ 大小的两倍。若不计其余物体重量，求向心轴承 A 和 B 的约束力和链的拉力大小（图中长度单位：cm）。

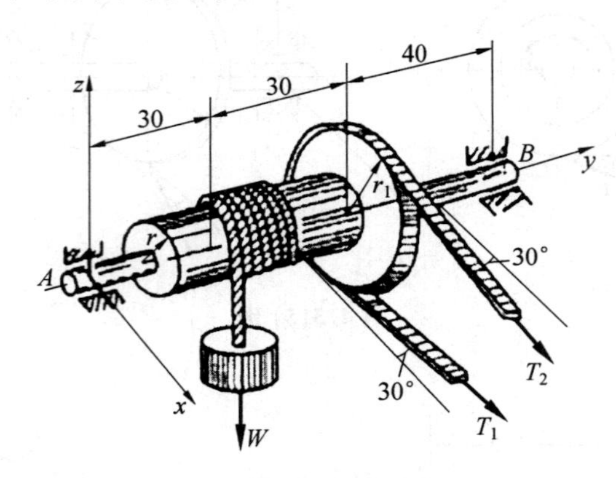

题 4.3(10) 图

第2篇　材料力学

第5章　材料力学的基本概念

5.1　材料力学的任务

各种机械和工程结构都是由零件或部件组成的，如机床的轴和齿轮、房屋的梁等。在材料力学中，组成机械或工程结构中的零件和部件统称为构件。工程实际中的构件形状是各种各样的，按其形状可将构件划分为杆、板、壳、块体等四类，如图5.1所示。

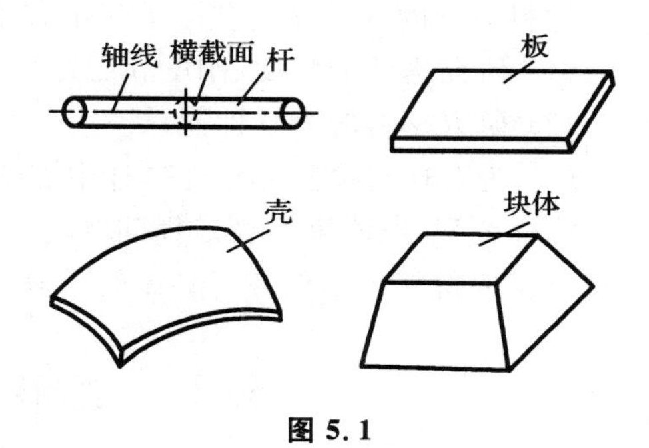

图5.1

1. 杆件

长度远大于横向尺寸的构件，其几何要素是横截面和轴线，其中横截面是与轴线垂直的截面；轴线是横截面形心的连线。

2. 板和壳

构件一个方向的尺寸（厚度）远小于其他两个方向的尺寸，其中中面为曲面的称为壳。

3. 块体

三个方向（长、宽、高）的尺寸相差不多的构件。

各种机械或工程结构中，在正常工作状态下组成它们的每一个构件都要受到从相邻构件或从其他构件传递来的外力——载荷的作用。例如，车床主轴受到的切削力，齿轮啮合力，建筑物的梁受到自身重力和其他物体的作用力等。

为保证工程结构或机械的正常工作，构件应具有足够的能力负担起应当承受的载荷。因此，它应当满足以下要求。

1. 强度要求

构件在规定载荷作用下，具有足够的抵抗断裂破坏的能力。例如，储气罐不应爆裂，机器中的齿轮轴不应断裂等。

2. 刚度要求

构件在规定载荷作用下，具有足够的抵抗变形的能力。例如，机床主轴不能变形过大，否则影响加工精度。

3. 稳定性要求

某些构件在特定载荷(如压力）作用下，具有足够的保持其原有平衡状态的能力。例如，千斤顶的螺杆，内燃机的压杆等。

上述三项要求是保证构件安全工作的一般要求，对于一个具体构件而言，对上述三项要求往往有所侧重，有些构件只需要满足一项或两项。例如，储气罐主要考虑强度要求，车床主轴则要求具备一定的强度和刚度，而受压的活塞杆要求保持其稳定性。若构件的截面尺寸不足，或形状不合理，或材料选择不当，将不能满足上述要求，从而不能保证工程结构或机械的正常工作。但是，也不应当不恰当地加大截面尺寸或选用优质材料，这样做虽满足上述要求，却多使用了材料，增加了成本，造成了浪费。构件的强度、刚度和稳定性问题是材料力学所要研究的主要内容。材料力学的任务就是在满足强度、刚度和稳定性的要求下，以最经济的方式为构件确定合理的形状和尺寸，选择适宜的材料，为构件设计提供必要的理论基础和计算方法。

材料力学的任务体现在以下三个方面：

(1) 研究构件的强度、刚度和稳定性；

(2) 研究材料的力学性能；

(3) 为合理解决工程构件设计中安全与经济之间的矛盾提供力学方面的依据。

构件的强度、刚度和稳定性问题均与所用材料的力学性能有关，因此实验研究和理论分析是完成材料力学任务所必需的手段。

5.2 变形固体的基本假设

在外力作用下，一切固体都会发生变形，故称为变形固体。实验表明，当外力不超过某一限定值时，外力撤去后，变形也随之消失，称这部分变形为弹性变形。当外力超过某一限定值时，外力撤去后将遗留一部分不能消失的变形，称这部分变形为塑性变形。

而构件一般均由固体材料制成，所以构件一般都是变形固体。变形固体种类繁多，工程材料中有金属与合金、工业陶瓷、聚合物等，性质是多方面的，而且很复杂，因此在材料力学中通常省略一些次要因素，对其作下列假设。

1. 连续性假设

连续性假设认为整个物体所占空间内毫无空隙地充满物质。实际上组成固体的粒子之间存在着空隙并不连续，但这种空隙的大小与构件的尺寸相比极其微小，甚至可以不计。于是就认为固体物质在其整个体积内是连续的。这样，就可以对连续介质采用无穷小量的分析方法。

2. 均匀性假设

认为物体内的任何部分，其力学性能均相同。实际上，工程中常用的金属，多由两种或两种以上元素的晶粒组成，不同元素晶粒的机械性质并不完全相同。又因为固体构件的尺寸远远大于晶粒尺寸，它所包含的晶粒数目极多，而且是无规则地排列，其机械性质是所有晶粒机械性质的统计平均值，因此可以认为构件内各部分的性质是均匀的。

3. 各向同性假设

认为物体内在各个不同方向上的力学性能均相同。就金属的单一晶粒来说，沿不同的方向，其力学性能并不相同。但金属构件包含数量极多的晶粒，且又杂乱无章地排列，这样沿各个方向的力学性能就接近相同了。具有这种属性的材料称为各向同性材料，如钢、铜、铝等。

沿不同的方向力学性能不同的材料，称为各向异性材料，如木材、胶合板、某些复合材料等。

实践表明，在上述假设基础上建立起来的理论是符合工程实际要求的。

4. 小变形(条件)假设

在载荷作用下，构件都要产生变形。绝大多数工程构件的变形都极其微小，变形比构件本身尺寸要小得多，且为弹性变形，以至在分析构件所受外力(写出静力平衡方程)时，通常不考虑变形的影响，而仍用变形前的尺寸，此即所谓的"原始尺寸原理"。如图5.2(a)所示的桥式起重机主架，变形后简图如图 5.2(b) 所示，截面最大垂直位移 f 一般仅为跨度 l 的1/1 500～1/700，B 支承的水平位移Δ 则更微小，在求解支承反力 F_A 和 F_B 时，不考虑这些微小变形的影响(本书图中箭头表示力的方向，字母只表示量值)。但在研究构件破坏和变形时，需要考虑这些变形的影响。因此，要求材料力学中所研究构件的变形是微小的。

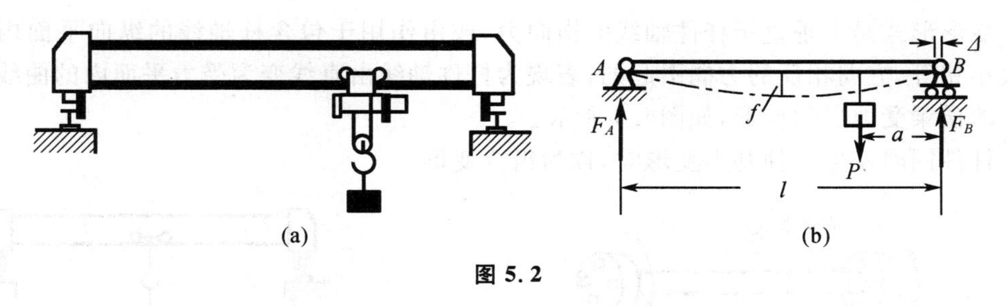

图 5.2

5.3　杆件变形的基本形式

杆件受力有各种情况，相应的变形就有各种形式。在工程结构中，杆件的基本变形只有以下四种。

1. 拉伸和压缩

变形形式是由大小相等、方向相反、作用线与杆件轴线重合的一对力引起的，表现为杆件长度的伸长或缩短。如支架的拉杆和压杆受力后的变形，如图 5.3 所示。

2. 剪切

变形形式是由大小相等、方向相反、相互平行的一对力引起的，表现为受剪杆件的两部分沿外力作用方向发生相对错动。如连接件中的螺栓和销钉受力后的变形，如图 5.4 所示。

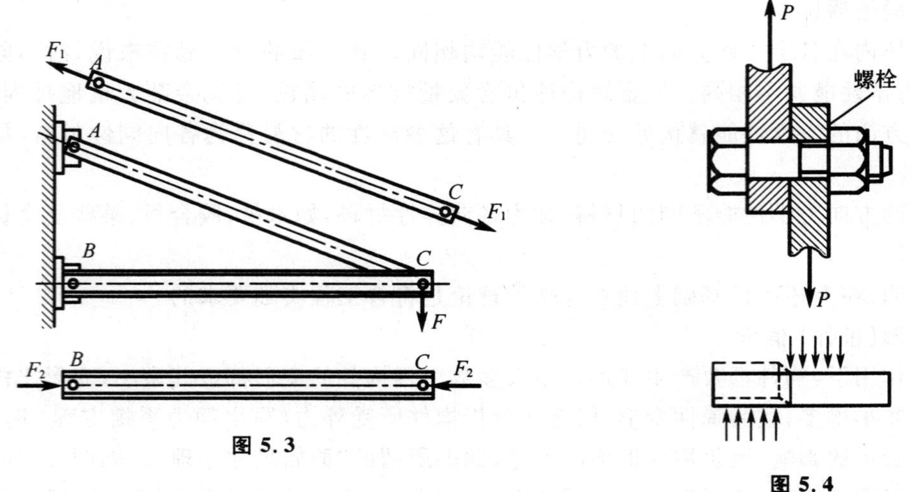

图 5.3

图 5.4

3. 扭转

变形形式是由大小相等、转向相反、作用面都垂直于杆轴的一对力偶引起的，表现为杆件的任意两个横截面发生绕轴线的相对转动。如机器中的传动轴受力后的变形，如图5.5 所示。

4. 弯曲

变形形式是由垂直于杆件轴线的横向力，或由作用于包含杆轴线的纵向平面内的一对大小相等、方向相反的力偶引起的，表现为杆件轴线由直线变为受力平面内的曲线。如吊车的横梁受力后的变形，如图5.6 所示。

杆件同时发生几种基本变形时，称为组合变形。

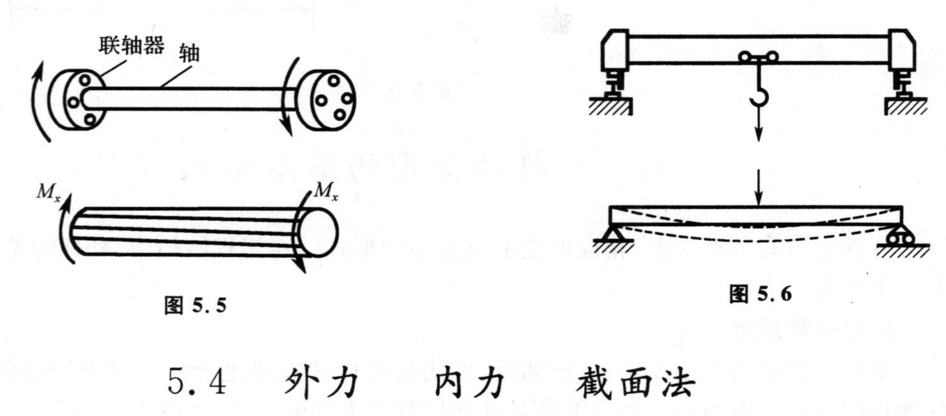

图 5.5

图 5.6

5.4 外力　内力　截面法

5.4.1 外力

外力是外部物体对构件的作用力，包括外加载荷和约束反力。

1. 按外力的作用方式分类

(1) 体积力：连续分布于物体内部各点上的力，如物体的自重和惯性力。

(2) 表面力：作用于物体表面上的力，又可分为分布力和集中力。分布力是连续作用于物体表面的力，如作用于船体上的水压力。集中力是作用于一点的力，如火车车轮对钢轨的压力。

2. 按外力的性质分类

(1) 静载荷：载荷缓慢地由零增加到某一定值后，不再随时间变化，保持不变或变动很不显著，称为静载荷。

(2) 动载荷：载荷随时间而变化。动载荷可分为构件受惯性力载荷和冲击载荷两种情况。其中，冲击载荷是物体的运动在瞬时发生急剧变化所引起的载荷。

(3) 交变载荷：交变载荷是随时间作周期性变化的载荷。

5.4.2　内力

不同学科对于内力的定义是不同的，构件在受外力之前，内部各相邻质点之间已存在相互作用的内力，正是这种内力使各质点保持一定的相对位置，使构件具有一定的几何尺寸和形状。一般情况下，这种内力不会引起构件破坏。在外力作用下，构件各部分材料之间因相对位置发生改变，从而引起相邻部分材料间产生附加的相互作用力，也就是“附加内力”。材料力学中的内力，是指外力作用下材料反抗变形而引起的附加的作用力(内力的变化量)，它与构件所受外力密切相关。

5.4.3　截面法

截面法：假想用截面把构件分成两部分，以显示并确定内力的方法。如图 5.7 所示：(1) 截面的两侧必定出现大小相等，方向相反的内力；(2) 被假想截开的任意一部分上的内力必定与外力相平衡。

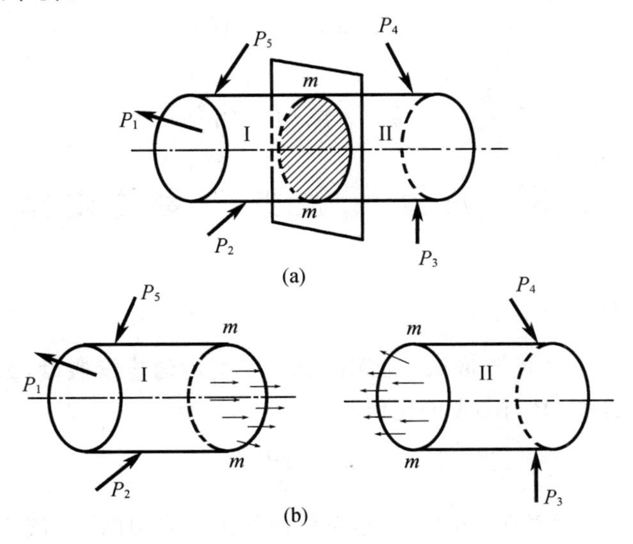

图 5.7

因此用截面法求内力可归纳为如下四个字。

(1) 截：欲求某一截面的内力，沿该截面将构件假想地截成两部分。

(2) 取：取其中任意部分为研究对象，而舍去另一部分。

(3) 代:用作用于截面上的内力,代替舍去部分对留下部分的作用力。

(4) 平:建立留下部分的平衡条件,由外力确定未知的内力。

例 5.1 如图 5.8(a) 所示,钻床在载荷作用下,试确定截面 $m-m$ 上的内力。

解 (1) 沿 $m-m$ 截面假想地将钻床分成两部分。

(2) 取 $m-m$ 截面以上部分进行研究,如图5.8(b) 所示,并以截面的形心 O 为原点。选取坐标系如图 5.8(b) 所示。

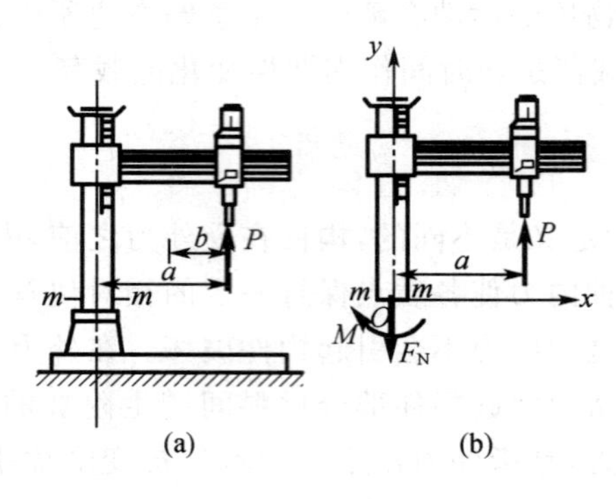

图 5.8

(3) 为保持上部的平衡,$m-m$ 截面上必然有通过点 O 的内力 F_N 和绕点 O 的力偶矩 M。

(4) 由平衡条件

$$\sum F_y = 0, F - F_N = 0$$

$$\sum m_O = 0, Fa - M = 0$$

求得

$$F_N = F, M = Fa$$

5.5 应力 应变 胡克定律

5.5.1 应力

如图 5.9 所示,围绕 K 点取微元面积 ΔA。根据均匀连续假设,ΔA 上必存在分布内力,设它的合力为 $\Delta \boldsymbol{P}$,$\Delta \boldsymbol{P}$ 与 ΔA 的比值为

$$\boldsymbol{p}_m = \frac{\Delta \boldsymbol{P}}{\Delta A}$$

式中,$\boldsymbol{p}_m$ 是一个矢量,代表在 ΔA 范围内,单位面积上的内力的平均集度,称为平均应力。当 ΔA 趋于零时,$\boldsymbol{p}_m$ 的大小和方向都将趋于一定极限,得到

$$\boldsymbol{p} = \lim_{\Delta A \to 0} \boldsymbol{p}_m = \lim_{\Delta A \to 0} \frac{\Delta \boldsymbol{P}}{\Delta A} = \frac{d\boldsymbol{P}}{dA}$$

式中,$\boldsymbol{p}$ 称为 K 点处的(全) 应力。

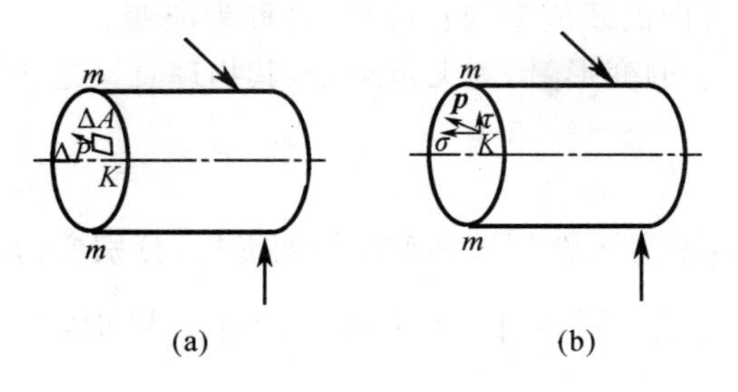

图 5.9

通常把应力 $\boldsymbol{p}$ 分解成垂直于截面的分量 σ 和切于截面的分量 τ，σ 称为正应力，τ 称为切应力。

应力即单位面积上的内力，表示某微截面积（例如 $\Delta A \to 0$）处内力的密集程度。

应力的国际单位为 $\mathrm{N/m^2}$，且 $1\ \mathrm{N/m^2}=1\ \mathrm{Pa}$（帕斯卡），$1\ \mathrm{GPa}=1\ \mathrm{GN/m^2}=10^9\ \mathrm{Pa}$，$1\ \mathrm{MN/m^2}=1\ \mathrm{MPa}=10^6\ \mathrm{N/m^2}=10^6\ \mathrm{Pa}$。在工程上，也用 $\mathrm{kg\cdot f/cm^2}$ 作为应力单位。

5.5.2　线应变和切应变

对于构件上任意一点材料的变形，只有线变形和角变形两种基本形式，它们分别由线应变和切应变来度量。

1. 线应变 ε

通常用正微六面体（下称微单元体）来代表构件上某“一点”。如图 5.10 所示，微单元体的棱边边长为 $\Delta x,\Delta y,\Delta z$，变形后其边长和棱边的夹角都发生了变化。变形前平行于 x 轴的线段 MN 原长为 Δx，变形后 M 和 N 分别移到了 M' 和 N'，$M'N'$ 的长度为 $\Delta x+\Delta u$，这里

$$\Delta u = M'N' - MN$$

于是

$$\varepsilon_{\mathrm{m}} = \frac{\Delta u}{\Delta x}$$

式中，ε_{m} 表示线段 MN 每单位长度的平均伸长或缩短，称为平均线应变。若使 MN 趋近于零，则任意一点处的线应变为

$$\varepsilon = \lim_{\Delta x \to 0} \frac{\Delta u}{\Delta x} = \frac{\mathrm{d}u}{\mathrm{d}x}$$

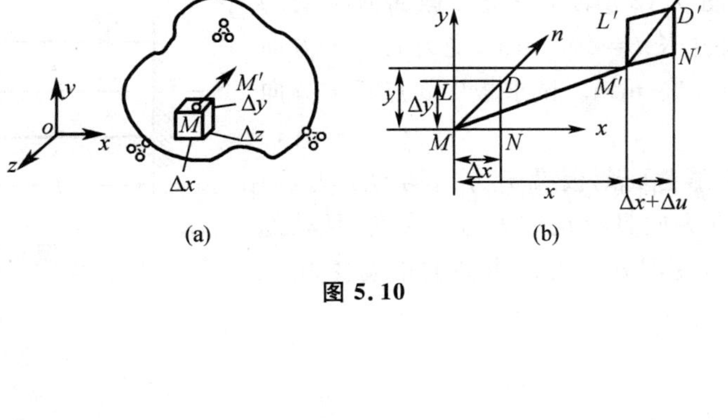

图 5.10

式中，ε 称为 M 点沿 x 方向的线应变或正应变，简称为应变。

线应变即单位长度上的变形量，为无量纲量，其物理意义是构件上任意一点沿某一方向线变形量的大小。

2. 切应变 γ

如图 5.10(b) 所示，正交线段 MN 和 ML 经变形后，分别变为 $M'N'$ 和 $M'L'$。变形前后其角度的变化为 $\left(\frac{\pi}{2}-\angle L'M'N'\right)$，当 N 和 L 趋近于 M 时，上述角度变化的极限值为

$$\gamma=\lim_{\substack{MN\to 0\\ ML\to 0}}\left(\frac{\pi}{2}-\angle L'M'N'\right)$$

式中，γ 称为 M 点在 xy 平面内的切应变或角应变。

切应变即微单元体两棱角直角的改变量，为无量纲量。

5.5.3 胡克定律

材料的力学性能实验表明，当应力不超过某一限度时，应力与应变之间存在正比关系，称这一关系为胡克定律。

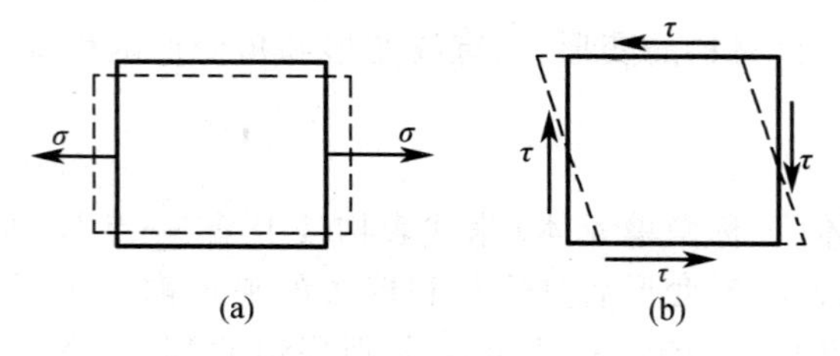

图 5.11

如图 5.11(a) 所示，单向拉伸(压缩)，材料在线弹性范围内服从胡克定律，正应力、正应变成正比关系，即

$$\sigma=E\varepsilon$$

式中，E 为正比例系数，称为弹性模量。

图 5.11(b) 为纯剪切状态，这种情况下的胡克定律为

$$\tau=G\gamma$$

式中，G 为正比例系数，称为切变模量。E 和 G 的量纲与应力量纲相同，它们的数值可由实验测定。

例 5.2 如图 5.12 所示，一矩形截面薄板受均布力 p 作用，已知边长 $l=400$ mm，受力后沿 x 方向均匀伸长为 $\Delta l=0.05$ mm。试求板中 a 点沿 x 方向的正应变。

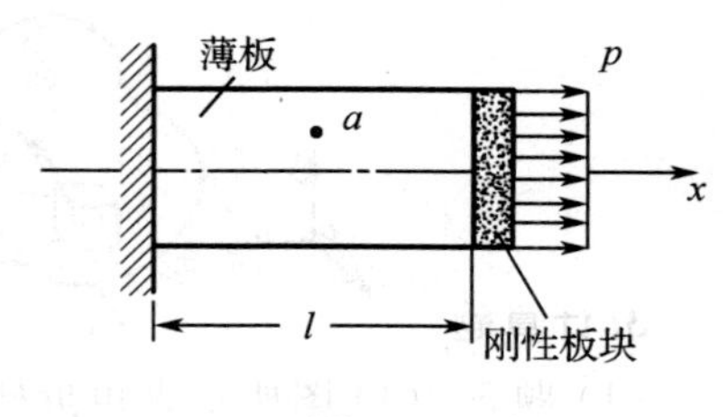

图 5.12

解 由于矩形截面薄板沿 x 方向均匀受力，可认为板内各点沿 x 方向具有正应力与正应变，且处处相同。所以平均应变即 a 点沿 x 方向的正应变为

$$\varepsilon_a = \varepsilon_m = \frac{\Delta l}{l} = \frac{0.05}{400} = 125 \times 10^{-6}$$

习　　题

1. 选择题

(1) 关于确定截面内力的截面法的适用范围，有下列四种说法：

(A) 适用于等截面直杆

(B) 适用于直杆承受基本变形

(C) 适用于不论基本变形还是组合变形，但限于直杆的横截面

(D) 适用于不论等截面或变截面、直杆或曲杆、基本变形或组合变形、横截面或任意截面的普遍情况

正确答案是________。

(2) 下列结论中哪个是正确的？

(A) 若物体产生位移，则必定同时产生变形

(B) 若物体各点均无位移，则该物体必定无变形

(C) 若物体无变形，则必定物体内各点均无位移

(D) 若物体产生变形，则必定物体内各点均有位移

正确答案是________。

2. 填空题

(1) 根据材料的主要性能作如下三个基本假设：________，________，________。

(2) 所谓________，是指材料或构件抵抗破坏的能力。所谓________，是指构件抵抗变形的能力。

(3) 构件的承载能力包括________，________和________三个方面。

(4) 认为固体在其整个几何空间内无间隙地充满了物质，这样的假设称为________。根据这一假设构件的________、________和________就可以用坐标的连续函数来表示。

(5) 题 5.2(5) 图所示为构件内 A 点处取出的单元体，构件受力后单元体的位置为虚线所示，则称 du/dx 为________________，dv/dy 为________________，$(\alpha_1+\alpha_2)$ 为________________。

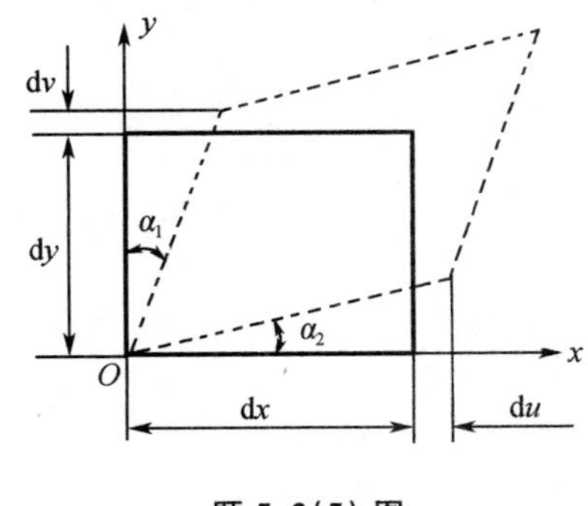

题 5.2(5) 图

3. 计算题

(1) 题 5.3(1) 图所示直角折杆在 CD 段承受均布载荷 q，求 AB 段上内力矩为零的截面位置。

(2) 求题 5.3(2) 图所示折杆 1－1 截面和 2－2 截面的内力，并在分离体上画出内力的

方向。

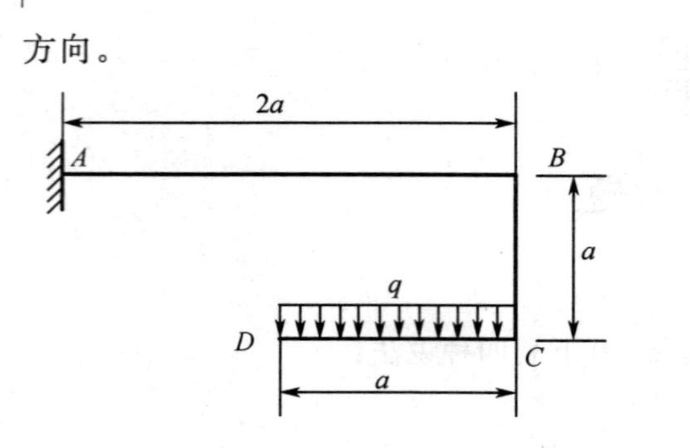

题 5.3(1) 图

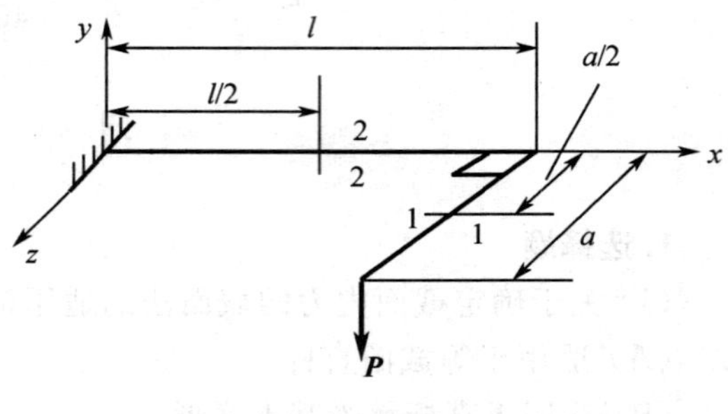

题 5.3(2) 图

第 6 章　轴向拉伸与压缩

6.1　轴向拉伸与压缩的概念

在实际工程中，承受轴向拉伸或压缩的构件是相当多的，例如，起吊重物的钢索、桁架中的拉杆和压杆(如图 6.1 所示)、悬索桥中的拉杆等。这类杆件共同的受力特点是，外力或外力合力的作用线与杆轴线重合；共同的变形特点是，杆件沿着杆轴方向伸长或缩短。这种变形形式就称为轴向拉伸或压缩，这类构件称为拉杆或压杆。杆的主要几何要素是横截面和轴线，其中横截面是与轴线垂直的截面；轴线是横截面形心的连线，轴线为直线的杆称为直杆。

本章只研究直杆的拉伸与压缩。可将这类杆件的形状和受力情况进行简化，得到轴向拉神与压缩时的力学模型，如图 6.2 所示。图中的实线为受力前的形状，虚线则表示变形后的形状。

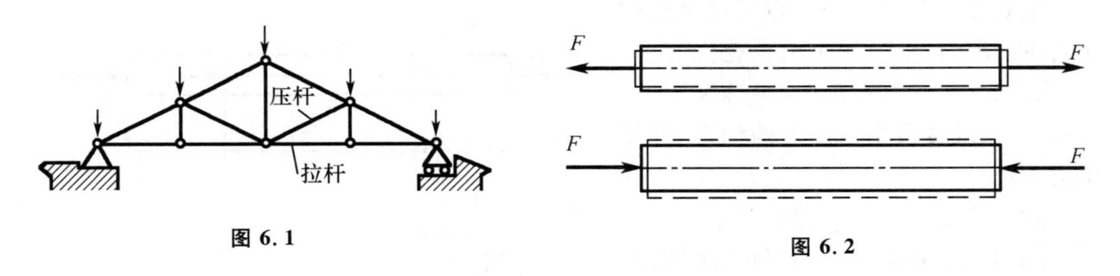

图 6.1　　图 6.2

6.2　轴向拉压时横截面上的内力与应力

6.2.1　轴向拉压时横截面上的内力

为了进行拉(压)杆的强度计算，必须首先研究杆件横截面上的内力，然后分析横截面上的应力。下面讨论杆件横截面上内力的计算。取一等截面直杆，如图 6.3 所示，在它两端施加一对大小相等、方向相反、作用线与直杆轴线相重合的外力，使其产生轴向拉伸变形。根据截面法用横截面 $m-m$ 把直杆分成两段，并取左段杆为研究对象。杆件横截面上的内力合力设为 F_N，其作用线与杆轴线相重合，故称为轴力。由静力平衡条件可得 $F_N=F$。轴力的正负规定如下：当轴力方向与截面外法线方向一致时，轴力为正，反之为负，即拉为正，压为负。

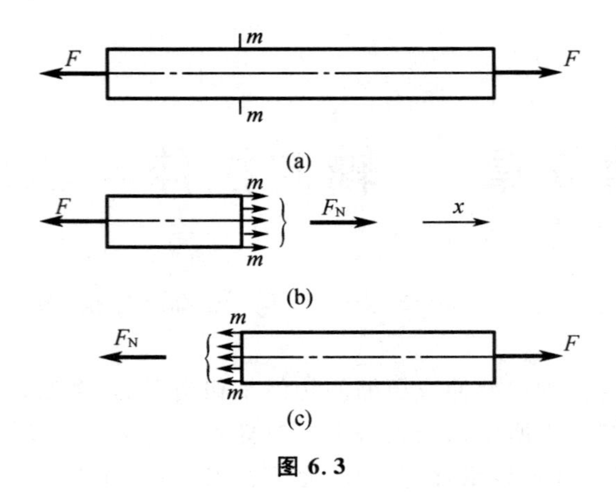

图 6.3

6.2.2 轴力图

当沿杆件轴线作用的外力多于两个时，杆件横截面上的轴力不尽相同，可用轴力图清晰地表示出轴力沿杆件轴线方向在各个横截面上的变化规律。该图一般以平行于杆件轴线的横坐标 x 表示横截面位置，纵坐标 F_N 表示对应横截面上轴力的大小。正的轴力画在 x 轴上方，负的轴力画在 x 轴下方，并标上正负号。

例 6.1 在图 6.4 中，沿杆件轴线作用有 F_1, F_2, F_3, F_4 四个力。已知：$F_1 = 6$ kN，$F_2 = 18$ kN，$F_3 = 8$ kN，$F_4 = 4$ kN。试求各段横截面上的轴力，并作轴力图。

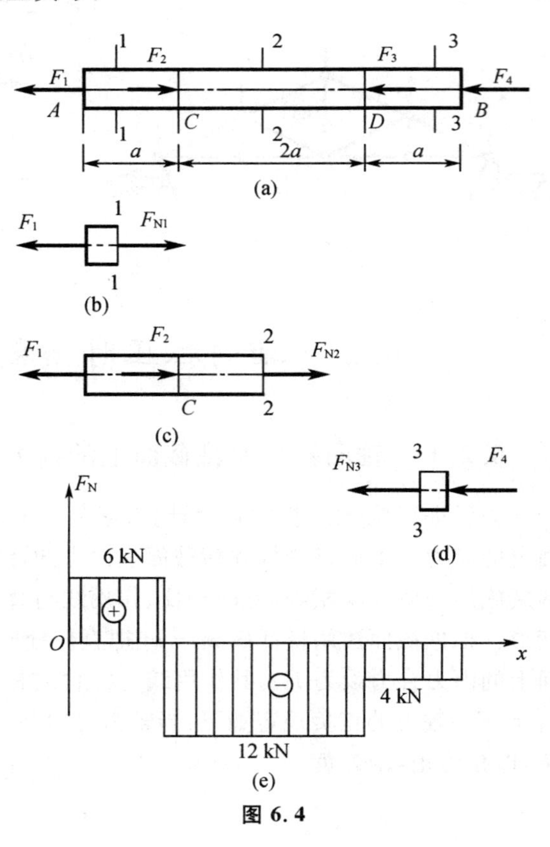

图 6.4

解 (1) 计算各段轴力

AC 段：以截面 1－1 将杆分为两段，取左段部分，如图 6.4(b) 所示。

由 $\sum F_x = 0$ 得

$$F_{N1} = F_1 = 6 \text{ kN(拉力)}$$

CD 段：以截面 2－2 将杆分为两段，取左段部分，如图 6.4(c) 所示。

由 $\sum F_x = 0$ 得

$$F_{N2} - F_1 + F_2 = 0$$

$$F_{N2} = F_1 - F_2 = -12 \text{ kN(压力)}$$

由此可得出结论：截面上的轴力等于截开截面一侧所有外力的代数和，外力的正负规定仍以拉为正压为负。

DB 段：以截面 3－3 将杆分为两段，取右段部分，如图 6.4(d) 所示。

由 $\sum F_x = 0$ 得

$$F_{N3} = -F_4 = -4\ \text{kN(压力)}$$

(2) 绘轴力图

轴力图如图 6.4(e) 所示。

6.2.3　轴向拉压时横截面上的应力

如图 6.5 所示，取一等直杆在其侧面画上垂直于杆轴线的直线段 ab 和 cd，然后在杆件的两端施加拉力 F，使其产生拉伸变形。可以观察到直线段 ab 和 cd 在杆件变形后仍然是垂直于杆件轴线的直线段，只是分别平移到 $a'b'$ 和 $c'd'$ 位置。

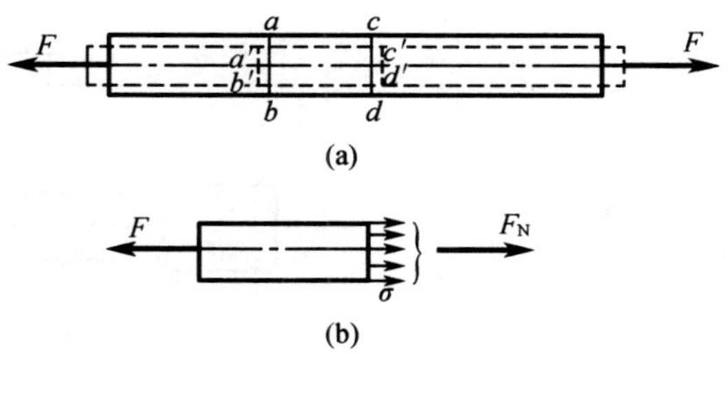

图 6.5

根据这个现象可做出平面假设：轴向拉压杆件变形后，其横截面仍然为垂直于杆件轴线的平面。若把杆件看成是由许多纤维所组成的，则两相邻横截面之间的纤维伸长量相同。也就是说，拉压杆件横截面上只有正应力 σ，且横截面上各点处正应力都相等，即正应力为平均分布，其计算公式为

$$\sigma = \frac{F_N}{A} \tag{6.1}$$

式中　F_N—— 横截面的轴力；

　　A—— 横截面面积。

正应力的正负号规定：拉应力为正，压应力为负。

例 6.2　如图 6.6(a) 所示变截面圆钢杆 $ABCD$，已知 $F_1 = 20$ kN，$F_2 = 35$ kN，$F_3 = 35$ kN，$d_1 = 12$ mm，$d_2 = 16$ mm，$d_3 = 24$ mm。试求：

(1) 各截面上的轴力，并作轴力图；

(2) 杆的最大正应力。

解　(1) 求内力并画轴力图

分别取三个横截面 1－1，2－2，3－3 将杆件截开，各部分的受力图如图 6.6(a) 和图 6.6(b) 所示。由各部分的静力平衡方程可得

$$F_{N1} = F_1 = 20\ \text{kN}$$

$$F_{N2} = F_1 - F_2 = -15\ \text{kN}$$

$$F_{N3} = F_1 - F_2 - F_3 = -50\ \text{kN}$$

轴力图如图 6.6(c) 所示。

(2) 求最大正应力

$$\sigma_{AB} = \frac{F_{NAB}}{A_{AB}} = \frac{20 \times 10^3}{\frac{\pi \times 12^2}{4}} = 176.84\ \text{MPa}$$

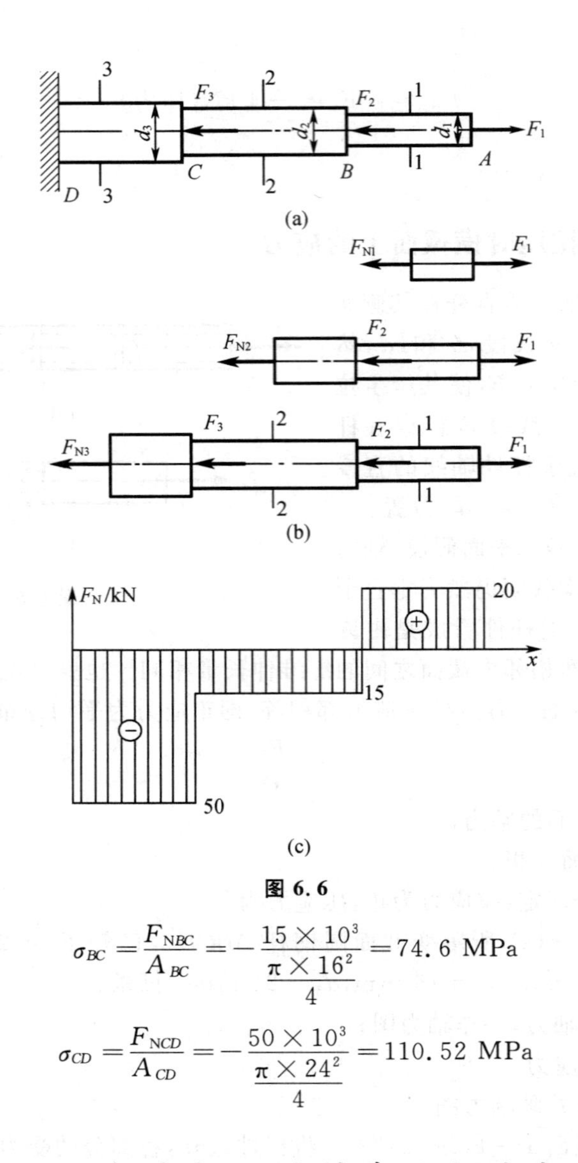

图 6.6

$$\sigma_{BC}=\frac{F_{NBC}}{A_{BC}}=-\frac{15\times10^3}{\frac{\pi\times16^2}{4}}=74.6\ \text{MPa}$$

$$\sigma_{CD}=\frac{F_{NCD}}{A_{CD}}=-\frac{50\times10^3}{\frac{\pi\times24^2}{4}}=110.52\ \text{MPa}$$

6.3 轴向拉压时斜截面上的应力

取一个受轴向拉力作用的等直杆，如图 6.7 所示，假想用一个与横截面成任意角 α 的斜截面 $k-k$ 将杆件截成两部分，并取左半部分为研究对象，根据静力平衡条件有

$$\sum F_x=0,F_{N\alpha}-F=0$$

$$F_{N\alpha}=F \tag{6.2}$$

若以 P_α，A_α 分别表示斜截面上的平均应力和斜截面面积，则有

$$F_\alpha=\frac{F_{N\alpha}}{A_\alpha}=\frac{F}{A/\cos\alpha}=\frac{F}{A}\cos\alpha=\sigma\cos\alpha \tag{6.3}$$

将平均应力 P_α 分解为与斜截面相垂直的正应力 σ_α 和与斜截面相切的切应力 τ_α，得

$$\sigma_\alpha = P_\alpha \cos\alpha = \sigma \cos^2\alpha \qquad (6.4)$$

$$\tau_\alpha = P_\alpha \sin\alpha = \frac{1}{2}\sigma \sin 2\alpha \qquad (6.5)$$

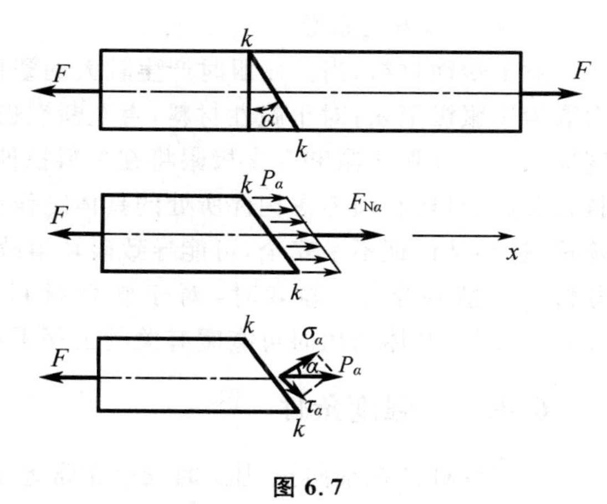

图 6.7

规定 α 由横截面外法线转至斜截面的外法线时，逆时针转向为正，反之为负；σ_α 以拉应力为正，压应力为负；τ_α 以围绕脱离体顺时针转为正，反之为负。此外，由公式(6.4) 和式(6.5) 可得出以下几点结论：

(1) 当 $\alpha = 0°$ 时，即横截面上 σ_α 达到最大值，且$(\sigma_\alpha)_{\max} = \sigma$；而 $\tau_\alpha = 0$，说明最大正应力所在的横截面上切应力为零；

(2) 当 $\alpha = 45°$ 时，即与杆件轴线成 45° 的斜截面上 τ_α 达到最大值，且$(\tau_\alpha)_{\max} = \frac{1}{2}\sigma$，说明最大切应力发生在与杆件轴线成 45° 的斜截面上，其数值等于横截面上正应力的一半，此时 $\sigma_\alpha = \frac{1}{2}\sigma$，这说明切应力最大的截面上正应力不为零；

(3) 当 $\alpha = 90°$ 时，即纵截面上 $\sigma_\alpha = 0$，$\tau_\alpha = 0$，说明在平行于杆件轴线的纵向截面上没有任何应力作用；

(4) 把 $\alpha \pm 90°$ 代入到斜截面切应力计算公式中，得 $\tau_{\alpha\pm 90°} = -\frac{1}{2}\sigma \sin 2\alpha$，即 $\tau_\alpha = -\tau_{\alpha\pm 90°}$，这说明在任意两个相互垂直的截面上，切应力总是大小相等、符号相反。也就是说，通过构件内任意一点所作的相互垂直的两个截面上，垂直于两截面交线的切应力在数值上必相等，这就是切应力互等定理。

6.4　轴向拉压时的强度计算

6.4.1　许用应力

构件所能承受的应力不仅与构件的形状、截面尺寸、所受外力有关，还与材料有直接的关系。任何一种材料所能承受的最大应力都是有一定限度的，超过这一限度，材料就会发生塑性屈服或脆性断裂，称为材料失效，把材料失效时的应力称为极限应力，用 σ_u 表示。不同的材料极限应力是不同的，极限应力可由材料实验测得。为保证构件安全、正常地工作，应使构件的实际工作应力小于所用材料的极限应力，同时考虑一定的安全储备，将极限应力降低后作为构件所允许采用的最大应力，并把这个最大应力称为许用应力。许用应力一般用下式确定，即

$$[\sigma] = \frac{\sigma_u}{n} \qquad (6.6)$$

式中　σ_u—— 材料的极限应力；

n—— 安全系数。

对于塑性材料，当其屈服时产生较大的塑性变形，影响构件的正常工作，所以极限应力取为屈服极限 σ_s；对于脆性材料，直至断裂也无明显的塑性变形，所以极限应力取为强度极限 σ_b。屈服极限和强度极限将在材料拉伸实验中介绍。安全系数的选择，不仅与材料有关，同时还必须考虑构件所处的具体工作条件。安全系数过大会造成浪费，并使构件笨重，过小又保证不了安全，可能导致破坏事故，因此要综合多方面的因素，具体情况具体分析。一般在常温、静载时，对于塑性材料取 $n=1.2\sim2.5$，对于脆性材料取 $n=2.0\sim3.5$。具体选用时可查阅有关的工程手册。

6.4.2 强度条件

为保证杆件在轴向拉(压)时安全正常地工作，必须使杆件的最大工作应力不超过杆件材料在轴向拉(压)时的许用应力，即

$$\sigma_{\max}=\left(\frac{F_N}{A}\right)_{\max}\leqslant[\sigma] \tag{6.7}$$

式(6.7)称为杆件在轴向拉(压)时的强度条件，应用该强度条件可进行以下三种类型的强度计算。

1. 校核杆的强度

已知杆件所受载荷、横截面面积和材料的许用应力，验算杆件是否满足强度条件，从而确定杆件是否安全。如果最大工作应力 $\sigma_{\max}$ 略微大于许用应力，且不超过许用应力的5%，在工程上仍然被认为是允许的。

2. 设计截面

已知杆件所受载荷和材料的许用应力，根据强度条件设计杆件的横截面面积和尺寸。

3. 确定许可载荷

已知杆件的横截面面积和材料的许用应力，根据强度条件确定杆件的许可载荷。

例 6.3 如图 6.8 所示为起重机起吊钢管时的情况。若已知钢管所受的重力为 $W=10$ kN，绳索的直径 $d=40$ mm，许用应力 $[\sigma]=10$ MPa，试校核绳索的强度。

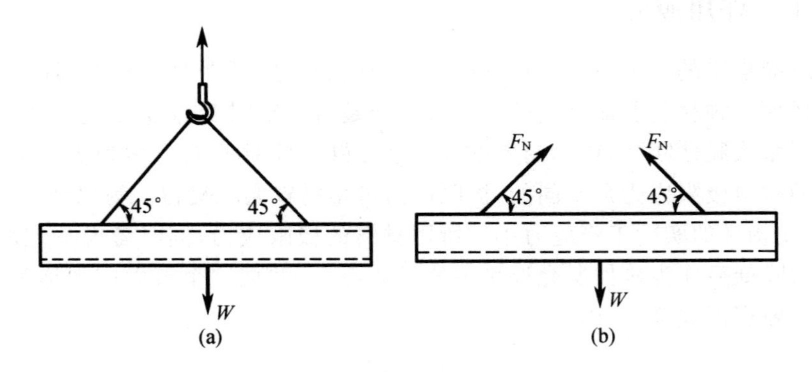

图 6.8

解　(1) 求绳索中的轴力 F_N 以钢管为研究对象，画出其受力图，如图 6.8(b) 所示。由对称性可知两侧轴力相等。列平衡方程，即

$$\sum F_y = 0$$

$$W - 2F_N \cos 45^\circ = 0$$

得绳索的轴力 F_N 为

$$F_N = \frac{W}{2\cos 45^\circ} = \frac{10}{\sqrt{2}} = 7.07\ \mathrm{kN}$$

(2) 求绳索横截面上的正应力

$$A = \frac{\pi d^2}{4} = \frac{3.14 \times 40^2}{4} = 1\ 256\ \mathrm{mm^2}$$

$$\sigma = \frac{F_N}{A} = \frac{7.07 \times 10^3}{1\ 256} = 5.63\ \mathrm{N/mm^2} = 5.63\ \mathrm{MPa}$$

(3) 校核强度

$$\sigma = 5.63\ \mathrm{MPa} < [\sigma] = 10\ \mathrm{MPa}$$

满足强度条件，故绳索安全。

例 6.4　如图 6.9 所示三角形托架，其杆 AB 是由两根等边角钢组成，已知 $F = 75$ kN，许用应力 $[\sigma] = 160$ MPa，试选择 AB 杆的等边角钢的型号。

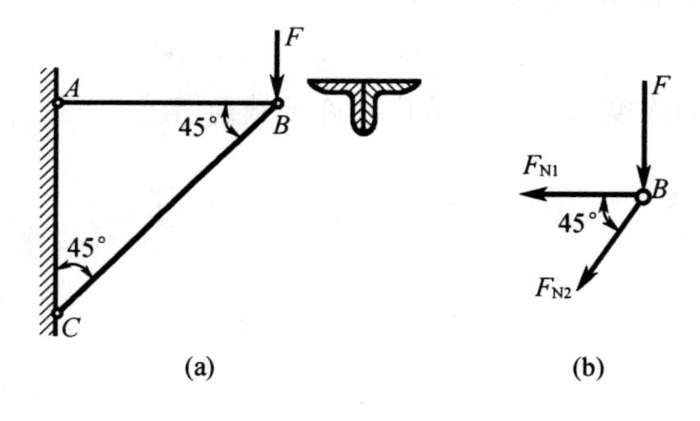

图 6.9

解　(1) 求杆 AB 中的轴力 F_{N1}

由结点 B 的平衡方程

$$\sum F_x = 0,\ -F_{N1} - F_{N2}\cos 45^\circ = 0$$

$$\sum F_y = 0,\ -F - F_{N2}\sin 45^\circ = 0$$

得

$$F_{N1} = 75\ \mathrm{kN}$$

(2) 设计截面

$$A \geqslant \frac{F_{N1}}{[\sigma]} = \frac{75 \times 10^3}{160 \times 10^6} = 4.688\ \mathrm{cm^2}$$

所以可选边厚为 3 mm 的 4 号等边角钢，其 $A = 2.359\ \mathrm{cm^2}$，$2A = 4.718\ \mathrm{cm^2}$。

例 6.5　简易起重设备如图 6.10 所示，杆 AB 和 BC 均为圆截面钢杆，直径均为

36 mm，钢的许用应力$[\sigma]=160$ MPa，试确定吊车的最大许可载荷$[W]$。

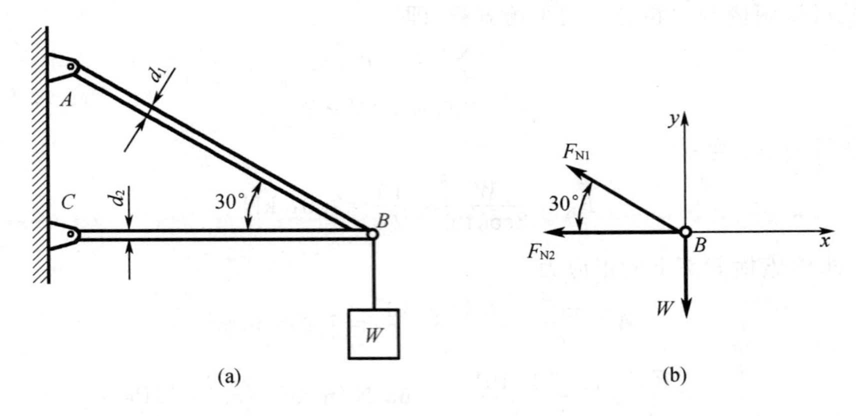

图 6.10

解 (1) 由平衡条件计算实际轴力

$$\sum F_x=0,\ -F_{N1}\cos30°-F_{N2}=0$$

$$\sum F_y=0,\ F_{N1}\sin30°-W=0$$

解得各杆轴力与结构载荷 W 应满足的关系式为

$$F_{N1}=2W,\ F_{N2}=-\sqrt{3}W$$

(2) 根据各杆件的强度条件计算结构的许可载荷$[W]$

由

$$2W\leqslant[F_{N1}]=A[\sigma]=170.3\ \text{kN}$$

得

$$[W_1]\leqslant 86.5\ \text{kN}$$

由

$$\sqrt{3}W\leqslant[F_{N2}]=A[\sigma]=170.3\ \text{kN}$$

得

$$[W_2]\leqslant 99.9\ \text{kN}$$

要保证 AB，BC 杆的强度，应取$[W]=86.5$ kN。

6.5 轴向拉(压)时材料的力学性能

材料的力学性能也称为材料的机械性能，主要是指材料在外力作用下所表现出来的变形和破坏等方面的特性。不同的材料具有不同的力学性能，同一种材料在不同的工作条件下(如加载速率、温度等)也有不同的力学性能。轴向拉压试验是测定材料力学性能的最基本试验。低碳钢和铸铁是两种不同类型的材料，都是工程实际中广泛使用的材料，它们的力学性能比较典型，因此以这两种材料为代表来讨论材料的力学性能。

6.5.1　轴向拉伸时材料的力学性能

1.低碳钢在拉伸时的力学性能

低碳钢是指含碳量低于0.3%的钢材，在工程上的应用十分广泛，它是一种典型的塑性材料。低碳钢拉伸试验所采用的标准试件是圆截面杆件，如图6.11所示，试件等直部分的长度l为工作长度，称为标距。对于直径为d的杆件通常取$l=5d$或$l=10d$。

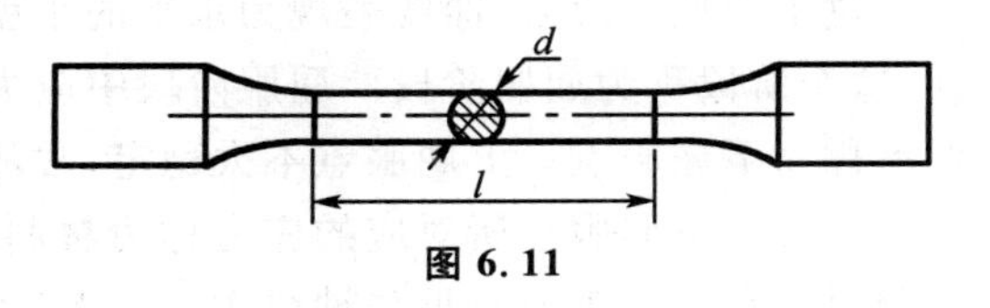

图6.11

为了便于比较不同材料的试验结果，对试样的形状、加工精度、加工速度、试验环境等，国家标准都有统一规定。

将试件两端装入材料试验机的卡头中，做常温、静载拉伸试验，直到试件被拉断为止。试验机的绘图装置会把试件所受到的轴向拉力F和试件的伸长量Δl之间的关系自动记录下来，绘出一条$F-\Delta l$曲线(如图6.12所示)，称为拉伸图。它描绘了低碳钢试件从开始加载直至断裂的全过程中拉力与变形之间的关系。但是拉伸图会受到试件几何尺寸的影响，为使试验结果能反映材料本身的力学性能，将拉力F除以试件横截面面积A，得到横截面上的正应力σ，将其作为纵坐标；将伸长量Δl除以标距的原始长度l，得到应变ε，将其作为横坐标。从而获得$\sigma-\varepsilon$曲线(如图6.13所示)，称为应力－应变图。

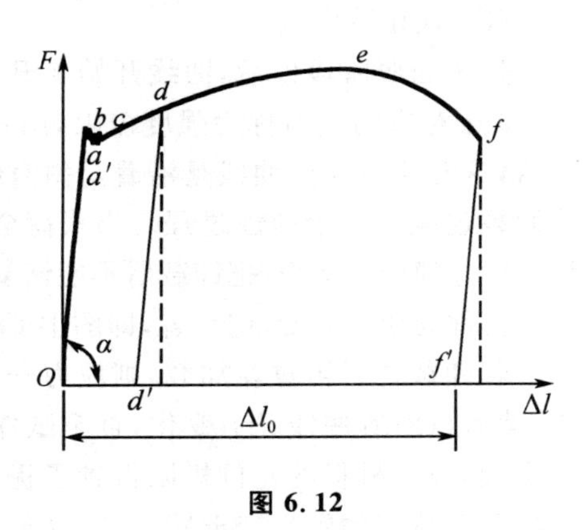

图6.12

由低碳钢的$\sigma-\varepsilon$曲线可以看出，低碳钢的整个拉伸过程大致可以分为以下四个阶段。

(1) 弹性阶段Oa

这一阶段可分为斜直线Oa'和微弯曲线$a'a$。在这个阶段内，试件受力以后长度增加产生变形，这时如果将外力卸去，变形就会消失，这种变形称为弹性变形。a点对应的应力称为弹性极限，记为σ_e。斜直线Oa'段表示应力与应变成正比例关系，即材料服从胡克定律，a'点对应的应力称为比例极限，记为σ_p。一般来说，低碳钢的弹性极限和比例极限十分接近，所以通常取$\sigma_e=\sigma_p$。由图中斜直线Oa'可知

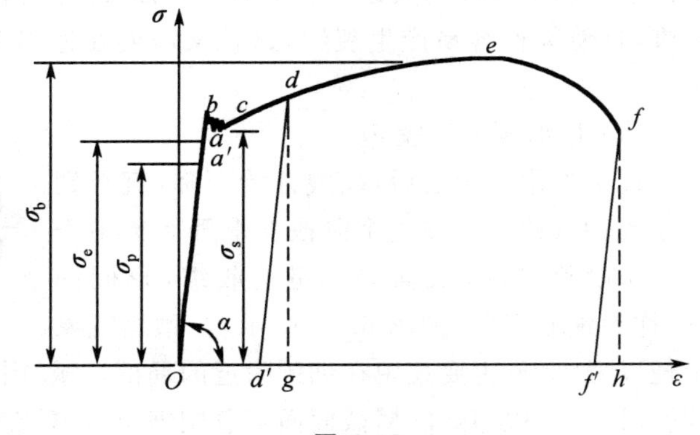

图6.13

$$\tan\alpha=\frac{\sigma}{\varepsilon}=E \tag{6.8}$$

式(6.8)表明，在单向拉伸或压缩情况下，当正应力不超过材料的比例极限时，正应

力与线应变成正比，我们将这一关系称为拉压胡克定律。因为斜直线 Oa' 的斜率就等于低碳钢的弹性模量，所以在工程上一般都采用常温、静载拉伸试验来测定材料的弹性模量。

（2）屈服阶段 ac

过了弹性阶段后，曲线表现为水平的小锯齿形线段，应力在一个很小的范围内上下波动，这个阶段称为屈服阶段。屈服阶段中应力波动的最高点称为上屈服点，应力波动的最低点称为下屈服点。上屈服点不太稳定，常随着加载速率等原因而改变，下屈服点比较稳定。通常把下屈服点所对应的应力称为材料的屈服极限，用 σ_s 表示。表面磨光的试件，屈服时可在试件表面看见与轴线大致成 45° 倾角的条纹。这是由于材料内部晶格之间相对滑移而形成的，称为滑移线。

（3）强化阶段 ce

过了屈服阶段以后，曲线开始上升，直到最高点 e，试件对变形的抵抗能力又获得增强。e 点对应的应力称为强度极限，用 σ_b 表示。如果在这一阶段的任一点 d 处，逐渐卸去载荷，这时应力应变曲线是沿着与斜直线 Oa' 几乎平行的直线 dd' 返回到点 d'，即低碳钢的卸载过程是一个弹性过程。当载荷全部卸去以后，试件所产生的变形一部分消失了，而另一部分却残留下来，把卸载后不能恢复的变形称为塑性变形或残余变形。塑性变形对应的应变称为塑性应变，记为 ε_P，即图中 Od' 段，$d'g$ 段为消失了的弹性应变，记为 ε_e。

若卸载之后再重新加载，则应力－应变曲线基本沿着卸载时的斜直线 dd' 上升到 d 点，然后再沿着曲线 def 变化，直至试件被拉断。比较曲线 $Odef$ 和 $d'def$ 可以发现，在第二次加载时，材料的比例极限得到了提高，即构件在弹性阶段的承载能力提高了，但试件被拉断后遗留的塑性变形减小了，这种现象称为冷作硬化。工程上常利用冷作硬化来提高某些构件在弹性阶段的承载能力，例如，起重用的钢丝绳和建筑用的钢筋等，常用冷拔工艺进行加工以提高其强度。但另一方面，冷作硬化又会使材料变脆，给下一步加工造成困难，且使零件容易产生裂纹，这就又需要在适当工序中通过热处理来消除冷作硬化的影响。

（4）局部颈缩阶段 ef

过了强化阶段之后，曲线开始下降，直至到达 f 点曲线终结。在这个阶段变形开始集中于某一小段范围内，截面局部迅速收缩，形同细颈，称为颈缩现象（如图 6.14 所示）。颈缩现象出现以后，变形主要集中在细颈附近的局部区域，因此称该阶段为局部颈缩阶段。局部颈缩阶段后期，颈缩处的横截面面积急剧缩小，最后在颈缩处试件被拉断，试验结束。

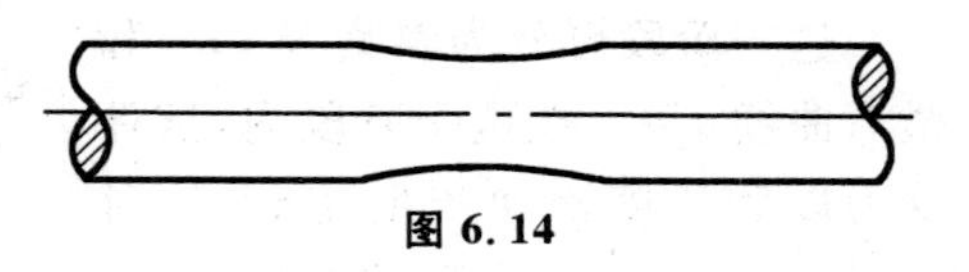
图 6.14

从上述的试验现象可知：当应力达到屈服极限 σ_s 时，材料会产生显著的塑性变形，进而影响结构的正常工作；当应力达到强度极限 σ_b 时，材料会由于颈缩而导致断裂。屈服和断裂，均属于破坏现象。因此，σ_s 和 σ_b 是衡量材料强度的两个重要指标。

材料产生塑性变形的能力称为材料的塑性性能。塑性性能是工程中评定材料质量优劣的重要方面，衡量材料塑性性能的两个重要指标是延伸率 δ 和断面收缩率 φ，延伸率 δ 定义为

$$\delta=\frac{l_1-l}{l}\times 100\% \tag{6.9}$$

式中　l—— 试件工作段长度；

l_1—— 试件断裂后长度。

断面收缩率 φ 定义为

$$\varphi=\frac{A-A_1}{A}\times 100\% \tag{6.10}$$

式中　A—— 试件初始横截面面积；

A_1—— 试件被拉断后断口处横截面面积。

δ 和 φ 的数值越高，说明材料的塑性越好。工程上把延伸率 $\delta>5\%$ 的材料称为塑性材料。如低碳钢 $\delta=25\%\sim27\%$，$\varphi=60\%$，是塑性相当好的材料。延伸率 $\delta<5\%$ 的材料称为脆性材料，如铸铁、玻璃、混凝土、陶瓷等。

2. 铸铁拉伸时的力学性能

铸铁拉伸时的 $\sigma-\varepsilon$ 曲线如图 6.15 所示，它是一条微弯的曲线，没有明显的直线部分，也没有屈服和颈缩阶段，在应力不高时就被拉断，只能测到强度极限 σ_b，而且强度极限较低。试件变形很小，断口截面几乎没有颈缩，这种破坏称为脆性断裂，用强度极限 σ_b 作为其强度指标。铸铁是一种典型的脆性材料，抗拉强度差。在工程上这类材料的弹性模量 E 以总应变为 0.1% 时的割线斜率来度量，以便应用胡克定律。

图 6.15

3. 其他材料拉伸时的力学性能

任何材料都可以通过拉伸试验测定它的力学性能，并绘制 $\sigma-\varepsilon$ 曲线，如图 6.16 所示。例如，16 锰钢以及一些高强度低合金钢等都是与低碳钢拉伸时力学特征相类似的塑性材料，断裂前都具有较大的塑性变形。另一些塑性材料，如青铜、黄铜、铝合金等，拉断前则无明显的屈服阶段。对于没有明显屈服阶段的塑性材料，通常用材料产生 0.2% 的残余应变时所对应的应力作为屈服强度，并以 $\sigma_{0.2}$ 表示，称为名义屈服应力。

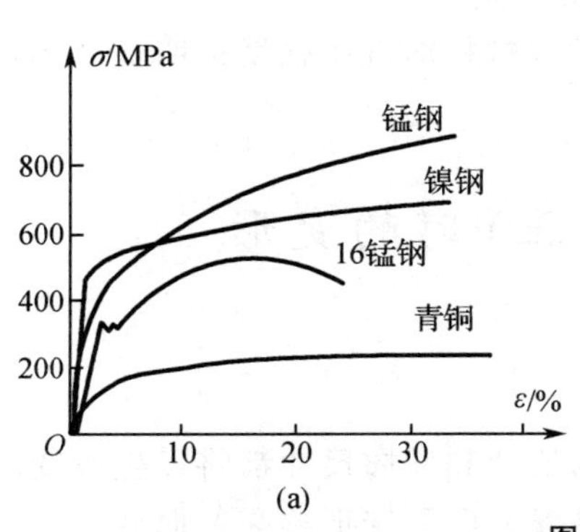

(a)

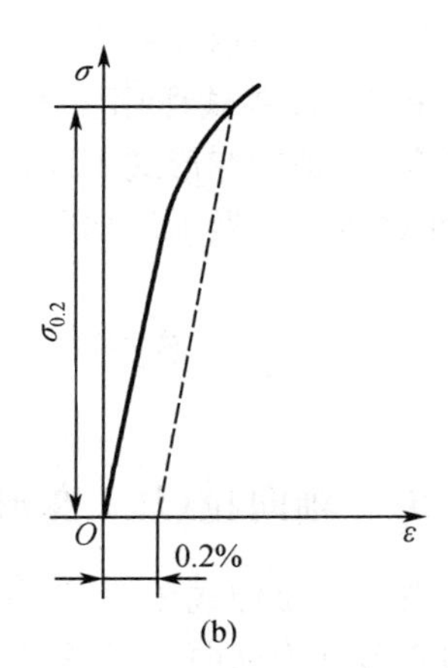

(b)

图 6.16

6.5.2 轴向压缩时材料的力学性能

1.低碳钢压缩时的力学性能

短圆柱体试件的高度约为直径的 1.5 ～ 3 倍。低碳钢压缩时的 $\sigma - \varepsilon$ 曲线如图 6.17(a) 所示,图中虚线为低碳钢拉伸时的 $\sigma - \varepsilon$ 曲线。由图可知,压缩曲线与拉伸曲线主要部分基本重合。试件到达屈服点后,越压越扁,出现显著的塑性变形。由于试件两端面受摩擦限制,故被压成鼓形,测不出其抗压强度,如图 6.18 所示。因为低碳钢压缩时的力学性能与拉伸时基本相同,所以一般通过拉伸试验即可得到其压缩时的主要力学性能。因此对于低碳钢来说,拉伸试验是其基本试验。

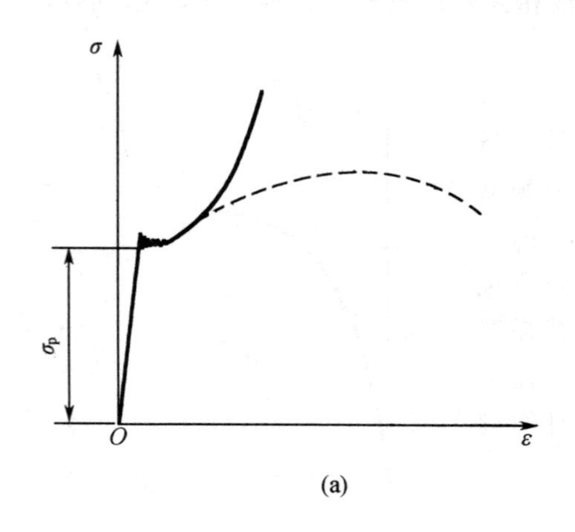

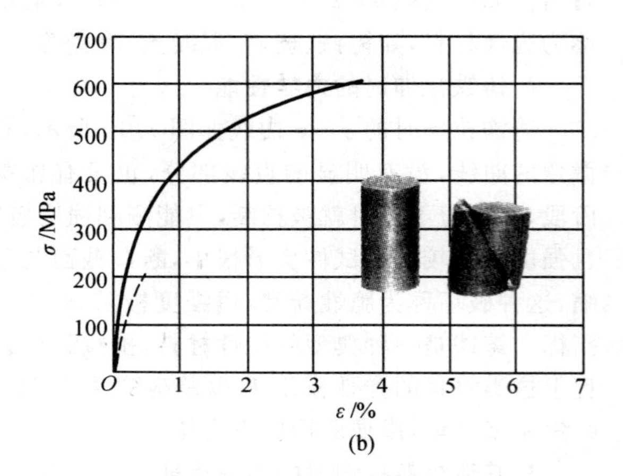

图 6.17

2.铸铁压缩时的力学性能

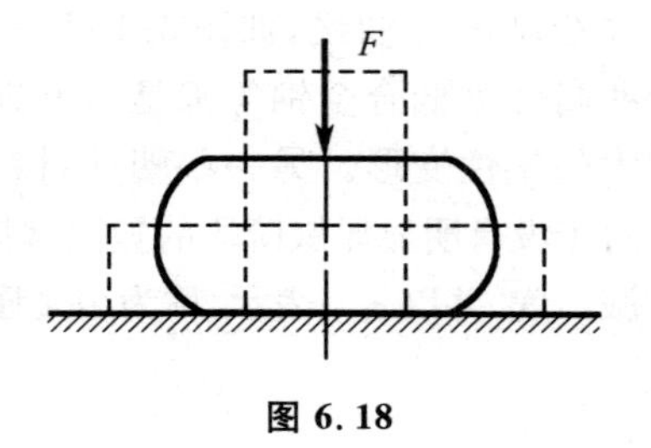

图 6.18

铸铁压缩时的 $\sigma - \varepsilon$ 曲线如图 6.17(b) 中的实线所示。试件在较小的变形下突然破坏,与拉伸曲线一样没有明显的直线部分,也没有屈服极限。试件最后沿 45° 左右的斜面断裂。与图 6.15 比较可知,铸铁的抗压强度远比抗拉强度高,约达 2 ～ 5 倍。因此铸铁宜于做抗压构件。混凝土、石料试样用立方块,其抗压强度也远大于抗拉强度,只是破坏形式不同而已。一般脆性材料的抗压强度都明显高于抗拉强度。因此,脆性材料适宜做承压构件。

6.6 轴向拉(压)时的变形

6.6.1 轴向拉(压)变形

杆件在轴向拉伸或压缩时,其轴线方向的尺寸和横向尺寸都将发生改变。杆件沿轴线方向的变形称为纵向变形,杆件沿垂直于轴线方向的变形称为横向变形。设一根等直

杆件原长为 l，横截面边长为 $a\times b$，在轴向拉力 F 的作用下变形，如图 6.19 所示。纵向线应变定义为纵向绝对变形与原纵向尺寸之比，即

$$\varepsilon=\frac{\Delta l}{l} \tag{6.11}$$

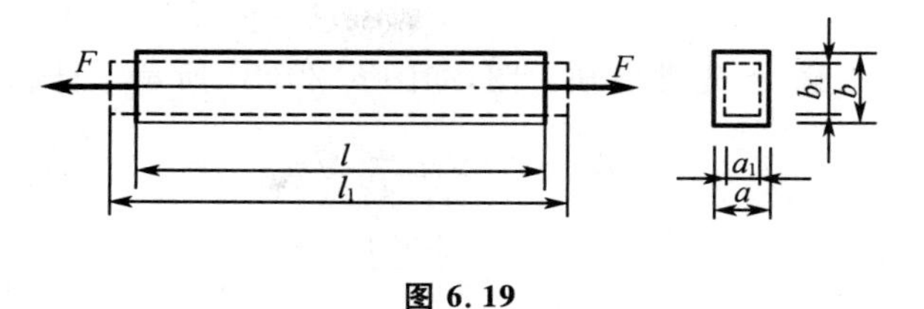

图 6.19

横向线应变定义为横向绝对变形与原横向尺寸之比，即

$$\varepsilon'=\frac{\Delta a}{a}=\frac{\Delta b}{b} \tag{6.12}$$

显然，纵向线应变 ε 和横向线应变 ε' 的符号总是相反的。

6.6.2　泊松比

实验证明，当应力不超过材料的比例极限时，横向线应变与纵向线应变之比的绝对值为一常数，若用 μ 表示这个常数，则有

$$\mu=\left|\frac{\varepsilon'}{\varepsilon}\right| \tag{6.13}$$

常数 μ 称为泊松比，或称为横向变形系数，它是材料的弹性常数，随材料的不同而不同，是一个无量纲的量，其值可由试验测定。泊松比反映了横向变形与纵向变形之间的关系。由于 ε 和 ε' 的符号总是相反的，所以二者的关系又可以写成

$$\varepsilon'=-\mu\varepsilon \tag{6.14}$$

6.6.3　轴向拉伸与压缩变形计算

设等截面、常内力杆的横截面面积为 A，轴力为 F_N，则横截面上的正应力可根据公式(6.1) 来计算，杆沿轴线方向的线应变可根据公式(6.11) 来计算，把正应力与线应变的表达式代入轴向拉压胡克定律，得到轴向拉伸或压缩时杆件的变形量计算公式，即

$$\Delta l=\frac{F_N l}{EA} \tag{6.15}$$

式中，EA 称为杆件的抗拉(压) 刚度，是表征杆件抵抗拉压弹性变形能力的量。变形量正负号规定：伸长为正，缩短为负。应用该公式时应注意以下几点：

(1) 材料在线弹性范围，即 $\sigma\leqslant\sigma_p$；

(2) 在长度 l 内，轴力 F_N、弹性模量 E、横截面面积 A 均为常量。当以上参数沿杆轴线分段变化时，则应分段计算变形，然后求各段变形的代数和的总变形，即

$$\Delta l=\sum_{i=1}^{n}\frac{F_{N_i}l_i}{E_iA_i} \tag{6.16}$$

(3) 当轴力 F_N，弹性模量 E，横截面面积 A 沿杆轴线连续变化时，变形量计算公式为

$$\Delta l=\int_0^l\frac{F_N(x)}{E(x)A(x)}\mathrm{d}x \tag{6.17}$$

例 6.6　变截面钢杆受轴向载荷作用如图 6.20(a) 所示，若已知 $F_1=30$ kN，$F_2=10$ kN 作用，杆长 $l_1=l_2=l_3=100$ mm，杆各横截面面积分别为 $A_1=500$ mm^2，

$A_2=200\ \text{mm}^2$，$E=200\ \text{GPa}$，试求杆的总伸长量。

解　先做出轴力图，如图 6.20(b) 所示。杆的总伸长量为

$$\Delta l_{AD}=\Delta l_{AB}+\Delta l_{BC}+\Delta l_{CD}=\frac{F_{NAB}l_1}{EA_1}+\frac{F_{NBC}l_2}{EA_1}+\frac{F_{NCD}l_3}{EA_2}$$

$$=\frac{20\times 10^3\times 100}{200\times 10^3\times 500}+\frac{-10\times 10^3\times 100}{200\times 10^3\times 500}+$$

$$\frac{-10\times 10^3\times 100}{20\times 10^4\times 200}=-0.015\ \text{mm}$$

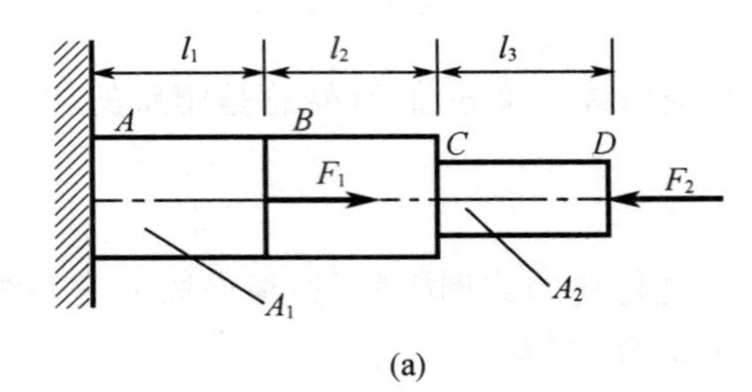

(a)

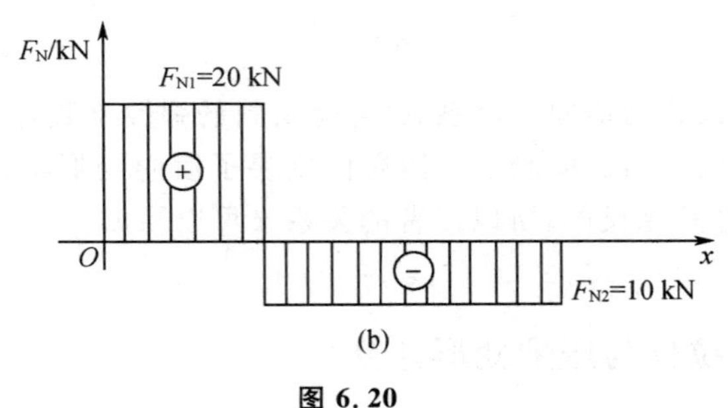

(b)

图 6.20

6.7　轴向拉压时的超静定问题

以上讨论的问题，杆件的约束反力及轴力均可以由静力平衡条件确定，这种问题称为静定问题。在工程实际中还有许多问题其约束反力及轴力只凭静力平衡条件是不能确定的，即未知量的数目超过独立静力平衡方程的数目，这种问题称为超静定问题或超静定问题。未知量的数目减去所能建立独立平衡方程的数目称为超静定次数或超静定次数。

6.7.1　变形比较法

超静定问题可根据结构的约束条件画出变形位移图，建立变形几何方程，将变形与力之间的物理关系代入变形几何方程得到补充方程，再将补充方程与静力平衡方程联立求解未知力。下面以图 6.21(a) 所示桁架结构为例说明求解超静定问题的变形比较法。

由图 6.21(b) 得节点 A 的静力平衡方程为

$$\sum F_x=0,F_{N1}\sin\alpha-F_{N2}\sin\alpha=0$$

$$\sum F_y=0,F_{N3}+2F_{N1}\cos\alpha-F=0$$

这里静力平衡方程有 2 个，未知力有 3 个，是一次超静定问题，还需寻求补充方程。设 1，2 两杆的抗拉刚度相同，桁架变形是对称的，节点 A 垂直地移动到 A_1，位移 AA_1 就是杆 3 的伸长量 Δl_3。以 B 点为圆心，杆 1 的原长 $\dfrac{l}{\cos\alpha}$ 为半径作圆弧，圆弧以外的线段即为杆 1 的原长伸长量 Δl_1。由于变形很小，可用垂直于直线 A_1B 的直线 AE 代替弧线，且仍可认为 $\angle AA_1B=\alpha$。于是可得变形几何方程为

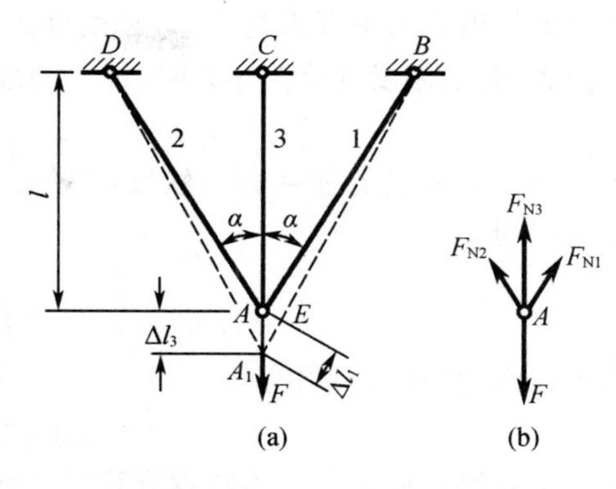

图 6.21

$$\Delta l_1=\Delta l_3\cos\alpha$$

这是 1，2，3 三根杆件的变形必须满足变形协调关系。若 1，2 两根杆件的抗拉刚度为 E_1A_1，杆 3 的抗拉刚度为 E_3A_3，由胡克定律可得物理方程为

$$\Delta l_1=\frac{F_{N1}l}{E_1A_1\cos\alpha},\Delta l_3=\frac{F_{N3}l}{E_3A_3}$$

将上述两个物理方程代入到变形几何方程即可得到补充方程为

$$\frac{F_{N1}l}{E_1A_1\cos\alpha}=\frac{F_{N3}l}{E_3A_3}\cos\alpha$$

将补充方程与静力平衡方程联立即可求得

$$F_{N1}=F_{N2}=\frac{F\cos^2\alpha}{2\cos^3\alpha+\dfrac{E_3A_3}{E_1A_1}},F_{N3}=\frac{F}{1+2\dfrac{E_1A_1}{E_3A_3}\cos^3\alpha}$$

6.7.2　温度应力

温度的变化将引起构件的膨胀或收缩，在静定结构中，由于构件能自由变形，当温度均匀变化时，构件内并不会产生应力。但在超静定结构中，由于构件的变形受到某些限制，温度的变化往往使构件内产生应力，这种应力称为温度应力。如图 6.22 所示结构，AB 杆代表蒸汽锅炉与原动机间的管道。与锅炉和原动机相比，管道刚度很小，故可把 A，B 两端简化成固定端。固联于枕木或基础之上的钢轨也类似于这种情况。当管道中通过高压蒸汽，或因季节变化引起钢轨温度变化时，就相当于上述固定杆的温度发生了变化。因为固定端限制杆件的膨胀或收缩，所以势必有约束反力 F_{RA} 和 F_{RB} 作用于两端，这将使杆件内产生应力，即温度应力。

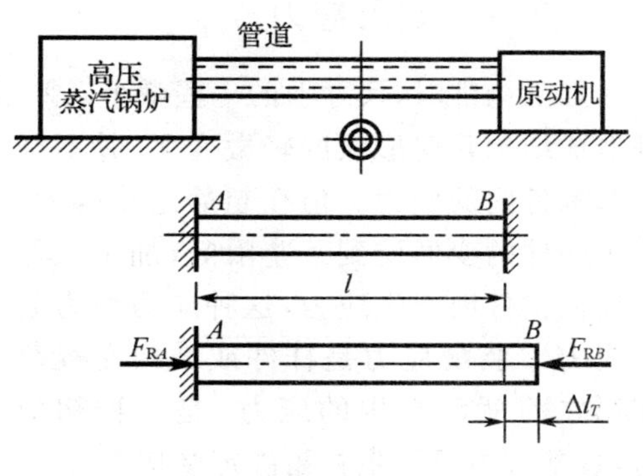

图 6.22

对于两端固定的 AB 杆来说，平衡方程只有一个，即

$$F_{RA}-F_{RB}=0$$

这并不能确定约束反力的大小，必须再找到一个补充方程。设想拆除右端支座，允许杆件自由胀缩，当温度变化为 ΔT 时，杆件的温度变形应为

$$\Delta l_T = \alpha \cdot \Delta T \cdot l$$

式中，α 为材料的膨胀系数。然后，再在右端作用 F_{RB}，杆件因 F_{RB} 而产生的缩短量，即物理方程为

$$\Delta l = \frac{F_N l}{EA} = -\frac{F_{RB} l}{EA}$$

由于杆两端固定，必须有

$$\Delta l = \Delta l_T + \Delta l = 0$$

这就是变形几何方程。将物理方程代入变形几何方程中得到补充方程为

$$\alpha \cdot \Delta T \cdot l = \frac{F_{RB} l}{EA}$$

由此求出

$$F_{RB} = EA\alpha\Delta T, F_N = -EA\alpha\Delta T$$

温度应力为

$$\sigma_T = \frac{F_N}{A} = -\alpha E\Delta T$$

碳素钢的线膨胀系数 $\alpha = 12.5 \times 10^{-6}$ ℃$^{-1}$，$E = 200$ GPa，若 $\Delta T = 100$ ℃，则温度应力为

$$\sigma_T = -12.5 \times 10^{-6} \times 200 \times 10^3 \times 100 = -250 \text{ MPa}$$

可见，当 ΔT 较大时，温度应力的数值便非常可观。为了避免过高的温度应力，在管道中有时增加伸缩节（如图 6.23 所示），在钢轨各段之间留有伸缩缝，这样就可以削弱对膨胀的约束，降低温度应力。

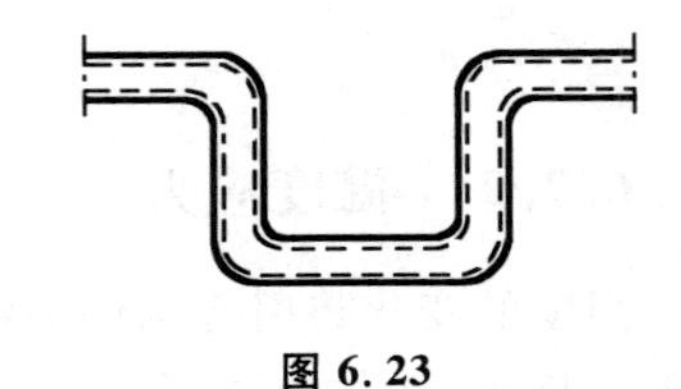

图 6.23

6.7.3 装配应力

加工构件时，尺寸上的一些微小误差是难以避免的。在静定结构中，加工误差只不过是造成结构几何形状的轻微变化，并不会引起构件内的应力。但在超静定结构中，由于构件的变形受到某些限制，加工误差往往使构件内产生应力，这种应力称为装配应力。装配应力是杆件或结构在载荷作用之前就已产生的应力，是一种初应力，装配应力只发生在超静定结构中。

如图 6.24 所示吊桥链条的一节，由三根长为 l 的钢杆组成，由于加工上的误差中间杆短了 δ，实际上中间杆的长度为 $l-\delta$。当把这三根长度不同的钢杆在两端用螺栓连接在一起时，中间杆将受到拉

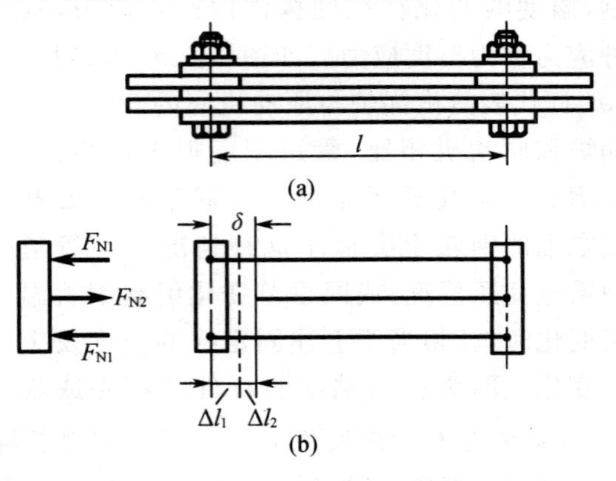

图 6.24

伸，而两侧杆将受到压缩，最后在图示虚线位置上三杆的变形相互协调。设两侧杆的轴向压力为 F_{N1}，中间杆的轴向拉力为 F_{N2}，则平衡方程为

$$2F_{N1}-F_{N2}=0$$

两侧杆的缩短为 Δl_1，中间杆的伸长为 Δl_2，可得到变形几何方程为

$$\Delta l_1+\Delta l_2=\delta$$

物理方程为

$$\Delta l_1=\frac{F_{N1}l}{EA},\Delta l_2=\frac{F_{N2}l}{EA}$$

将上述两个物理方程代入到变形几何方程即可得到补充方程，即

$$\frac{F_{N1}l}{EA}+\frac{F_{N2}l}{EA}=\delta$$

将补充方程与静力平衡方程联立即可求得

$$F_{N1}=\frac{\delta EA}{3l},F_{N2}=\frac{2\delta EA}{3l}$$

两侧杆和中间杆的装配应力分别为

$$\sigma_{N1}=\frac{F_{N1}}{A}=\frac{\delta E}{3l},\sigma_{N2}=\frac{F_{N2}}{A}=\frac{2\delta E}{3l}$$

6.8　应力集中的概念

等截面直杆在轴向拉伸或压缩时，横截面上的应力是均匀分布的。但由于结构的需要，一些构件上常带有孔、沟槽、肩台和螺纹等，使截面尺寸突变。在这些突变附近，横截面上的应力分布不再是均匀的，而是急剧增加，稍远处，应力又迅速降低趋于均匀。如图 6.25 所示是开有圆孔的板条和带有切口的板条横截面上应力的分布情况。由图可见，过圆孔直径的横截面上，应力分布不均匀，靠近孔边处的应力显著增大。这种因杆件外形突然变化而引起局部应力急剧增大的现象，称为应力集中。

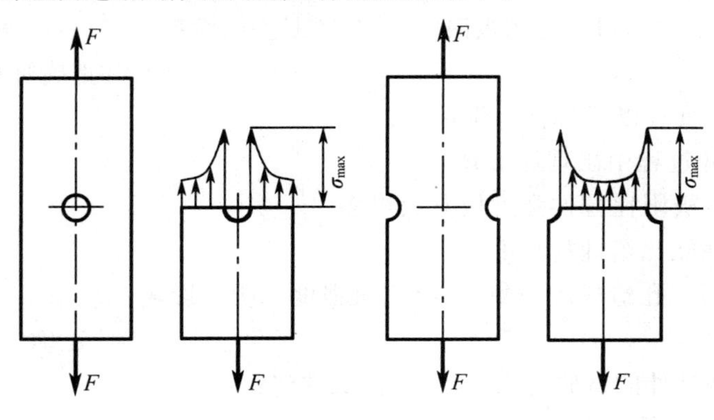

图 6.25

应力集中处的最大应力 σ_{max} 与不计应力集中影响的最小横截面面积上的应力 σ_0（通常称为名义应力）之比，称为理论应力集中系数。用 k 来表示理论应力集中系数，则有

$$k=\frac{\sigma_{\max}}{\sigma_0} \tag{6.18}$$

最大应力 $\sigma_{\max}$ 可用弹性理论、有限元法以及光弹性实验等方法求得。理论应力集中系数k是一个大于1的系数，它反映了应力集中的程度，与载荷形式及弹性体形状、尺寸等因素有关。实验结果表明，截面尺寸改变得越急剧，角越尖、孔越小，其应力集中的程度越严重。工程中一些常见情况下的理论应力集中系数已编制成图表列于有关手册之中。

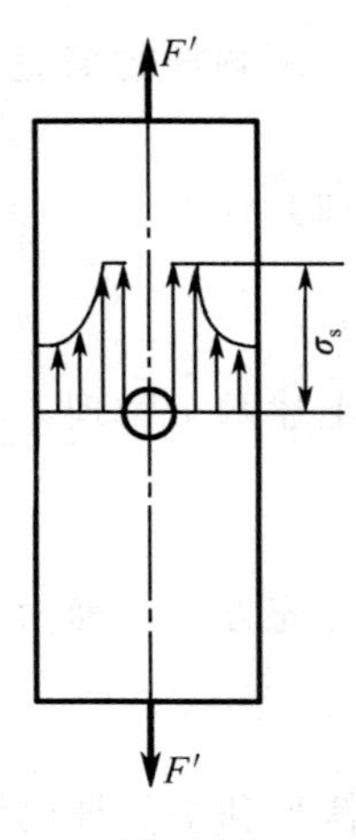

图 6.26

不同材料对应力集中的敏感程度是不同的。在静载荷作用下，对有明显屈服阶段的塑性材料来说，当某局部区域的最大应力达到屈服极限时，该局部区域将产生塑性变形，随着载荷增加，该处应力将暂缓增大，邻近各点的应力继续增大，直至相继达到屈服极限为止，如图 6.26 所示。这样，横截面上的应力将逐渐趋于均匀。可见材料的塑性具有缓和应力集中的作用。因此在一般情况下，对塑性材料可以不考虑应力集中的影响。对于脆性材料，由于没有屈服阶段，载荷增加时，应力集中处的最大应力始终大于其他各点处的应力，并首先达到强度极限，致使构件在该处开始断裂，很快导致整个构件破坏。所以应力集中使脆性材料的承载能力大大降低，必须考虑应力集中的影响。但铸铁等组织不均匀的脆性材料，其内部的许多缺陷本身就是产生应力集中的主要因素，在其力学性能中已有呈现，因此可不考虑应力集中。

习　　题

1. 选择题

(1) 低碳钢拉伸经过冷作硬化后，以下四种指标中哪种得到提高？

(A) 强度极限　　(B) 比例极限　　(C) 断面收缩率　　(D) 伸长率(延伸率)

正确答案是 ________。

(2) 脆性材料具有以下哪种力学性能：

(A) 试件拉伸过程中出现屈服现象

(B) 压缩强度极限比拉伸强度极限大得多

(C) 抗冲击性能比塑性材料好

(D) 若构件因开孔造成应力集中现象，对强度无明显影响

正确答案是________。

(3) 当低碳钢试件的试验应力 $\sigma=\sigma_s$ 时，试件将：

(A) 完全失去承载能力　　(B) 破断

(C) 发生局部颈缩现象　　(D) 产生很大的塑性变形

正确答案是________。

(4) 拉(压) 杆应力公式 $\sigma=F_N/A$ 的应用条件是：

(A) 应力在比例极限内　　(B) 外力合力作用线必须沿着杆的轴线
(C) 应力在屈服极限内　　(D) 杆件必须为矩形截面杆

正确答案是________。

(5) 等截面直杆受轴向拉力 P 作用而产生弹性伸长，已知杆长为 l，截面积为 A，材料弹性模量为 E，泊松比为 μ。拉伸理论告诉我们，影响该杆横截面上应力的因素是：

(A) E,μ,P　　(B) l,A,P　　(C) l,A,E,μ,P　　(D) A,P

正确答案是________。

(6) 从轴向拉杆中取出的单元体如题 2.1.6 图所示。已知 $\sigma_x < \sigma_p$，沿 x,y,z 方向的线应变分别为 ε_x，ε_y 和 ε_z，材料属各向同性。那么根据泊松比的定义可知 μ 应等于：

(A) $|\varepsilon_x/\varepsilon_y|$　　(B) $|\varepsilon_y/\varepsilon_x|$
(C) $|\varepsilon_y/\varepsilon_z|$　　(D) $|\varepsilon_z/\varepsilon_y|$

正确答案是________。

y
ε_y
σ_x
σ_x
ε_x
x
ε_z
z

题 6.1(6) 图

(7) 为提高某种钢制拉(压)杆件的刚度，有以下四种措施：

(A) 将杆件材料改为高强度合金钢
(B) 将杆件的表面进行强化处理(如淬火等)
(C) 增大杆件的横截面面积
(D) 将杆件的横截面改为合理的形状

正确答案是________。

(8) 甲、乙两杆，几何尺寸相同，轴向拉力 P 相同，材料不同，它们的应力和变形有四种可能：

(A) 应力 σ 和变形 Δl 都相同　　(B) 应力 σ 不同，变形 Δl 相同
(C) 应力 σ 相同，变形 Δl 不同　　(D) 应力 σ 不同，变形 Δl 不同

正确答案是________。

(9) 直径为 d 的圆截面钢杆受轴向拉力作用，已知其纵向线应变为 ε，弹性模量为 E，杆的轴力有四种答案：

(A) $\pi d^2\varepsilon/(4E)$　　(B) $\pi d^2 E/(4\varepsilon)$　　(C) $4E\varepsilon/(\pi d^2)$　　(D) $\pi d^2 E\varepsilon/4$

正确答案是________。

2. 填空题

(1) 对于没有明显屈服阶段的塑性材料，通常用 $\sigma_{0.2}$ 表示其屈服极限。$\sigma_{0.2}$ 是塑性应变等于________时的应力值。

(2) 低碳钢的应力—应变曲线如题6.2(2) 图所示。试在图中标出 D 点的弹性应变 ε_e、塑性应变 ε_p 及材料的伸长率(延伸率)δ。

(3) a,b,c 三种材料的应力—应变曲线如题 6.2(3) 图所示。其中强度最高的材料是________，弹性模量最小的材料是________，塑性最好的材料是________。

σ
D
O
ε

题 6.2(2) 图

(4) 钢杆在轴向拉力作用下，横截面上的正应力 σ 超过了材料的屈服极限，此时轴向线应变为 ε_1。现开始卸载，轴向拉力全部卸掉后，轴向残余应变为 ε_2。该钢材的弹性模量 $E=$________。

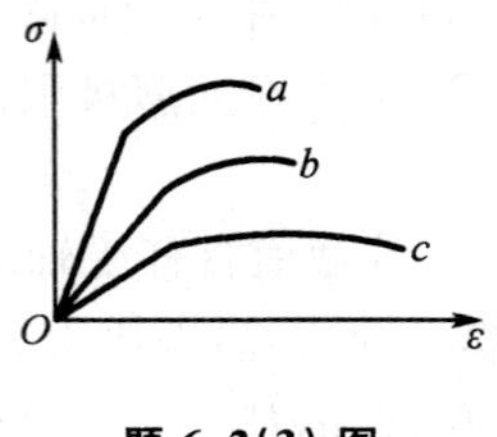

题 6.2(3) 图

(5) 一长 l、横截面面积为 A 的等截面直杆，其相对密度为 ρ，弹性模量为 E，则该杆自由悬挂时自重引起的最大应力 $\sigma_{max}=$________，杆的总伸长 $\Delta l=$________。

3. 计算题

(1) 绘出题 6.3(1) 图所示杆件的轴力图。已知 $q=10$ kN/m。

(2) 杆件的受力情况如题 6.3(2) 图所示，试绘出轴力图。

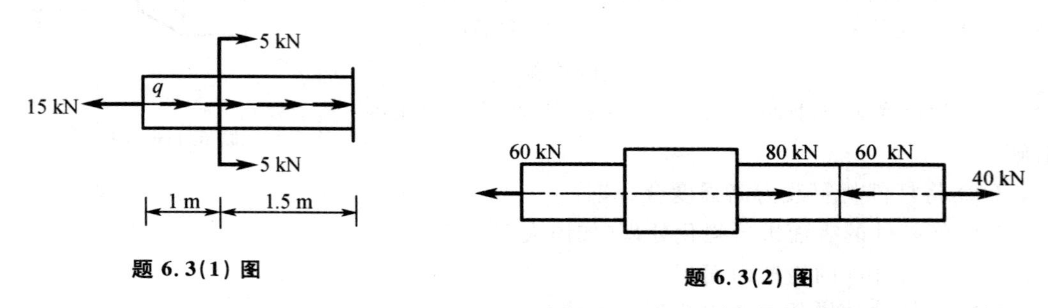

题 6.3(1) 图

题 6.3(2) 图

(3) 如题 6.3(3) 图所示，三铰拱结构由刚性块 AB，BC 和拉杆 AC 组成，受均布载荷 $q=90$ kN/m 作用。若 $R=12$ m，拉杆的许用应力$[\sigma]=150$ MPa，试设计拉杆的直径 d。

(4) 如题 6.3(4) 图所示，相对密度 $\rho=2\ 400$ kg/m^3 的等截面矩形杆受轴向载荷和自重共同作用。材料的$E=1.4\times10^4$ MPa。求全杆的总伸长量。当材料的$[\sigma]=0.5$ MPa 时，试校核杆的强度。

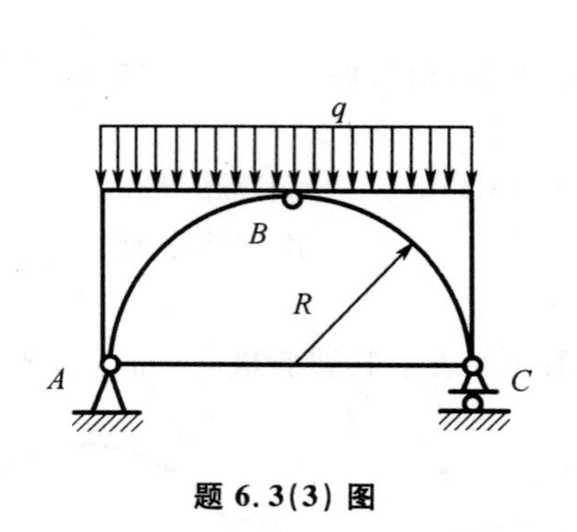

题 6.3(3) 图

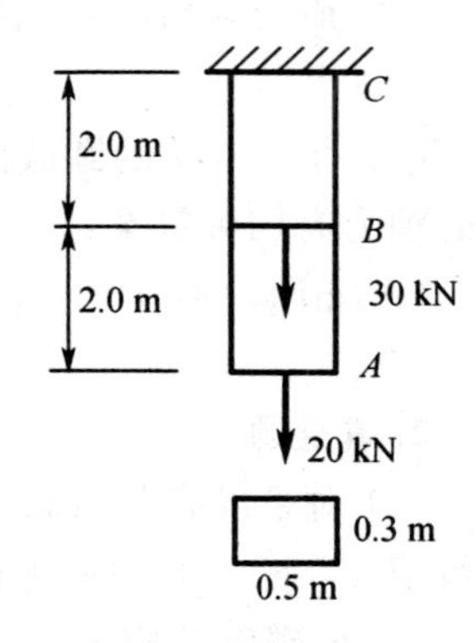

题 6.3(4) 图

(5) 一钢制直杆受力如题 6.3(5) 图所示。已知$[\sigma]=160$ MPa，$A_1=300$ mm^2，$A_2=150$ mm^2，试校核此杆的强度。

(6) 如题 6.3(6) 图所示桁架，杆 AB 为直径 $d=30$ mm 的钢杆，其许用应力为$[\sigma]_1=160$ MPa，杆 BC 为边长 $a=80$ mm 的正方形截面杆，许用应力为$[\sigma]_2=8$ MPa。试求该桁

架的许可载荷[F]。若该桁架承受载荷 $F=120$ kN,试重新设计两杆尺寸。

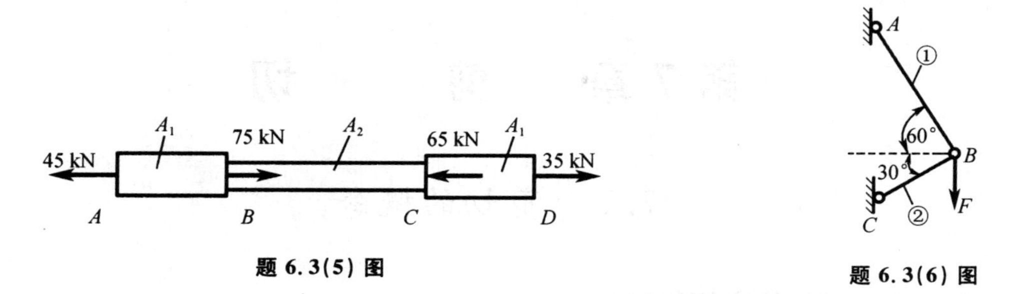

题 6.3(5) 图　　题 6.3(6) 图

(7) 如题 6.3(7) 图示结构,各杆的抗拉(压)刚度均为 EA,杆 BG,DG,GE,CE 长度均为 l,在 E 处作用力 P。求各杆的轴力。

(8) 如题 6.3(8) 图所示等直杆,横截面面积为 A,材料的弹性模量为 E,弹簧常数为 k_1 和 k_2($k_2=2k_1$),$k_1 l=EA$。q 为沿轴线方向的均匀分布力。绘制该杆的轴力图。

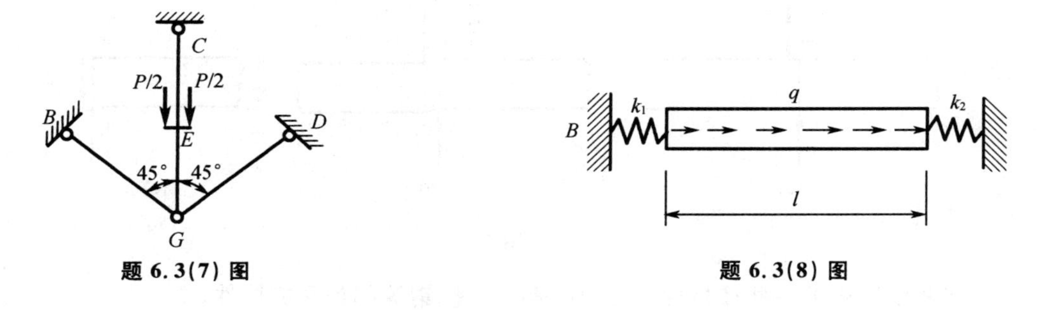

题 6.3(7) 图　　题 6.3(8) 图

第7章　剪　　切

7.1　剪切的概念

7.1.1　剪切的实例和概念

剪切变形的主要受力特点是构件受到与其轴线相垂直的大小相等、方向相反、作用线相距很近的两个外力的作用，构件的变形特点是沿着与外力作用线平行的受剪面发生相对错动，如图7.1所示。

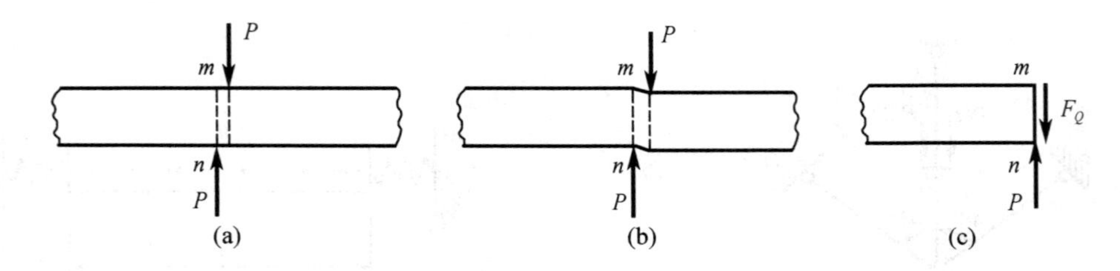

图7.1

工程实际中的一些连接件，如螺栓、铆钉、键、销等都是受剪构件。

构件受剪面上的内力可用截面法求得。将构件沿受剪面 $m-n$ 假想地截开，保留左部分考虑其平衡，可知受剪面上必有与外力平行并与横截面相切的内力 F_Q 作用，如图7.1(c)所示，称 F_Q 为剪力。根据平衡条件 $\sum F_y=0$，可求得 $F_Q=P$。

构件在外力作用下，只有一个剪切面的情况称为单剪切，如图7.1所示。

图7.2所示是一种销钉连接的工作情况。当载荷 P 增大到破坏载荷 P_b 时，销钉将在 $m-m$ 及 $n-n$ 处被剪断。这种具有两个剪切面的情况，称为双剪切。

显然，在双剪切中，每个剪切面上的剪力为 $F_Q=\dfrac{P}{2}$。

7.1.2　挤压现象

连接件除了受剪切作用，在连接件与被连接件之间传递压力的接触面上还发生局部受压的现象，称为挤压，如图7.2(b)所示。销钉承受挤压作用，挤压力以 P_{bs} 表示，当挤压力超过一定限度时，连接件和被连接件在挤压面附近产生明显的塑性变形，称为挤压破坏。在有些情况下，构件在发生剪切破坏之前可能首先发生挤压破坏，所以在研究剪切问题的时候，一定要同时考虑是否发生挤压破坏。

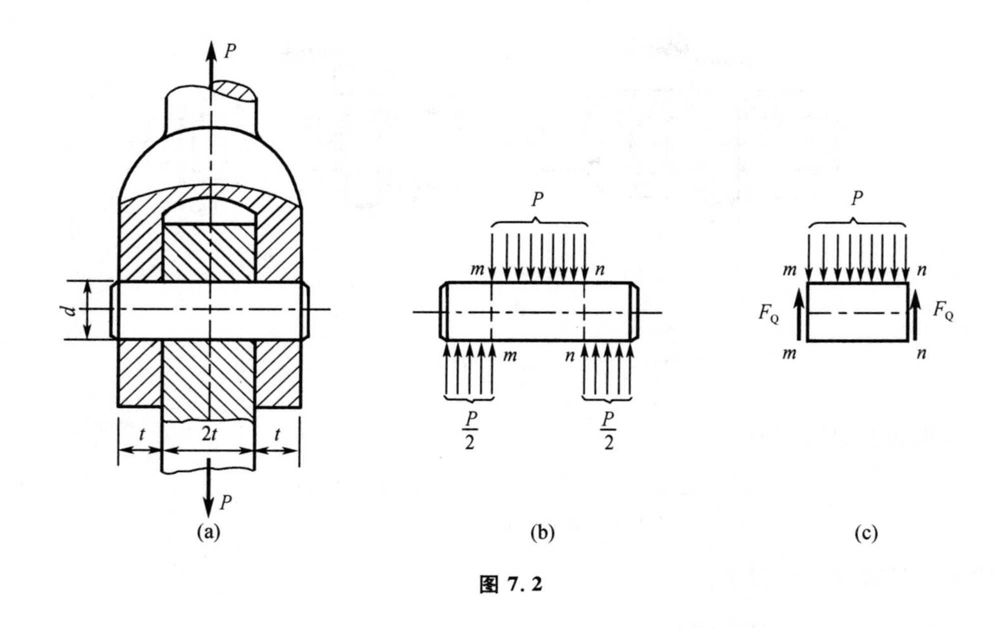

图 7.2

7.2 剪切和挤压的实用计算

7.2.1 剪切的实用计算

当载荷 P 逐渐增大至破坏载荷 P_b 时，构件将在剪切面处被剪断。对于单剪切，破坏剪力 $F_{Qb}=P_b$，对于双剪切，破坏剪力 $F_{Qb}=\dfrac{P_b}{2}$。将破坏剪力除以剪切面面积 A，构件的剪切极限应力为

$$\tau_b=\frac{F_{Qb}}{A}$$

将剪切极限应力 τ_b 除以安全系数 n，即得到许用切应力

$$[\tau]=\frac{\tau_b}{n}$$

若构件的工作载荷为 P，剪切面上的剪力为 F_Q，则可建立剪切计算的强度条件，即

$$\tau=\frac{F_Q}{A}\leqslant[\tau] \tag{7.1}$$

式中，τ 为剪切面上的平均切应力。由于切应力在截面上不是平均分布的，故 τ 是名义切应力。当载荷接近极限载荷时，这种计算方法与实验结果较吻合。

例 7.1 电瓶车挂钩由插销连接，如图 7.3(a) 所示。插销材料为 20 号钢，$[\tau]=30$ MPa，直径 $d=20$ mm。挂钩及被连接的板件的厚度分别为 $t=8$ mm 和 $1.5t=12$ mm，牵引力 $P=15$ kN 。试校核插销的剪切强度。

解 插销受力如图 7.3(b) 所示。根据受力情况，插销中段相对于上、下两段沿 $m-m$ 和 $n-n$ 两个面向左错动，故为双剪切。由平衡方程容易求出

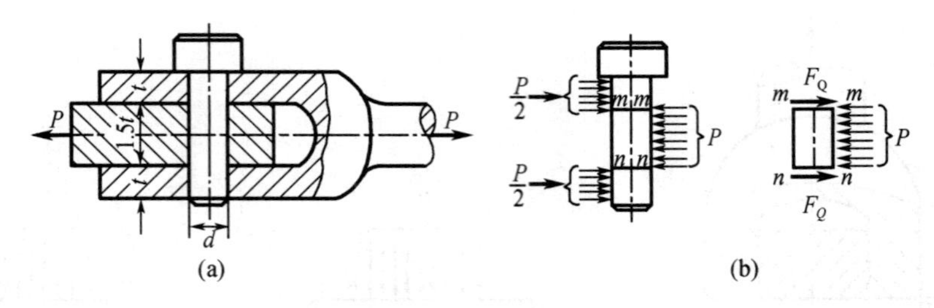

图 7.3

$$F_Q=\frac{P}{2}$$

插销横截面上的切应力为

$$\tau=\frac{F_Q}{A}=\frac{15\times10^3}{2\times\frac{\pi}{4}(20\times10^{-3})^2}=23.9\ \text{MPa}<[\tau]$$

故插销满足剪切强度要求。

7.2.2 挤压的实用计算

以销钉为例，销钉与被连接件的实际挤压面积为半个圆柱面，其上的挤压应力也不是平均分布的。销钉与被连接件的挤压应力分布情况在弹性范围内，如图 7.4(a) 所示。

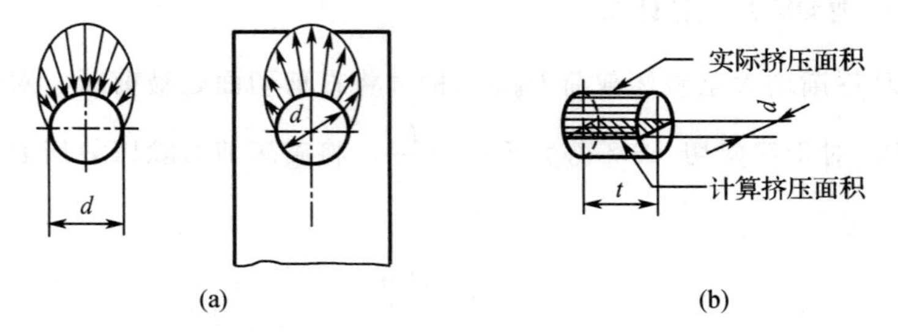

图 7.4

同上面解决剪切强度计算方法一样，按构件的名义挤压应力建立挤压强度条件

$$\sigma_{bs}=\frac{P_{bs}}{A_{bs}}\leqslant[\sigma_{bs}] \tag{7.2}$$

式中，A_{bs} 为计算挤压面积，对于柱面接触的构件，等于实际挤压面的面积在垂直于总挤压力作用线平面上的投影，如图 7.4(b) 所示；对于平面接触的构件，等于实际接触面积。σ_{bs} 为挤压应力，$[\sigma_{bs}]$ 为许用挤压应力。

许用应力值通常可根据材料、连接方式和载荷情况等实际工作条件在有关设计规范中查得。一般的，许用切应力 $[\tau]$ 要比同样材料的许用拉应力 $[\sigma]$ 小，而许用挤压应力 $[\sigma_{bs}]$ 则比 $[\sigma]$ 大。对于钢材，一般可取 $[\sigma_{bs}]=(1.7\sim2.0)[\sigma]$。

例 7.2 挖掘机减速器的一轴上装一齿轮，齿轮与轴通过平键连接，已知键所受的力为 $P=12.1$ kN。平键的尺寸为 $b=28$ mm，$h=16$ mm，$l_2=70$ mm，圆头半径 $R=$

14 mm,如图 7.5 所示。键的许用切应力$[\tau]=87$ MPa,轮毂的许用挤压应力取$[\sigma_{bs}]=100$ MPa,试校核键连接的强度。

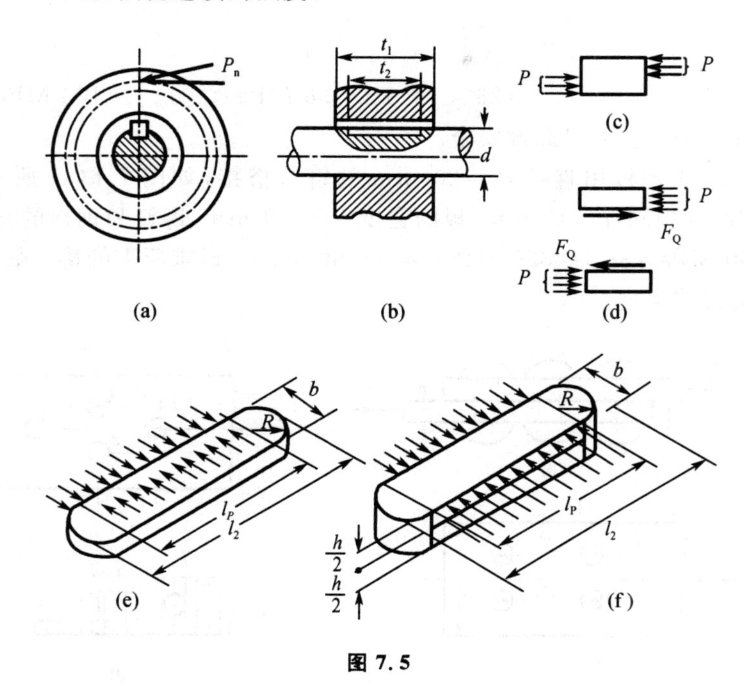

图 7.5

解　(1) 校核剪切强度

键的受力情况如图 7.5(c) 所示,此时剪切面上的剪力(如图 7.5(d))为

$$F_Q=P=12.1\ \text{kN}=12\ 100\ \text{N}$$

对于圆头平键,其圆头部分略去不计(如图 7.5(e)),故剪切面面积为

$$\begin{aligned}A&=bl_P=b(l_2-2R)\\&=2.8\times(7-2\times1.4)\\&=11.76\ \text{cm}^2=11.76\times10^{-4}\ \text{m}^2\end{aligned}$$

所以,平键的工作切应力为

$$\begin{aligned}\tau&=\frac{F_Q}{A}=\frac{12\ 100}{11.76\times10^{-4}}\\&=10.3\times10^6\ \text{Pa}=10.3\ \text{MPa}<[\tau]=87\ \text{MPa}\end{aligned}$$

故满足剪切强度条件。

(2) 校核挤压强度

与轴和键比较,通常轮毂抵抗挤压的能力较弱。轮毂挤压面上的挤压力为

$$P=12\ 100\ \text{N}$$

挤压面的面积与键的挤压面相同,设键与轮毂的接触高度为$\frac{h}{2}$,则挤压面面积(如图 7.5(f))为

$$A_{bs}=\frac{h}{2}\cdot l_P=\frac{1.6}{2}\times(7.0-2\times1.4)$$

$$=3.36\ \text{cm}^2=3.36\times10^{-4}\ \text{m}^2$$

故轮毂的工作挤压应力为

$$\sigma_{bs}=\frac{P}{A_{bs}}=\frac{12\ 100}{3.36\times10^{-4}}$$

$$=36\times10^6\ \text{Pa}=36\ \text{MPa}<[\sigma_{bs}]=100\ \text{MPa}$$

故满足挤压强度条件。所以此键安全。

例 7.3 两块钢板用直径 $d=20$ mm 的铆钉搭接，如图 7.6(a) 所示。已知 $P=160$ kN，板的厚度相同，$t=10$ mm，板的宽度 $b=120$ mm，铆钉和钢板的材料相同，许用应力$[\tau]=140$ MPa，$[\sigma_{bs}]=320$ MPa，$[\sigma]=160$ MPa。试求所需的铆钉数，并加以排列，然后检查板的拉伸强度。

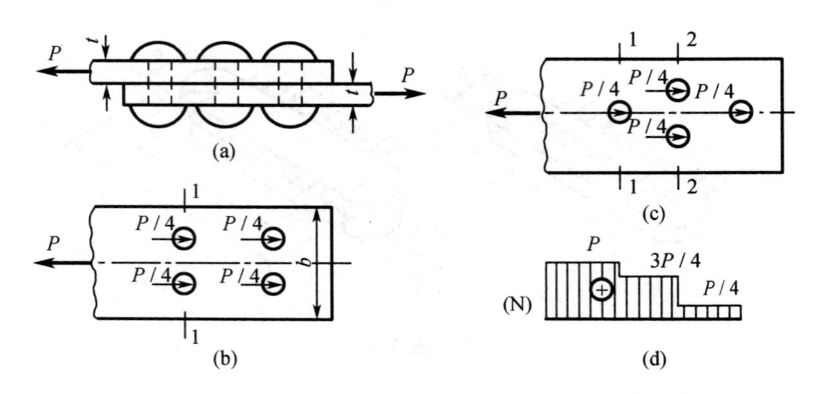

图 7.6

解 设所需的铆钉数为 n，铆钉受单剪切作用。假定铆钉所受的剪力沿剪切面平均分布，由于铆钉横截面相同，则每个铆钉所受的剪力为

$$F_Q=\frac{P}{n}$$

按剪切强度条件

$$\tau=\frac{F_Q}{A}=\frac{4P}{n\pi d^2}\leqslant[\tau]$$

所以

$$n\geqslant\frac{4P}{\pi d^2[\tau]}=\frac{4\times160\times10^3}{\pi\times20^2\times140}=3.64$$

每个销钉所受的挤压力为

$$P_{bs}=\frac{P}{n}$$

挤压面积为

$$A_{bs}=td$$

按挤压强度条件

$$\sigma_{bs}=\frac{P_{bs}}{A_{bs}}=\frac{P}{ntd}\leqslant[\sigma_{bs}]$$

所以

$$n \geqslant \frac{P}{td[\sigma_{bs}]} = \frac{160 \times 10^3}{10 \times 20 \times 320} = 2.5$$

故应按剪切强度选取铆钉数目，取 $n = 4$。

如将铆钉按图 7.6(b) 排列，上板 1—1 截面上的轴力为 $F_{N1} = P$，截面面积为

$$A_1 = (b - 2d)t$$

该截面为危险截面，其上拉力为

$$\sigma_{N1} = \frac{F_{N1}}{A_1} = \frac{P}{(b-2d)t} = \frac{160 \times 10^3}{(120 - 2 \times 20) \times 10 \times 10^{-6}} = 200 \text{ MPa} > [\sigma]$$

因此按这种排列方式钢板的拉伸强度不足，改按图 7.6(c) 所示的排列方式，上板的轴力图如图 7.6(d) 所示，则 1—1 截面上的拉应力为

$$\sigma_{N1} = \frac{F_{N1}}{(b-d)t} = \frac{160 \times 10^3}{(120 - 20) \times 10 \times 10^{-6}} = 160 \text{ MPa} = [\sigma]$$

在 2—2 截面处，轴力为

$$F_{N2} = P - \frac{P}{4} = \frac{3P}{4}$$

板的截面面积为

$$A_1 = (b - 2d)t$$

拉应力为

$$\sigma_{N2} = \frac{F_{N2}}{A_2} = \frac{3P}{4(b-2d)t} = \frac{3 \times 160 \times 10^3}{4 \times (120 - 2 \times 20) \times 10 \times 10^{-6}} = 150 \text{ MPa} < [\sigma]$$

所以满足板的拉伸强度要求，按图 7.6(c) 所示的铆钉排列方式是可以的。

铆钉连接有时也采用对接形式，如图 7.7 所示。这是用两块盖板将两块钢板铆接在一起，其计算方法与搭接情况类似，但需注意铆钉为双剪切，除考虑主板与铆钉的挤压和主板的拉伸强度，还需考虑盖板与铆钉的挤压和盖板的拉伸强度。

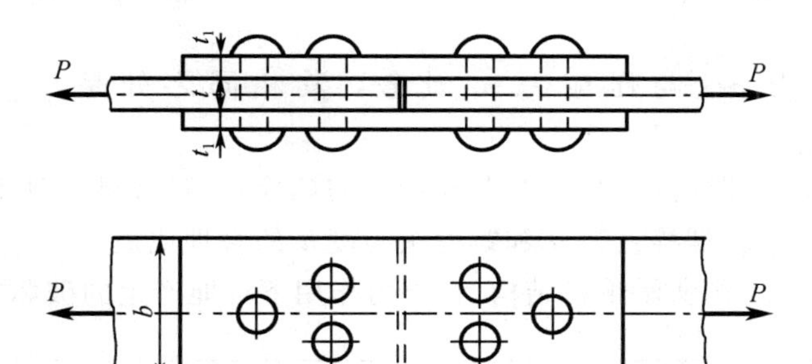

图 7.7

习　　题

1. 填空题

(1) 如题 7.1(1) 图所示三个单元体，虚线表示其受力的变形情况，则单元体(a) 的切应变 γ_a = ________；单元体(b) 的切应变 γ_b = ________；单元体(c) 的切应变γ_c = ________。

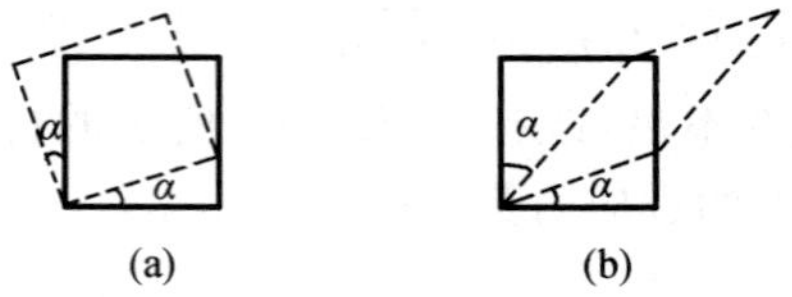

题 7.1(1) 图

(2) 拉伸试件的夹头如题 7.1(2) 图所示，试件端部的挤压面面积等于________，受剪面面积等于________。

(3) 销钉接头如题 7.1(3) 图所示，销钉的剪切面面积为________，挤压面面积为________。

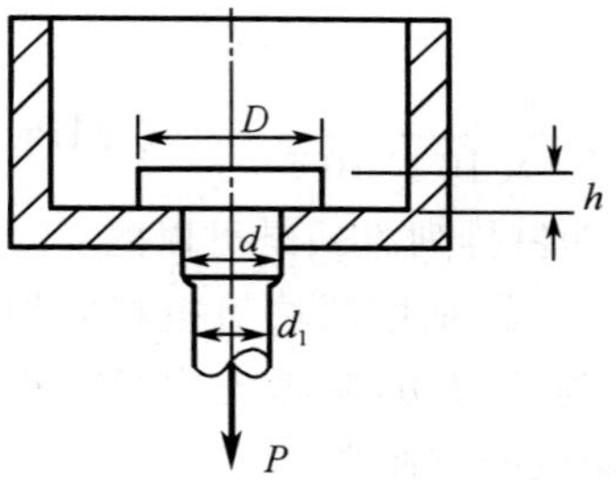

题 7.1(2) 图

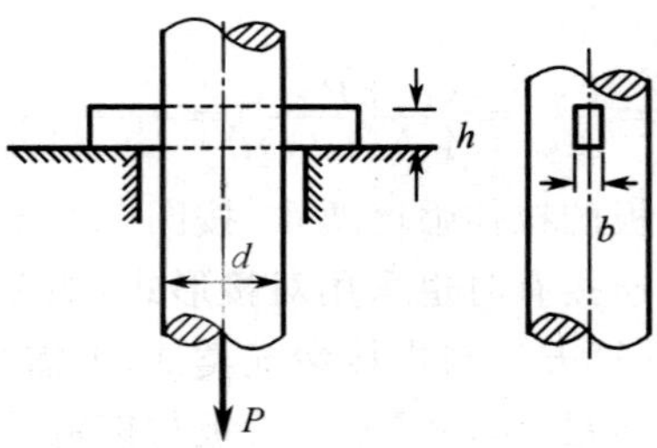

题 7.1(3) 图

(4) 挤压应力 σ_{bs} 与压应力 σ_c 比较，其相同之处是________，不同之处是________________。

(5) 如题 7.1(5) 图所示，在拉力 P 作用下的螺栓，已知材料的剪切许用应力[τ] 是拉伸许用应力的0.6 倍。螺栓直径 d 和螺栓头高度 h 的合理比值是__________。

(6) 如题 7.1(6) 图所示铆钉结构，在外力作用下可能产生的破坏方式有：

① ________________________________；

② ________________________________；

③ ________________________________；

④ ________________________________。

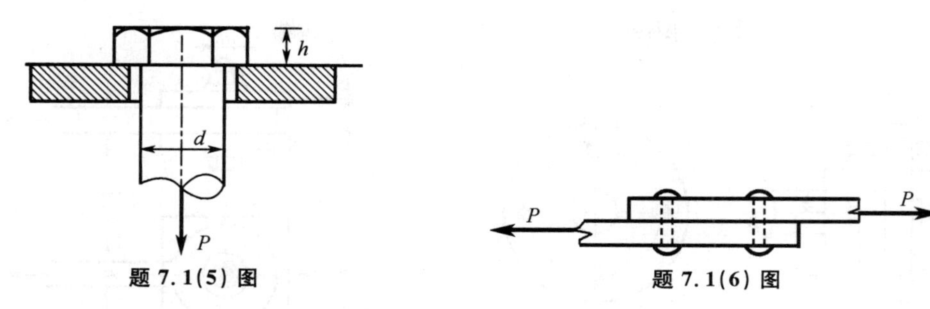

题 7.1(5) 图　　　　题 7.1(6) 图

(7) 如题 7.1(7) 图所示，木榫接头的剪切面面积为________和________，挤压面面积为________。

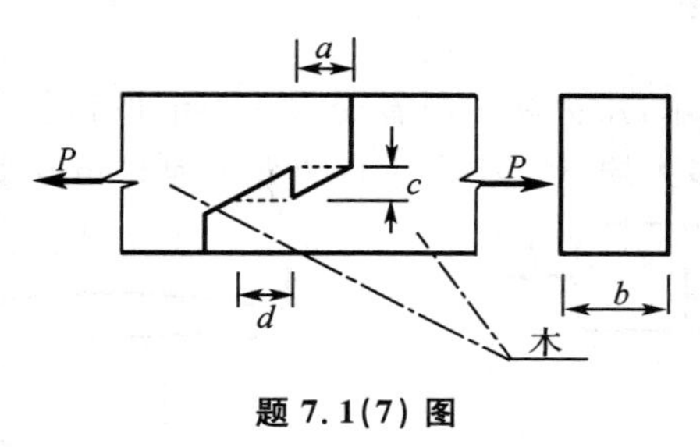

题 7.1(7) 图

2. 计算题

(1) 如题 7.2(1) 图所示，直径为 d 的拉杆，其端部墩头的直径为 D，高度为 h 。 试建立 D,h 与 d 的合理比值(从强度方面考虑)。已知:$[\sigma_c]=12$ MPa,$[\tau]=90$ MPa，许用挤压应力$[\sigma_{bs}]=240$ MPa。

(2) 试确定题 7.2(2) 图所示摇臂轴销 B 的直径 d。已知:$P_1=50$ kN,$P_2=35.4$ kN，$[\tau]=100$ MPa，许用挤压应力$[\sigma_{bs}]=240$ MPa。

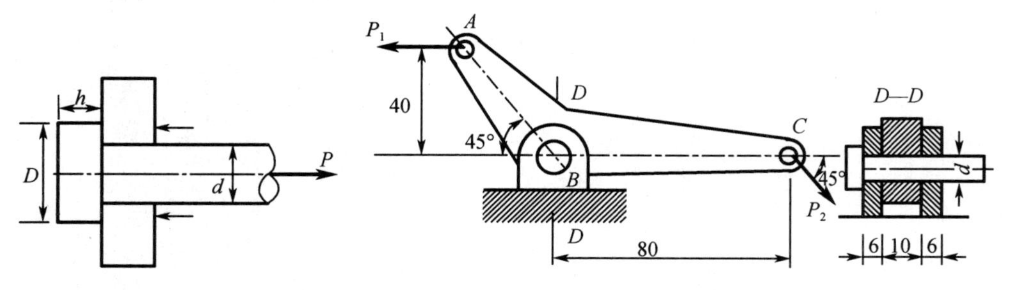

题 7.2(1) 图　　　　题 7.2(2) 图

(3) 如题 7.2(3) 图所示，凸缘联轴节传递的力偶矩为 $M_e=200$ N·m，凸缘之间用四只螺栓连接，螺栓内径 $d\approx 10$ mm，对称地分布在 $D_0=80$ mm 的圆周上。如螺栓的剪切许用应力$[\tau]=60$ MPa，试校核螺栓的剪切强度。

(4) 如题 7.2(4) 图所示，一螺栓将拉杆与厚为 8 mm 的两块盖板相连接。各零件材料相同，许用应力均为$[\sigma]=80$ MPa,$[\tau]=60$ MPa,$[\sigma_{bs}]=160$ MPa。若拉杆的厚度 $\delta=15$ mm，拉力 $F=120$ kN，试设计螺栓直径 d 及拉杆宽度 b。

(5) 如题 7.2(5) 图所示木榫接头，$a=b=12$ cm,$h=35$ cm,$c=4.5$ cm,$F=40$ kN。试求接头的剪切和挤压应力。

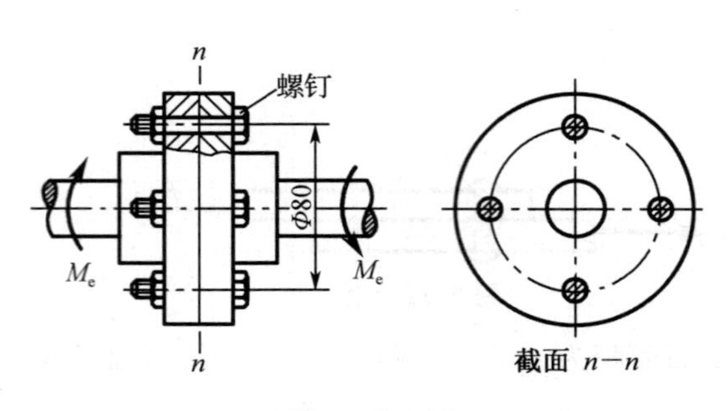

题 7.2(3) 图

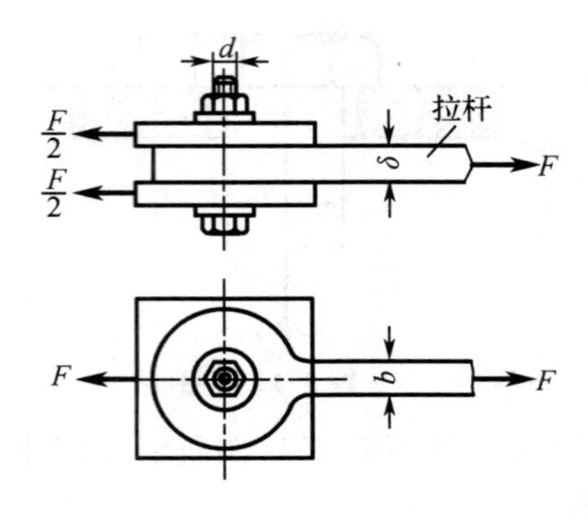

题 7.2(4) 图

(6) 如题 7.2(6) 图所示,用夹剪剪断直径为 3 mm 的钢丝。若钢丝的剪切极限应力约为 100 MPa,试问需要多大的 F? 若销钉 B 的直径为 8 mm,试求销钉内的切应力。

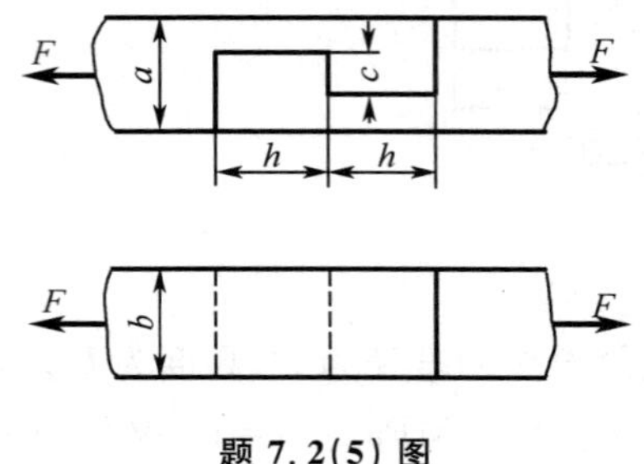

题 7.2(5) 图

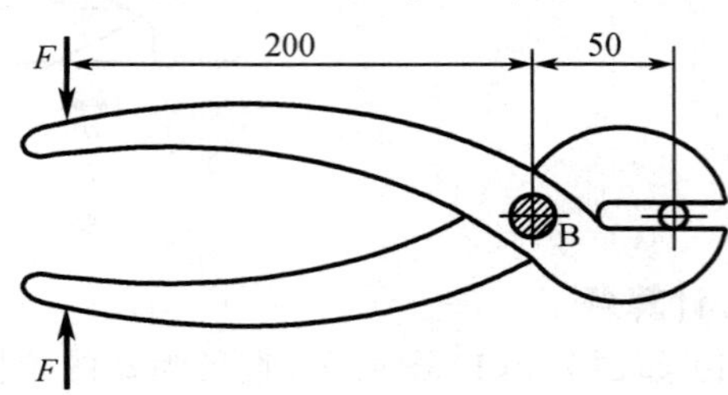

题 7.2(6) 图

第8章　扭　　转

8.1　扭转的概念

工程上承受扭转变形的构件有多种类型，如图8.1所示的攻丝丝锥，图8.2所示的桥式起重机的传动轴以及齿轮轴等是承受扭转变形的典型构件，其受力特点和变形特点如下。

在杆件两端垂直于杆轴线的平面内作用一对大小相等，方向相反的外力偶——扭转力偶；横截面绕轴线发生相对转动的变形，这种变形称为扭转变形。若杆件横截面上只存在扭转变形，则这种受力形式称为纯扭转。

工程实际中，还有一些构件，如车床主轴、水轮机主轴等，除扭转变形外还有弯曲变形，属于组合变形。

本章主要研究圆截面等直杆的扭转，这是工程中最常见的情况。对非圆截面杆的扭转只作简单介绍。

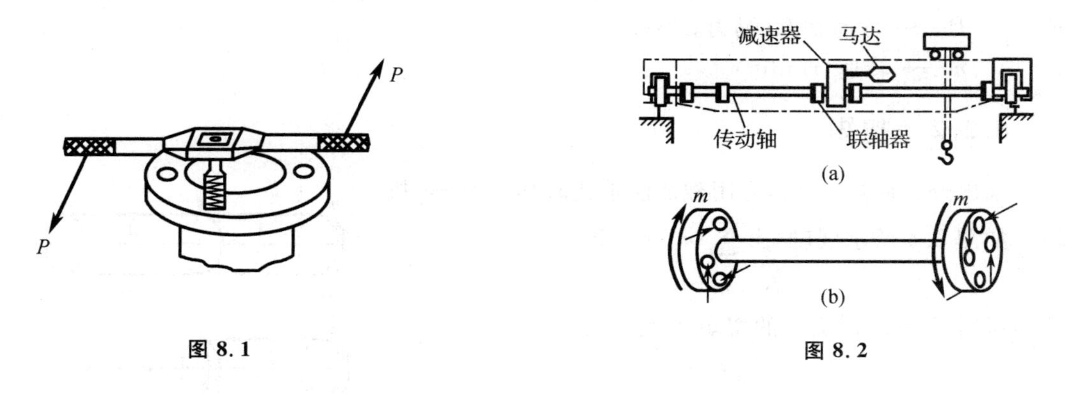

图8.1　　　　图8.2

8.2　外力偶矩与扭矩的计算　扭矩图

8.2.1　外力偶矩

如图8.3所示的传动机构，通常外力偶矩 m 不是直接给出的，而是通过轴所传递的功率 P 和转速 n 由下列关系式计算得到的。

如轴在力偶矩 m 作用下匀速转动 φ 角，则力偶做功为

$$W = m\varphi$$

由功率定义

$$P=\frac{\mathrm{d}W}{\mathrm{d}t}=m\cdot\frac{\mathrm{d}\varphi}{\mathrm{d}t}=m\omega$$

角速度 ω 与转速 n（单位为转 / 分，即 r/min）的关系为 $\omega=2\pi n/60$（单位为弧度 / 秒，即 rad/s）。

由于 1 kW＝1 000 N·m/s，P 千瓦的功率相当于每秒钟做功 $W=1\ 000\times P$，单位为 N·m；而外力偶在 1 秒钟内所做的功为

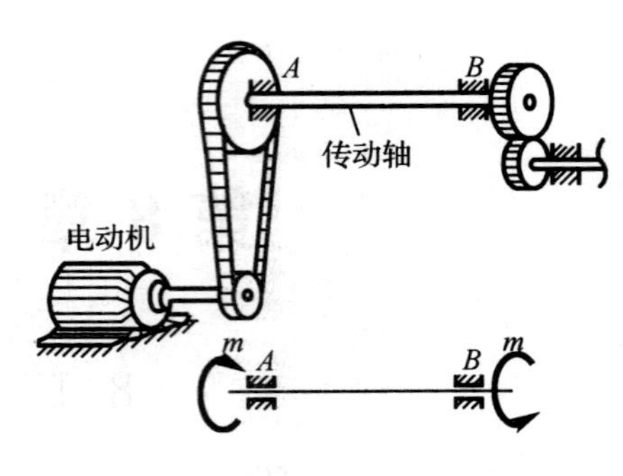

图 8.3

$$W=m\cdot\omega=2\pi n\cdot m/60\ (\mathrm{N\cdot m})$$

由于二者做的功应该相等，则有

$$P\times 1\ 000=2\pi n\cdot m/60$$

因此

$$m=9\ 550\,\frac{P}{n}\quad(\mathrm{N\cdot m})\tag{8.1a}$$

式中　P—— 传递功率(kW)；

n—— 转速(r/min)。

因工程中有些传动轴的传递功率单位是马力(PS)，1 PS＝735.5 N·m/s，则有

$$m=7\ 024\,\frac{P}{n}\quad(\mathrm{N\cdot m})\tag{8.1b}$$

式中　P—— 传递功率(马力，PS)；

n—— 转速(r/min)。

8.2.2　扭矩

求出外力偶矩 m 后，可用截面法求扭转内力 —— 扭矩。如图 8.4 所示圆轴，由 $\sum m_x=0$，得

$$T-m=0$$

从而可得 $A-A$ 截面上的扭矩 T 为

$$T=m$$

扭矩的正负号规定为：按右手螺旋法则，T 矢量离开截面为正，指向截面为负；或矢量与横截面外法线方向一致为正，反之为负。

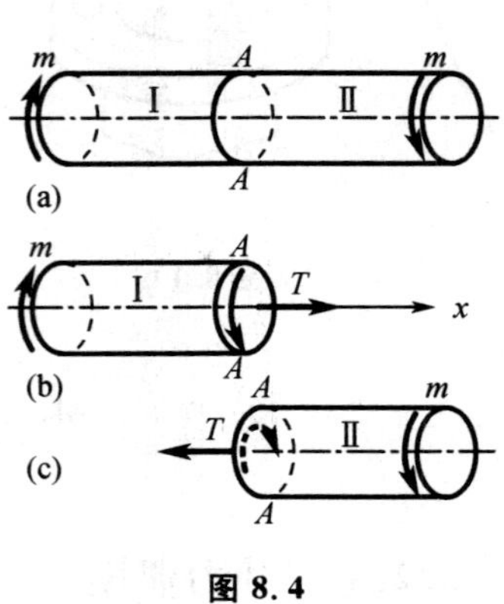

图 8.4

例 8.1　传动轴如图 8.5(a) 所示，主动轮 A 输入功率 $P_A=50$ 马力，从动轮 B,C,D 输出功率分别为 $P_B=P_C=15$ 马力，$P_D=20$ 马力，轴的转速为 $n=300$ r/min。试画出轴的扭矩图。

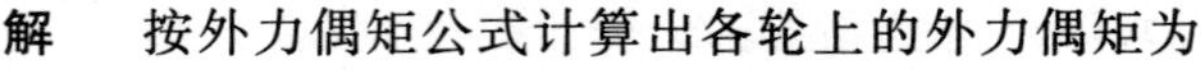

解　按外力偶矩公式计算出各轮上的外力偶矩为

$$m_A=7\ 024\,\frac{P_A}{n}=1\ 171\ \mathrm{N\cdot m}$$

$$m_B=m_C=7\ 024\,\frac{P_B}{n}=351\ \mathrm{N\cdot m}$$

$$m_D = 7\ 024\ \frac{P_D}{n} = 468\ \text{N}\cdot\text{m}$$

从受力情况可以看出，轴在 BC,CA,AD 三段内，各段的扭矩是不相等的。现在用截面法，根据平衡方程计算各段内的扭矩。

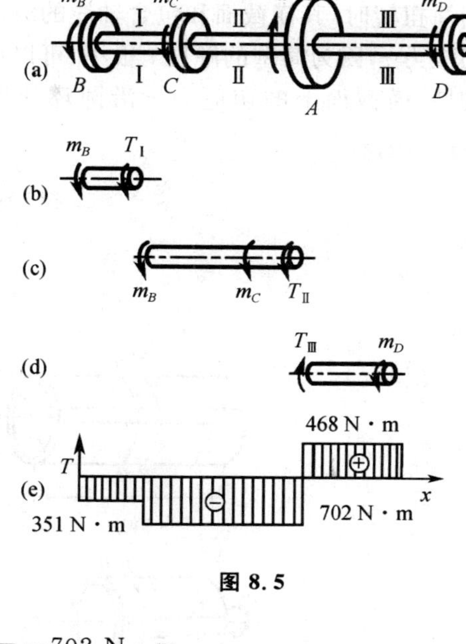

图 8.5

在 BC 段内，以 $T_Ⅰ$ 表示截面Ⅰ－Ⅰ上的扭矩，并任意地把 $T_Ⅰ$ 的方向假设为如图 8.5(b) 所示的方向。由平衡方程 $\sum m_x = 0$，有

$$T_Ⅰ + m_B = 0$$

得

$$T_Ⅰ = -m_B = -351\ \text{N}\cdot\text{m}$$

负号说明实际扭矩转向与所设相反。在 BC 段内各截面上的扭矩不变，所以在这一段内扭矩图为一水平线如图 8.5(e) 所示。同理，在 CA 段内，由图 8.5(c) 得

$$T_Ⅱ + m_C + m_B = 0$$

$$T_Ⅱ = -(m_C + m_B) = -702\ \text{N}\cdot\text{m}$$

在 AD 段内(图 8.5(d))

$$T_Ⅲ - m_D = 0$$

$$T_Ⅲ = m_D = 468\ \text{N}\cdot\text{m}$$

与轴力图相类似，最后画出扭矩图如图 8.5(e) 所示，其中最大扭矩发生于 CA 段内，且 $T_{\max} = 702\ \text{N}\cdot\text{m}$。

对上述传动轴，若把主动轮 A 安置于轴的一端(假设为右端)，则轴的扭矩图如图 8.6 所示。这时，轴的最大扭矩 $T_{\max} = 1\ 170\ \text{N}\cdot\text{m}$。显然单从受力角度，图 8.5 所示轮子布局比图8.6 布局合理。

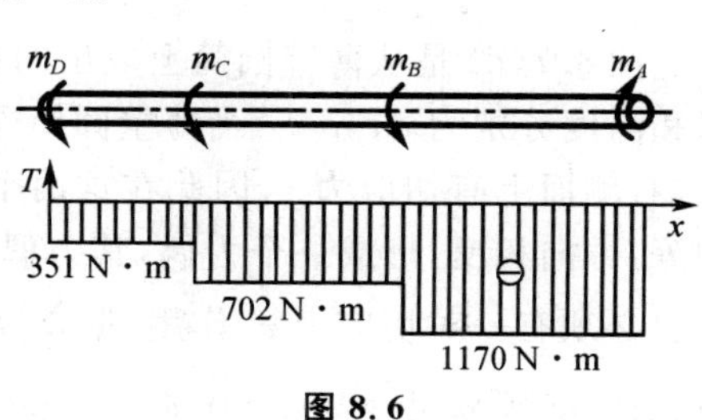

图 8.6

8.3　圆轴扭转时的应力和强度计算

8.3.1　薄壁圆筒的扭转

当空心圆筒的壁厚 t 与平均直径 D(即 $D=2r$) 之比 $t/D \leqslant 1/20$ 时称其为薄壁圆筒。

1. 切应力与切应力互等定理

若在薄壁圆筒的外表面画上一系列互相平行的纵向直线和横向圆周线，将其分成一个个小方格，其中具有代表性的一个小方格如图 8.7(a) 所示。这时筒在外力偶 m 作用下扭转，扭转后相邻圆周线绕轴线相对转过一微小转角。纵线均倾斜一微小倾角 γ 从而使

方格变成菱形，如图 8.7(b) 所示，但圆筒沿轴线及周线的长度都没有变化。这表明，当薄壁圆筒扭转时，其横截面和包含轴线的纵向截面上都没有正应力，横截面上只有切于截面的切应力 τ，因为筒壁的厚度 t 很小，可以认为沿筒壁厚度切应力不变，又根据圆截面的轴对称性，横截面上的切应力 τ 沿圆环处处相等。根据图 8.7(c) 所示部分的平衡方程 $\sum m_x=0$，有

$$m=2\pi rt\cdot\tau\cdot r$$

所以

$$\tau=\frac{m}{2\pi r^2 t} \tag{8.2}$$

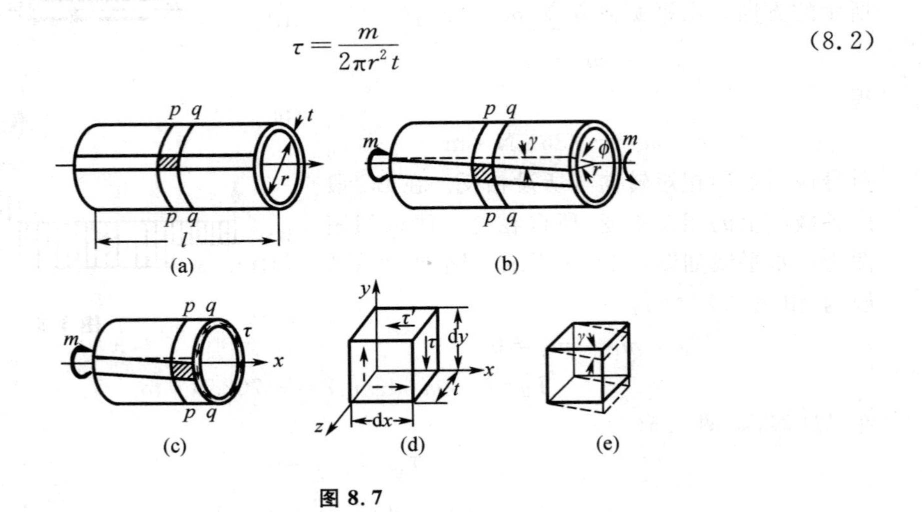

图 8.7

图 8.7(d) 是从薄壁圆筒上取出的相应于 8.7(a) 上小方块的单元体，它的壁厚为 t，宽度和高度分别为 dx，dy。当薄壁圆筒受扭时，此单元体分别相应于 $p-p$，$q-q$ 圆周面的左、右侧面上有切应力 τ，因此在这两个侧面上有剪力 $\tau t\,dy$，而且这两个侧面上剪力大小相等，方向相反，形成一个力偶，其力偶矩为 $(\tau t\,dy)dx$。为了平衡这一力偶，上、下水平面上也必须有一对切应力 τ' 作用(据 $\sum F_x=0$，这对力也应大小相等，方向相反)。对整个单元体，必须满足 $\sum m_z=0$，即

$$(\tau t\cdot dy)dx=(\tau' t\,dx)dy$$

所以

$$\tau=\tau' \tag{8.3}$$

上式表明，在一对相互垂直的截面上，垂直于交线的切应力应大小相等，方向共同指向或背离交线，这就是切应力互等定理。图 8.7(d) 所示单元体称为纯剪切单元体。

2. 切应变与剪切胡克定律

与图 8.7(b) 中小方格相对应，图 8.7(e) 中单元体的相对两侧面发生微小的相对错动(平行四边形)，使原来互相垂直的两个棱边的夹角改变了一个微量 γ，此直角的改变量称为切应变或角应变。如图 8.7(b) 所示，若 φ 为圆筒两端的相对扭转角，l 为圆筒的长度，则切应变 γ 为

$$\gamma=\frac{r\varphi}{l} \tag{8.4}$$

如图8.8所示，薄圆筒扭转试验表明，在弹性范围内切应变γ与切应力τ成正比，即

$$\tau = G\gamma \tag{8.5}$$

式(8.5)为剪切胡克定律，G称为材料的切变模量，单位为GPa。

对各向同性材料，弹性常数E,μ,G三者有如下关系：

$$G = \frac{E}{2(1+\mu)} \tag{8.6}$$

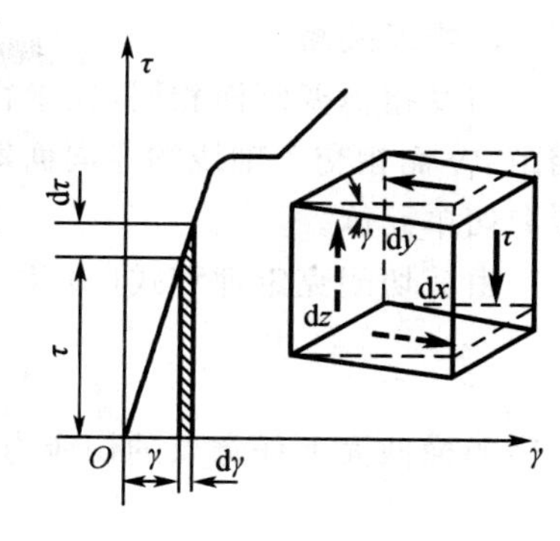

图8.8

8.3.2　圆轴扭转时的应力

1. 平面假设及变形几何关系

如图8.9(a)所示，受扭圆轴与薄圆筒相似，如用一系列平行的纵线与圆周线将圆轴表面分成一个个小方格，可以观察到受扭后表面变形有以下规律：

(1) 各圆周线绕轴线相对转动一微小转角，但大小、形状及相互间距不变；

(2) 由于是小变形，各纵线只平行地倾斜一个微小角度γ，认为仍为直线，因而各小方格变形后成为菱形。

平面假设：变形前横截面为圆形平面，变形后仍为圆形平面，只是各截面绕轴线相对“刚性地”转了一个角度。

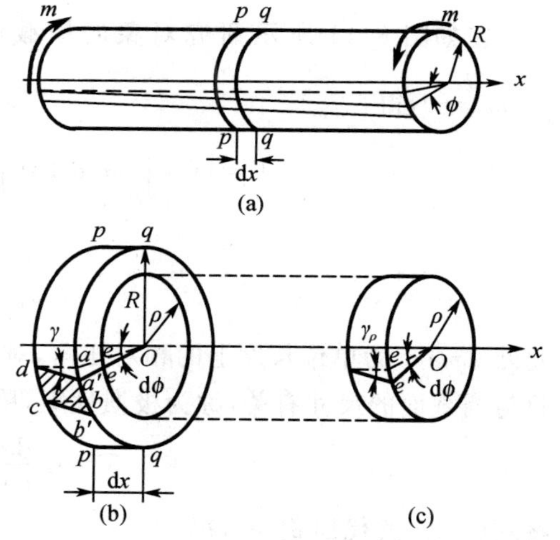

图8.9

在图8.9(a)中，φ表示圆轴两端截面的相对转角，称为扭转角。扭转角用弧度来度量。用相邻的横截面$p-p$和$q-q$从轴中取出长为$\mathrm{d}x$的微段，并放大为图8.9(b)。若截面$q-q$对$p-p$的相对转角为$\mathrm{d}\varphi$，则根据平面假设，横截面$q-q$像刚性平面一样，相对于$p-p$绕轴线旋转了一个角度$\mathrm{d}\varphi$，半径Oa转到了Oa'。于是，表面方格$abcd$的ab边相对于cd边产生了微小的错动，错动的距离是

$$aa' = R\mathrm{d}\varphi$$

因而引起原为直角的$\angle adc$角度发生改变，改变量为

$$\gamma = \frac{aa'}{ad} = R\frac{\mathrm{d}\varphi}{\mathrm{d}x} \tag{a}$$

这就是圆截面边缘上a点的切应变。显然，γ发生在垂直于半径Oa的平面内。

根据变形后横截面仍为平面，半径仍为直线的假设，用相同的方法，并参考图8.9(c)，可以求得距圆心为ρ处的切应变为

$$\gamma_\rho = \rho\frac{\mathrm{d}\varphi}{\mathrm{d}x} \tag{b}$$

2. 物理关系

与受扭薄壁圆筒相同，在半径为 ρ 处截出厚为 $d\rho$ 的薄圆筒，如图 8.9(b) 所示，用一对相距 dy 而相交于轴线的径向面取出小方块（正微六面体），如图 8.9(c) 所示，该方块为受纯剪切单元体。

由剪切胡克定理和式(a) 得

$$\tau_\rho = \gamma_\rho G = G\rho \frac{d\varphi}{dx} \tag{c}$$

这表明横截面上任意点的切应力 τ_ρ 与该点到圆心的距离 ρ 成正比，即

$$\tau_\rho \propto \rho$$

当 $\rho=0$ 时，$\tau_\rho=0$；当 $\rho=R$ 时，τ_ρ 取最大值。由切应力互等定理，在径向截面和横截面上，沿半径切应力的分布如图 8.10 所示。

3. 静力平衡关系

在如图 8.11 所示研究对象的横截面内，扭矩 $T=\int_A \rho\tau_\rho dA$，由力偶矩平衡条件 $\sum m_o=0$，得

$$T = m = \int_A \rho\tau_\rho dA = \int_A \rho^2 G \frac{d\varphi}{dx} dA = G\frac{d\varphi}{dx}\int_A \rho^2 dA$$

令

$$I_p = \int_A \rho^2 dA \tag{8.7}$$

此处 $d\varphi/dx$ 为单位长度上的相对扭角，对同一横截面，它应为不变量。I_p 为几何性质量，只与圆截面的尺寸有关，称为极惯性矩，单位为 m^4 或 mm^4。则

$$T = G\frac{d\varphi}{dx}I_p \quad 或 \quad \frac{d\varphi}{dx} = \frac{T}{GI_p} \tag{8.8}$$

将式(8.8) 式代回式(c)，得

$$\tau_\rho = \frac{T}{I_p}\rho \tag{8.9}$$

则在圆截面边缘上，ρ 为最大值 R 时，得最大切应力为

$$\tau_{max} = \frac{TR}{I_p} = \frac{T}{W_t} \tag{8.10}$$

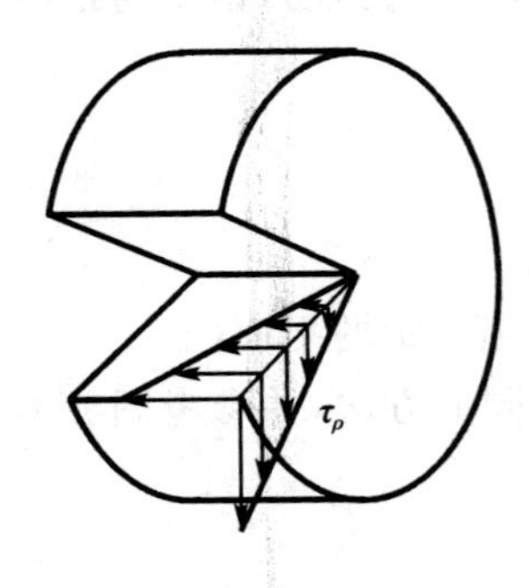

图 8.10

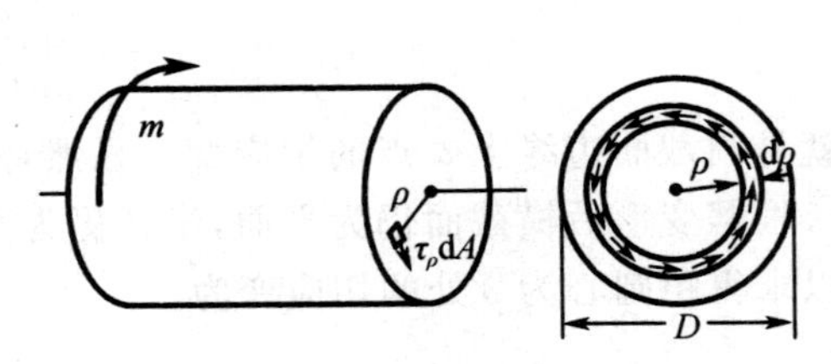

图 8.11

此处

$$W_t = \frac{I_p}{R} \tag{8.11}$$

式中，W_t 称为抗扭截面系数，单位为 m^3 或 mm^3。

4. I_p，W_t 的计算

对于实心圆轴(见图 8.11) 有

$$dA = 2\pi\rho \cdot d\rho$$

$$\begin{cases} I_p = \int_A \rho^2 dA = \int_0^{\frac{D}{2}} \rho^2 \cdot 2\pi\rho d\rho = \frac{\pi D^4}{32} \\ W_t = \frac{I_p}{\frac{D}{2}} = \frac{\pi D^3}{16} \end{cases} \tag{8.12}$$

对于空心圆轴

$$\begin{cases} I_p = \int_A \rho^2 dA = \int_{\frac{d}{2}}^{\frac{D}{2}} \rho^2 \cdot 2\pi\rho d\rho = \frac{\pi(D^4 - d^4)}{32} = \frac{\pi D^4}{32}(1-\alpha^4) \\ W_t = \frac{I_p}{\frac{D}{2}} = \frac{\pi(D^4 - d^4)}{16D} = \frac{\pi D^3}{16}(1-\alpha^4) \\ \alpha = d/D \end{cases} \tag{8.13}$$

8.3.3 强度条件

根据轴的扭矩图按公式(8.10) 算出最大切应力 τ_{max}，并限制 τ_{max} 不能超过许用切应力$[\tau]$，由此得圆轴扭转强度条件为

$$\tau_{max} = \left(\frac{T}{W_t}\right)_{max} \leqslant [\tau] \tag{8.14}$$

注意到，此处许用切应力$[\tau]$不同于剪切件计算中的剪切许用应力。它由扭转的危险切应力 τ_o 除以安全系数 n 得到，与拉伸时相类似：

$$[\tau] = \frac{\tau_o}{n} = \begin{cases} \frac{\tau_s}{n_s}, & \text{塑性材料} \\ \frac{\tau_b}{n_b}, & \text{脆性材料} \end{cases}$$

式中，τ_s 与 τ_b 由相应材料的扭转破坏试验获得，大量试验数据表明，它与相同材料的拉伸强度指标有如下统计关系：

塑性材料 $\tau_s = (0.5 \sim 0.6)\sigma_s$；

脆性材料 $\tau_b = (0.8 \sim 1.0)\sigma_b$。

例 8.2 AB 轴传递的功率 $P = 7.5$ kW，转速 $n = 360$ r/min。如图 8.12 所示，轴 AC 段为实心圆截面，CB 段为空心圆截面。已知 $D = 3$ cm，$d = 2$ cm。试计算 AC 段以及 CB 段的最大与最小切应力。

解 (1) 计算扭矩

轴所受的外力偶矩为

$$m=9\ 550\ \frac{P}{n}=9\ 550\ \frac{7.5}{360}=199\ \text{N}\cdot\text{m}$$

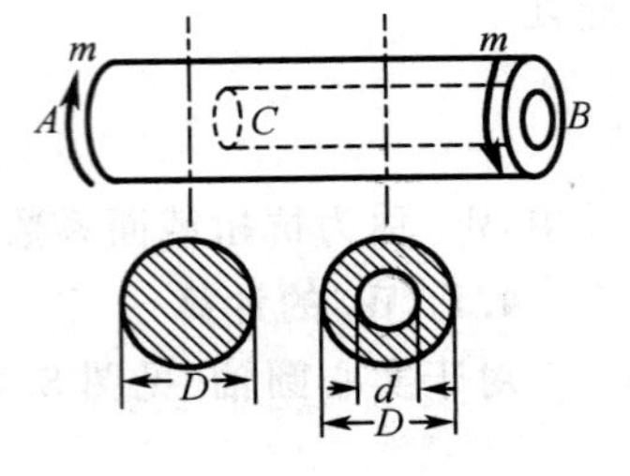

图 8.12

由截面法得

$$T=m=199\ \text{N}\cdot\text{m}$$

(2) 计算极惯性矩

AC 段和 CB 段轴横截面的极惯性矩分别为

$$I_{P1}=\frac{\pi D^4}{32}=7.95\ \text{cm}^4$$

$$I_{P2}=\frac{\pi}{32}(D^4-d^4)=6.38\ \text{cm}^4$$

(3) 计算应力

AC 段轴在横截面边缘处的切应力为

$$\tau_{AC\max}=\tau_{AC外}=\frac{T}{I_{P1}}\cdot\frac{D}{2}=37.5\times10^6\ \text{Pa}=37.5\ \text{MPa}$$

$$\tau_{AC\min}=0$$

CB 段轴横截面内、外边缘处的切应力分别为

$$\tau_{CB\max}=\tau_{CB外}=\frac{T}{I_{P2}}\cdot\frac{D}{2}=46.8\times10^6\ \text{Pa}=46.8\ \text{MPa}$$

$$\tau_{CB\min}=\tau_{CB内}=\frac{T}{I_{P2}}\cdot\frac{d}{2}=31.2\times10^6\ \text{Pa}=31.2\ \text{MPa}$$

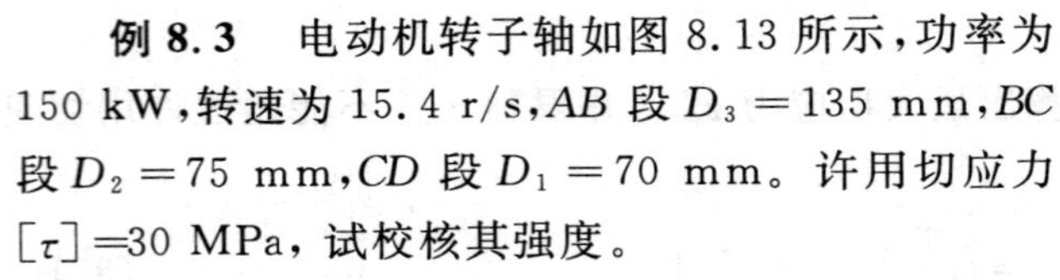

例 8.3 电动机转子轴如图 8.13 所示，功率为 150 kW，转速为 15.4 r/s，AB 段 $D_3=135$ mm，BC 段 $D_2=75$ mm，CD 段 $D_1=70$ mm。许用切应力 $[\tau]=30$ MPa，试校核其强度。

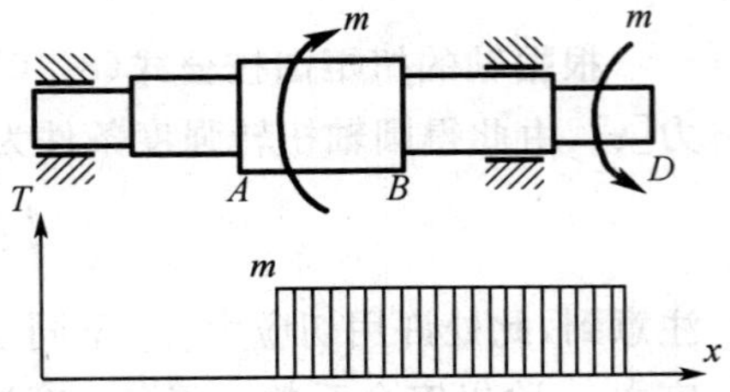

图 8.13

解 (1) 求扭矩及扭矩图

轴所受的扭矩为

$$T_{BC}=m=9\ 550\times\frac{P}{n}=9\ 550\times\frac{150}{15.4\times60}$$

$$=1.55\ \text{kN}\cdot\text{m}$$

(2) 计算并校核切应力强度

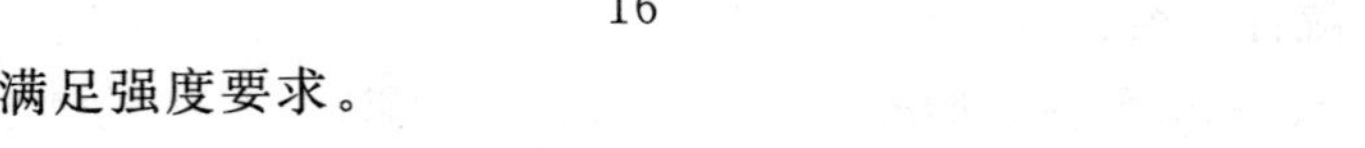

$$\tau_{\max}=\frac{T}{W_t}=\frac{1.55\times10^3}{\frac{\pi\cdot0.07^3}{16}}=23\ \text{MPa}<[\tau]$$

因此，此轴满足强度要求。

8.4 圆轴扭转时的变形和刚度计算

扭转角是指受扭构件上两个横截面绕轴线的相对转角。对于圆轴，由式(8.8)得

$$\text{d}\varphi=\frac{T\text{d}x}{GI_p}$$

所以

$$\varphi=\int_{l}\mathrm{d}\varphi=\int_{0}^{l}\frac{T}{GI_{\mathrm{p}}}\mathrm{d}x\ (\mathrm{rad}) \tag{8.15a}$$

当同一种材料制成的等截面圆轴两个横截面间扭矩 T 为常量时，上式可化为

$$\varphi=\frac{Tl}{GI_{\mathrm{p}}}\ (\mathrm{rad}) \tag{8.15b}$$

式中，GI_{p} 称为圆轴的抗扭刚度，它为切变模量与极惯性矩乘积。GI_{p} 越大，则扭转角 φ 越小。

令 $\varphi=\frac{\mathrm{d}\varphi}{\mathrm{d}x}$ 为单位长度相对扭角，则有

$$\varphi=\frac{T}{GI_{\mathrm{p}}}\ (\mathrm{rad/m})$$

扭转的刚度条件为

$$\varphi_{\max}=\left(\frac{T}{GI_{\mathrm{P}}}\right)_{\max}\leqslant[\varphi](\mathrm{rad/m}) \tag{8.16}$$

或

$$\varphi_{\max}=\left(\frac{T}{GI_{\mathrm{P}}}\right)_{\max}\times\frac{180}{\pi}\leqslant[\varphi](°/\mathrm{m}) \tag{8.17}$$

式中，$[\varphi]$ 为许用的单位长度扭转角，数据可查有关手册。

例 8.4 某传动轴计算简图如图 8.14(a) 所示，已知圆轴的直径 $d=40$ mm；切变模量 $G=80$ GPa，许用单位长度扭转角 $[\varphi]=1$ °/m，许用切应力 $[\tau]=80$ MPa。(1) 试画出该轴的扭矩图；(2) 试校核该轴的强度和刚度。

解 (1) 作扭矩图，如图 8.14(b) 所示。

最大扭矩为

$$T_{\max}=0.6\ \mathrm{kN\cdot m}$$

(2) 按式(8.14) 校核强度，则有

$$\tau=\frac{T_{\max}}{W_{\mathrm{t}}}=\frac{16T_{\max}}{\pi d^{3}}=47.8\ \mathrm{MPa}<[\tau]$$

强度满足要求。

(3) 按式(8.17) 校核刚度，则有

$$\varphi_{\max}=\frac{T_{\max}}{GI_{\mathrm{P}}}\times\frac{180°}{\pi}=1.71\ °/\mathrm{m}>[\varphi]$$

刚度不满足要求。

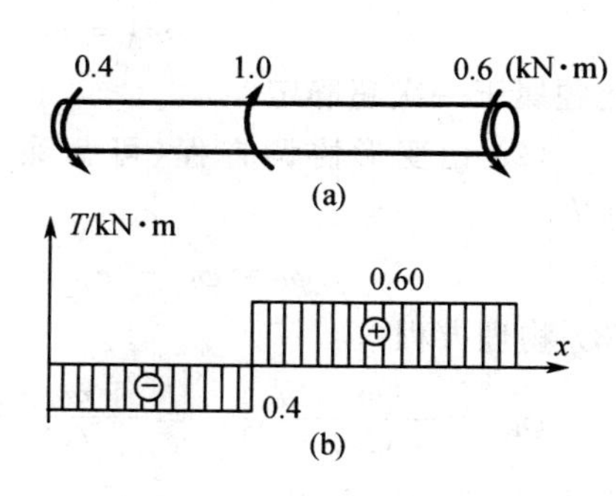

图 8.14

例 8.5 如图 8.15 的传动轴，$n=500$ r/min，$P_1=500$ 马力，$P_2=200$ 马力，$P_3=300$ 马力，已知 $[\tau]=70$ MPa，$[\varphi]=1$ °/m，$G=80$ GPa。试确定传动轴直径。

解 (1) 计算外力偶矩

$$m_A=7\ 024\ \frac{P_1}{n}=7\ 024\ \mathrm{N\cdot m}$$

$$m_B=7\ 024\ \frac{P_2}{n}=2\ 809.6\ \mathrm{N\cdot m}$$

$$m_C = 7\ 024\,\frac{P_3}{n} = 4\ 214.4\ \text{N}\cdot\text{m}$$

作扭矩 T 图,如图 8.15(b) 所示。

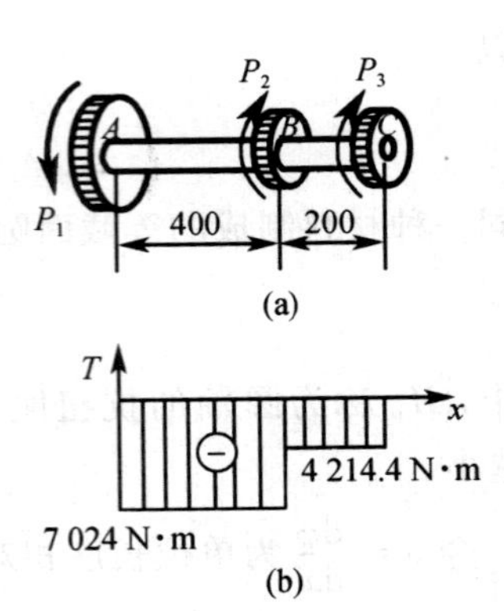

图 8.15

(2) 计算直径 d

由强度条件

$$\tau_{\max} = \frac{T}{W_t} = \frac{16T}{\pi d^3} \leqslant [\tau]$$

$$d \geqslant \sqrt[3]{\frac{16T}{\pi[\tau]}} = \sqrt[3]{\frac{16\times 7\ 024}{\pi\times 70\times 10^6}} \approx 80\ \text{mm}$$

由刚度条件

$$\varphi = \frac{T}{G\,\frac{\pi d^4}{32}} \times \frac{180^\circ}{\pi} \leqslant [\varphi]$$

$$d \geqslant \sqrt[4]{\frac{32T\times 180}{G\pi^2[\varphi]}} = \sqrt[4]{\frac{32\times 7\ 024\times 180}{80\times 10^9\times \pi^2\times 1}} = 84.6\ \text{mm}$$

故取 $d = 84.6$ mm。

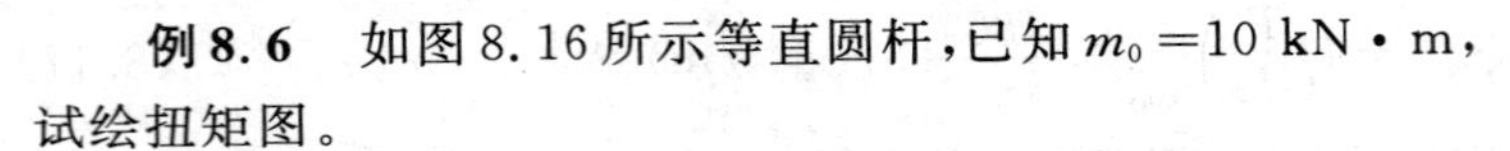

例 8.6 如图 8.16 所示等直圆杆,已知 $m_0 = 10$ kN·m,试绘扭矩图。

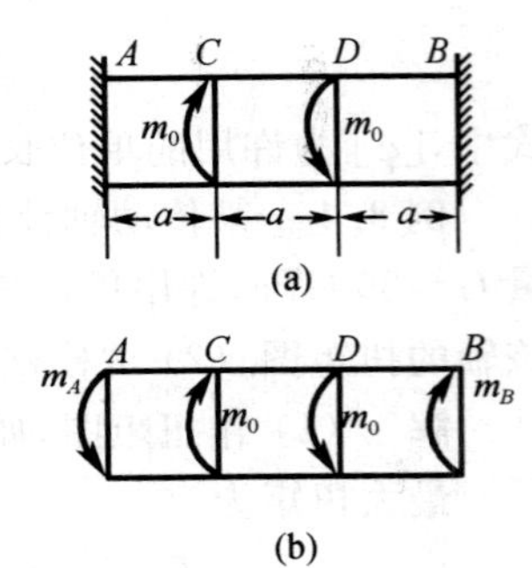

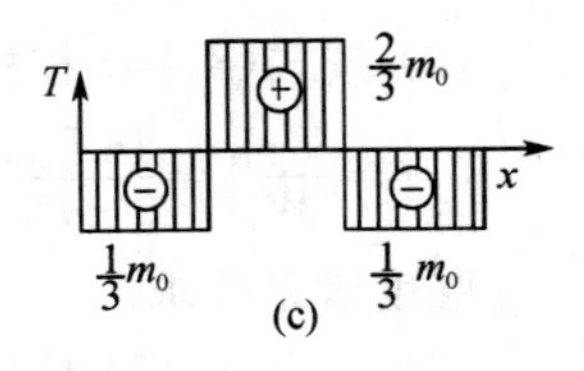

图 8.16

解 设两端约束扭转力偶为 m_A 和 m_B。

(1) 由静力平衡方程 $\sum m_x = 0$,得

$$m_A - m_0 + m_0 - m_B = 0$$

$$m_A = m_B \tag{a}$$

此题属于一次超静定。

(2) 由变形协调方程(可解除 B 端约束),用变形叠加法有

$$\varphi_B = \varphi_{B_1} - \varphi_{B_2} + \varphi_{B_3} = 0 \tag{b}$$

(3) 物理方程

$$\varphi_{B_1} = \frac{-m_0\cdot a}{GI_p},\ \varphi_{B_2} = \frac{+m_0\cdot 2a}{GI_p},\ \varphi_{B_3} = \frac{-m_B\cdot 3a}{GI_p} \tag{c}$$

由式(b) 和式(c) 得

$$-\frac{m_0\cdot a}{GI_p} + \frac{m_0\cdot 2a}{GI_p} - \frac{m_B\cdot 3a}{GI_p} = 0$$

即

$$-m_0 + 2m_0 - 3m_B = 0$$

并考虑到式(a),得

$$m_A = m_B = \frac{m_0}{3}$$

所设的力偶转向正确,绘制扭矩图如图 8.16(c) 所示。

8.5 圆轴扭转时的破坏现象分析

8.5.1 圆轴扭转时斜截面上的应力

实验表明，受扭的低碳钢试件破坏时，其破坏现象是产生在塑性变形后，试件沿横截面断开，如图8.17(a) 所示。受扭的铸铁试件破坏时，其破坏现象是试件沿与轴线约成 45° 的螺旋线断开，如图 8.17(b) 所示。由此可知，两种材料破坏的原因是不同的，因此还需要研究斜截面上的应力。

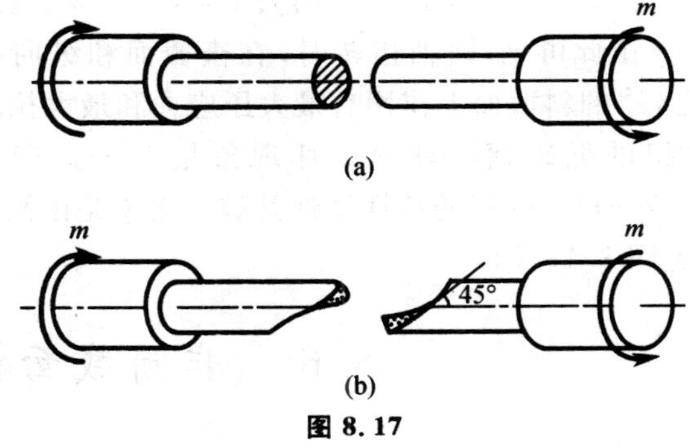

图 8.17

如图 8.18(a) 所示受扭圆轴，在点 M 处的应力单元体如图 8.18(b) 所示，其中切应力为 τ，取分离体如图 8.18(c) 所示。

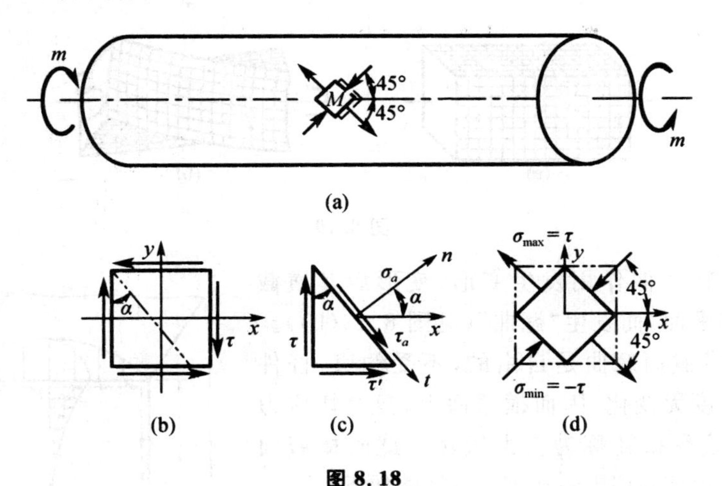

图 8.18

规定：τ 绕单元体顺时针为正；反之为负。当夹角 α 由 x 轴正向逆时针转至截面外法线时为正，反之为负。由平衡方程：

$$\sum F_{\mathrm{n}}=0;\sigma_{\alpha}\mathrm{d}A+(\tau\mathrm{d}A\cos\alpha)\sin\alpha+(\tau'\mathrm{d}A\sin\alpha)\cos\alpha=0$$

$$\sum F_{\mathrm{t}}=0;\tau_{\alpha}\mathrm{d}A-(\tau\mathrm{d}A\cos\alpha)\cos\alpha+(\tau'\mathrm{d}A\sin\alpha)\sin\alpha=0$$

由切应力互等定理有

$$\tau=\tau'$$

解得

$$\sigma_{\alpha}=-\tau\sin2\alpha;\quad \tau_{\alpha}=\tau\cos 2\alpha \tag{8.18}$$

8.5.2 圆轴扭转时的破坏现象分析

分析讨论：当 $\alpha=0^\circ$ 时，$\sigma_{0^\circ}=0$，$\tau_{0^\circ}=\tau_{\max}=\tau$；

当 $\alpha=45^\circ$ 时，$\sigma_{45^\circ}=\sigma_{\min}=-\tau$，$\tau_{45^\circ}=0$；

当 $\alpha=-45^\circ$ 时，$\sigma_{-45^\circ}=\sigma_{\max}=\tau$，$\tau_{-45^\circ}=0$；

当 $\alpha=90^\circ$ 时，$\sigma_{90^\circ}=0$，$\tau_{90^\circ}=-\tau_{\max}=-\tau$。

由此可见，圆轴扭转时，在横截面和纵向截面上的切应力为最大值；在方向角 $\alpha=\pm45^\circ$ 的斜截面上作用有最大压应力和最大拉应力，如图 8.18(d) 所示。根据这一结论，受扭的低碳钢试件其破坏现象是由 $\tau_{\max}$ 产生塑性变形后试件沿横截面断开（见图 8.17(a)）。受扭的铸铁试件其破坏现象是由沿与轴线成 45° 方向的 $\sigma_{\max}$ 引起的断裂破坏（见图 8.17(b)）。

8.6 非圆截面杆的扭转简介

工程上受扭转的杆件除常见的圆轴外，还有其他形状的截面，下面简要介绍矩形截面，如图 8.19(a) 所示。

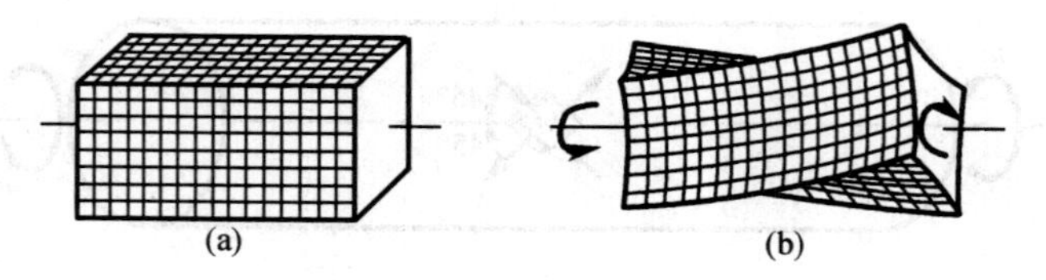

图 8.19

杆件受扭转力偶作用发生变形，变形后其横截面将不再保持平面，而发生“翘曲”（见图 8.19(b)）。扭转时，若各横截面翘曲是自由的，不受约束，杆件轴向纤维的长度无变化，因而横截面上，只有切应力没有正应力，这种扭转称为自由扭转。此时横截面上切应力变化规律，如图 8.20 所示，具体如下。

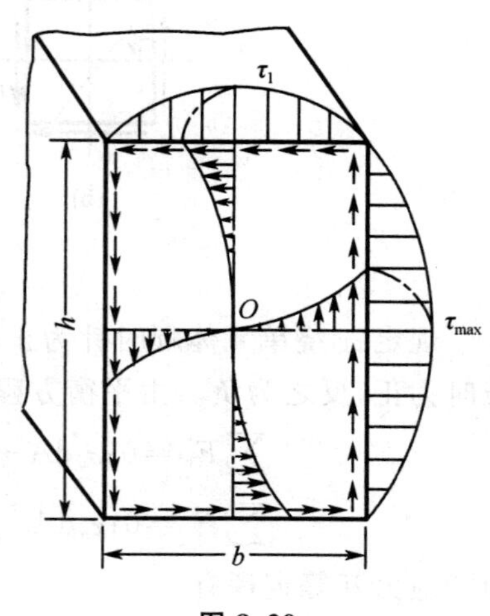

图 8.20

(1) 边缘各点的切应力 τ 与周边相切，沿周边方向形成剪流。

(2) $\tau_{\max}$ 发生在矩形长边中点处，大小为

$$\tau_{\max}=\frac{T}{W_k}\ ,\ W_k=\alpha hb^2 \qquad (8.19)$$

τ_1（次大切应力）发生在短边中点处，大小为

$$\tau_1=\gamma\tau_{\max}$$

截面内四个尖角点处切应力 $\tau=0$。

(3) 杆件两端相对扭转角为 φ，则

$$\varphi=\frac{Tl}{GI_k},I_k=\beta hb^2 \tag{8.20}$$

其中系数α,β,γ与$\frac{h}{b}$有关，可查表8.1。

表8.1 矩形截面杆扭转时的系数α,β和γ

h/b	1.0	1.2	1.5	2.0	2.5	3.0	4.0	6.0	8.0	10.0	∞
α	0.208	0.219	0.231	0.246	0.258	0.267	0.282	0.299	0.307	0.313	0.333
β	0.141	0.166	0.196	0.229	0.249	0.263	0.281	0.299	0.307	0.313	0.333
γ	1.000	0.930	0.858	0.796	0.767	0.753	0.745	0.743	0.743	0.743	0.743

当$\frac{h}{b}>10$时，截面成狭长矩形，此时$\alpha=\beta\approx\frac{1}{3}$，若以$\delta$表示狭长矩形的短边长度，则式(8.19)和式(8.20)可简化为

$$\tau_{\max}=\frac{T}{W_k} \tag{8.21}$$

$$\varphi=\frac{Tl}{GI_k} \tag{8.22}$$

其中，$W_k=\frac{1}{3}h\delta^2,I_k=\frac{1}{3}h\delta^3$。此时长边上切应力趋于均匀，如图8.21所示。

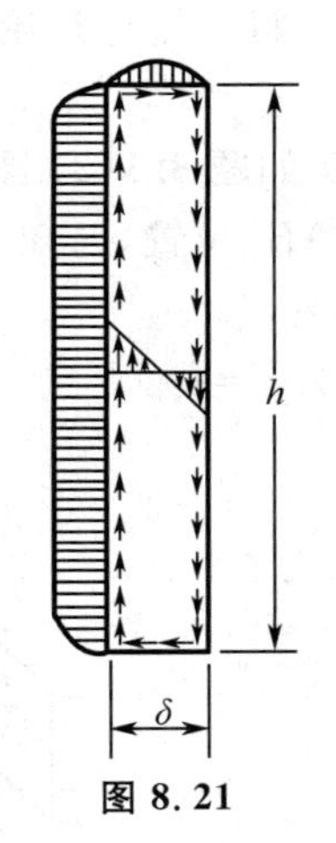

图8.21

在工程实际结构中，受扭构件某些横截面的翘曲要受到约束(如支承处、加截面处等)。此扭转为约束扭转，其特点是轴向纤维的长度发生改变，导致横截面上除扭转切应力外还出现正应力。对于非圆截面杆件约束扭转提示：

(1) 对于薄壁截面(如型钢)构件将引起较大的正应力，有关内容可参考“开口薄壁杆件约束扭转”专题；

(2) 对于实心截面杆件(如矩形，椭圆形)正应力一般很小，可以略去，仍按自由扭转处理。

例8.7 某柴油机曲轴的曲柄截面Ⅰ－Ⅰ可以认为是矩形的，如图8.22所示。在实用计算中，其扭转切应力近似地按矩形截面杆受扭计算。若$b=22$ mm，$h=102$ mm，已知曲柄所受扭矩$T=281$ N·m，试求这一矩形截面上的最大切应力。

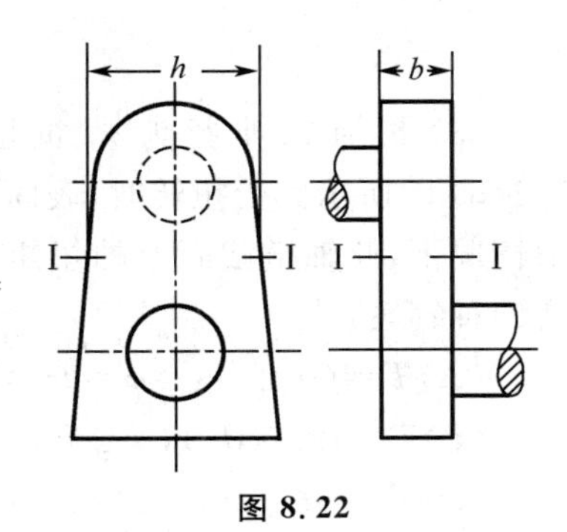

图8.22

解 由截面Ⅰ－Ⅰ的尺寸求得

$$\frac{h}{b}=\frac{102}{22}=4.64$$

查表，并利用插入法，求出

$$a=0.287$$

于是得

$$\tau_{\max}=\frac{T}{ahb^2}=\frac{281}{0.287\times102\times10^{-3}\times(22\times10^{-3})^2}=19.8\ \text{MPa}$$

最大切应力 $\tau_{\max}$ 发生在长边中点处。

习　题

1. 选择题

(1) 如题 8.1(1) 图所示，等截面圆轴上装有四个皮带轮，如何安排合理，现有四种答案：

(A) 将 C 轮与 D 轮对调

(B) 将 B 轮与 D 轮对调

(C) 将 B 轮与 C 轮对调

(D) 将 B 轮与 D 轮对调，然后再将 B 轮与 C 轮对调

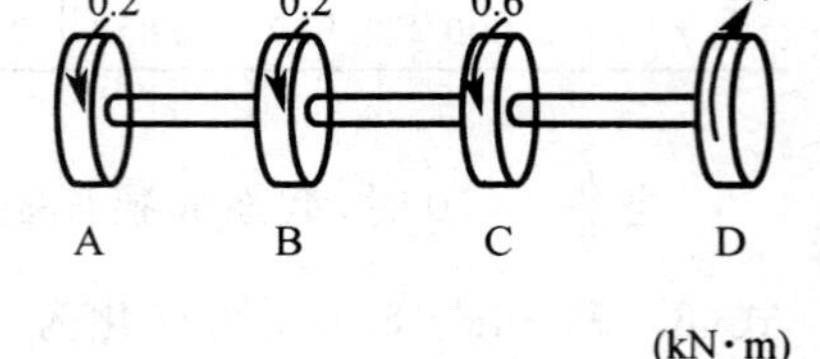

题 8.1(1) 图

正确答案是________。

(2) 如题 8.1(2) 图所示两圆轴材料相同，外表面上与轴线平行的直线 AB 在轴变形后移到 AB' 位置，已知 $\alpha_1=\alpha_2$，则图(1) 和图(2) 两轴横截面上的最大切应力有四种答案：

(A) $\tau_1>\tau_2$　　(B) $\tau_1<\tau_2$

(C) $\tau_1=\tau_2$　　(D) 无法比较

正确答案是________。

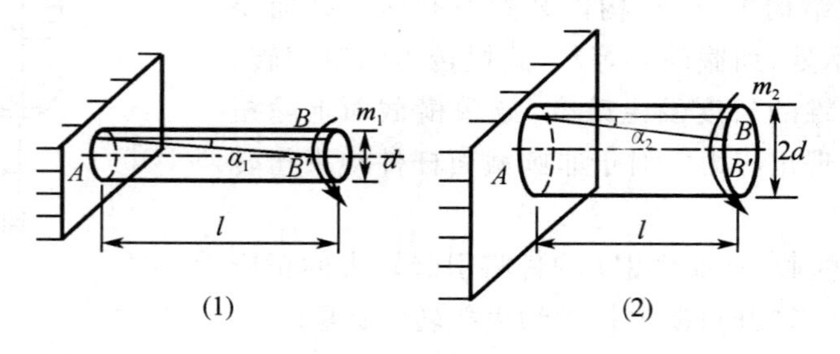

题 8.1(2) 图

(3) 长为 l、半径为 r、抗扭刚度为 GI_p 的圆轴如题 8.1(3) 图所示。受扭转时，表面的纵向线倾斜 γ 角，在小变形情况下，此轴横截面上的扭矩 T 及两端截面的扭转角 φ 有四种答案：

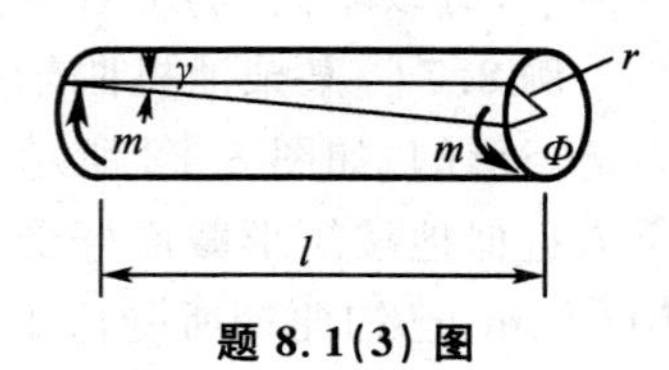

题 8.1(3) 图

(A) $T=GI_p\gamma/r$，　$\varphi=lr/\gamma$

(B) $T=l\gamma/(GI_p)$，　$\varphi=l\gamma/r$

(C) $T=GI_p\gamma/r$，　$\varphi=l\gamma/r$

(D) $T=GI_pr/\gamma$，　$\varphi=r\gamma/l$

正确答案是________。

(4) 空心圆轴受到集度为 m_q 的均布扭转力偶矩作用，如题 8.1(4) 图所示，则该轴的刚度条件有四种答案：

(A)$m_q/(GI_p) \leqslant [\varphi]$　　(B)$m_q l/(GI_p) \leqslant [\varphi]$

(C)$m_q l/(2GI_p) \leqslant [\varphi]$　　(D)$2m_q l/(GI_p) \leqslant [\varphi]$

正确答案是________。

(5) 如题8.1(5)图所示圆轴受扭，则A,B,C三个横截面相对于D截面的扭转角有四种答案：

(A)$\varphi_{DA}=\varphi_{DB}=\varphi_{DC}$　　(B)$\varphi_{DA}=0,\varphi_{DB}=\varphi_{DC}$

(C)$\varphi_{DA}=\varphi_{DB}=2\varphi_{DC}$　　(D)$\varphi_{DA}=\varphi_{DC},\varphi_{DB}=0$

正确答案是________。

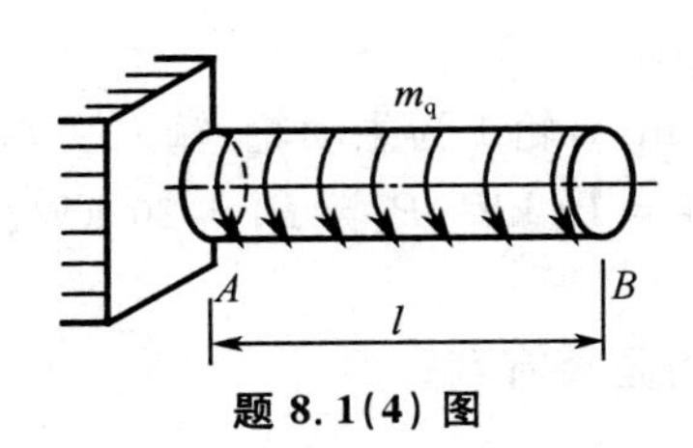

题8.1(4)图

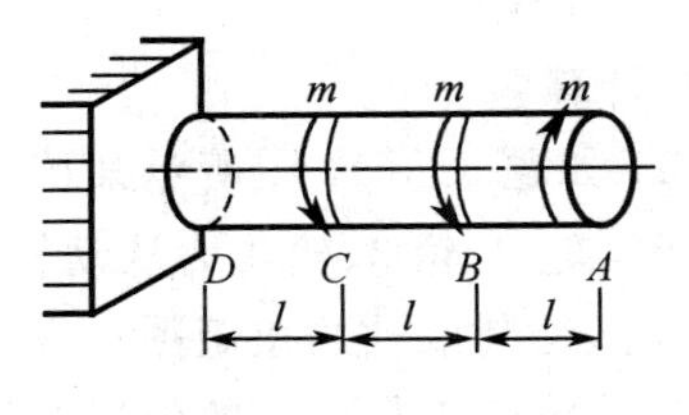

题8.1(5)图

(6) 材料不同的两根受扭圆轴，其直径和长度均相同，在扭矩相同的情况下，它们的最大切应力之间和扭转角之间的关系有如下四种答案：

(A)$\tau_1=\tau_2,\varphi_1=\varphi_2$　　(B)$\tau_1=\tau_2,\varphi_1\neq\varphi_2$

(C)$\tau_1\neq\tau_2,\varphi_1=\varphi_2$　　(D)$\tau_1\neq\tau_2,\varphi_1\neq\varphi_2$

正确答案是________。

2. 填空题

(1) 求题8.2(1)图所示圆截面轴指定截面上的扭矩。

$T_1=$________________，

$T_2=$________________。

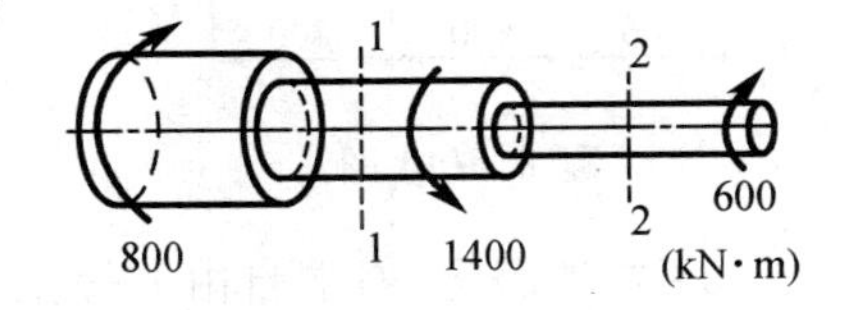

题8.2(1)图

(2) 圆截面等直杆受力偶作用如题8.2(2)图(a)所示，试在题8.2(2)图(b)上画出$ABCD$截面(直径面)上沿BC线的切应力分布。

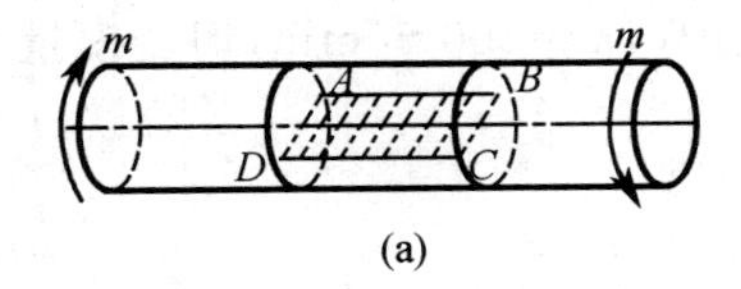

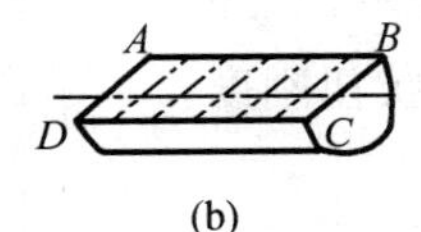

题8.2(2)图

(3) 如题8.2(3)图所示，内外径比值$\alpha=d/D=0.8$的空心圆轴受扭时，若a点的切应变γ_a为已知，则b点的切应变$\gamma_b=$________。

(4) 如题8.2(4)图所示阶梯形圆轴受扭转力偶作用，材料的切变模量为G，则相对扭转角$\varphi_{AC}=$________，在m_1单独作用时，$\varphi_{AB}=$________。

(5) 长为l、直径为d的传动轴转速为n(r/min)，材料的切变模量为G(GPa)，轴单位

题 8.2(3) 图　　题 8.2(4) 图

长度许用扭转角为$[\varphi]$(rad/m)，根据刚度条件，该轴可传递的最大功率 $P_{\max}=$ ________ kW。

3. 计算题

(1) 如题 8.3(1) 图所示某传动轴，转速 $n=300$ r/min，轮 1 为主动轮，输入功率$P_1=5.0$ kW，轮 2、轮 3、轮 4 为从动轮，输出功率分别为 $P_2=10$ kW，$P_3=P_4=20$ kW。

① 试绘制该轴的扭矩图；

② 若将轮 1 与轮 3 的位置对调，试分析对轴的受力是否有利；

③$[\tau]=80$ MPa，试确定实心轴的直径 d。

(2) 如题 8.3(2) 图所示阶梯圆轴，大小段直径分别为 36 mm 和 30 mm，$[\tau]=40$ MPa，试校核轴的强度。

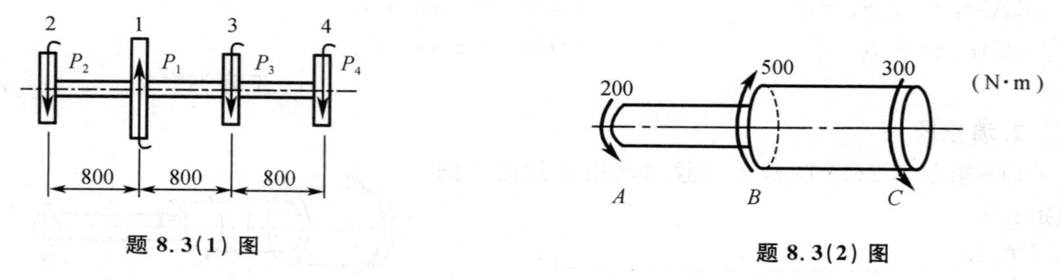

题 8.3(1) 图　　题 8.3(2) 图

(3) 左端固定、右端自由的等截面圆杆，其受力情况如题 8.3(3) 图所示，已知均布力偶矩的分布集度为 m_q，轴的直径为 d，长度为 $3a$ 和切变模量为 G，$m=2m_qa$。试绘出扭矩图，并求两端面间的相对扭转角 φ_{AC}。

(4) 阶梯轴如题 8.3(4) 图所示。已知：$d_1=40$ mm，$d_2=70$ mm，输入功率 $P_3=30$ kW，输出功率 $P_1=13$ kW，$P_2=17$ kW，$n=200$ r/min，切变模量 $G=80$ GPa，$[\varphi]=1$ °/m。试校核轴的抗扭刚度。

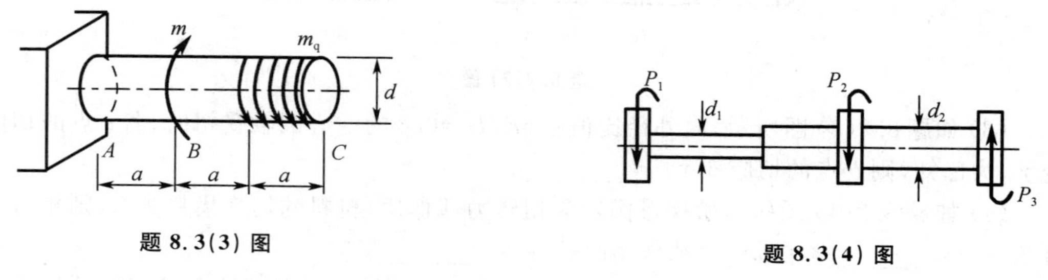

题 8.3(3) 图　　题 8.3(4) 图

(5) 如题 8.3(5) 图所示阶梯形实心轴，材料的$[\tau]=50$ MPa，试设计轴的直径 D_2。

(6) 如题 8.3(6) 图所示，T 为圆杆横截面上的扭矩，试画出截面上与 T 对应的切应力分布图。

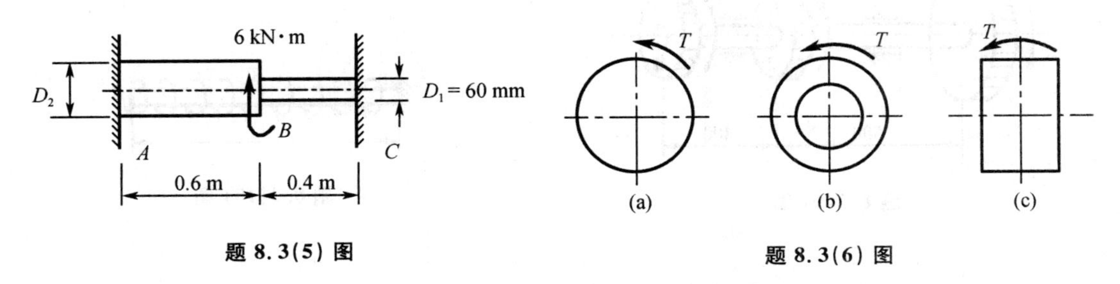

题 8.3(5) 图　　题 8.3(6) 图

(7) 如题 8.3(7) 图所示，AB 轴的转速 $n=120$ r/min，从 B 轮输入功率 $P=44.13$ kW，功率的一半通过锥形齿轮传给垂直轴 Ⅱ，另一半由水平轴 Ⅰ 输出。已知 $D_1=600$ mm，$D_2=240$ mm，$d_1=100$ mm，$d_2=80$ mm，$d_3=60$ mm，$[\tau]=20$ MPa。试对各轴进行强度校核。

(8) 如题 8.3(8) 图所示，绞车同时由两人操作，若每人加在手柄上的力都是 $F=200$ N，已知轴的许用切应力 $[\tau]=40$ MPa，试按强度条件初步估算 AB 轴的直径，并确定最大起重量 W。

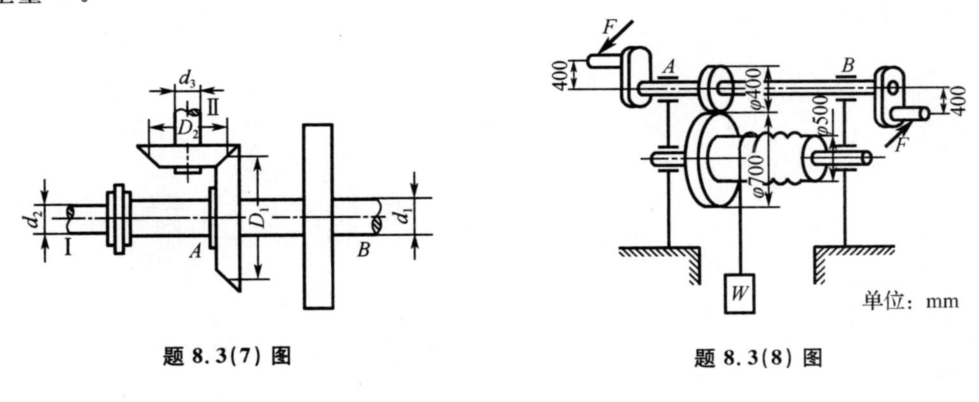

题 8.3(7) 图　　题 8.3(8) 图

(9) 如题 8.3(9) 图所示，传动轴的转速为 $n=500$ r/min，主动轮 1 输入功率 $P_1=368$ kW，从动轮 2 和 3 分别输出功率 $P_2=147$ kW，$P_3=221$ kW。已知 $[\tau]=70$ MPa，$[\varphi]=1$ °/m，$G=80$ GPa。

① 试确定 AB 段的直径 d_1 和 BC 段的直径 d_2。

② 若 AB 和 BC 两段选用同一直径 d，试确定直径 d。

③ 主动轮和从动轮应如何安排才比较合理？

(10) 如题 8.3(10) 图所示，圆截面杆 AB 的左端固定，承受一集度为 m 的均布力偶矩作用。试导出计算截面 B 的扭转角的公式。

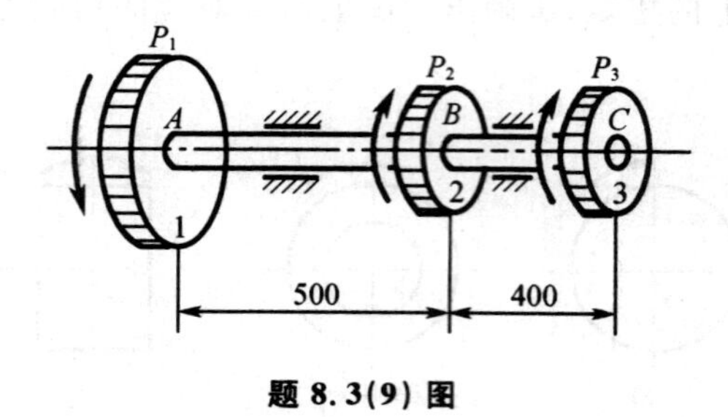

题 8.3(9) 图

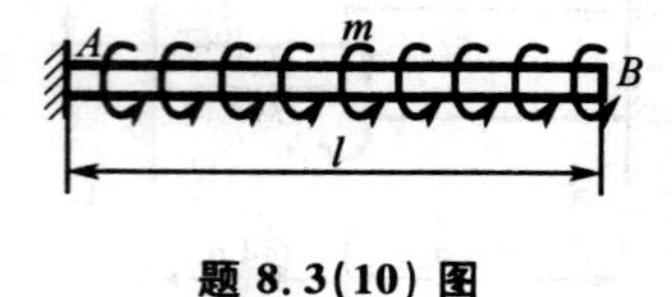

题 8.3(10) 图

第9章　弯曲内力

9.1　平面弯曲的概念

图9.1为工程中常见的桥式起重机大梁和火车轮轴，作用于这些构件上的外力垂直于杆件的轴线，使原为直线的轴线变形后成为曲线。这种形式的变形称为弯曲变形。通常将承受弯曲变形的构件称为梁。

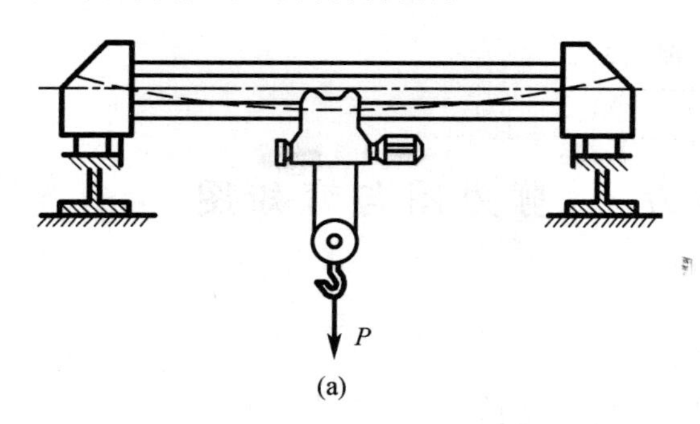

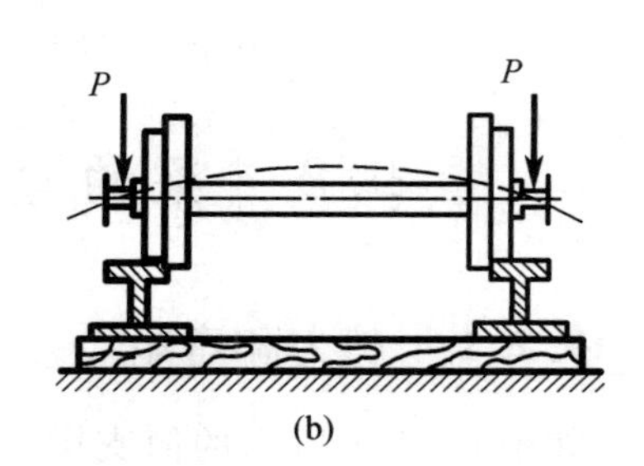

图9.1

工程中绝大多数的梁横截面都有一根对称轴，这些对称轴构成对称面。所有外力都作用在其对称面内时，梁弯曲变形后的轴线将是位于这个对称面内的一条曲线，这种弯曲形式称为对称弯曲（或平面弯曲），如图9.2所示。

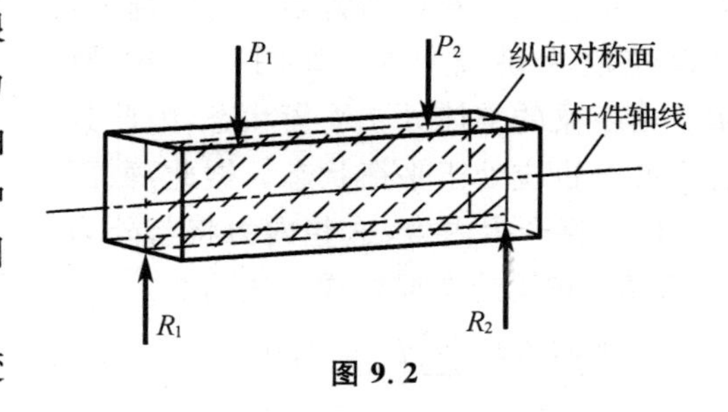

图9.2

弯曲基本变形是指这种对称弯曲变形。对称弯曲是弯曲问题中最常见的情况。

工程中梁的约束形式是多种多样的，当梁的所有支座反力均可由静力平衡方程确定时，这种梁称为静定梁。静定梁的基本形式如下：

（1）简支梁

一端为固定铰支座，而另一端为可动铰支座的梁，如图9.3(a)所示。

（2）悬臂梁

一端为固定端，另一端为自由端的梁，如图9.3(b)所示。

（3）外伸梁

简支梁的一端或两端伸出支座之外的梁，如图9.3(c)所示。

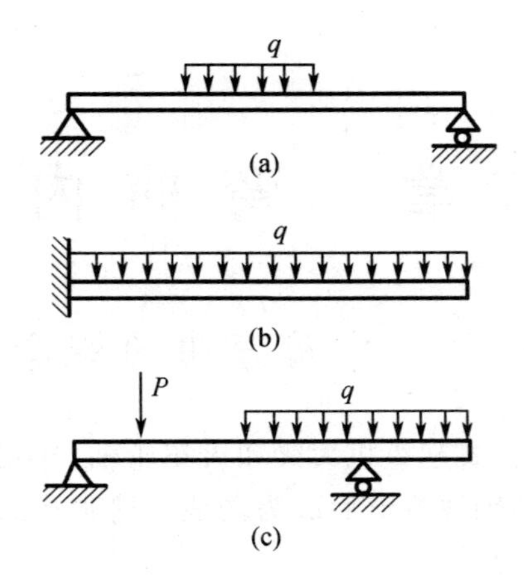

图 9.3

9.2 梁的弯曲内力 剪力图与弯矩图

9.2.1 剪力和弯矩

如图 9.4(a) 所示的简支梁，其两端的支座反力 R_A 和 R_B 可由梁的静力平衡方程求得。用假想截面将梁分为两部分，并以左段为研究对象，如图 9.4(b) 所示。由于梁的整体处于平衡状态，因此其各个部分也应处于平衡状态。据此，截面 Ⅰ—Ⅰ 上将产生内力，这些内力将与外力 P_1 和 R_A 在梁的左段构成平衡力系。

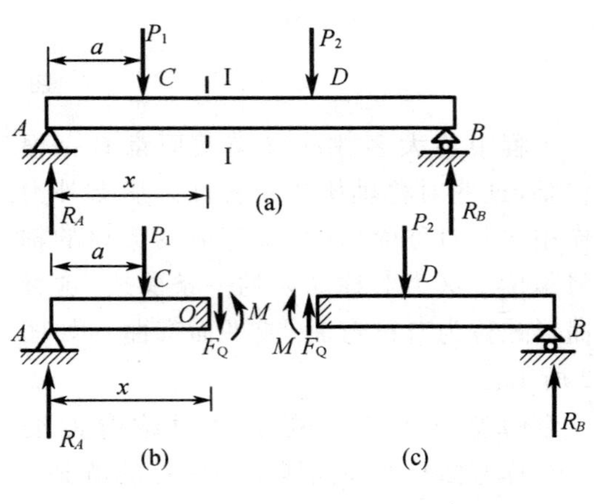

图 9.4

由平衡方程 $\sum F_y = 0$，则

$$R_A - P_1 - F_Q = 0$$

$$F_Q = R_A - P_1$$

这个与横截面相切的内力 F_Q 称为横截面 Ⅰ—Ⅰ 上的剪力，它是与横截面相切的分布内力系的合力。

根据平衡条件，若把左段上的所有外力和内力对截面 Ⅰ—Ⅰ 的形心 O 取矩，其力矩总和应为零，即 $\sum m_O = 0$，则

$$M + P_1(x - a) - R_A x = 0$$

$$M = R_A x - P_1(x - a)$$

这一内力偶矩 M 称为横截面 Ⅰ—Ⅰ 上的弯矩。它是与横截面垂直的分布内力系的合力偶矩。剪力和弯矩均为梁横截面上的内力，它们可以通过梁的局部平衡来确定。

剪力、弯矩的正负号规定：使梁产生顺时针错动的剪力规定为正，反之为负，如图9.5所示；使梁的下部产生拉伸而上部产生压缩的弯矩规定为正，反之为负，如图 9.6 所示。

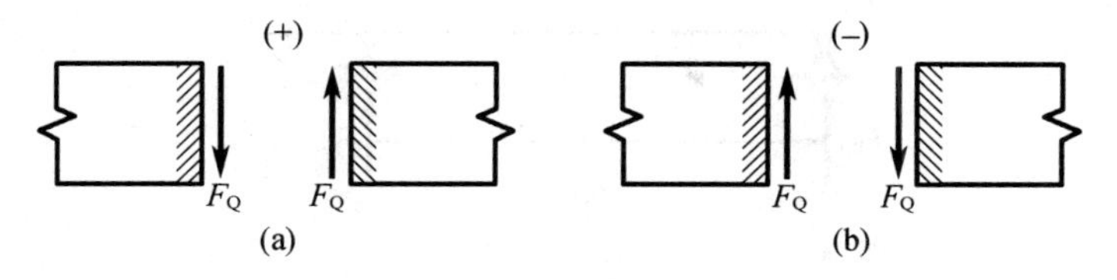

图 9.5

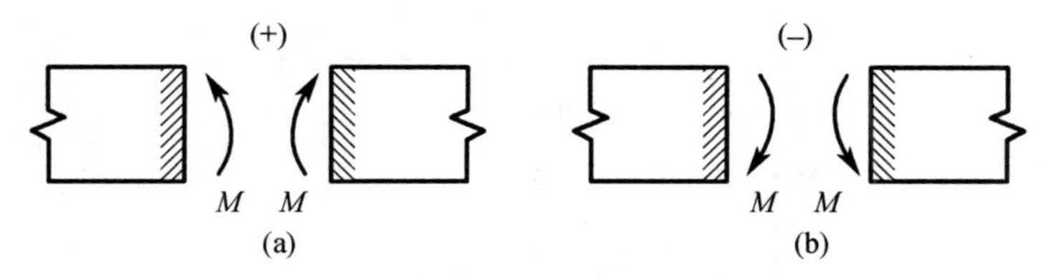

图 9.6

9.2.2　剪力方程和弯矩方程　剪力图和弯矩图

一般情况下，梁横截面上的剪力和弯矩随截面位置不同而变化，将剪力和弯矩沿梁轴线的变化情况用图形表示出来，这种图形分别称为剪力图和弯矩图。下面介绍画剪力图和弯矩图的方法。

若以横坐标 x 表示横截面在梁轴线上的位置，则各横截面上的剪力和弯矩可以表示为 x 的函数，即

$$F_Q = F_Q(x)$$
$$M = M(x)$$

上述函数表达式称为梁的剪力方程和弯矩方程。根据剪力方程和弯矩方程即可画出剪力图和弯矩图。

画剪力图和弯矩图时，首先要建立 $F_Q - x$ 和 $M - x$ 坐标。一般取梁的左端作为 x 坐标的原点，F_Q 坐标和 M 坐标向上为正，然后根据截取情况分段列出 $F_Q(x)$ 和 $M(x)$ 方程。由截面法和平衡条件可知，在集中力、集中力偶和分布载荷的起止点处，剪力方程和弯矩方程可能发生变化，所以这些点均为剪力方程和弯矩方程的分段点。分段点截面也称控制截面。求出分段点处横截面上剪力和弯矩的数值(包括正负号)，并将这些数值标在 $F_Q - x$，$M - x$ 坐标中相应位置处。分段点之间的图形可根据剪力方程和弯矩方程绘出。最后注明 $|F_Q|_{max}$ 和 $|M|_{max}$ 的数值。

例 9.1　图 9.7(a) 所示简支梁是齿轮传动轴的计算简图。已知 F,l,a,b，试列出它的剪力方程和弯矩方程，并作剪力图和弯矩图。

解　(1) 由平衡方程 $\sum m_B = 0$ 和 $\sum m_A = 0$，分别求得

$$F_{RA} = \frac{Fb}{l}\ ;\ F_{RB} = \frac{Fa}{l}$$

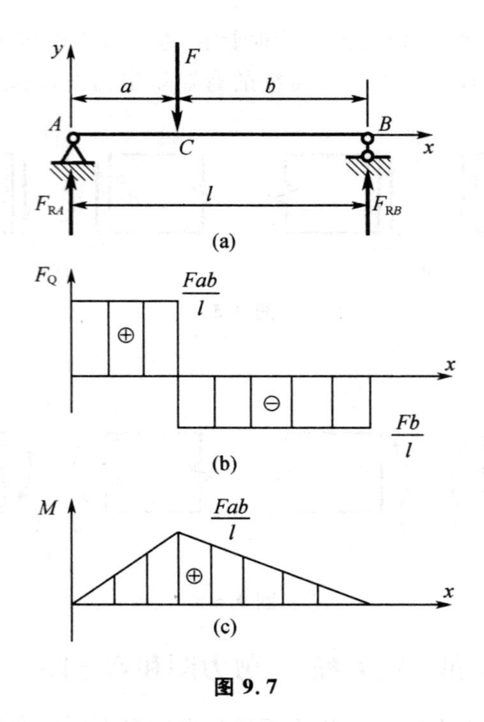

图 9.7

(2) 以梁的左端为坐标原点，建立 x 坐标，如图 9.7(a) 所示。

因集中载荷 F 作用在 C 点处，梁在 AC 和 CB 两段的剪力或弯矩不能用同一方程式来表示，故应分成两段来建立剪力方程和弯矩方程。

AC 段剪力方程和弯矩方程分别为

$$F_{Q1}(x)=\frac{Fb}{l},\qquad (0<x<a)$$

$$M_1(x)=\frac{Fb}{l}x,\qquad (0\leqslant x\leqslant a)$$

CB 段剪力方程和弯矩方程分别为

$$F_{Q2}(x)=\frac{Fb}{l}-F=-\frac{Fa}{l},\quad (a<x<l)$$

$$M_2(x)=\frac{Fb}{l}x-F(l-x)=\frac{Fa}{l}(l-x),\quad (a\leqslant x\leqslant l)$$

(3) 根据方程绘制 F_Q 和 M 的图

先作 F_Q 图。AC 段内，剪力方程为正常数$\frac{Fb}{l}$，在 F_Q-x 坐标中剪力图为数值等于$\frac{Fb}{l}$的水平直线段。CB 段内，剪力方程为常数$\left(-\frac{Fa}{l}\right)$，连接一条数值等于$\left(-\frac{Fa}{l}\right)$的水平直线段即为该段剪力图。梁 AB 的剪力图如图 9.7(b) 所示。从剪力图中可以看出，在集中力作用处剪力图有突变值，等于集中力 F。当 $a<b$ 时，最大剪力为 $|F_Q|_{max}=\frac{Fb}{l}$。

再作 M 图。AC 段内，弯矩方程 $M_1(x)$ 是 x 的一次函数，分别求出两个端点的弯矩，

标在 $M-x$ 坐标中，并连成直线。CB 段内弯矩方程 $M_2(x)$ 也是 x 的一次函数，分别求出两个端点的弯矩，标在 $M-x$ 坐标中，并连成直线。AB 梁的 M 图如图 9.7(c) 所示。从弯矩图中可以看出，在集中力作用处弯矩图有折点（虽然连续但不光滑），且有最大弯矩其值为 $M_{\max}=\dfrac{Fab}{l}$。

例 9.2　如图 9.8(a) 所示简支梁，计算其简图。已知 m,l,a,b，试列出剪力方程和弯矩方程，并作剪力图和弯矩图。

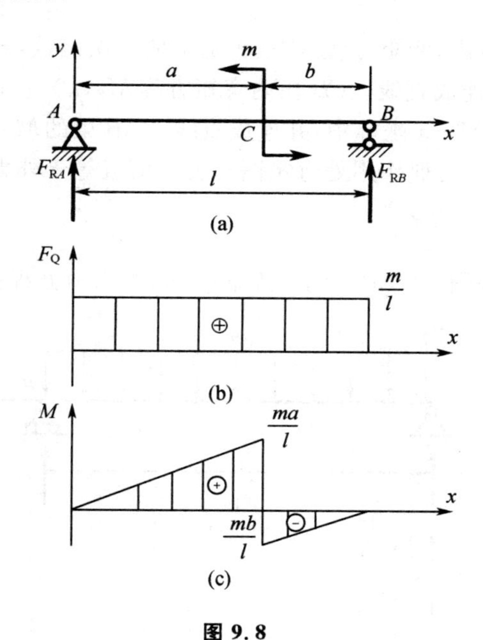

图 9.8

解　(1) 由平衡方程 $\sum m_B=0$ 和 $\sum m_A=0$ 分别求得

$$F_{RA}=\frac{m}{l}\ ;\ F_{RB}=-\frac{m}{l}$$

(2) 以梁的左端为坐标原点，建立 x 坐标，如图 9.8(a) 所示。

因集中力偶 m 作用在 C 点处，梁在 AC 和 CB 两段的剪力或弯矩不能用同一方程式来表示，故应分两段建立剪力方程和弯矩方程。

AC 段剪力方程和弯矩方程分别为

$$F_{Q1}(x)=\frac{m}{l},\qquad (0<x\leqslant a)$$

$$M_1(x)=\frac{m}{l}x,\qquad (0\leqslant x<a)$$

CB 段剪力方程和弯矩方程分别为

$$F_{Q2}(x)=\frac{m}{l},\quad (a\leqslant x<l)$$

$$M_2(x)=\frac{m}{l}x-m=-\frac{m}{l}(l-x),\quad (a<x\leqslant l)$$

(3) 根据方程绘制 F_Q 和 M 的图

先作 F_Q 图。AC 段内，剪力方程为正常数 $\frac{m}{l}$，在 F_Q-x 坐标中剪力图为数值等于 $\frac{m}{l}$ 的水平直线段。CB 段内，剪力图也为数值等于 $\frac{m}{l}$ 的水平直线段。梁 AB 的剪力图如图 9.8(b) 所示。从剪力图中可以看出，在集中力偶作用处剪力图无变化，最大剪力为 $|F_Q|_{\max}=F_Q=\frac{m}{l}$。

再作 M 图。AC 段内，弯矩方程 $M_1(x)$ 是 x 的一次函数，分别求出两个端点的弯矩，标在 $M-x$ 坐标中，并连成直线。CB 段内弯矩方程 $M_2(x)$ 也是 x 的一次函数，分别求出两个端点的弯矩，标在 $M-x$ 坐标中，并连成直线。AB 梁的 M 图如图 9.8(c) 所示。从弯矩图中可以看出，在集中力偶作用处弯矩图有突变值且等于外力偶 m 值。当 $a>b$ 时有最大弯矩，其值为 $M_{\max}=\frac{ma}{l}$。

例 9.3 简支梁如图 9.9(a) 所示，已知 q_0，L，求内力方程并画出内力图。

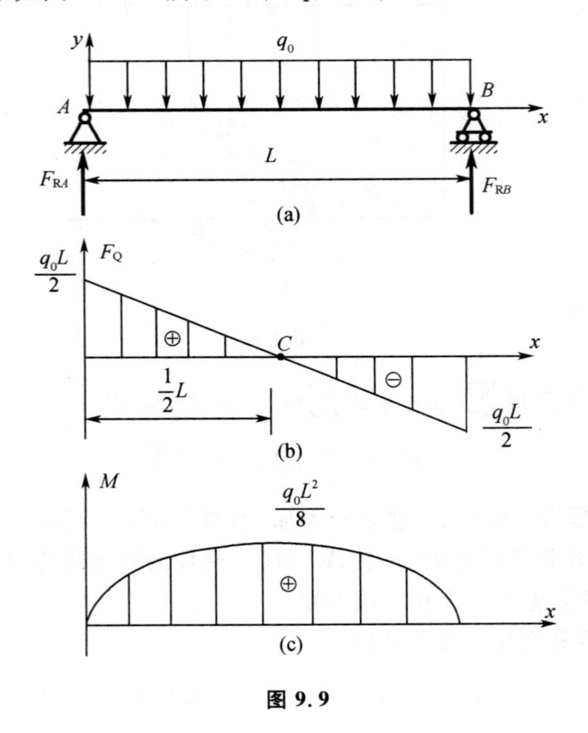

图 9.9

解 (1) 求支座反力

由平衡方程 $\sum m_B=0$ 和 $\sum m_A=0$ 分别求得

$$F_{RA}=\frac{q_0L}{2},\quad F_{RB}=\frac{q_0L}{2}$$

(2) 内力方程

以梁的左端为坐标原点，建立 x 坐标，如图 9.9(a) 所示。

$$F_Q(x)=\frac{q_0}{2}L-q_0x,\quad (0<x<L)$$

$$M(x)=\frac{q_0L}{2}x-\frac{1}{2}q_0x^2,\quad (0\leqslant x\leqslant L)$$

(3) 根据方程画内力图

作 F_Q 图。AB 段内，剪力方程 $F_Q(x)$ 是 x 的一次函数，剪力图为斜直线，故求出两个端截面的剪力值，$F_{QA右}=\frac{1}{2}q_0L$，$F_{QB左}=-\frac{1}{2}q_0L$，分别标在 F_Q-x 坐标中，连接 A 与 B 处剪力值的直线即为该段的剪力图，梁 AB 的剪力图如图 9.9(b) 所示。

作 M 图。AB 段内，弯矩方程 $M(x)$ 是 x 的二次函数，表明弯矩图为二次曲线，求出两个端截面的弯矩，分别以 $M_A=0$ 和 $M_B=0$ 标在 $M-x$ 坐标中，由剪力图知在 C 点处 $F_Q=0$，该处弯矩取得极值。

令 $\frac{dM(x)}{dx}=\frac{q_0L}{2}-q_0x=F_Q(x)=0$，

解得 $x=\frac{L}{2}$，求得 $M_{max}=\frac{q_0L^2}{8}$。

以 $M_C=M_{max}=\frac{q_0L^2}{8}$，在 $M-x$ 坐标中，根据 A，C，B 三点的 M 值绘出该段的弯矩图。梁 AB 的弯曲图如图 9.9(c) 所示。

9.3　外力与剪力和弯矩间的微分关系

9.3.1 载荷集度与剪力和弯矩间的微分关系

通过前面例题发现将弯矩方程 $M(x)$ 对 x 取导数得剪力方程 $F_Q(x)$，若将剪力方程 $F_Q(x)$ 对 x 取导数，就得到载荷分布集度 $q(x)$。这种关系是普遍存在的。下面将导出 $q(x)$，$F_Q(x)$ 及 $M(x)$ 之间的微分关系。

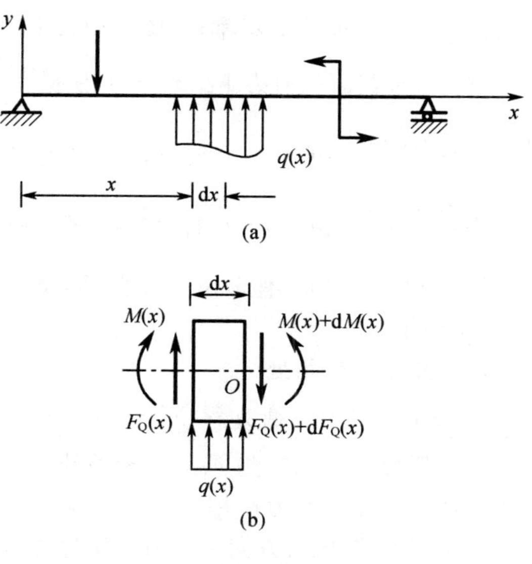

图 9.10

考查如图 9.10(a) 所示承受任意载荷的梁。从梁上受分布载荷的段内截取 dx 微段，其受力如图 9.10(b) 所示。作用在微段上的分布载荷可以认为是均布的，并设向上为正。微段两侧截面上的内力均设为正方向。若截面上的剪力与弯矩分别为 $F_Q(x)$ 和 $M(x)$，则 $x+dx$ 截面上的内力为 $F_Q(x)+dF_Q(x)$ 和 $M(x)+dM(x)$。

因为梁整体是平衡的，dx 微段也应处于平衡状态。根据平衡条件 $\sum F_y=0$ 和 $\sum m_o=0$，得

$$F_Q(x)+q(x)dx-[F_Q(x)+dF_Q(x)]=0$$

$$M(x)+dM(x)-M(x)-F_Q(x)dx-q(x)dx\cdot\frac{dx}{2}=0$$

略去其中的高阶微量后得到

$$\frac{dF_Q(x)}{dx}=q(x) \tag{9.1}$$

$$\frac{dM(x)}{dx}=F_Q(x) \tag{9.2}$$

利用式(9.1)和式(9.2)可进一步得出

$$\frac{d^2M(x)}{dx^2}=q(x) \tag{9.3}$$

式(9.1)、式(9.2)和式(9.3)是剪力、弯矩和分布载荷集度 q 之间的微分关系。

9.3.2 利用外力与剪力和弯矩之间的关系绘制剪力图和弯矩图

在右手坐标系下，按上述正负号的规定，从杆左端至右端有以下结论。

1. 若在直杆某一段内无集中力或集中力偶

(1) 若某段梁上无分布载荷，即 $q(x)=0$，则该段梁的剪力 $F_Q(x)$ 为常量，剪力图为平行于 x 轴的直线；而弯矩 $M(x)$ 为 x 的一次函数，弯矩图为斜直线。

(2) 若某段梁上的分布载荷 $q(x)=q$(常量)，则该段梁的剪力 $F_Q(x)$ 为 x 的一次函数，剪力图为斜直线；而 $M(x)$ 为 x 的二次函数，弯矩图为抛物线。

总结其规律有：$q(x)$，$F_Q(x)$，$M(x)$ 依次比前项高一次幂；利用上下图位置关系，且有上图坐标为下图曲线的斜率；上图面积为下图曲线坐标的增量(有正负区别)。

(3) 若某截面的剪力 $F_Q(x)=0$，根据 $\frac{dM(x)}{dx}=0$，则该截面的弯矩为极值。

当 $\frac{d^2M(x)}{dx^2}=q(x)>0$ 时，$M(x)$ 图有极小值，弯矩图为向下凸的曲线；

当 $\frac{d^2M(x)}{dx^2}=q(x)<0$ 时，$M(x)$ 图有极大值，弯矩图为向上凸的曲线。

$M(x)$ 图与 $q(x)$ 有伞雨类比关系，如图 9.11 所示。

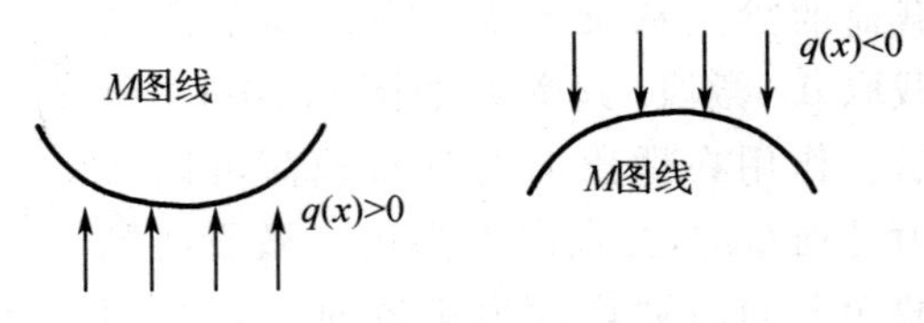

图 9.11

2. 在集中力作用处

$F_Q(x)$ 取决于平衡方程 $\sum F_y=0$，在集中力作用处左侧和右侧 $F_Q(x)$ 相差外力值 F_e，数值正负与外力作用方向有对应关系。即 $F_Q(x)$ 图顺力方向突变值等于外力值 F_e。

$M(x)$ 取决于平衡方程 $\sum M_C=0$，在集中力作用处左侧和右侧 $M(x)$ 值不变，但斜率

不同，即 $M(x)$ 图有折点。

3. 在集中力偶作用处

由于外力偶 m_e 对投影方程无影响，即 $F_Q(x)$ 图无变化；$M(x)$ 取决于平衡方程 $\sum M_C=0$，在集中力偶作用处左侧和右侧 $M(x)$ 值相差外力偶值 m_e，数值正负与外力偶作用转向有对应关系。即 $M(x)$ 图产生突变的值等于外力偶 m_e 值，顺时针转 m_e 作用时 $M(x)$ 图向上突变，当逆时针转 m_e 作用时 $M(x)$ 图向下突变。

4. 杆件端点处

在杆件端点处无集中力偶作用时，该点处 $M(x)$ 图的值为零。

利用以上各点结论，除可以校核已做出的剪力图和弯矩图是否正确外，还可以利用微分关系绘制剪力图和弯矩图，而不必再建立剪力方程和弯矩方程，其步骤如下：

(1) 求支座反力；

(2) 分段确定剪力图和弯矩图的形状；

(3) 求控制截面内力，根据微分关系绘制剪力图和弯矩图；

(4) 确定 $|F_Q|_{max}$ 和 $|M|_{max}$。

例 9.4　如图 9.12(a) 所示悬臂梁，已知 F,l，利用微分关系作图法画梁的内力图。

解　(1) 求支座反力

由平衡条件 $\sum F_y=0$ 和 $\sum m_B=0$，分别求出

$$F_{RB}=P;\ m_B=F$$

(2) 根据微分关系作图法画内力图

先作剪力图，由于在 A 点处有集中载荷 F 作用，该点处产生顺力（向下）方向的突变值 F，在 AB 段内无分布力作用（$q(x)=0$），据此可画出该段 F_Q 图的水平线。在 B 点处有向上的约束反力 $F_{RB}=F$，产生向上突变值 $F_{RB}=F$。$F_Q(x)$ 图如图 9.12(b) 所示。

再作弯矩图，由于在端点 A 点处无集中力偶作用，该点处 $M_A=0$，在 AB 段内无分布力作用（$q(x)=0$），F_Q 图为水平线，据此可以画出 AB 段弯矩图的斜直线，且有 $M_{B左}=-Fl$。在 B 点处有顺时针约束反力偶 $M_B=Fl$，产生向上突变值 $M_B=Fl$。M 图如图 9.12(c) 所示。

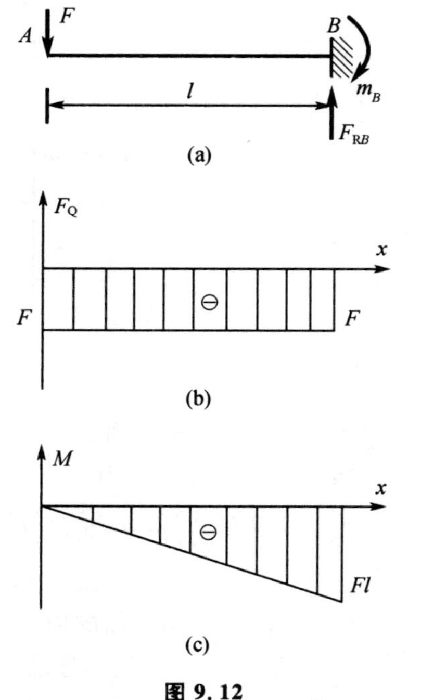

图 9.12

例 9.5　如图 9.13(a) 所示外伸梁，用微分关系作图法画梁的内力图。

解　(1) 求支座反力

由平衡条件 $\sum m_B=0$ 和 $\sum m_C=0$，分别求出

$$F_{RB}=25\ \text{kN};F_{RC}=-5\ \text{kN}$$

(2) 根据微分关系作图法画内力图

先作剪力图。由于在 A 点处无集中力作用，该

点处 $F_{QA}=0$，且左右侧无突变值，AB 段内，有分布力即 $q(x)=$常数，且为负值，剪力为斜直线，根据微分关系中的结论，确定 $F_{QB左}=-20\ \text{kN}$，据此做出 AB 段 F_Q 图的斜直线。在 B 点处有向上的约束反力 F_{RB}，产生向上突变值 $F_{RB}=25\ \text{kN}$，得到 $F_{QB右}=5\ \text{kN}$。在 BC 段内无分布力作用（$q(x)=0$），据此可做出该段 F_Q 图的水平线。C 点处有向下的约束反力，产生向下突变值 5 kN，得到 $F_{QC右}=0$。$F_Q(x)$ 图如图 9.13(b) 所示。

再作弯矩图。由于在端点 A 处无集中力偶作用，该点处 $M_A=0$，在 AB 段内，有分布力即 $q(x)=$常数，且为负值，剪力为斜直线，由 AB 段的剪力图知在 A 点处 $F_Q=0$，该处弯矩为极值。再求得 $M_e=1.25\ \text{kN}\cdot\text{m}$，$M$ 图为向上凸的抛物线。据此可做出 AB 段的 M 图。B 支座的约束反力 F_{RB} 只会使截面 B 左右两侧剪力发生突变，不会改变两侧的弯矩值，故$M_{A右}=M_{A左}=-20\ \text{kN}\cdot\text{m}$，在 BC 段内无分布力作用（$q(x)=0$），F_Q 图为水平线，弯矩图为斜直线，且有 $M_c=0$，据此可做出 BC 段弯矩图的斜直线。弯矩图如图 9.13(c) 所示。

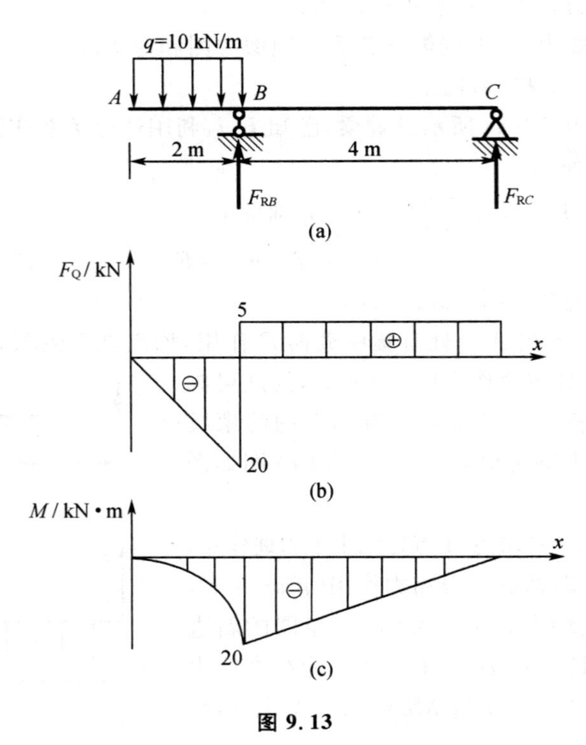

图 9.13

例 9.6 梁的受力如图 9.14(a) 所示，利用微分关系作梁的 F_Q，M 图。

解 (1) 求支座反力

由平衡条件 $\sum m_A=0$ 和 $\sum m_B=0$ 分别求出

$$F_{RA}=10\ \text{kN},F_{RB}=5\ \text{kN}$$

(2) 分段求控制截面的内力值，绘制 F_Q，M 图

由于载荷在 A，D 处不连续，应将梁分为三段绘制内力图。

根据微分关系，在 CA 和 AD 段内，$q=0$，剪力图为水平线，$F_{QC右}=-3\ \text{kN}$，$F_{QA右}=$

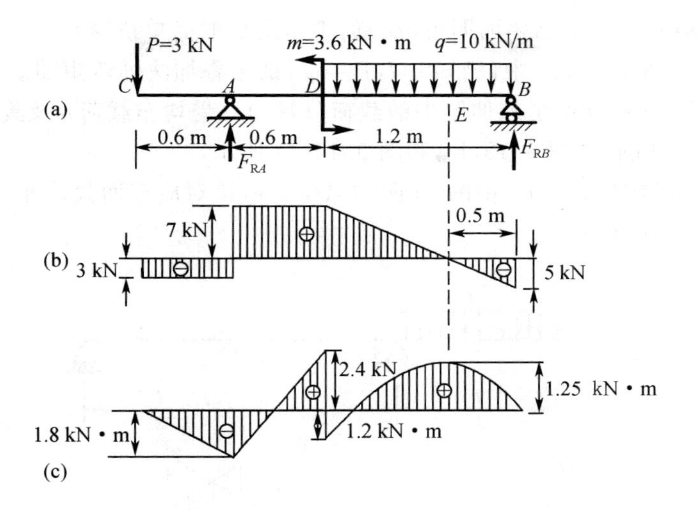

图 9.14

7 kN，据此可做出 CA 和 AD 两段 F_Q 图的水平线。$M_C=0$，$M_{A左}=-1.8$ kN·m，据此可以做出 CA 段弯矩图的斜直线。A 支座的约束反力 F_{RA} 只会使截面 A 左右两侧剪力发生突变，不会改变两侧的弯矩值，故 $M_{A左}=M_{A右}=M_A=-1.8$ kN·m，$M_{D左}=2.4$ kN·m，据此可做出 AD 段弯矩图的斜直线，如图 9.14(c) 所示。DB 段内，$q=$常数，且为负值，剪力为斜直线，$F_{QD右}=7$ kN，$F_{QB左}=-5$ kN，据此做出 DB 段 F_Q 图的斜直线，如图 9.14(b) 所示。D 处的集中力偶会使 D 截面左右两侧的弯矩发生突变，故需求出 $M_{D右}=-1.2$ kN·m，$M_B=0$；由 DB 段的剪力图知，在 E 处 $F_Q=0$，该处弯矩为极值。求得 $M_E=1.25$ kN·m，M 图为向上凸的抛物线。根据上述三个截面的弯矩值可做出 DB 段的 M 图，如图 9.14(c) 所示。

9.4　叠加法作剪力图和弯矩图

1. 叠加原理

多个载荷同时作用于结构而引起的内力等于每个载荷单独作用于结构而引起的内力的代数和，即

$$F_Q(F_1,F_2,\cdots,F_n)=F_{Q1}(F_1)+F_{Q2}(F_2)+\cdots+F_{Qn}(F_n)=\sum F_{Qi}(F_i)$$

$$M(F_1,F_2,\cdots,F_n)=M_1(F_1)+M_2(F_2)+\cdots+M_n(F_n)=\sum M_i(F_i)$$

因此，可以分别计算各外力所引起的内力，然后进行叠加，这种方法称为叠加法。

2. 适用条件

所求参数(内力、应力、位移)必然与载荷满足线性关系，即在线弹性范围内满足胡克定律。

3. 步骤

(1) 分别做出各项载荷单独作用下梁的剪刀图和弯矩图；

(2) 将其相应的纵坐标叠加即可(注意:不是图形的简单拼凑)。

例 9.7 在图 9.15(a) 中,已知 $q,l,P=ql$,试按叠加法画弯矩图。

解 把图 9.15(a) 所示外伸梁中的载荷分解为只受均布载荷 q 及集中力 P 作用的两种情况,分别作 M 图,如图 9.15(b) 和图 9.15(c) 所示。

图 9.15(b) 和图 9.15(c) 中的 M 图的纵坐标值按对应截面代数相加,得到给定梁的 M 图,如图 9.15(d) 所示。

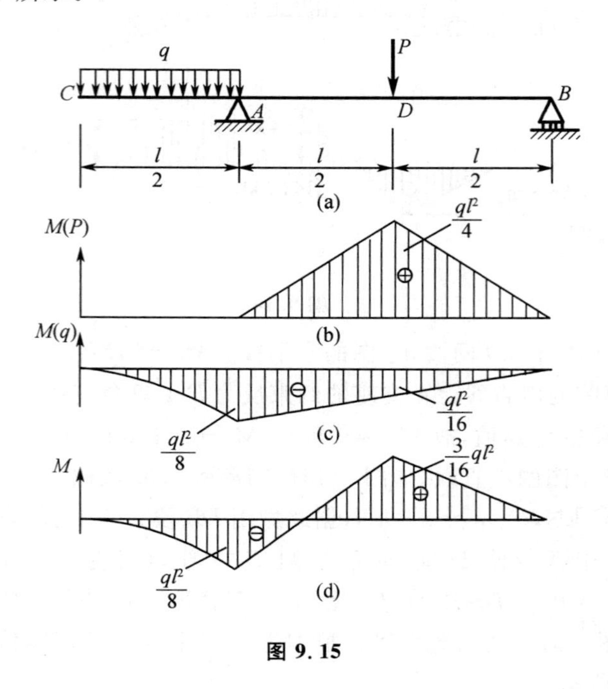

图 9.15

9.5 平面刚架和曲杆的内力图

9.5.1 平面刚架内力图

1. 平面刚架

同一平面内,不同取向的杆件,通过杆端相互刚性连接而组成的结构称为平面刚架,其内力特点是刚架各杆的内力有 F_Q,M,F_N。

2. 画内力图相关规定

(1) 不用取坐标系,只画刚架轮廓线。

(2) 弯矩图:画在各杆的受压一侧,不注明正、负号。

(3) 剪力图及轴力图:可画在刚架轴线的任意一侧(通常正值画在刚架的外侧),但须注明正、负号。

3. 作内力图方法

截面法加微分关系。

例 9.8　刚架受力如图 9.16(a) 所示，绘制刚架的内力图。

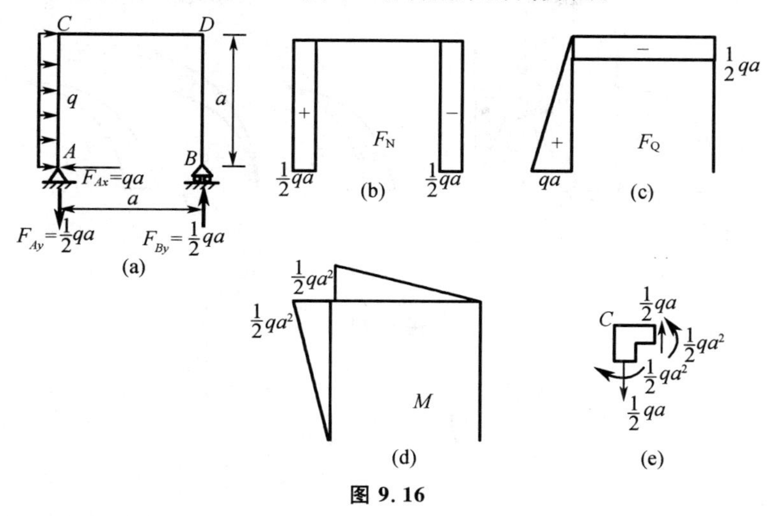

图 9.16

解　(1) 求支座反力

根据平衡条件求出支座反力，如图 9.16(a) 所示。

(2) 分段作内力图

将刚架分为 AC，CD，DB 三段，利用截面法求出各段控制截面的内力值，利用微分关系确定曲线形状，分别做出三段的内力图。F_N，F_Q，M 图分别如图 9.16(b)，(c)，(d) 所示。作 F_N 图和 F_Q 图可以画在杆轴的任一侧，但要标明正、负号。在 AC 段内有均布载荷，F_Q 图为斜直线，M 图为抛物线；因该段 C 截面处 F_Q 为零，故 M 图在该处的斜率也应为零。

(3) 校核内力图

对做出的内力图，除可以用微分关系、突变规律、端点规律进行校核外，还可以利用刚结点处平衡条件进行校核。如将刚结点 C 截出，根据已作好的内力图画出其受力图，如图 9.16(e) 所示，校核其是否平衡。

9.5.2　曲杆内力图

曲杆是轴线为曲线的杆件。内力有 F_Q，M，F_N。微分关系在曲杆上不适用。绘制方法以方程式法为主。

例 9.9　曲杆受力如图 9.17(a) 所示，绘制曲杆的内力图。

解　(1) 求支座反力

根据平衡条件求出固定支座 A 的反力，如图 9.17(a) 所示。

(2) 建立内力方程

用圆心角为 θ 的横截面取隔离体，其受力图如图 9.17(b) 所示。由平衡条件求得

$$\left.\begin{aligned} M(\theta) &= PR\sin\theta \\ F_Q(\theta) &= P\cos\theta \\ F_N(\theta) &= -P\sin\theta \end{aligned}\right\},\qquad \left(0\leqslant\theta\leqslant\frac{\pi}{2}\right)$$

(3) 绘曲杆内力图

根据平衡方程绘出的内力图如图 9.17(a),(d),(e) 所示。

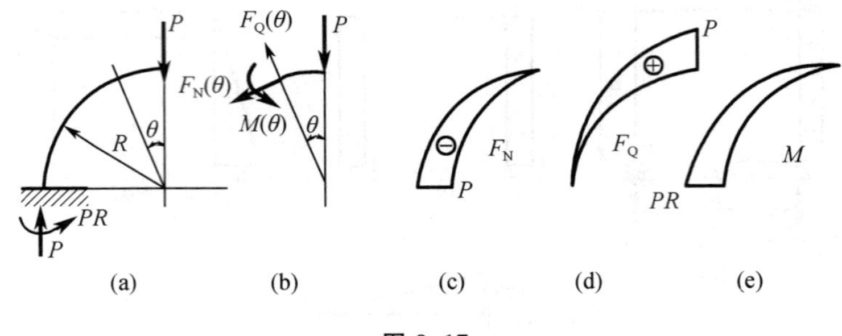

图 9.17

习　　题

1. 选择题

(1) 梁的内力符号与坐标系的关系是：

(A) 剪力、弯矩符号与坐标系有关

(B) 剪力、弯矩符号与坐标系无关

(C) 剪力符号与坐标系有关,弯矩符号与坐标系无关

(D) 弯矩符号与坐标系有关,剪力符号与坐标系无关

正确答案是________。

(2) 长 L 的钢筋混凝土梁用绳向上吊起,如题 9.1(2) 图所示,钢绳绑扎处离梁顶部的距离为 x。梁内由自重引起的最大弯矩值 $|M|_{max}$ 为最小时的 x 值为：

(A) $L/2$　　(B) $L/6$　　(C) $(\sqrt{2}-1)L/2$　　(D) $(\sqrt{2}+1)L/2$

正确答案是________。

(3) 梁上作用任意分布载荷。其集度 $q=q(x)$ 是 x 的连续函数,且规定向上为正。现采用题 9.1(3) 图所示的坐标系 xOy,则 M,F_Q,q 之间的微分关系为：

(A) $\mathrm{d}M/\mathrm{d}x=F_Q,\mathrm{d}F_Q/\mathrm{d}x=q$　　(B) $\mathrm{d}M/\mathrm{d}x=-F_Q,\mathrm{d}F_Q/\mathrm{d}x=q$

(C) $\mathrm{d}M/\mathrm{d}x=F_Q,\mathrm{d}F_Q/\mathrm{d}x=-q$　　(D) $\mathrm{d}M/\mathrm{d}x=-F_Q,\mathrm{d}F_Q/\mathrm{d}x=-q$

正确答案是________。

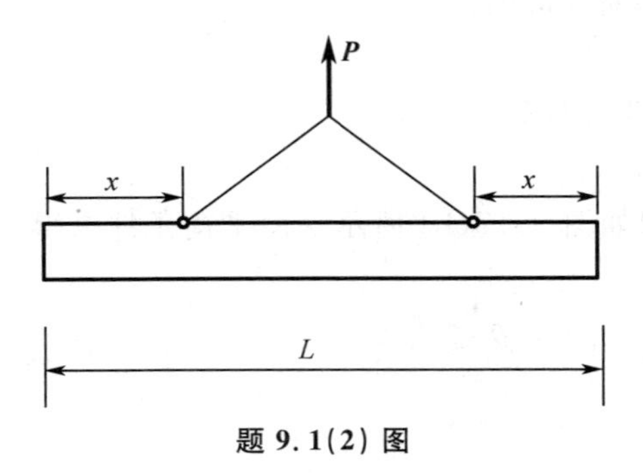

题 9.1(2) 图

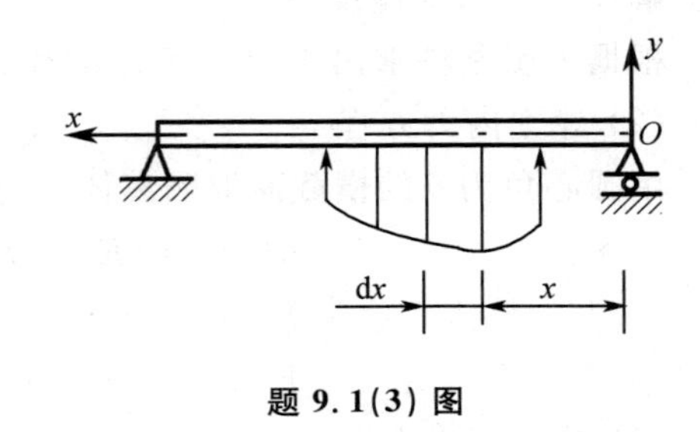

题 9.1(3) 图

2. 填空题

如题9.2图所示梁，C截面弯矩$M_C=$________；为使$M_C=0$，则$m=$________；为使全梁不出现正弯矩，则$m\geqslant$________。

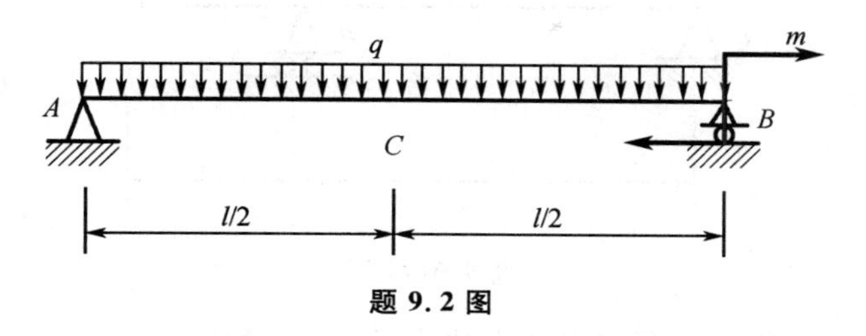

题 9.2 图

3. 计算题

(1) 如题9.3(1)图所示，用方程式法作梁的F_Q，M图。

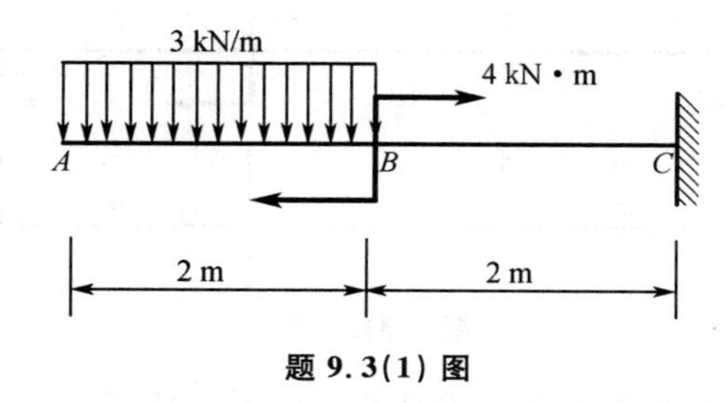

题 9.3(1) 图

(2) 如题9.3(2)图所示，用方程式法作梁的F_Q，M图。

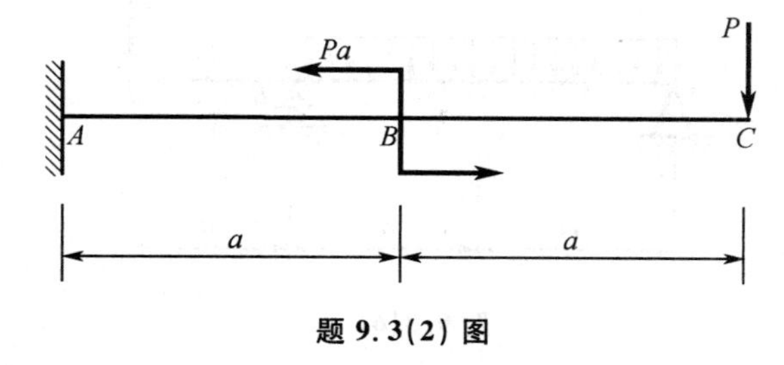

题 9.3(2) 图

(3) 如题9.3(3)图所示，用方程式法作梁的F_Q，M图。

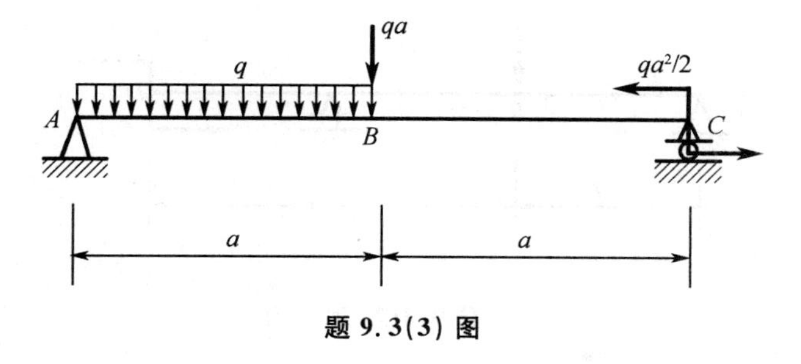

题 9.3(3) 图

(4) 如题 9.3(4) 图所示,用方程式法作梁的 F_Q,M 图。

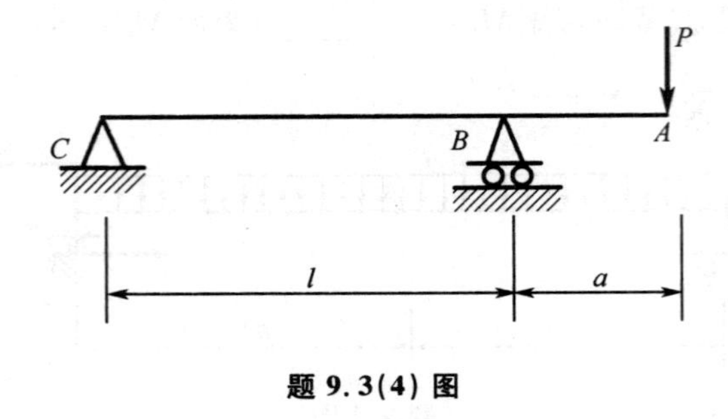

题 9.3(4) 图

(5) 如题 9.3(5) 图所示,用微分关系法作梁的 F_Q,M 图。

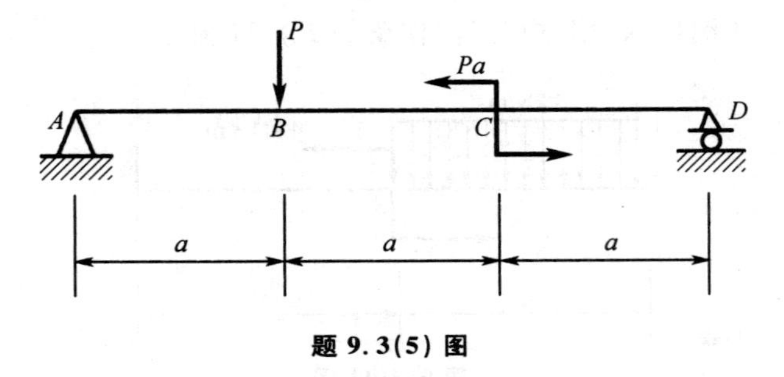

题 9.3(5) 图

(6) 如题 9.3(6) 图所示,用微分关系法作梁的 F_Q,M 图。

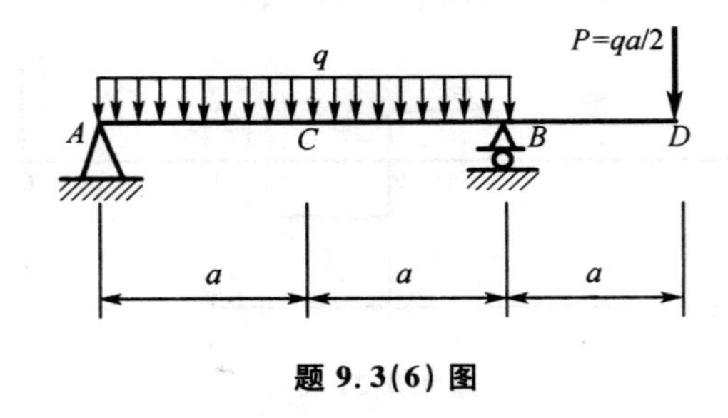

题 9.3(6) 图

(7) 如题 9.3(7) 图所示,用微分关系法作梁的 F_Q,M 图。

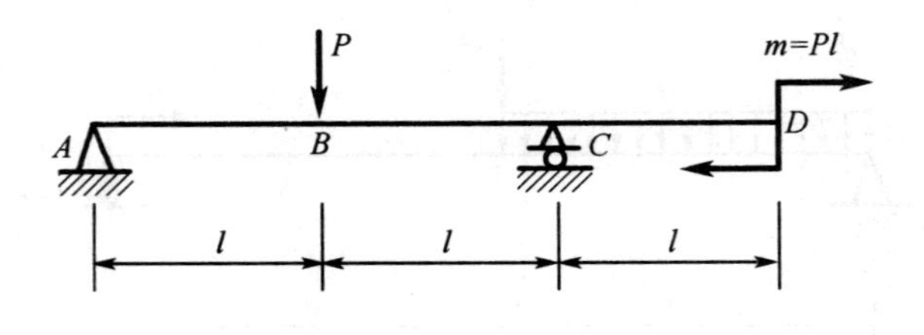

题 9.3(7) 图

(8) 如题 9.3(8) 图所示，用微分关系法作梁的 F_Q，M 图。

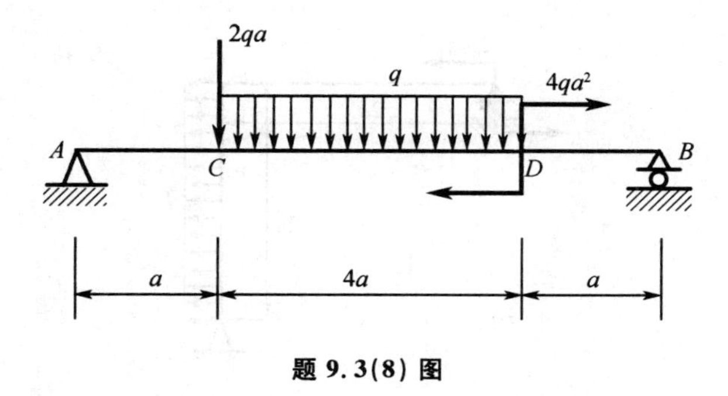

题 9.3(8) 图

(9) 如题 9.3(9) 图所示，用微分关系法作梁的 F_Q，M 图。

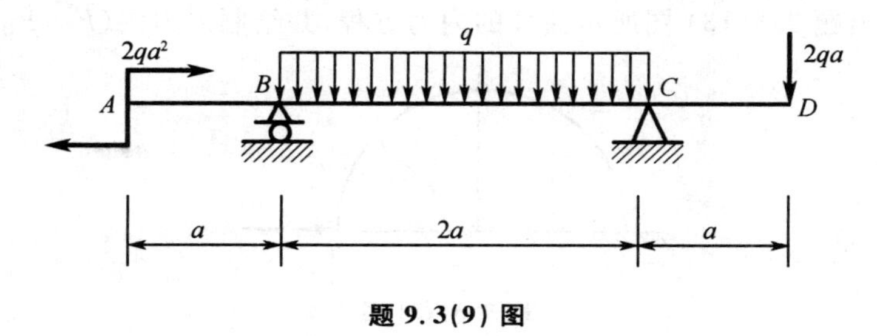

题 9.3(9) 图

(10) 如题 9.3(10) 图所示，用微分关系法作梁的 F_Q，M 图。

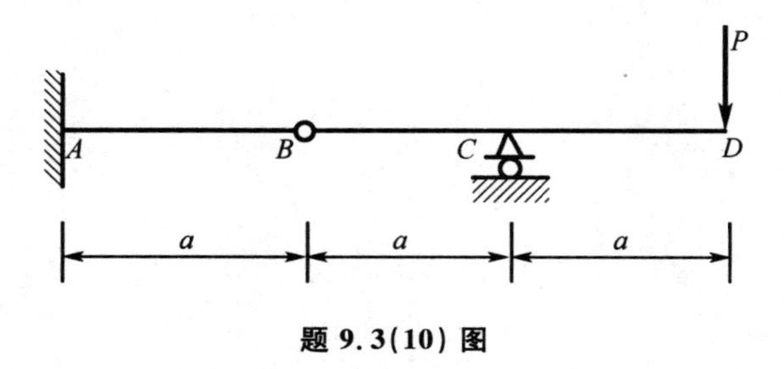

题 9.3(10) 图

(11) 带中间铰的联合梁及其 M 图如题 9.3(11) 图所示，D 为中间铰。作该梁的载荷图及 F_Q 图。

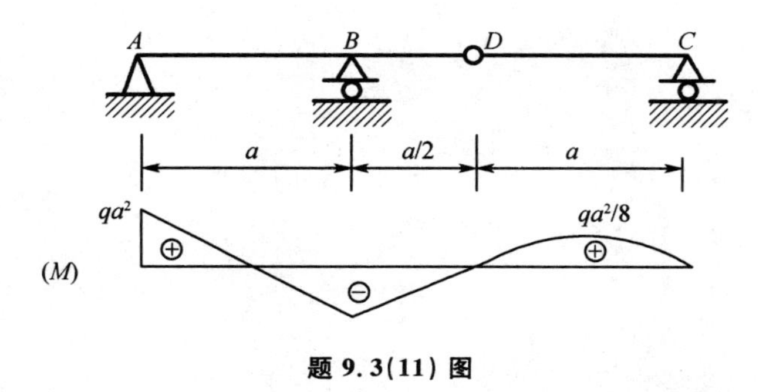

题 9.3(11) 图

(12) 如题 9.3(12) 图所示,作刚架的 F_N,F_Q,M 图。

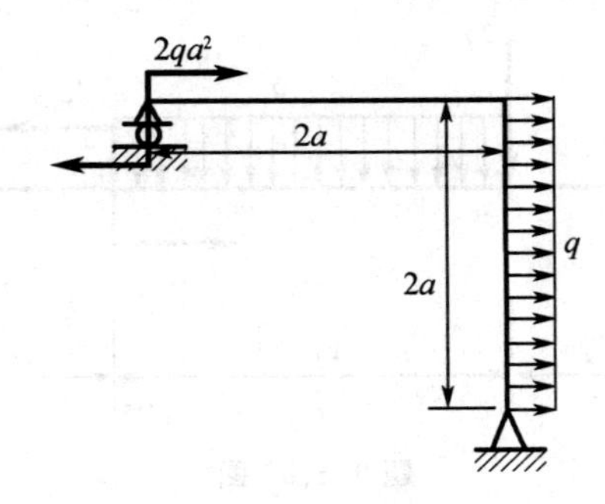

题 9.3(12) 图

(13) 试写出题 9.3(13) 图所示曲杆的内力方程,并绘制内力图(F_N,F_Q,M 图)。

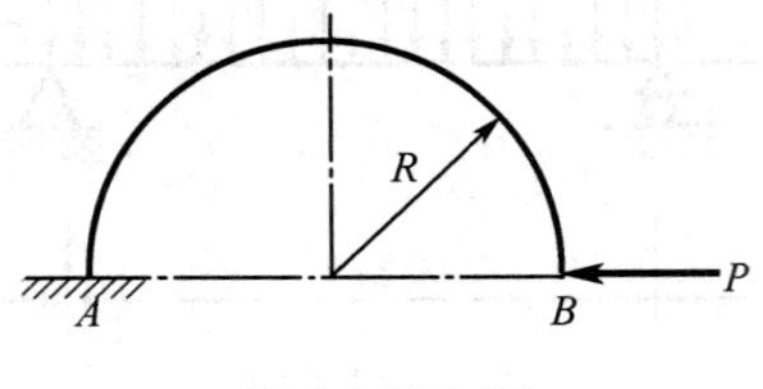

题 9.3(13) 图

第10章　弯曲强度

10.1　纯弯曲时梁横截面上的正应力

梁的横截面上同时存在剪力和弯矩时，这种弯曲称为横力弯曲。剪力 F_Q 是横截面切向分布内力的合力；弯矩 M 是横截面法向分布内力的合力偶矩。所以横力弯曲梁横截面上将同时存在切应力 τ 和正应力 σ。实践和理论都证明，弯矩是影响梁的强度和变形的主要因素。因此，我们先讨论 $F_Q=0$，$M=$ 常数的弯曲问题，这种弯曲称为纯弯曲。图10.1所示梁的 CD 段为纯弯曲，其余部分则为横力弯曲。

与扭转问题相似，分析纯弯曲梁横截面上的正应力时，同样需要综合考虑变形、物理和静力三方面的关系。

1. 变形关系 —— 平面假设

考察等截面直梁。加载前在梁表面上画上与轴线垂直的横线，和与轴线平行的纵线，如图 10.2(a) 所示。然后在梁的两端纵向对称面内施加一对力偶，使梁发生弯曲变形，如图 10.2(b) 所示。可以发现梁表面变形具有如下特征。

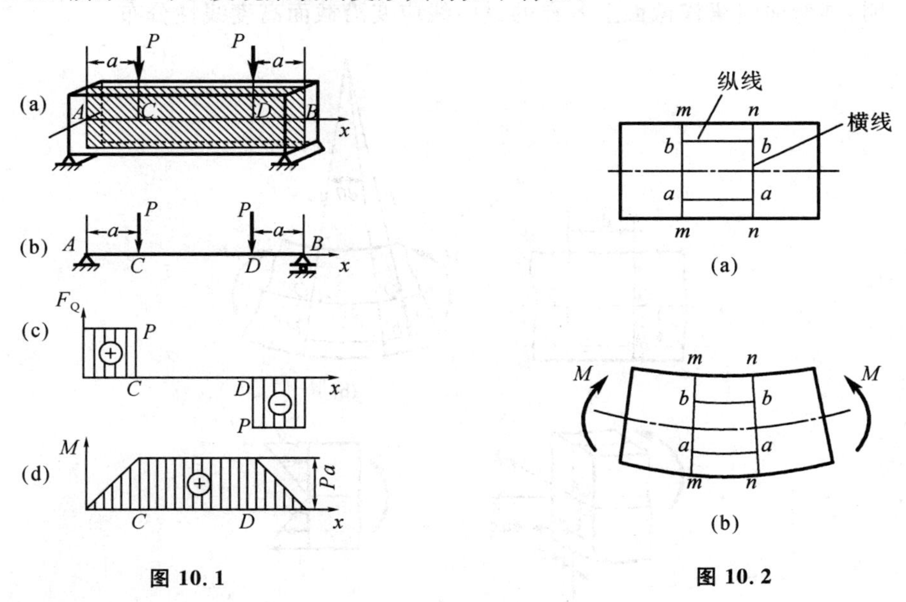

图 10.1　　图 10.2

(1) 横线($m-m$ 和 $n-n$) 仍是直线，只是发生相对转动，但仍与纵线(如 $a-a$，$b-b$)正交。

(2) 纵线($a-a$ 和 $b-b$) 弯曲成曲线，且梁的一侧层面伸长，另一侧层面缩短。

根据上述梁表面变形的特征，可以做出以下假设：梁变形后，其横截面仍保持平面，并垂直于变形后梁的轴线,只是绕着梁横截面上某一轴转过一个角度。这一假设称为平面假设。

此外,还假设梁的各纵向层互不挤压,即梁的纵截面上无正应力作用。

根据上述假设,梁弯曲后,其纵向层一部分产生伸长变形,另一部分则产生缩短变形,二者交界处存在既不伸长也不缩短的一层,这一层称为中性层,如图10.3所示。中性层与横截面的交线为截面的中性轴。

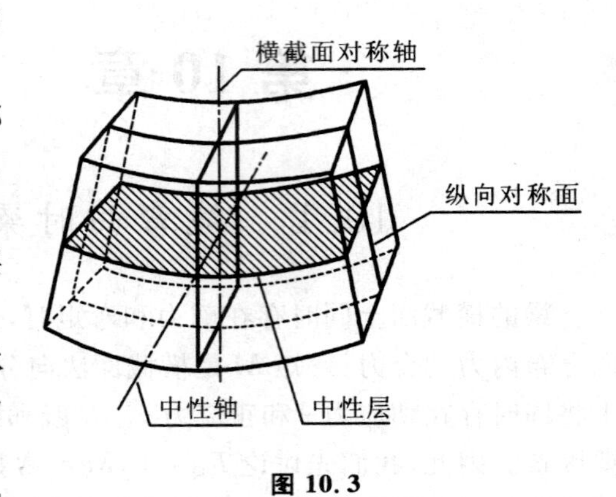

图 10.3

横截面上位于中性轴两侧的各点分别承受拉应力或压应力;中性轴上各点的应力为零。

下面根据平面假设找出纵向线应变沿截面高度的变化规律。

考察梁上相距为 dx 的微段,如图10.4(a)所示,其变形如图10.4(b)所示。其中 x 轴沿梁的轴线,y 轴与横截面的对称轴重合,z 轴为中性轴。则距中性轴为 y 处的纵向层 $b-b$ 弯曲后的长度为 $(\rho+y)d\theta$,其纵向正应变为

$$\varepsilon=\frac{(\rho+y)d\theta-\rho d\theta}{\rho d\theta}=\frac{y}{\rho} \tag{a}$$

式(a)表明:纯弯曲时梁横截面上各点的纵向线应变沿截面高度线性分布。

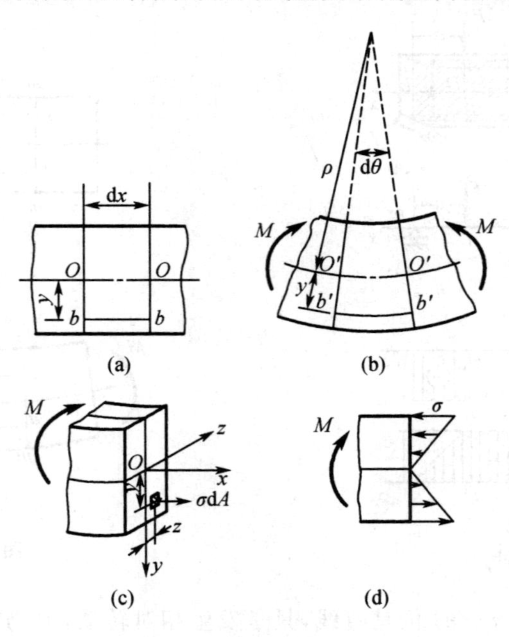

图 10.4

2. 物理关系

根据以上分析，梁横截面上各点只受正应力作用。再考虑到纵向层之间互不挤压的假设，所以纯弯梁各点处于单向应力状态。对于线弹性材料，根据胡克定律

$$\sigma = E\varepsilon$$

于是有

$$\sigma = \frac{E}{\rho} \cdot y \tag{b}$$

式中，E 和 ρ 均为常数。

上式表明：纯弯梁横截面上任意一点处的正应力与该点到中性轴的垂直坐标 y 成正比，即正应力沿着截面高度按线性分布，如图 10.4(d) 所示。

式(b)还不能直接用以计算应力，因为中性层的曲率半径 ρ 以及中性轴的位置尚未确定。这要利用静力学关系来解决。

3. 静力学关系

弯矩 M 作用在 $x-y$ 平面内。截面上坐标为 y,z 的微面积 $\mathrm{d}A$ 上有作用力 $\sigma\mathrm{d}A$。横截面上所有微面积上的这些力将组成轴力 F_{N} 以及对 y,z 轴的力矩 M_y 和 M_z，即

$$F_{\mathrm{N}} = \int_A \sigma \mathrm{d}A \tag{c}$$

$$M_y = \int_A z\sigma \mathrm{d}A \tag{d}$$

$$M_z = \int_A y\sigma \mathrm{d}A \tag{e}$$

在纯弯情况下，梁横截面上只有弯矩 $M_z = M$，而轴力 F_{N} 和 M_y 皆为零。

将式(b) 代入式(c)，因为 $F_{\mathrm{N}} = 0$，故有

$$F_{\mathrm{N}} = \int_A \frac{E}{\rho} y \mathrm{d}A = \frac{E}{\rho}\int_A y \mathrm{d}A = \frac{E}{\rho} S_z = 0$$

其中

$$S_z = \int_A y \mathrm{d}A$$

称为截面对 z 轴的静矩。因为 $\frac{E}{\rho} \neq 0$，故有 $S_z = 0$。这表明中性轴 z 通过截面形心。

将式(b) 代入式(d)，有

$$M_y = \int_A \frac{E}{\rho} yz \mathrm{d}A = \frac{E}{\rho}\int_A yz \mathrm{d}A = \frac{E}{\rho} I_{yz} = 0$$

其中

$$I_{yz} = \int_A yz \mathrm{d}A$$

称为截面对 y,z 轴的惯性积。使 $I_{yz} = 0$ 的一对互相垂直的轴称为主轴。y 轴为横截面的对称轴，对称轴必为主轴，而 z 轴又通过横截面形心，所以 y,z 轴为形心主轴。

将式(b) 代入式(e)，有

$$M_z = \int_A \frac{E}{\rho} y^2 \mathrm{d}A = \frac{E}{\rho}\int_A y^2 \mathrm{d}A = \frac{E}{\rho} I_z = M$$

得到

$$\frac{1}{\rho}=\frac{M}{EI_z} \tag{10.1}$$

其中

$$I_z=\int_A y^2 \mathrm{d}A$$

称为截面对 z 轴的惯性矩，EI_z 称为截面的抗弯刚度。式(10.1) 表明，梁弯曲的曲率与弯矩成正比，而与抗弯刚度成反比。

将式(10.1) 代入式(b)，得到纯弯情况下的正应力计算公式为

$$\sigma=\frac{My}{I_z} \tag{10.2}$$

上式中正应力 σ 的正负号与弯矩 M 及该点的坐标 y 的正负号有关。实际计算中，可根据截面上弯矩 M 的方向，直接判断中性轴的哪一侧产生拉应力，哪一侧产生压应力，而不必考虑 M 和 y 的正负。

梁的最大正应力在距中性轴最远的点处，即

$$\sigma_{\max}=\frac{M_{\max}y_{\max}}{I_z}=\frac{M_{\max}}{W_z} \tag{10.3}$$

式中

$$W_z=\frac{I_z}{y_{\max}} \tag{10.4}$$

称为抗弯截面系数(或抗弯截面模量)，其量纲为[长度]^3，国际单位用 m^3 或 mm^3。

对于宽度为 b、高度为 h 的矩形截面，抗弯截面系数为

$$W_z=\frac{\frac{bh^3}{12}}{\frac{h}{2}}=\frac{bh^2}{6} \tag{10.5}$$

直径为 d 的圆截面，其抗弯截面系数为

$$W_z=\frac{\frac{\pi}{64}d^4}{\frac{d}{2}}=\frac{\pi d^3}{32} \tag{10.6}$$

内径为 d，外径为 D 的空心圆截面，抗弯截面系数为

$$W_z=\frac{\frac{\pi D^4}{64}(1-\alpha^4)}{\frac{D}{2}}=\frac{\pi D^3}{32}(1-\alpha^4)，\alpha=\frac{d}{D} \tag{10.7}$$

轧制型钢(工字钢、槽钢等) 的 W_z 可从型钢表中查得。

10.2 横力弯曲时梁横截面上的正应力及强度计算

10.2.1 横力弯曲梁横截面上的正应力

梁在横力弯曲情况下，其横截面上不仅有正应力，还有切应力。由于存在切应力，横

截面不再保持为平面，而发生“翘曲”现象。进一步的分析表明，对于细长梁（例如矩形截面梁，$\frac{l}{h}\geqslant 5$，l 为梁长，h 为截面高度），切应力对正应力和弯曲变形的影响很小，可以忽略不计，式(10.1) 和式(10.2) 仍然适用。当然式(10.1) 和式(10.2) 只适用于材料在线弹性范围，并且要求外力满足平面弯曲的加载条件：对于横截面具有对称轴的梁，只要外力作用在对称平面内，梁便产生平面弯曲；对于横截面无对称轴的梁，只要外力作用在形心主轴平面内，实心截面梁便产生平面弯曲。

式(10.1) 和式(10.2) 是根据等截面直梁导出的。对于缓慢变化的变截面梁，以及曲率很小的曲梁（$\frac{h}{\rho_0}\leqslant 0.2$，$\rho_0$ 为曲梁轴线的曲率半径）也近似适用。

10.2.2　弯曲强度计算

根据前节的分析，对细长梁进行强度计算时，主要考虑弯矩的影响，因截面上的最大正应力作用点处，弯曲切应力为零，故该点为单向应力状态。为保证梁的安全，梁的最大正应力点应满足强度条件

$$\sigma_{\max}=\frac{M_{\max}y_{\max}}{I_z}\leqslant[\sigma] \tag{10.8a}$$

式中，$[\sigma]$ 为材料的许用应力。

对于塑性材料制成的等截面直梁，材料的拉、压强度相等，则最大弯矩的所在面称为危险面，危险面上距中性轴最远的点称为危险点。此时强度条件可表达为

$$\sigma_{\max}=\frac{M_{\max}}{W_z}\leqslant[\sigma] \tag{10.8b}$$

对于由脆性材料制成的梁，由于其抗拉强度和抗压强度相差甚大，所以要对最大拉应力点和最大压应力点分别进行强度计算。此时强度条件可表达为

$$\sigma_{\mathrm{t\,max}}=\frac{M_{\max}y_{t\max}}{I_z}\leqslant[\sigma_{\mathrm{t}}] \tag{10.8c}$$

$$\sigma_{\mathrm{c\,max}}=\frac{M_{\max}y_{c\max}}{I_z}\leqslant[\sigma_{\mathrm{c}}] \tag{10.8d}$$

根据式(10.8)，可以解决三类强度问题，即强度校核、截面设计和许可载荷计算。

例 10.1　钢梁如图 10.5(a) 所示，已知 $F=20$ kN，$l=4$ m，$[\sigma]=160$ MPa，试按正应力强度条件确定工字钢型号（自重不计）。

解　(1) 作弯矩图（图 10.5(b)），确定危险截面上的弯矩有

$$M_{\max}=2F=40\ \mathrm{kN\cdot m}$$

(2) 按正应力强度条件 $\sigma_{\max}=\frac{M_{\max}}{W_z}\leqslant[\sigma]$

求得

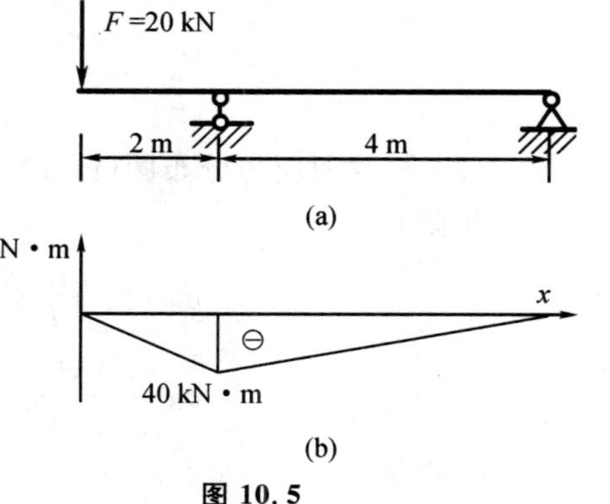

图 10.5

$$W_z=\frac{M_{\max}}{[\sigma]}=\frac{40\times10^3}{160\times10^6}=250\times10^{-6}\ \mathrm{m}^3$$

查表采用 20b 型号的工字钢（$W_z=250\ \mathrm{cm}^3$），其截面尺寸见附录 Ⅱ 中表。

例 10.2 T 字形截面的铸铁梁受力情况如图 10.6(a) 所示，铸铁的$[\sigma_t]=30$ MPa，$[\sigma_c]=60$ MPa，其截面形心位于 C 点，$y_1=52$ mm，$y_2=88$ mm，$I_z=763\ \mathrm{cm}^4$，试校核此梁的强度，并说明 T 字梁怎样放置更合理？

解 (1) 画弯矩图并求危面的内力

由平衡方程 $\sum m_B=0$ 和 $\sum m_A=0$ 分别求得

$$F_{RA}=2.5\ \mathrm{kN};F_{RB}=10.5\ \mathrm{kN}$$

利用微分关系作弯矩图，如图 10.6(b) 所示，可得

$$M_B=-4\ \mathrm{kN\cdot m}(\text{上拉、下压}),M_C=2.5\ \mathrm{kN\cdot m}(\text{下拉、上压})$$

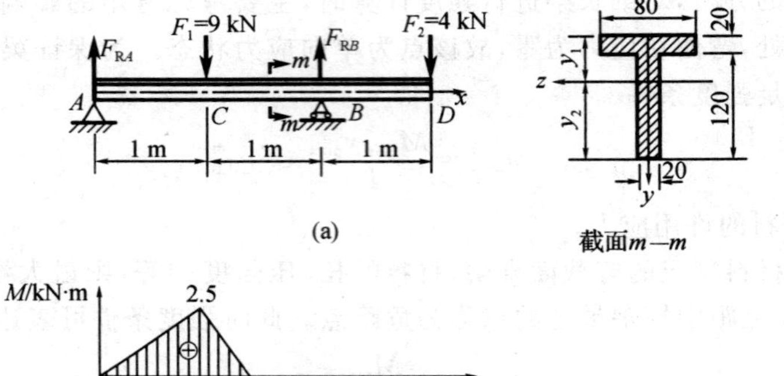

(a)

截面m—m

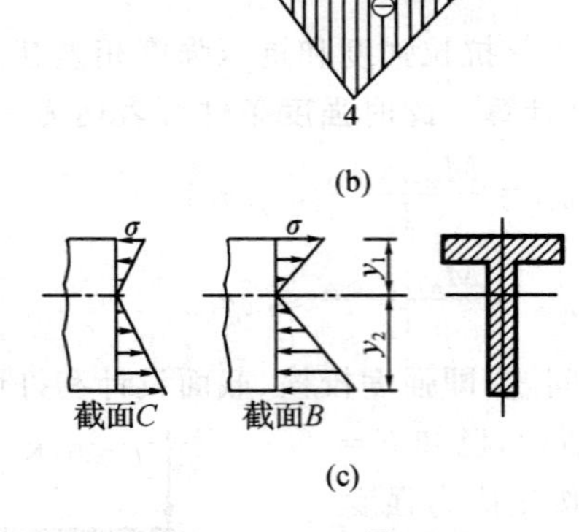

(b)

截面C 截面B

(c)

图 10.6

(2) 画危面应力分布图(图 10.6(c))，找危险点，并校核强度

B 截面上

$$\sigma_{Bt}=\frac{|M_B|y_1}{I_z}=\frac{4\times52}{763\times10^{-8}}=27.2\ \mathrm{MPa}<[\sigma_t]$$

$$\sigma_{Bc}=\frac{|M_B|y_2}{I_z}=\frac{4\times88}{763\times10^{-8}}=46.2\ \mathrm{MPa}<[\sigma_c]$$

C 截面上

$$\sigma_{Ct}=\frac{M_C y_2}{I_z}=\frac{2.5\times 88}{763\times 10^{-8}}=28.8\ \text{MPa}<[\sigma_t]$$

(3) 梁安全

若将 T 字形钢截面倒放，因为有 $\sigma_{tmax}=\frac{M_B y_2}{I_z}=46.2\ \text{MPa}>[\sigma_t]$，所以不合理。

10.3　横力弯曲时梁横截面上的切应力及强度计算

10.3.1　横力弯曲时梁横截面上的切应力

梁受横力弯曲时，虽然横截面上既有正应力 σ，又有切应力 τ。但一般情况下，切应力对梁的强度和变形的影响属于次要因素，因此对由剪力引起的切应力，不再用变形、物理和静力关系进行推导，而是在承认正应力公式(10.2)仍然适用的基础上，假定切应力在横截面上的分布规律，然后根据平衡条件导出切应力的计算公式。

1. 矩形截面梁

对于图 10.7 所示的矩形截面梁，横截面上作用剪力 F_Q。现分析距中性轴 z 为 y 的横线 aa_1 上的切应力分布情况。根据切应力互等定理，横线 aa_1 两端的切应力必与截面两侧边相切，即与切力 F_Q 的方向一致。由于对称的关系，横线 aa_1 中点处的切应力也必与 F_Q 的方向相同。根据这三点，可以设想 aa_1 线上各点切应力的方向皆平行于切力 F_Q。又因截面高度 h 大于宽度 b，切应力的数值沿横线 aa_1 不可能有太大变化，可以认为是均匀分布的。基于上述分析，可作如下假设：

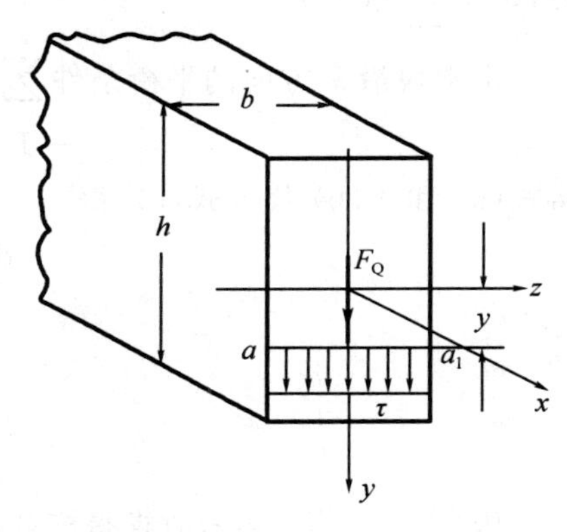

图 10.7

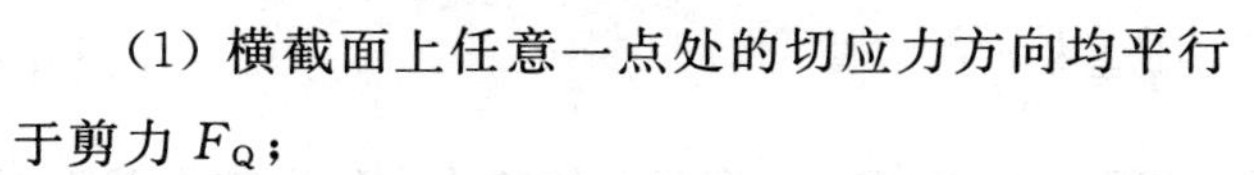

(1) 横截面上任意一点处的切应力方向均平行于剪力 F_Q；

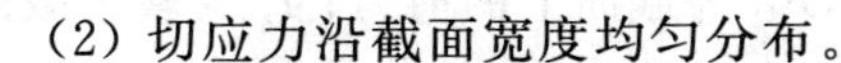

(2) 切应力沿截面宽度均匀分布。

基于上述假设条件得到的解，与精确解相比有足够的精确度。从图 10.8(a) 所示的横弯梁中截出 dx 微段，其左右截面上的内力如图 10.8(b) 所示。梁的横截面尺寸如图 10.8(c) 所示，现欲求距中性轴 z 为 y 的横线 aa_1 处的切应力 τ。过 aa_1 用平行于中性层的纵截面 aa_1 和 cc_1 从 dx 微段中截出一微块，如图 10.8(d) 所示。根据切应力互等定理，微块的纵截面上存在均匀分布的切应力 τ'。微块左右侧面上正应力的合力分别为 F_{N1} 和 F_{N2}，其中

$$F_{N1}=\int_{A^*}\sigma_{I}dA=\int_{A^*}\frac{My_1}{I_z}dA=\frac{M}{I_z}S_z^* \tag{a}$$

$$F_{N2}=\int_{A^*}\sigma_{II}dA=\int_{A^*}\frac{(M+dM)y_1}{I_z}dA=\frac{(M+dM)}{I_z}S_z^* \tag{b}$$

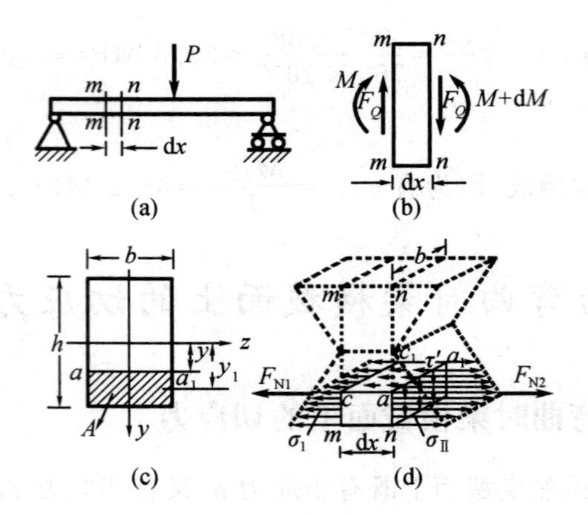

图 10.8

式中,A^* 为微块的侧面面积,σ_I(或 σ_{II})为面积 A^* 中距中性轴为 y_1 处的正应力,$S_z^* = \int_{A^*} y_1 \mathrm{d}A$。

由微块沿 x 方向的平衡条件 $\sum F_x = 0$,得

$$-F_{N1} + F_{N2} - \tau' b \mathrm{d}x = 0 \tag{c}$$

将式(a)和式(b)代入式(c),得

$$\frac{\mathrm{d}M}{I_z} S_z^* - \tau' b \mathrm{d}x = 0$$

故

$$\tau' = \frac{\mathrm{d}M}{\mathrm{d}x} \frac{S_z^*}{b I_z}$$

因 $\frac{\mathrm{d}M}{\mathrm{d}x} = F_Q$,$\tau' = \tau$,故求得横截面上距中性轴为 y 处横线上各点的切应力 τ 为

$$\tau = \frac{F_Q S_z^*}{b I_z} \tag{10.9}$$

式(10.9)也适用于其他截面形式的梁。式中,F_Q 为截面上的剪力;I_z 为整个截面对中性轴 z 的惯性矩;b 为横截面在所求应力点处的宽度;S_y^* 为所求应力点以外面积 A^* 对中性轴的静矩。

如图 10.9(a) 所示,对于矩形截面梁,可取 $\mathrm{d}A_1 = b\mathrm{d}y_1$,于是

$$S_z^* = \int_{A^*} y_1 \mathrm{d}A_1 = \int_y^{\frac{h}{2}} b y_1 \mathrm{d}y_1 = \frac{b}{2}\left(\frac{h^2}{4} - y^2\right)$$

这样,式(10.9)可写为

$$\tau = \frac{F_Q}{2I_z}\left(\frac{h^2}{4} - y^2\right)$$

上式表明,沿截面高度切应力 τ 按抛物线规律变化,如图10.9(b)所示。在截面上、下边缘处,$y = \pm \frac{h}{2}$,$\tau = 0$;在中性轴上,$z = 0$,切应力值最大,其值为

$$\tau_{\max}=\frac{3}{2}\frac{F_{Q}}{A} \tag{10.10}$$

式中，$A=bh$。从式(10.10)可以看出，矩形截面梁的最大切应力是其平均切应力的$\frac{3}{2}$倍。

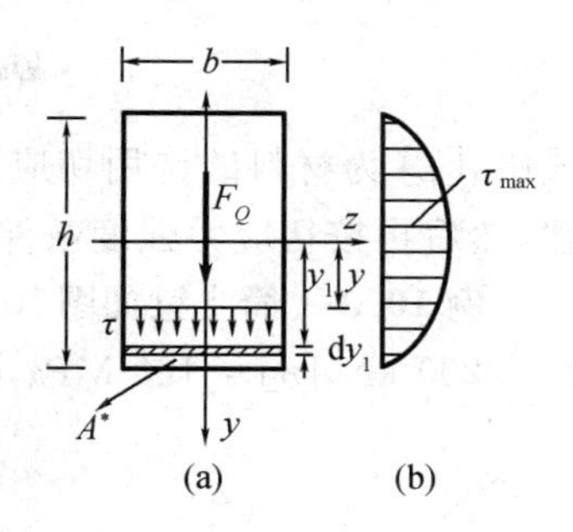

图 10.9

2. 圆形截面梁

如图 10.10 所示，在圆形截面上任意一条平行于中性轴的横线 aa_1 两端处，切应力的方向必切于圆周，并相交于 y 轴上的 c 点。因此，横线上各点切应力方向是变化的。但在中性轴上各点切应力的方向皆平行于剪力 F_Q，且沿 z 轴均匀分布，其值为最大。由式(10.9) 求得

$$\tau_{\max}=\frac{4}{3}\frac{F_{Q}}{A} \tag{10.11}$$

式中，$A=\frac{\pi}{4}d^2$。

从式(10.11) 可以看出，圆截面的最大切应力为其平均切应力的$\frac{4}{3}$倍。

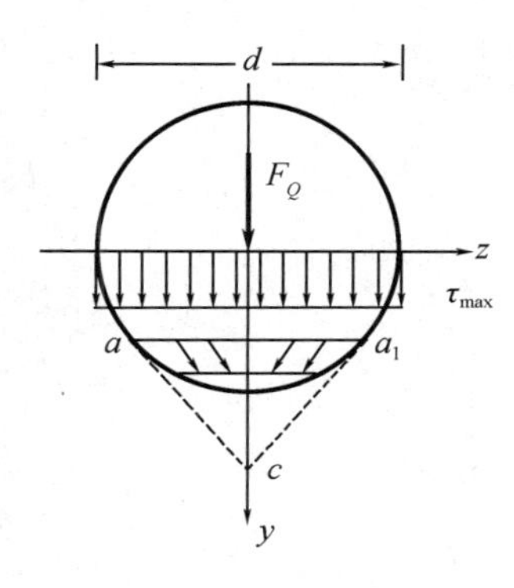

图 10.10

3. 工字形截面梁

工字形截面梁由腹板和翼缘组成。式(10.9) 的计算结果表明，在翼缘上切应力很小，在腹板上切应力沿腹板高度按抛物线规律变化，如图10.11 所示。最大切应力在中性轴上，其值为

$$\tau_{\max}=\frac{F_{Q}(S_z^*)_{\max}}{dI_z}$$

式中，$(S_z^*)_{\max}$ 为中性轴一侧截面面积对中性轴的静矩。对于轧制的工字钢，式中的$\frac{I_z}{(S_z^*)_{\max}}$可以从型钢表中查得。

计算结果表明，腹板承担的剪力约为(0.95 ～ 0.97)F_Q，因此也可用下式计算 $\tau_{\max}$ 的近似值，即

$$\tau_{\max}\approx\frac{F_{Q}}{h_1 d}$$

式中，h_1 为腹板的高度，d 为腹板的宽度。

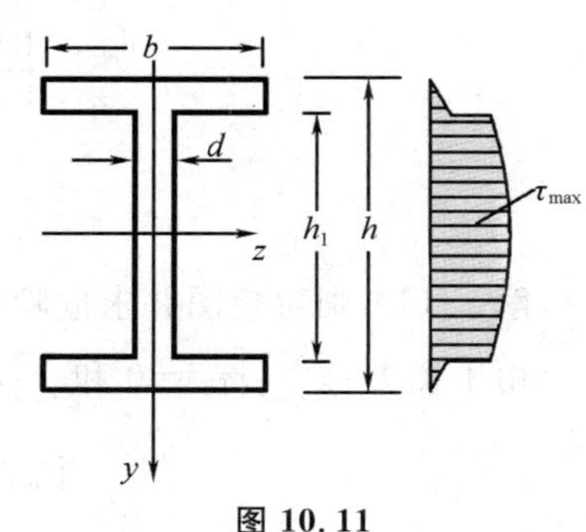

图 10.11

10.3.2　强度计算

需要指出的是，对于某些特殊情形，如梁的跨度较小或载荷靠近支座时，焊接或铆接的薄壁截面梁，或梁沿某一方向的抗剪能力较差(木梁的顺纹方向，胶合梁的胶合层) 等，还需进行弯曲切应力强度校核。等截面直梁的 $\tau_{\max}$ 一般发生在 $|F_Q|_{\max}$ 截面的中性轴上，此处弯曲正应力 $\sigma=0$，该点处于纯切应力状态，其强度条件为

$$\tau_{\max}=\frac{F_{Q\max}(S_z^*)_{\max}}{bI_z}\leqslant[\tau] \tag{10.12}$$

式中，$[\tau]$为材料的许用切应力。此时，一般先按正应力的强度条件选择截面的尺寸和形状，然后再按切应力强度条件校核。

例 10.3 简支梁如图10.12所示。已知$l=2$ m，$a=0.2$ m，梁上的载荷$q=10$ kN/m，$F=200$ kN，$[\sigma]=160$ MPa，$[\tau]=100$ MPa，试选择适用的工字钢型号。

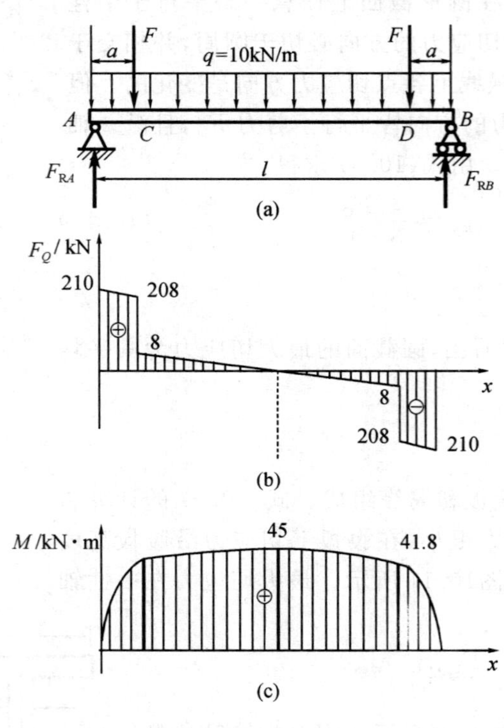

图 10.12

解 (1) 画弯矩图并求危险截面内力

由平衡方程$\sum m_B=0$和$\sum m_A=0$求得

$$F_{RA}=F_{RB}=F+\frac{ql}{2}=210 \text{ kN}$$

求得危险截面的内力

$$M_{\max}=45 \text{ kN}\cdot\text{m}, F_{Q\max}=210 \text{ kN}$$

(2) 选择工字钢型号

按正应力强度条件：$\sigma_{\max}=\dfrac{M_{\max}}{W_z}\leqslant[\sigma]$

$$W_z\geqslant\frac{M_{\max}}{[\sigma]}=\frac{45\times10^3}{160\times10^6}=281 \text{ cm}^3$$

查型钢表选用22a工字钢$W_z=309$ cm^3。

（3）校核切应力强度

$$\tau_{\max}=\frac{Q_{\max}S_{z\max}^{*}}{bI_{z}}\leqslant[\tau]$$

由 22a 工字钢型钢表查得

$$\frac{I_z}{S_{z\max}^{*}}=18.9\ \text{cm},b=d=0.75\ \text{cm},\quad \tau_{\max}=\frac{210\times10^{3}}{18.9\times0.75\times10^{-4}}=148\ \text{MPa}>[\tau]$$

再选 25b 工字钢，查型钢表得

$$\frac{I_z}{S_{z\max}^{*}}=21.27\ \text{cm},b=d=1\ \text{cm},\quad \tau_{\max}=\frac{210\times10^{3}}{21.27\times1\times10^{-4}}=98\ \text{MPa}<[\tau]$$

所以，应选 25b 工字钢。

10.4　提高梁弯曲强度的措施

如前所述，弯曲正应力是影响弯曲强度的主要因素。根据弯曲正应力的强度条件

$$\sigma_{\max}=\frac{M_{\max}}{W_z}\leqslant[\sigma] \tag{a}$$

上式可以改写成内力的形式

$$M_{\max}\leqslant[M]=W_z[\sigma] \tag{b}$$

式(b) 的左侧是构件受到的最大弯矩，式(b) 的右侧是构件所能承受的许用弯矩。

由(a) 和(b) 两式可以看出，提高弯曲强度的措施主要是从三方面考虑：减小最大弯矩、提高抗弯截面系数和提高材料的力学性能。

1. 减小最大弯矩

（1）改变加载的位置或加载方式

首先，可以通过改变加载位置或加载方式达到减小最大弯矩的目的。当集中力作用在简支梁跨度中间时（图 10.13(a)），其最大弯矩为$\frac{1}{4}Pl$；当载荷的作用点移到梁的一侧，如距左侧$\frac{1}{6}l$处时（图10.13(b)），则最大弯矩变为$\frac{5}{36}Pl$，是原最大弯矩的 0.56 倍。当载荷的位置不能改变时，可以把集中力分散成较小的力，或者改变成分布载荷，从而减小最大弯矩。例如，利用副梁把作用于梁中间的集中力分散为两个集中力（图 10.13(c)），而使最大弯矩降低为$\frac{1}{8}Pl$。利用副梁来达到分散载荷，减小最大弯矩是工程中经常采用的方法。

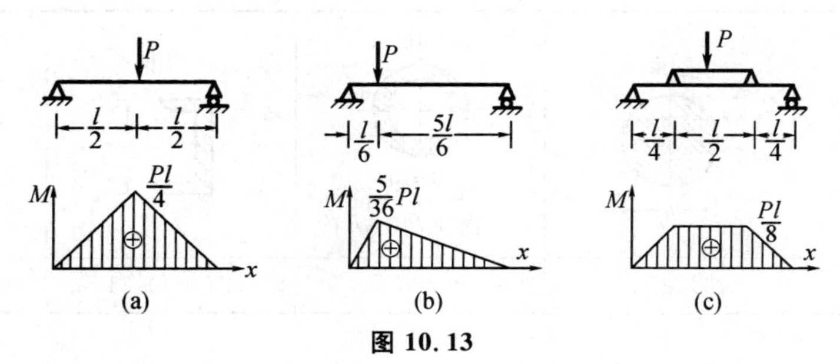

图 10.13

(2) 改变支座的位置

其次，可以通过改变支座的位置来减小最大弯矩。例如，图 10.14(a) 所示受均布载荷的简支梁，$M_{\max}=\frac{1}{8}ql^2=0.125ql^2$。若将两端支座各向里移动 $0.2l$（图 10.14(b)），则最大弯矩减小为$\frac{1}{40}ql^2$，$M_{\max}=\frac{1}{40}ql^2=0.025ql^2$ 只及前者的$\frac{1}{5}$。图 10.15(a) 所示门式起重机的大梁，图 10.15(b) 所示锅炉筒体等，其支承点略向中间移动，都是通过合理布置支座位置，以减小 $M_{\max}$ 的工程实例。

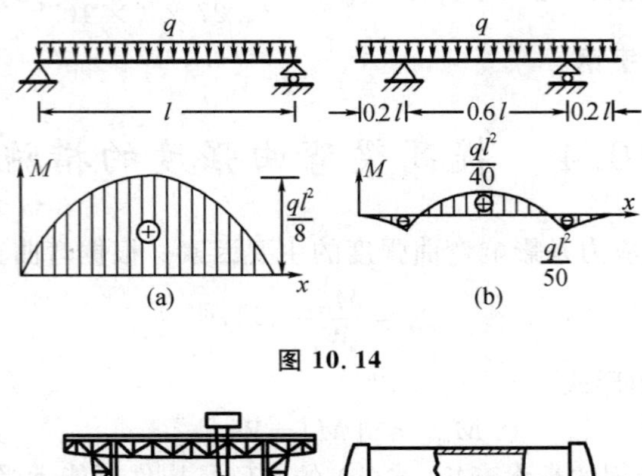

图 10.14

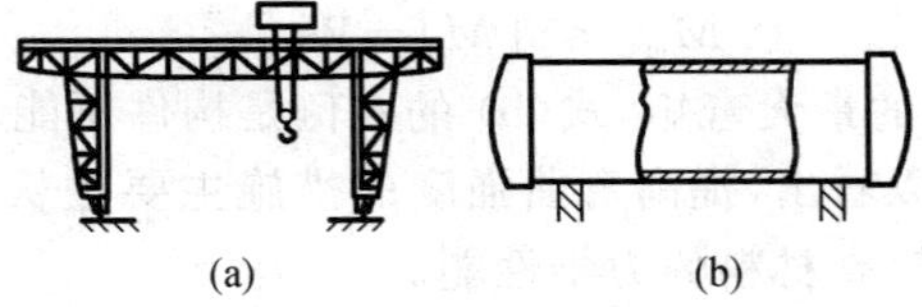

图 10.15

2. 提高抗弯截面系数

(1) 选用合理的截面形状

在截面面积 A 相同的条件下，抗弯截面系数 W 愈大，则梁的承载能力就愈高。例如对截面高度 h 大于宽度 b 的矩形截面梁，梁竖放时 $W_1=\frac{1}{6}bh^2$，而梁平放时 $W_2=\frac{1}{6}hb^2$。两者之比为$\frac{W_1}{W_2}=\frac{h}{b}>1$，所以竖放比平放有较高的抗弯能力。当截面的形状不同时，可以用比值$\frac{W}{A}$来衡量截面形状的合理性和经济性。常见截面的 $\frac{W}{A}$ 值列于表 10.1 中。

表 10.1　常见截面的 W/A 值

矩形	圆形	环形（内径 $d=0.8h$）	槽钢	工字钢
$0.167h$	$0.125h$	$0.205h$	$(0.27\sim0.31)h$	$(0.29\sim0.31)h$

表 10.1 中的数据表明，材料远离中性轴的截面(如圆环形、工字形等) 比较经济合理。这是因为弯曲正应力沿截面高度线性分布，中性轴附近的应力较小，该处的材料不能充分发挥作用，将这些材料移植到离中性轴较远处，则可使它们得到充分利用，形成“合理截面”。工程中的吊车梁、桥梁常采用工字形、槽形或箱形截面，房屋建筑中的楼板采用空心圆孔板，道理就在于此。需要指出的是，对于矩形、工字形等截面，增加截面高度虽然能有效地提高抗弯截面系数；但若高度过大，宽度过小，则在载荷作用下梁会发生扭曲，从而使梁过早地丧失承载能力。

对于拉、压许用应力不相等的材料(例如大多数脆性材料)，采用中性轴距上下边不相等的截面较合理(如 T 字形)。设计时使中性轴靠近拉应力的一侧，以使危险截面上的最大拉应力和最大压应力尽可能同时达到材料的许用应力。

(2) 采用变截面梁

对于等截面梁，除 M_{max} 所在截面的最大正应力达到材料的许用应力外，其余截面的应力均小于甚至远小于许用应力。因此，为了节省材料，减轻结构的质量，可在弯矩较小处采用较小的截面，这种截面尺寸沿梁轴线变化的梁称为变截面梁。若使变截面梁的每个截面上的最大正应力都等于材料的许用应力，则这种梁称为等强度梁。考虑到加工的经济性及其他工艺要求，工程实际中只能作成近似的等强度梁，例如机械设备中的阶梯轴(图 10.16(a))，摇臂钻床的摇臂(图 10.16(c)) 及工业厂房中的鱼腹梁(图10.16(b)) 等。

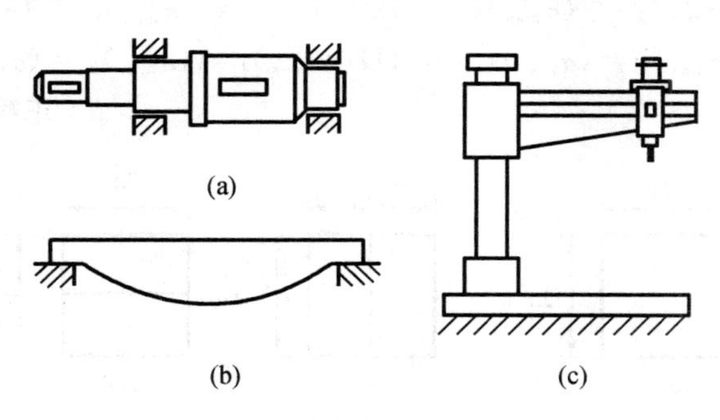

图 10.16

3. 提高材料的力学性能

构件选用何种材料，应综合考虑安全性、经济性等因素。近年来低合金钢生产发展迅速，如 16 Mn，15 MnTi 钢等。这些低合金钢的生产工艺和成本与普通钢相近，但强度高、韧性好。铸铁抗拉强度较低，但价格低廉。铸铁经球化处理成为球墨铸铁后，提高了强度极限和塑性性能。不少工厂用球墨铸铁代替钢材制造曲轴和齿轮，取得了较好的经济效益。

习　题

1. 选择题

(1) 在推导弯曲正应力公式 $\sigma = My/I_z$ 时，由于作了“纵向纤维层互不挤压” 假设，从而有以下四种答案：

(A) 保证法向内力系的合力 $F_N=\int_A \sigma \, dA=0$

(B) 正应力的计算可用单向拉压胡克定律

(C) 保证梁为平面弯曲

(D) 保证梁的横向变形为零

正确答案是________。

(2) 在推导梁平面弯曲的正应力公式 $\sigma=My/I_z$ 时，下面哪条假定不必要。

(A) $\sigma \leqslant \sigma_p$　　(B) 平面假设

(C) 材料拉压时弹性模量相同　　(D) 材料的 $[\sigma_t]=[\sigma_c]$

正确答案是________。

(3) 由梁弯曲的平面假设，经变形几何关系得到的结果有四种答案：

(A) 中性轴通过截面形心　　(B) $1/\rho=M/(EI_z)$

(C) $\varepsilon=y/\rho$　　(D) 梁只产生平面弯曲

正确答案是________。

(4) 受力情况相同的三种等截面梁，它们分别由整块材料或两块材料并列或两块材料叠合(未黏接)组成，分别如题 10.1(4) 图所示。若用 $(\sigma_{max})_1$，$(\sigma_{max})_2$，$(\sigma_{max})_3$ 分别表示这三种梁中横截面上的最大正应力，则下列结论中哪个是正确的？

(A) $(\sigma_{max})_1<(\sigma_{max})_2<(\sigma_{max})_3$　　(B) $(\sigma_{max})_1=(\sigma_{max})_2<(\sigma_{max})_3$

(C) $(\sigma_{max})_1<(\sigma_{max})_2=(\sigma_{max})_3$　　(D) $(\sigma_{max})_1=(\sigma_{max})_2=(\sigma_{max})_3$

正确答案是________。

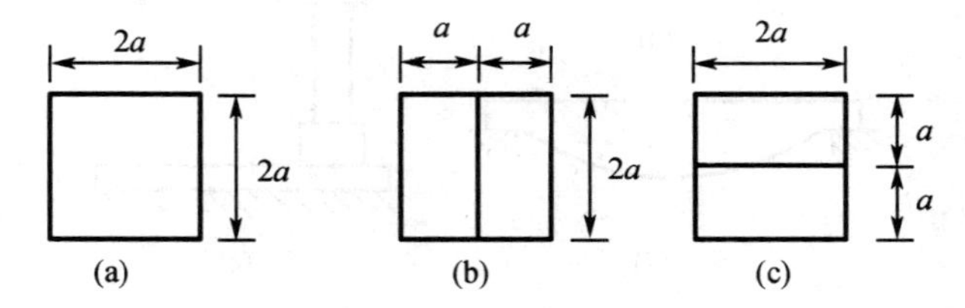

题 10.1(4) 图

(5) 如题 10.1(5) 图所示梁，采用加副梁的方法提高承载能力，若主梁和副梁材料相同，截面尺寸相同，则副梁的最佳长度有四种答案：

(A) $l/3$　　(B) $l/4$

(C) $l/5$　　(D) $l/2$

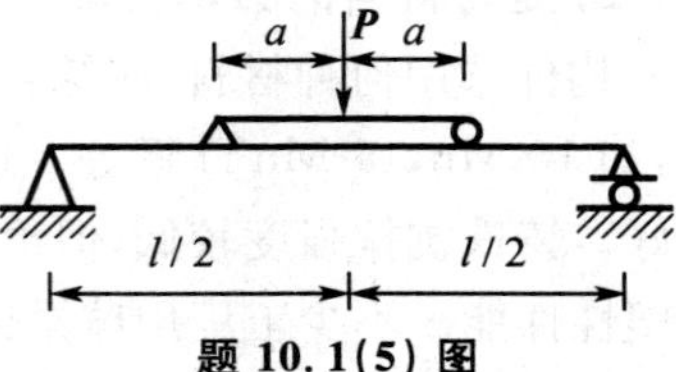

题 10.1(5) 图

正确答案是________。

(6) 为了提高梁的承载能力，梁的支座有题 10.1(6) 图示四种方案：

正确答案是________。

2. 填空题

(1) 有一直径为 d 的钢丝，绕在直径为 D 的圆筒上，钢丝的弹性模量为 E，钢丝仍处于弹性范围。此时钢丝的最大弯曲正应力 $\sigma_{max}=$________；为了减小弯曲应力，应________钢丝的直径。

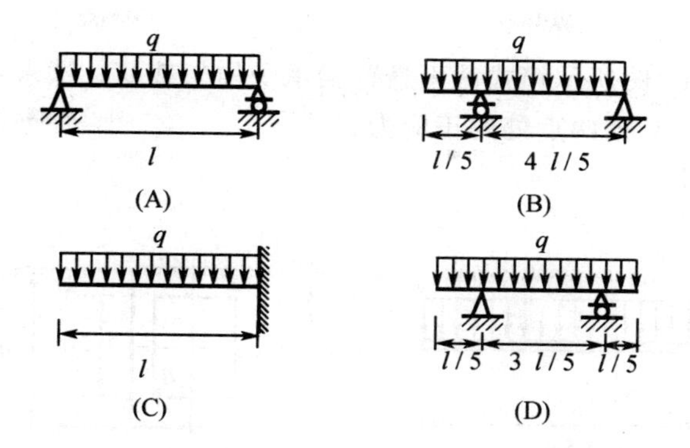

题 10.1(6) 图

(2) 题 10.2(2) 图所示简支梁的 EI 已知，如在梁跨中间作用一集中力 P，则中性层在 A 处的曲率半径 $\rho=$________。

(3) 如题 10.2(3) 图所示，将厚度为 2 mm 的钢板尺与一曲面紧密接触，已知测得钢尺 A 点处的应变为 $-\dfrac{1}{1\ 000}$，则该曲面在 A 点处的曲率半径为________ mm。

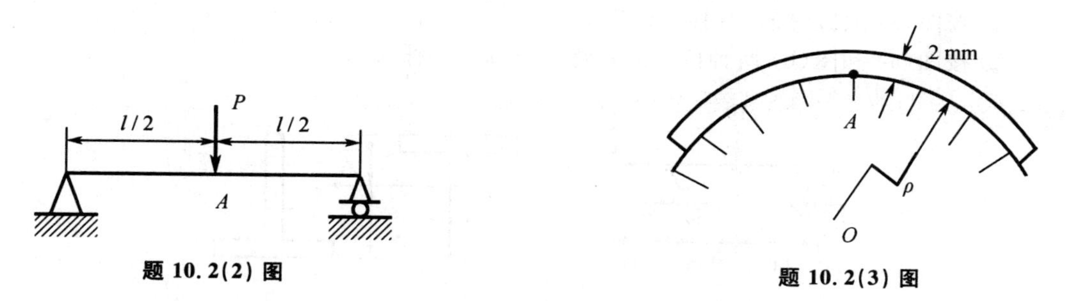

题 10.2(2) 图

题 10.2(3) 图

(4) 用矩形梁的切应力公式 $\tau=\dfrac{F_Q S_z^*}{Ib}$ 计算题 10.2(4) 图所示截面 AB 线上各点的 τ 时，式中 S^* 是面积________或面积________的负值对中性轴 z 的静矩。

(5) 如题 10.2(5) 图所示，铸铁 T 形截面梁的许用应力分别为许用拉应力 $[\sigma_t]=50$ MPa 和许用压应力 $[\sigma_c]=200$ MPa，则上下边缘距中性轴的合理比值 $y_1/y_2=$________(C 为形心)。

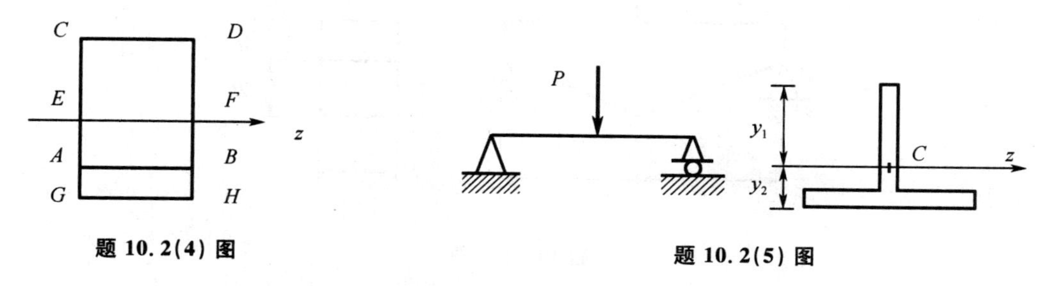

题 10.2(4) 图

题 10.2(5) 图

(6) 矩形截面梁若 $F_{Q\max}$，$M_{\max}$ 和截面宽度 b 不变，而将高度增加一倍，则最大弯曲正应力为原来的________倍，最大弯曲切应力为原来的________倍。

3. 计算题

(1) 如题 10.3(1) 图所示箱式截面悬臂梁承受均匀载荷。试求：

① Ⅰ－Ⅰ 截面 A,B 两点处的正应力；

② 该梁的最大正应力。

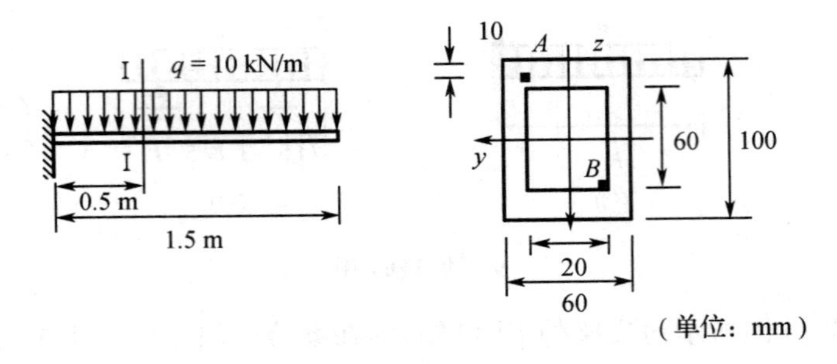

题 10.3(1) 图

(2) 如题 10.3(2) 图所示，已知 T 形截面铸铁外伸梁$[\sigma_t]=35$ MPa，$[\sigma_c]=120$ MPa，$I_z=5\,000\times10^4$ mm^4，$y_1=70$ mm，$y_2=130$ mm，z 轴过形心，试求：

① 按图(a) 放置时的许用载荷$[P]$。

② 按图(a) 和图(b) 两种位置放置哪种合理？为什么？

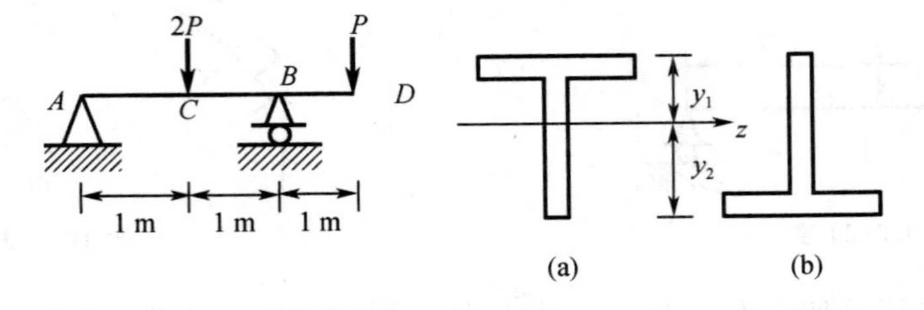

题 10.3(2) 图

(3) 宽度不变，高度呈线性变化的变截面简支梁受力如题 10.3(3) 图所示。当进行正应力强度条件校核时，求危险截面距 A 端的距离 x 及最大正应力 σ_{max}。

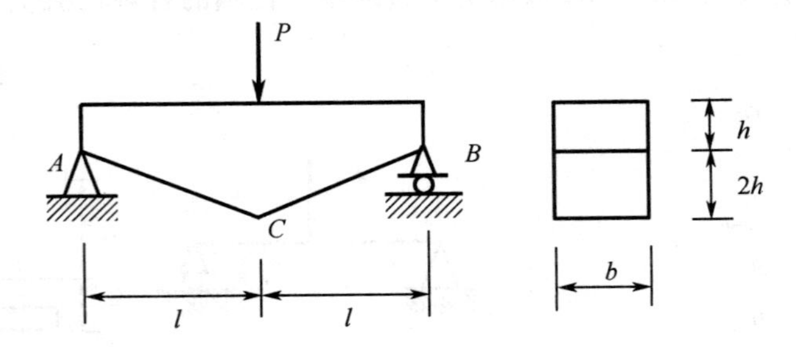

题 10.3(3) 图

(4) 纯弯曲梁由材料相同的两个矩形截面杆 Ⅰ 和 Ⅱ 叠合而成，其截面形式如题 6.3(4) 图所示，不计两接触面间的摩擦，求两杆内最大正应力之比。

(5) 如题 10.3(5) 图所示一起重机及梁，梁由两根 No. 28 a 工字钢组成，可移动的起重机自重 $G=50$ kN，起重机吊重 $P=10$ kN，若 $[\sigma]=160$ MPa，$[\tau]=100$ MPa，试校核梁的强度。(一根工字钢 $I_z=7\ 114.14\times10^4\ \text{mm}^4$，$I_z/(S_z^*)_{\max}=246.2$ mm)

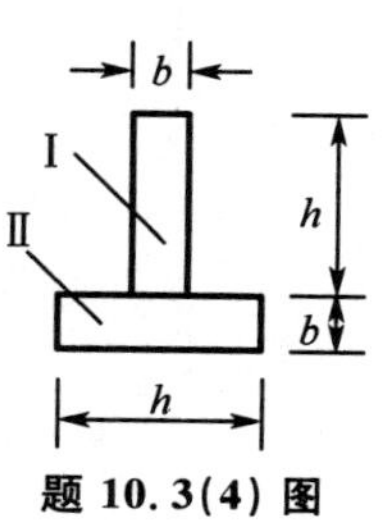

题 10.3(4) 图

(6) 用螺钉将四块木板连接而成的箱形梁如题 6.3(6) 图所示，每块木板的截面均为 150 mm×25 mm，如每一个螺钉的许用剪力为 1.1 kN，试确定螺钉的间距 a(单位：mm)。

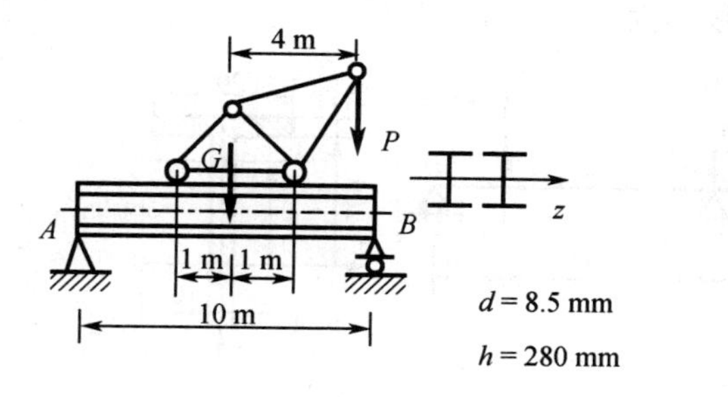

题 10.3(5) 图

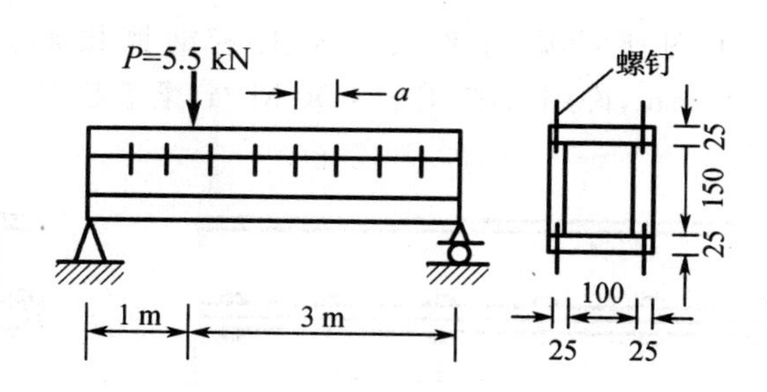

题 10.3(6) 图

(7) 截面型号为 No. 20 a 工字钢梁的支承和受力情况如题6.3(7) 图所示。若 $[\sigma]=160$ MPa，试求许可载荷 F。

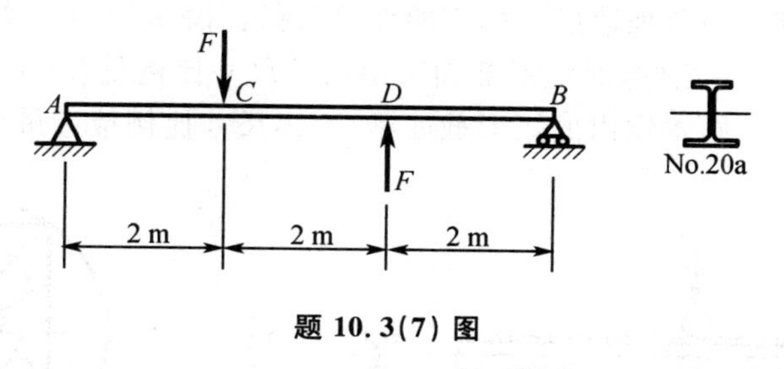

题 10.3(7) 图

(8) ⊥ 形截面铸铁悬臂梁的尺寸及载荷情况如题 6.3(8) 图所示。若材料的许用拉应力 $[\sigma_t]=40$ MPa，许用压应力 $[\sigma_c]=160$ MPa，截面对形心轴 z_C 的惯性矩 $I_{z_C}=10\ 180\ \text{cm}^4$，$h_1=9.64$ cm，试计算该梁的许可载荷 F。

(9) 铸铁梁的载荷及横截面尺寸如题 6.3(9) 图所示。许用拉应力 $[\sigma_t]=40$ MPa，许用压应力 $[\sigma_c]=160$ MPa，试按正应力强度条件校核梁的强度。若载荷不变，但将 T 形横

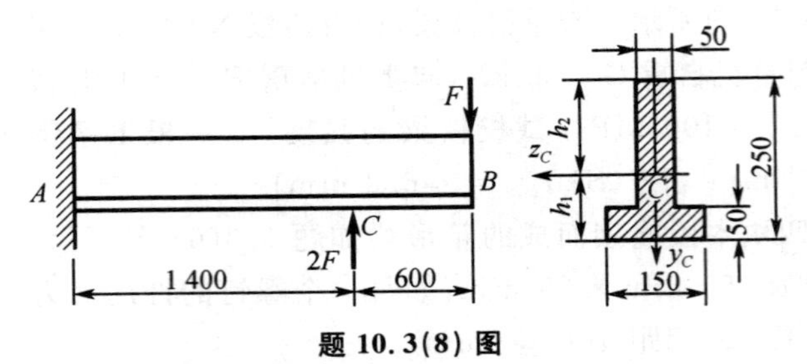

题 10.3(8) 图

截面倒置，即翼缘在下成为 ⊥ 形，是否合理，为什么？

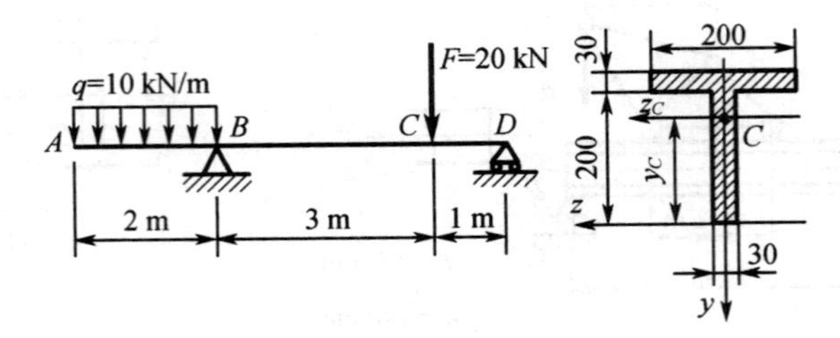

题 10.3(9) 图

(10) 如题 6.3(10) 图所示梁由两根 36a 工字钢铆接而成。铆钉的间距为 $s=150$ mm，直径 $d=20$ mm，许用切应力$[\tau]=90$ MPa，梁横截面上的剪力 $F_Q=40$ kN。试校核铆钉的剪切强度。

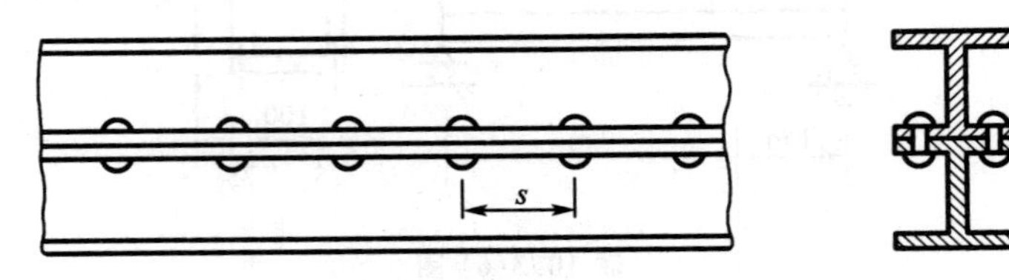

题 10.3(10) 图

(11) 如题 10.3(11) 图所示，在 18 号工字梁上作用着可移动的载荷 F，为提高梁的承载能力，试确定 a 和 b 的合理数值及相应的许可载荷。设$[\sigma]=160$ MPa。

(12) 我国古代营造法中，对矩形截面梁给出的尺寸比例是 $h:b=3:2$。试用弯曲正应力强度条件证明：从圆木锯出的矩形截面梁，上述尺寸比例接近最佳比值。

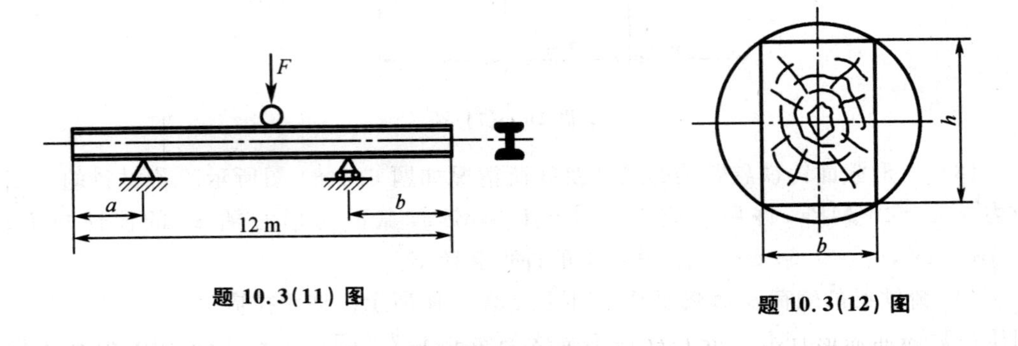

题 10.3(11) 图

题 10.3(12) 图

第11章　弯曲变形

11.1　弯曲变形的概念

11.1.1　挠度、转角、挠曲线

梁弯曲时，变形后的轴线称为挠曲轴线，简称挠曲线，如图11.1所示。取梁的轴线为 x 轴，处于挠曲平面内并与 x 轴相垂直的轴为 v 轴。

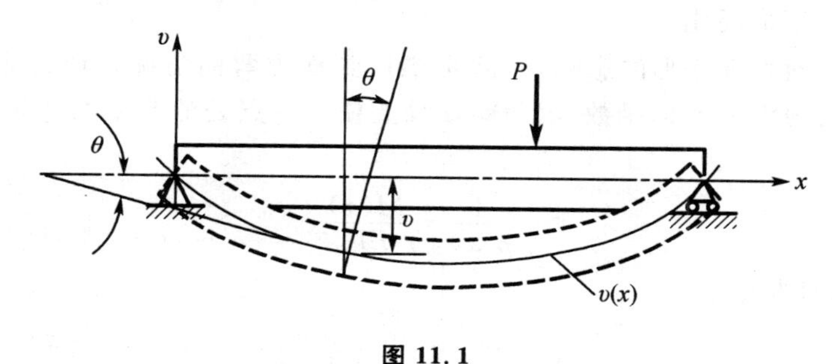

图 11.1

挠曲线上任意点的纵坐标 v 可以认为就是截面形心的线位移。截面形心垂直于轴线方向的线位移称为挠度。一般来说，挠度是随截面位置而变化的，即挠度 v 是坐标 x 的函数，即

$$v=f(x)$$

上式表示的函数关系称为挠曲线方程。

弯曲变形时，横截面绕中性轴转动，称为角位移。横截面转动的角度，称为转角，用 θ 表示。一般情况下，转角也随截面位置而变化。转角和坐标之间的函数关系为

$$\theta=\theta(x)$$

上式称为转角方程。

梁弯曲时，若不计剪力影响，横截面在变形后仍保持平面，并仍与挠曲线相正交。所以，横截面的转角 θ 与该截面处挠曲线的倾角相等，在小变形时，倾角 θ 很小，故有

$$\theta\approx\tan\theta=\frac{\mathrm{d}v}{\mathrm{d}x}$$

可见，在小变形条件下横截面转角与挠曲线在该截面处的斜率近似相等，转角 θ 的正负与斜率正负规则一致。即挠曲线方程的一阶导函数为转角方程。

11.1.2　刚度条件

梁的弯曲变形是由挠度与转角这两个量共同描述的，因此梁弯曲的刚度条件可表

示为

$$\begin{cases} |v|_{\max} \leqslant [v] \\ |\theta|_{\max} \leqslant [\theta] \end{cases} \tag{11.1}$$

式中，$|v|_{\max}$ 和 $|\theta|_{\max}$ 分别为梁的最大挠度与最大转角，$[v]$ 与 $[\theta]$ 分别为许用挠度和许用转角。它们可从有关设计手册中查得。

11.2 挠曲线的近似微分方程

在纯弯曲中，梁平面弯曲的曲率公式为

$$\frac{1}{\rho}=\frac{M}{EI_z}$$

该式表明纯弯曲梁轴线上任意一点处的曲率与该点处横截面上的弯矩成正比，而与该截面的抗弯刚度成反比。

若不计剪力对弯曲变形的影响，上式可推广到横力弯曲情况。横力弯曲时，弯矩 M 及曲率半径 ρ 均为坐标 x 的函数，因而梁轴线上任意一点处的曲率与弯矩方程之间存在下列关系：

$$\frac{1}{\rho(x)}=\frac{M(x)}{EI_z} \tag{11.2}$$

另一方面，有曲率公式

$$\frac{1}{\rho(x)}=\pm\frac{\frac{\mathrm{d}^2 v}{\mathrm{d}x^2}}{\left[1+\left(\frac{\mathrm{d}v}{\mathrm{d}x}\right)^2\right]^{\frac{3}{2}}} \tag{11.3}$$

于是得到

$$\pm\frac{\frac{\mathrm{d}^2 v}{\mathrm{d}x^2}}{\left[1+\left(\frac{\mathrm{d}v}{\mathrm{d}x}\right)^2\right]^{\frac{3}{2}}}=\frac{M(x)}{EI_z} \tag{11.4}$$

在小变形条件下，$\frac{\mathrm{d}v}{\mathrm{d}x}=\theta \ll 1$，式(11.4) 可简化为

$$\pm\frac{\mathrm{d}^2 v}{\mathrm{d}x^2}=\frac{M(x)}{EI_z} \tag{11.5}$$

在图 11.2 所示的坐标系中，正弯矩对应着 $\frac{\mathrm{d}^2 v}{\mathrm{d}x^2}$ 的正值(图 11.2(a))，负弯矩对应着 $\frac{\mathrm{d}^2 v}{\mathrm{d}x^2}$ 的负值(图 11.2(b))，故式(11.5) 左右两边的符号取同号时该式可简化为

$$\frac{\mathrm{d}^2 v}{\mathrm{d}x^2}=\frac{M(x)}{EI_z} \tag{11.6}$$

式(11.6) 称为挠曲线近似微分方程。显然，它仅适用于线弹性范围内的平面弯曲问题。

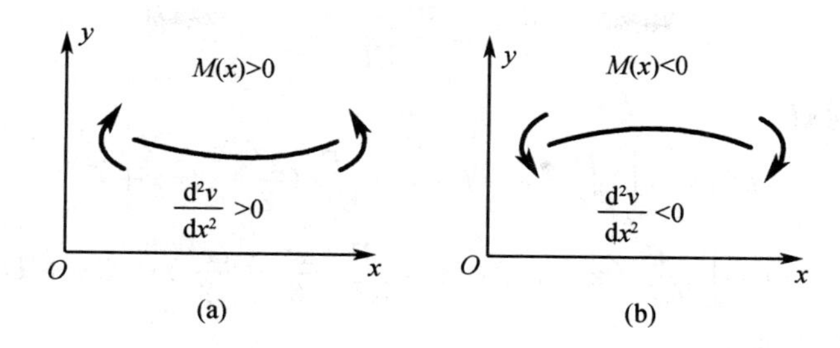

图 11.2

11.3　梁弯曲变形计算的积分法

将式(11.6)分别对 x 积分一次和两次，便得到梁的转角方程和挠度方程，即

$$\theta(x)=\frac{\mathrm{d}v(x)}{\mathrm{d}x}=\int\frac{M(x)}{EI_z}\mathrm{d}x+C \tag{11.7}$$

$$v(x)=\iint\frac{M(x)}{EI_z}\mathrm{d}x\mathrm{d}x+Cx+D \tag{11.8}$$

式中，C 和 D 为积分常数，由边界条件确定。

对于载荷无突变的情况，梁上的弯矩可以用一个函数来描述，则式(11.7)和式(11.8)中将仅有两个积分常数。确定积分常数时，可以作为定解条件的已知变形条件包括两类：一类是位于梁支座处的截面，其挠度或转角常为零或已知，这类条件称为支承条件；另一类是位于梁的中间截面处，其左右极限截面的挠度与转角均相等，这类条件一般称为光滑、连续条件。一般来说，在梁上总能找出足够的支承条件及光滑、连续条件借以确定积分常数。这些条件通称为边界条件。

挠曲线近似微分方程式通解中的积分常数确定以后，就得到了挠曲线方程式和转角方程。上述求梁变形的方法称为积分法。

例 11.1　如图 11.3 所示悬臂梁，在自由端受集中力 P 作用，若梁的抗弯刚度 EI_z 为常量，试求梁的最大挠度与最大转角。

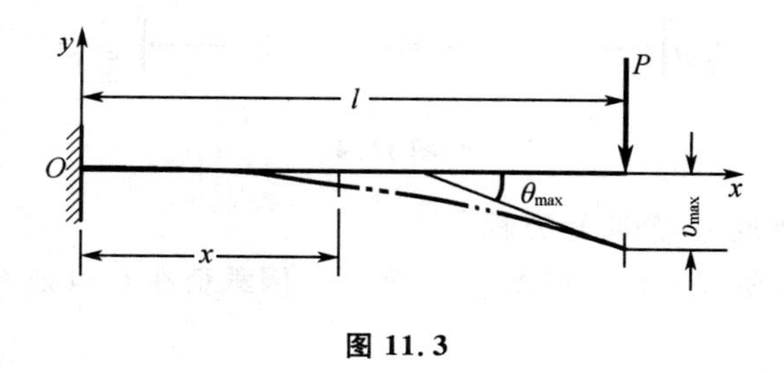

图 11.3

解　(1) 建立挠曲线近似微分方程式

梁弯矩方程为

$$M(x)=-P(l-x)=P(x-l)$$

得挠曲线近似微分方程式为

$$\frac{\mathrm{d}^2 v}{\mathrm{d}x^2}=\frac{P(x-l)}{EI_z}$$

（2）积分求通解

$$\theta(x)=\int\frac{P}{EI_z}(x-l)\mathrm{d}x=\frac{P}{EI_z}(\frac{x^2}{2}-lx)+C$$

$$v(x)=\iint\frac{P}{EI_z}(x-l)\mathrm{d}x\mathrm{d}x=\frac{P}{EI_z}(\frac{x^3}{6}-\frac{lx^2}{2})+Cx+D$$

（3）确定积分常数

由边界条件

$$\theta|_{x=0}=0,v|_{x=0}=0$$

解得

$$C=0,D=0$$

（4）确定转角方程式及挠曲线方程式

将 C 和 D 代入解得的 $\theta(x)$ 及 $v(x)$ 公式，即得梁的转角方程与挠曲线方程为

$$\theta(x)=\frac{P}{EI_z}\left(\frac{x^2}{2}-lx\right)$$

$$v(x)=\frac{P}{EI_z}\left(\frac{x^3}{6}-\frac{lx^2}{2}\right)$$

（5）求最大挠度及最大转角

最大挠度及最大转角发生在自由端。将 $x=l$ 代入上式可得

$$\theta_{\max}=-\frac{Pl^2}{2EI_z}$$

$$v_{\max}=-\frac{Pl^3}{3EI_z}$$

例 11.2　求图 11.4 所示简支梁的挠曲线方程，并求 $|v|_{\max}$ 和 $|\theta|_{\max}$。

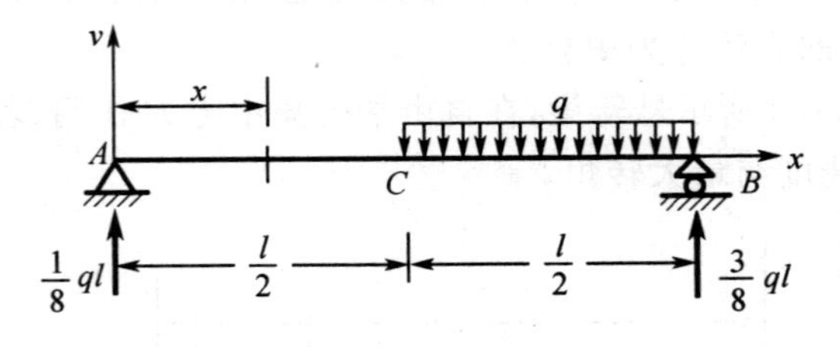

图 11.4

解　（1）求支座反力，列弯矩方程

梁的支座反力和所选坐标系如图 11.4 所示。因载荷在 C 点处不连续，应分两段列出弯矩方程。

AC 段：$M_1(x)=\frac{1}{8}qlx,\left(0\leqslant x\leqslant\frac{l}{2}\right)$；

CB 段：$M_2(x)=\frac{1}{8}qlx-\frac{1}{2}q\left(x-\frac{l}{2}\right)^2,\left(\frac{l}{2}\leqslant x\leqslant l\right)$。

（2）列出挠曲线近似微分方程，并进行积分

$$\frac{d^2 v_1}{dx^2}=\frac{1}{EI}\frac{1}{8}qlx, \qquad \left(0\leqslant x\leqslant \frac{l}{2}\right)$$

$$\frac{d^2 v_2}{dx^2}=\frac{1}{EI}\left[\frac{1}{8}qlx-\frac{1}{2}q\left(x-\frac{l}{2}\right)^2\right], \qquad \left(\frac{l}{2}\leqslant x\leqslant l\right)$$

$$\theta_1(x)=\frac{dv_1}{dx}=\frac{1}{EI}\left(\frac{1}{16}qlx^2\right)+C_1$$

$$\theta_2(x)=\frac{dv_2}{dx}=\frac{1}{EI}\left[\frac{1}{16}qlx^2-\frac{1}{6}q\left(x-\frac{l}{2}\right)^3\right]+C_2$$

$$v_1(x)=\frac{1}{EI}\left(\frac{1}{48}qlx^3\right)+C_1x+D_1$$

$$v_2(x)=\frac{1}{EI}\left[\frac{1}{48}qlx^3-\frac{1}{24}q\left(x-\frac{l}{2}\right)^4\right]+C_2x+D_2$$

(3) 确定积分常数

根据光滑和连续条件 $x=\frac{l}{2}$ 处，$\theta_1=\theta_2$，$v_1=v_2$，求得 $C_1=C_2$，$D_1=D_2$。

根据边界条件 $x=0$，$v_1=0$，求得 $D_1=D_2=0$；$x=l$，$v_2=0$，求得 $C_1=C_2=-\frac{7ql^3}{384EI}$。

于是得两段梁的转角和挠度方程为

$$\theta_1(x)=\frac{1}{EI}\left[\frac{1}{16}qlx^2-\frac{7}{384}ql^3\right]$$

$$\theta_2(x)=\frac{1}{EI}\left[\frac{1}{16}qlx^2-\frac{1}{6}q\left(x-\frac{l}{2}\right)^3-\frac{7}{384}ql^3\right]$$

$$v_1(x)=\frac{1}{EI}\left[\frac{1}{48}qlx^3-\frac{7}{384}ql^3x\right]$$

$$v_2(x)=\frac{1}{EI}\left[\frac{1}{48}qlx^3-\frac{1}{24}q\left(x-\frac{l}{2}\right)^4-\frac{7}{384}ql^3x\right]$$

(4) 求最大转角和最大挠度

代入截面位置坐标，解得

$$\theta_A=-\frac{7ql^3}{384EI} \quad (\text{顺时针})$$

$$\theta_B=\frac{9ql^3}{384EI} \quad (\text{逆时针})$$

$$\theta_C=-\frac{ql^3}{384EI} \quad (\text{顺时针})$$

所以

$$|\theta|_{\max}=\frac{9ql^3}{384EI}$$，发生在支座 B 处。

故 $\theta=0$ 的截面位于 CB 段内，令 $\theta_2(x)=0$，可解得挠度为最大值截面的位置，进而利用 $v_2(x)$ 求出最大挠度值。但对简支梁，通常以跨中间截面的挠度近似作为最大挠度，即

$$|v|_{\max}\approx\left|v\left(\frac{l}{2}\right)\right|=\frac{5ql^4}{768EI}$$

11.4 梁弯曲变形计算的叠加法

在材料服从胡克定律和小变形的条件下导出的挠曲线近似微分方程式是线性方程。根据初始尺寸进行计算，弯矩 $M(x)$ 与外力之间也呈线性关系。因此按式(11.6)求得的挠度以及转角与外力之间也存在线性关系。因此，当梁承受复杂载荷时，可将其分解成几种简单载荷，利用梁在简单载荷作用下的位移计算结果叠加后得到梁在复杂载荷作用下的挠度和转角，这就是叠加法。为方便起见，工程上常将简单载荷作用下常见梁的变形计算结果，制成表格，供实际计算时查用。表 11.1 给出了简单载荷作用下几种梁的挠曲线方程、最大挠度及端截面的转角。

表 11.1 梁在简单载荷作用下的变形

序号	梁的简图	挠曲线方程	端截面转角	最大挠度
1	y, m, A, B, θ_B, x, v_B, l	$v=-\dfrac{mx^2}{2EI}$	$\theta_B=-\dfrac{ml}{EI}$	$v_B=-\dfrac{ml^2}{2EI}$
2	y, m, A, B, θ_B, x, v_B, a, l	$v=-\dfrac{mx^2}{2EI}$, $(0\leqslant x\leqslant a)$ $v=-\dfrac{ma}{EI}\left[(x-a)+\dfrac{a}{2}\right]$, $(a\leqslant x\leqslant l)$	$\theta_B=-\dfrac{ma}{EI}$	$v_B=-\dfrac{ma}{EI}\left(l-\dfrac{a}{2}\right)$
3	y, P, A, B, θ_B, x, v_B, l	$v=-\dfrac{Px^2}{6EI}(3l-x)$	$\theta_B=-\dfrac{Pl^2}{2EI}$	$v_B=-\dfrac{Pl^3}{3EI}$
4	y, P, A, B, θ_B, x, v_B, a, l	$v=-\dfrac{Px^2}{6EI}(3a-x)$, $(0\leqslant x\leqslant a)$ $v=-\dfrac{Pa^2}{6EI}(3x-a)$, $(a\leqslant x\leqslant l)$	$\theta_B=-\dfrac{Pa^2}{2EI}$	$v_B=-\dfrac{Pa^2}{6EI}(3l-a)$

表 11.1(续)

序号	梁的简图	挠曲线方程	端截面转角	最大挠度
5	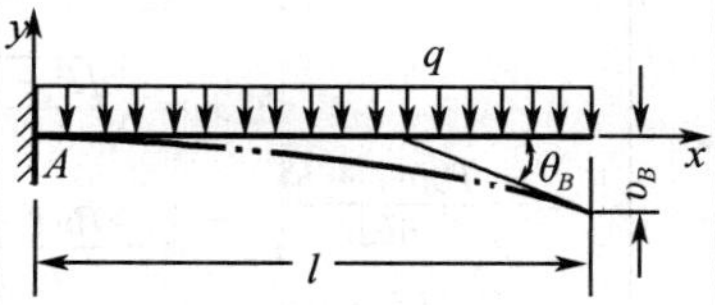	$v=-\frac{qx^2}{24EI}(x^2-4lx+6l^2)$	$\theta_B=-\frac{ql^3}{6EI}$	$v_B=-\frac{ql^4}{8EI}$
6	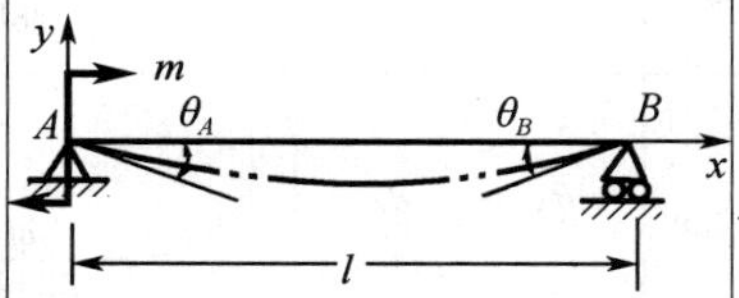	$v=-\frac{mx}{6EIl}(l-x)(2l-x)$	$\theta_A=-\frac{ml}{3EI}$ $\theta_B=\frac{ml}{6EI}$	$x=\left(1-\frac{1}{\sqrt{3}}\right)l$ 处， $v_{\max}=-\frac{ml^2}{9\sqrt{3}EI}$； $x=\frac{l}{2}$ 处， $v_{\frac{l}{2}}=-\frac{ml^2}{16EI}$
7	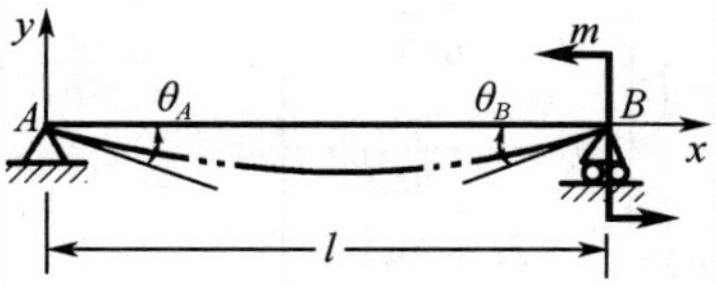	$v=-\frac{mx}{6EIl}(l^2-x^2)$	$\theta_A=-\frac{ml}{6EI}$ $\theta_B=\frac{ml}{3EI}$	$x=\frac{l}{\sqrt{3}}$ 处， $v_{\max}=-\frac{ml^2}{9\sqrt{3}EI}$； $x=\frac{l}{2}$ 处， $v_{\frac{l}{2}}=-\frac{ml^2}{16EI}$
8	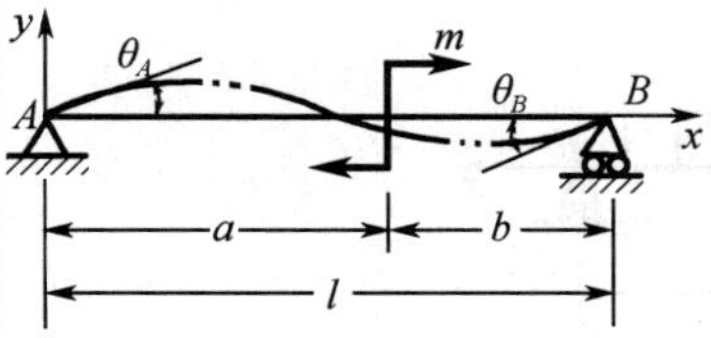	$v=\frac{mx}{6EIl}(l^2-3b^2-x^2)$， $(0\leqslant x\leqslant a)$ $v=\frac{mx}{6EIl}[-x^3+3l(x-a)^2+(l^2-3b^2)x]$， $(a\leqslant x\leqslant l)$	$\theta_A=\frac{m}{6EIl}(l^2-3b^2)$ $\theta_B=\frac{m}{6EIl}(l^2-3a^2)$	—
9	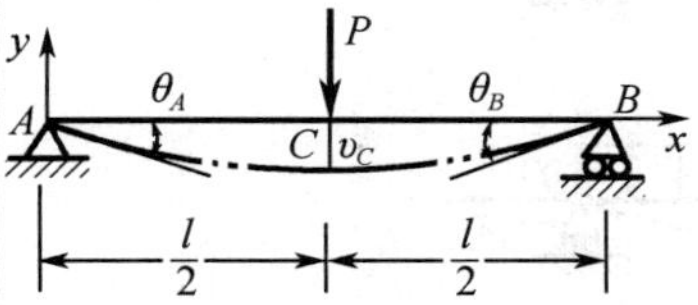	$v=-\frac{Px}{48EI}(3l^2-4x^2)$， $(0\leqslant x\leqslant\frac{l}{2})$	$\theta_A=-\theta_B=-\frac{Pl^2}{16EI}$	$v_c=-\frac{Pl^3}{48EI}$

表 11.1(续)

序号	梁的简图	挠曲线方程	端截面转角	最大挠度
10		$v=-\frac{Pbx}{6EIl}(l^2-x^2-b^2)$, $(0\leqslant x\leqslant a)$ $v=-\frac{Pb}{6EIl}\left[\frac{l}{b}(x-a)^3+(l^2-b^2)x-x^3\right]$, $(a\leqslant x\leqslant l)$	$\theta_A=-\frac{Pab(l+b)}{6EIl}$ $\theta_B=\frac{Pab(l+a)}{6EIl}$	设 $a>b$, 在 $x=\sqrt{\frac{l^2-b^2}{3}}$ 处, $v_{\max}=-\frac{Pb(l^2-b^2)^{\frac{3}{2}}}{9\sqrt{3}EIl}$; 在 $x=\frac{l}{2}$ 处, $v_{\frac{l}{2}}=-\frac{Pb(3l^2-4b^2)}{48EI}$
11		$v=-\frac{qx}{24EI}(l^3-2lx^2+x^3)$	$\theta_A=-\theta_B=-\frac{ql^3}{24EI}$	$v=-\frac{5ql^4}{384EI}$
12		$v=\frac{Pax}{6EIl}(l^2-x^2)$, $(0\leqslant x\leqslant l)$ $v=-\frac{P(x-l)}{6EI}[a(3x-l)-(x-l)^2]$, $(l\leqslant x\leqslant (l+a))$	$\theta_A=-\frac{1}{2}\theta_B=\frac{Pal}{6EI}$ $\theta_c=-\frac{Pa}{6EI}\cdot(2l+3a)$	$v_c=-\frac{Pa^2}{3EI}(l+a)$

例 11.3 如图 11.5(a) 所示一简支梁,受集中力 P 及均布载荷 q 作用。已知抗弯刚度为 EI_z,$P=\frac{ql}{4}$。试用叠加法求梁 C 点处的挠度。

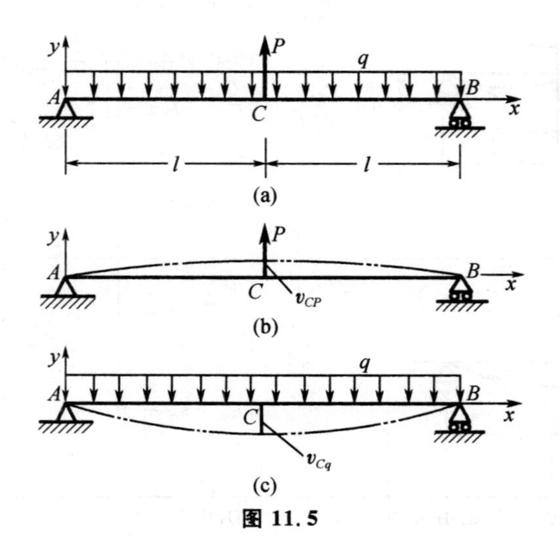

图 11.5

解 把梁所受载荷分解为只受集中力 P 及只受均布载荷 q 的两种情况，如图 11.5(b) 和图 11.5(c) 所示。

由表 11.1 查得集中力 P 引起 C 点的挠度为

$$v_{CP}=\frac{P(2l)^3}{48EI_z}=\frac{ql^4}{24EI_z}$$

均布载荷 q 引起 C 点的挠度为

$$v_{Cq}=-\frac{5q(2l)^4}{384EI_z}=-\frac{5ql^4}{24EI_z}$$

梁在 C 点的挠度等于以上两挠度的代数和，即

$$v_C=v_{CP}+v_{Cq}=\frac{ql^4}{24EI_z}-\frac{5ql^4}{24EI_z}=-\frac{ql^4}{6EI_z}$$

11.5 简单超静定梁

前面所研究的梁均为静定梁，即由静力平衡方程就可求出所有未知力。但是，在工程实际中，为了提高梁的强度和刚度，或由于结构上的需要，往往给静定梁再增加约束，这样，梁的支反力数目就超过了独立平衡方程的数目，因而仅靠平衡方程不能求解，这种梁即为超静定梁。求解简单超静定梁的常用方法是变形比较法。下面举例说明用变形比较法解超静定问题的思路和步骤。

例 11.4 求图 11.6(a) 所示超静定梁的支反力。

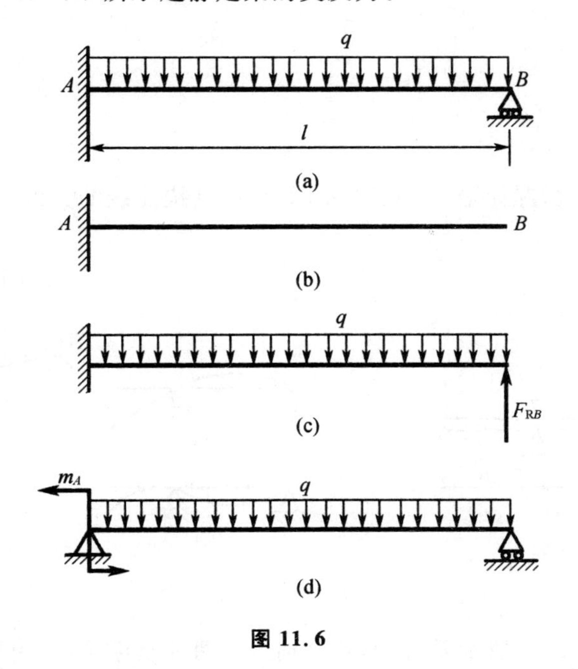

图 11.6

解 图 11.6 所示梁中，固定端 A 有三个约束，活动铰支座 B 有一个约束，而独立的平衡方程只有三个，故为一次超静定梁，有一个多余的约束。

将 B 支座视为多余约束去掉，得到一个静定悬臂梁，如图 11.6(b) 所示，称为基本静定系或静定基。在静定基上加上原来的均布载荷 q 和未知的多余反力 F_{RB}，如图 11.6(c) 所示，则为原超静定系统的相当系统。所谓相当就是指在原有均布载荷 q 及多余未知力 F_{RB} 的作用下，相当系统的受力和变形与原超静定系统完全相同。

为了使相当系统与原超静定梁相同，相当系统在多余约束处的变形必须符合原超静定梁的约束条件，即满足变形协调条件。在此例中，即要求

$$v_B = 0$$

由叠加法或积分法可知，在外力 q 和 R_B 作用下，相当系统截面 B 的挠度为

$$v_B = \frac{F_{RB}l^3}{3EI_z} - \frac{ql^4}{8EI_z}$$

联立上述两式，可得

$$\frac{F_{RB}l^3}{3EI_z} - \frac{ql^4}{8EI_z} = 0$$

由此解得

$$F_{RB} = \frac{3}{8}ql$$

解得 F_{RB} 为正号，表示未知力的方向与图中所设方向一致。解得超静定梁的多余支反力 F_{RB} 后，其余内力、应力及变形的计算与静定梁完全相同。

静定基也可作简支梁，如图 11.6(d) 所示。读者可以自己求解一下。

习　　题

1. 选择题

(1) 外伸梁受载情况如题 11.1(1) 左图所示，其挠曲线的大致形状有(A)、(B)、(C)、(D) 四种：

正确答案是________。

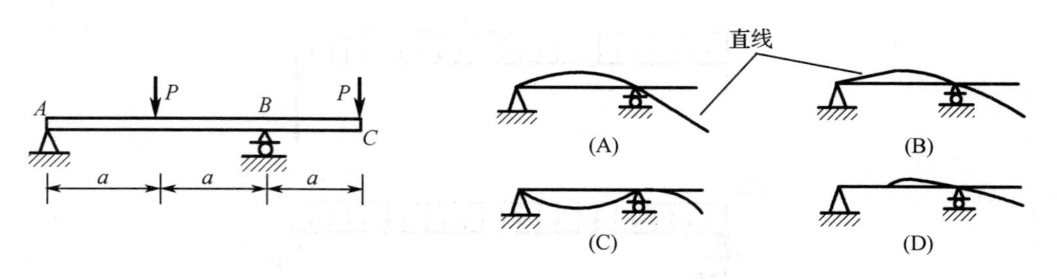

题 11.1(1) 图

(2) 如题 11.1(2) 图所示悬臂梁，若分别采用两种坐标系，则由积分法求得的挠度和转角的正负号为：

(A) 两组结果的正负号完全一致

(B) 两组结果的正负号完全相反

(C) 挠度的正负号相反，转角的正负号一致

(D) 挠度的正负号一致，转角的正负号相反

正确答案是________。

(3) 如题 11.1(3) 图所示，欲使 AD 梁 C 点挠度为零，则 P 与 q 的关系为：

(A) $P=4qa/5$　　(B) $P=5qa/24$　　(C) $P=5qa/6$　　(D) $P=qa/3$

正确答案是________。

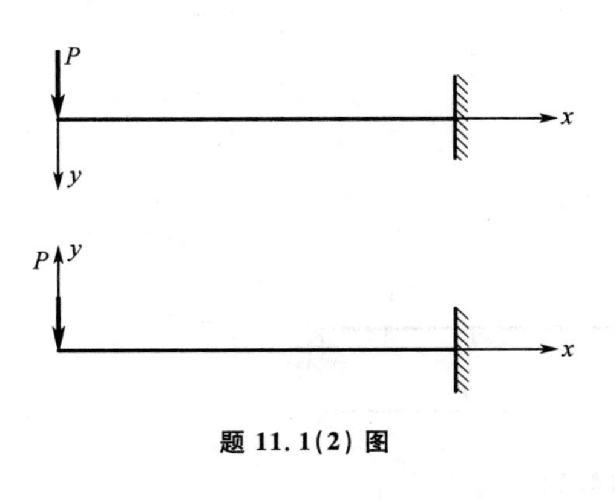

题 11.1(2) 图

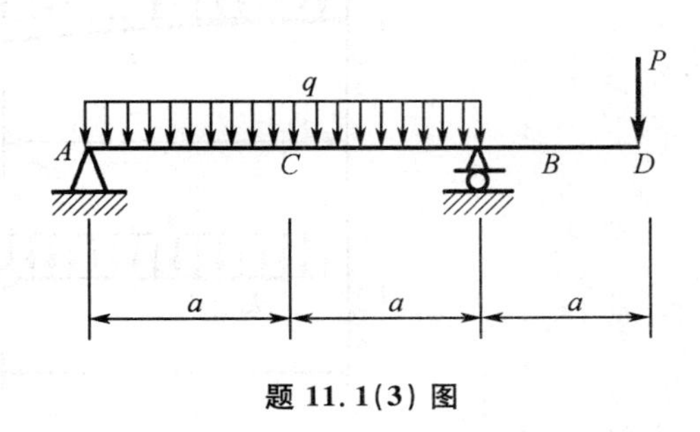

题 11.1(3) 图

(4) 如题 11.1(4) 图所示梁中，哪一根梁的弹簧所受压力与弹簧刚度 k 有关：

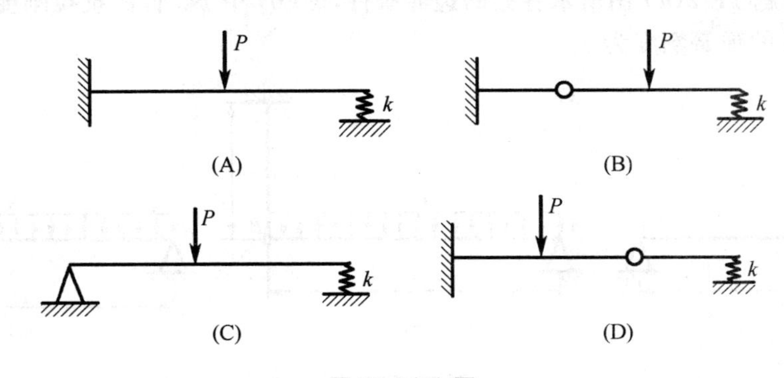

题 11.1(4) 图

正确答案是________。

2. 填空题

(1) 写出题 11.2(1) 图所示梁的支承条件、光滑条件和连续条件。

支承条件：________________________________；

连续条件：________________________________；

光滑条件：________________________________。

(2) 已知题 11.2(2) 图(a) 梁 B 端的挠度大小为 $ql^4/(8EI)$，转角大小为 $ql^3/(6EI)$，则图(b) 中梁 C 截面的转角为________。

(3) 应用叠加原理求梁的位移，必须满足的条件有：________，________。

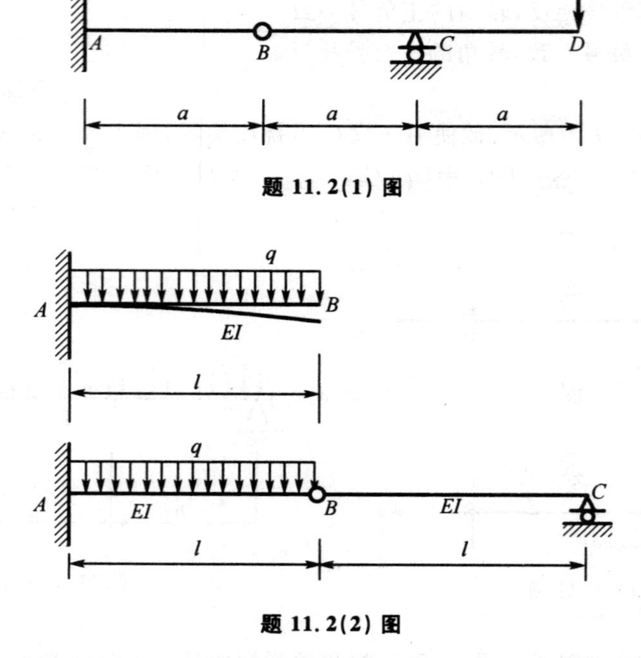

题 11.2(1) 图

题 11.2(2) 图

(4) 写出题 11.2(4) 图所示各梁的边界条件,图(b) 中 BC 杆的抗拉刚度为 EA,在图(c) 中支座 B 的弹簧刚度为 k。

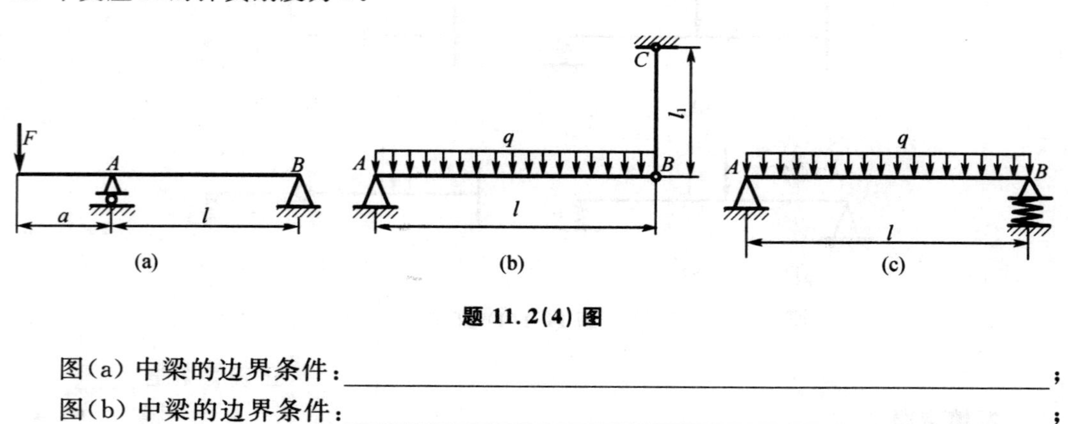

题 11.2(4) 图

图(a) 中梁的边界条件:______________________________;

图(b) 中梁的边界条件:______________________________;

图(c) 中梁的边界条件:______________________________。

3. 计算题

(1) 用积分法求题 11.3(1) 图所示梁的挠曲线方程。

(2) 如题 11.3(2) 图所示梁 B 处为弹簧支座,弹簧刚度为 k。试求 A 端的挠度。

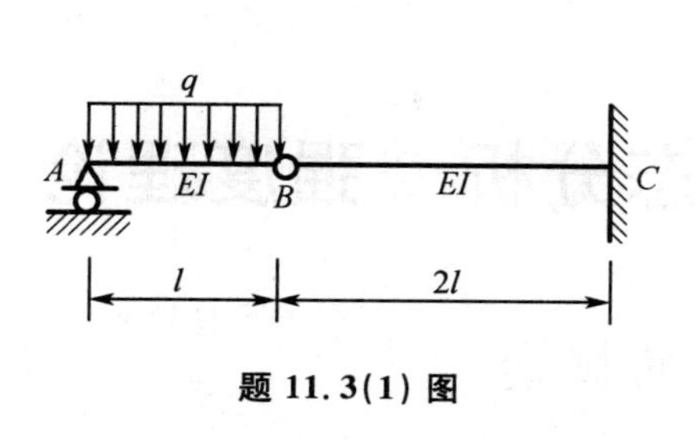

题 11.3(1) 图

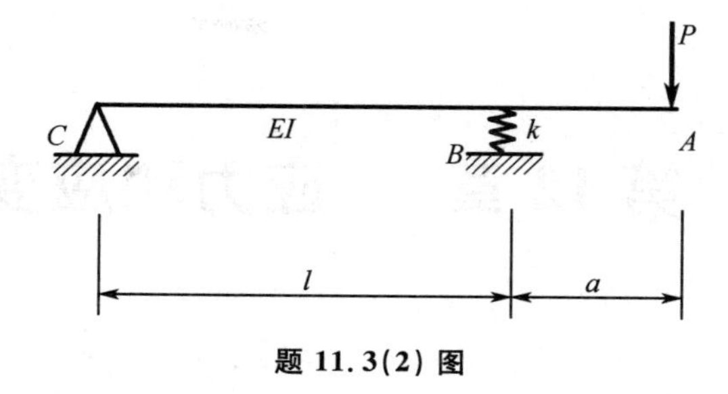

题 11.3(2) 图

(3) 抗弯刚度为 EI 的联合梁如题 11.3(3) 图所示，作梁的 F_Q，M 图。

(4) 用叠加法求题 11.3(4) 图所示变截面梁自由端的挠度和转角。

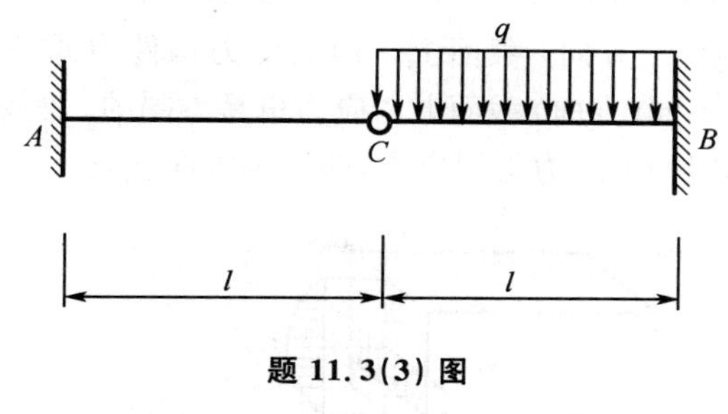

题 11.3(3) 图

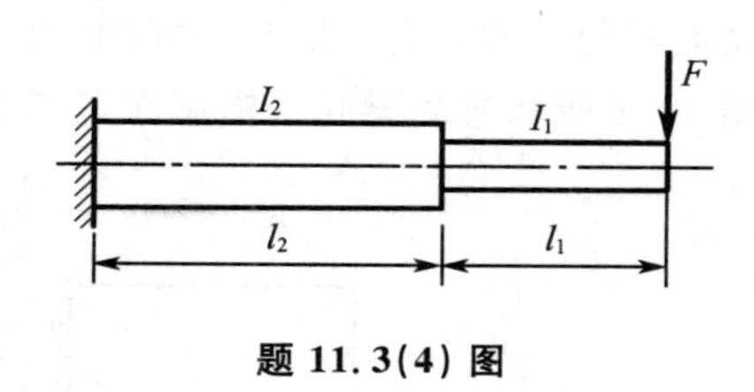

题 11.3(4) 图

(5) 如题 11.3(5) 图所示，桥式起重机的最大载荷为 $W=20$ kN。起重机大梁为 32a 号工字钢，$E=210$ GPa，$l=8.76$ m，规定$[\nu]=\dfrac{l}{500}$。试校核大梁的刚度。

(6) 如题 11.3(6) 图所示等截面梁，抗弯刚度为 EI。设梁下有一曲面 $y=-Ax^3$，欲使梁变形后恰好与该曲面密合，且曲面不受压力。试问梁上应加什么载荷？并确定载荷的大小和方向。

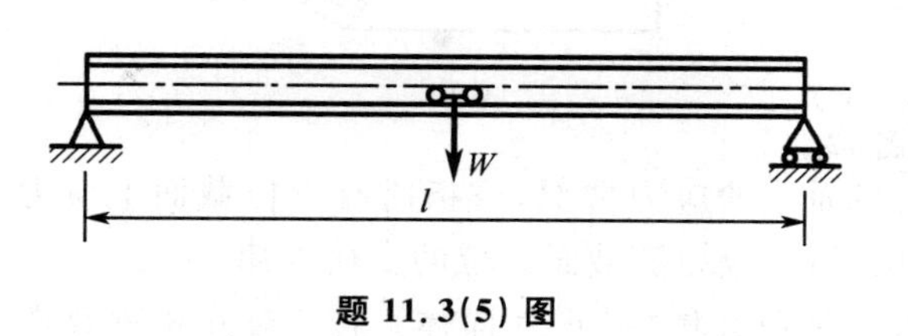

题 11.3(5) 图

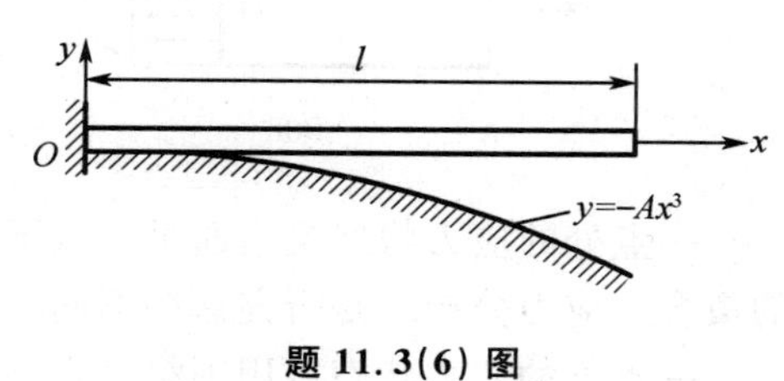

题 11.3(6) 图

第12章　应力和应变状态分析　强度理论

12.1　应力状态的概念

12.1.1　一点的应力状态及表示法

凡提到"应力",必须指明作用在哪一点,哪个(方向)截面上。因为受力构件内同一截面上不同点的应力一般是不同的;通过同一点不同(方向)截面上。应力也是不同的。例如,图12.1所示弯曲梁同一横截面上各点具有不同的正应力与切应力,即沿 y 方向变化。

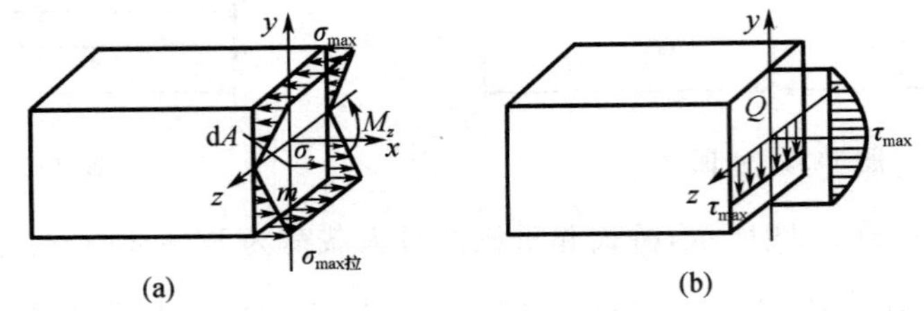

图12.1

如图12.2所示,通过轴向拉伸杆件同一点 m 的不同(方向)截面上具有不同的应力。

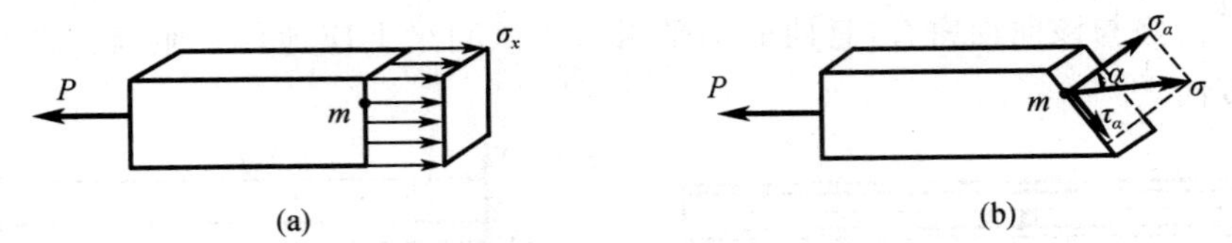

图12.2

一点处的应力状态是指通过一点不同截面上的应力情况,或指所有方位截面上应力的集合。应力分析就是研究这些不同方位截面上应力随截面方位的变化规律。

一点处的应力状态可用围绕该点截取的微单元体(微正六面体)上三对互相垂直微面上的应力情况来表示。图12.3为轴向拉伸杆件内围绕 m 点截取的两种微单元体。

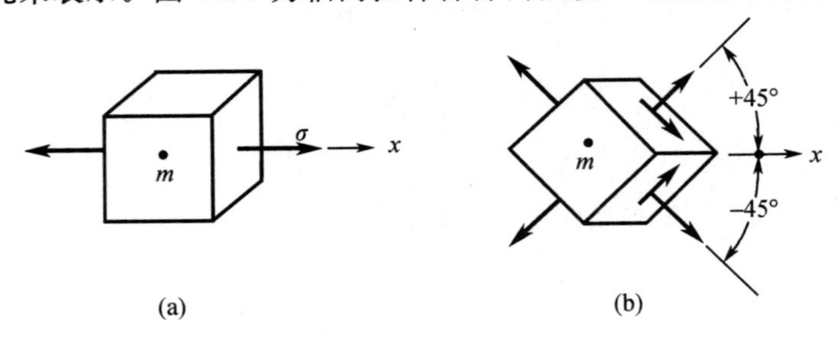

图12.3

图 12.3 微单元体表示应力状态的特点：根据材料的均匀连续假设，微单元体（代表一个材料点）各微面上的应力均匀分布，相互平行的两个侧面上应力大小相等、方向相反；互相垂直的两个侧面上切应力服从切应力互等关系。

例如，薄壁圆筒压力容器如图 12.4(a) 所示，D 为平均直径，δ 为壁厚。下面来确定薄壁圆筒压力容器外表面上一点 m 的应力状态。

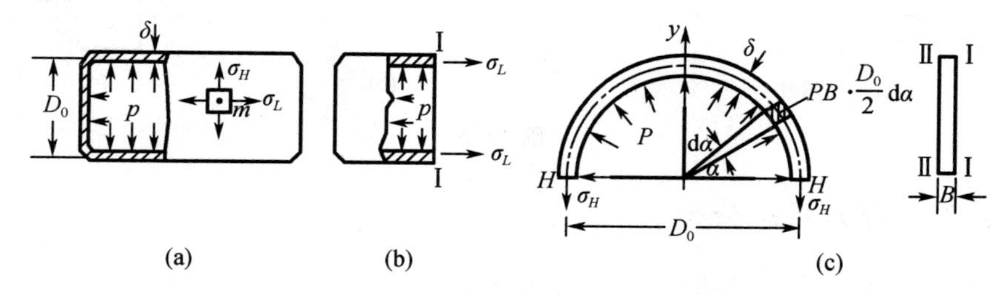

图 12.4

首先计算应力，用截面法沿横截面截开容器，如图 12.4(b) 所示。

由平衡条件

$$\sum F_x = 0,\quad \sigma_L \pi D_0 \delta - p \cdot \frac{\pi}{4} D_0^2 = 0$$

求得轴向应力为

$$\sigma_L = \frac{pD_0}{4\delta} \tag{12.1}$$

为了计算纵向截面的应力，截取构件如图 12.4(c) 所示（I—I，II—II 为相距 B 的横截面，H—H 为水平径向面）。

由平衡条件

$$\sum F_y = 0, \int_0^{\pi} pB\,\frac{D_0}{2}\sin\alpha \mathrm{d}\alpha - 2\sigma_H B\delta = 0$$

或

$$pBD_0 = 2\sigma_H B\delta$$

得环向应力为

$$\sigma_H = \frac{pD_0}{2\delta} \tag{12.2}$$

再取微单元体，标注上所截截面上的应力，其中一点应力状态画在薄壁圆筒压力容器外表面上，如图 12.4(a) 所示。

又例如图 12.5 所示弯曲与扭转组合作用下的圆轴上 ① 和 ② 两点的应力状态。

12.1.2　主平面与主应力

从前面的应力状态可以发现，切应力 $\tau = 0$ 的截面上，正应力有特征值。我们把切应力 $\tau = 0$ 的截面称为主平面，把主平面上的正应力称为主应力。可以证明，任意应力状态总可以找到三个主平面及相对应的三个主应力 $\sigma_1, \sigma_2, \sigma_3$，且规定三个主应力按代数值排列有 $\sigma_1 \geqslant \sigma_2 \geqslant \sigma_3$。

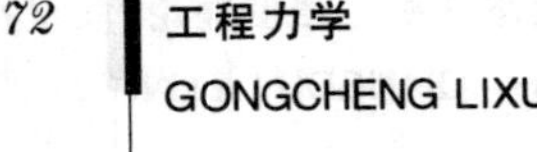

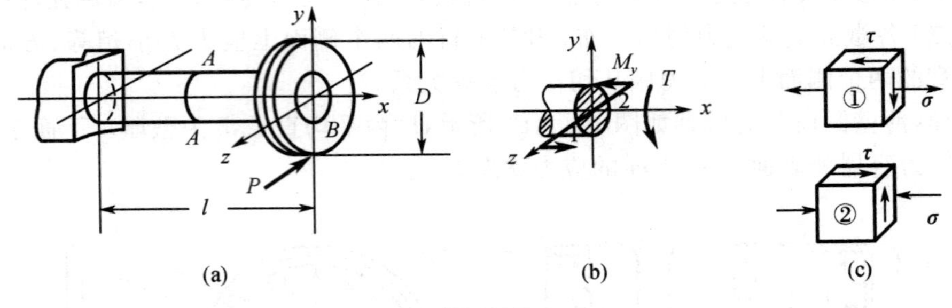

图 12.5

12.1.3 应力状态分类

按主应力存在的情况，将应力状态分为三类：

(1) 单向应力状态，只有一个主应力不为零，如图 12.3(a) 所示；

(2) 平面(二向) 应力状态，有两个主应力不为零，如图 12.4(a) 所示；

(3) 空间(三向) 应力状态，有三个主应力不为零，如图 12.6(a) 所示。

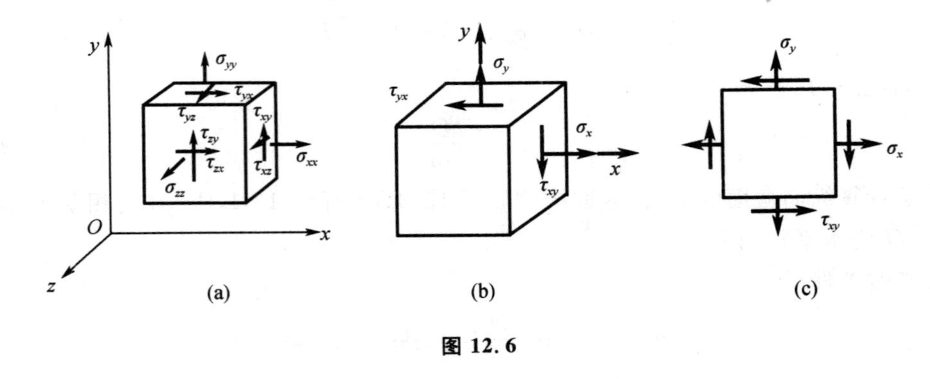

图 12.6

12.2 平面应力状态分析的解析法

12.2.1 平面一般应力状态斜截面上应力

平面一般应力状态如图 12.6(b) 所示，应力分量的下标记法为：第一个下标指作用面(以其外法线方向表示)，第二个下标指作用方向。由切应力互等定理有 $\tau_{xy}=\tau_{yx}$。即空间应力状态中，z 方向的应力分量全部为零；或只存在作用于 $x-y$ 平面内的应力分量 σ_x，σ_y，τ_{xy}，τ_{yx}，而且 $\tau_{xy}=\tau_{yx}$。

正负号规定：正应力以拉应力为正，压为负；切应力以对微单元体内任意一点取矩为顺时针者为正，反之为负。并规定倾角 α 自 x 轴开始逆时针转动者为正，反之为负。

如图 12.7 所示的斜截面平行于 z 轴且与 x 轴成 α 倾角，由力的平衡条件：

$$\sum F_{\mathrm{n}}=0 \text{ 和 } \sum F_{\tau}=0$$

可求得斜截面上应力 σ_α 和 τ_α 分别为

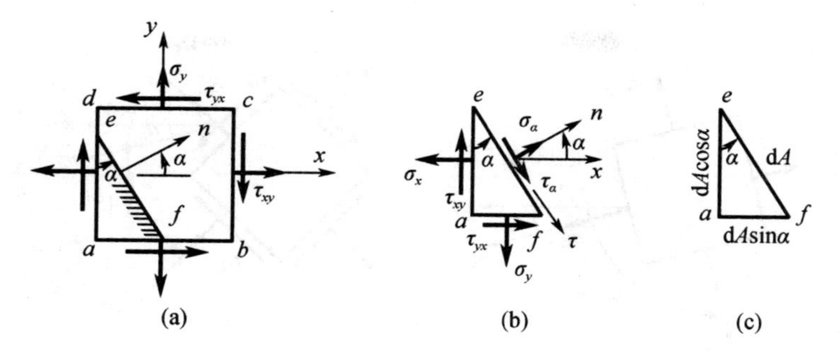

图 12.7

$$
\begin{aligned}
\sigma_\alpha &= \sigma_x\cos^2\alpha + \sigma_y\sin^2\alpha - \tau_{xy}\cdot 2\sin\alpha\cos\alpha \\
&= \frac{(\sigma_x+\sigma_y)}{2} + \frac{(\sigma_x-\sigma_y)}{2}\cos 2\alpha - \tau_{xy}\sin 2\alpha
\end{aligned}
\tag{12.3a}
$$

$$
\begin{aligned}
\tau_\alpha &= (\sigma_x-\sigma_y)\sin\alpha\cos\alpha + \tau_{xy}(\cos^2\alpha - \sin^2\alpha) \\
&= \frac{(\sigma_x-\sigma_y)}{2}\sin 2\alpha + \tau_{xy}\cos 2\alpha
\end{aligned}
\tag{12.3b}
$$

12.2.2　正应力极值 —— 主应力

根据式(12.3a)，由求极值条件$\frac{\mathrm{d}\sigma_\alpha}{\mathrm{d}\alpha}=0$，得

$$-(\sigma_x-\sigma_y)\sin 2\alpha - 2\tau_{xy}\cos 2\alpha = -2\tau_\alpha = 0$$

即

$$\tan 2\alpha_0 = -\frac{2\tau_{xy}}{\sigma_x-\sigma_y} \tag{12.4a}$$

α_0 为 σ_α 取极值时的 α 角，且应有 α_0，α_0+90° 两个解。

将相应的 $\sin 2\alpha_0$ 和 $\cos 2\alpha_0$ 分别代入式(12.3a) 和式(12.3b) 得

$$\sigma_{极大,极小} = \frac{(\sigma_x+\sigma_y)}{2} \pm \sqrt{\left(\frac{\sigma_x-\sigma_y}{2}\right)^2 + \tau_{xy}^2} \tag{12.4b}$$

$$\tau_{\alpha_0} = \tau_{\alpha_0+90^\circ} = 0 \tag{12.4c}$$

当倾角 α 转到 α_0 和 α_0+90° 面时，对应有 σ_{α_0} 和 $\sigma_{\alpha_0+90^\circ}$，其中一个为极大值，另一个为极小值；而此时 τ_{α_0} 和 $\tau_{\alpha_0+90^\circ}$ 均为零。可见在正应力取极值的截面上切应力为零，如图12.8(a) 所示。

正应力取极值的面(或切应力为零的面) 即为主平面，正应力的极值称为主应力；平面一般应力状态通常有两个非零主应力，即 $\sigma_{极大}$ 和 $\sigma_{极小}$，故也称平面应力状态为二向应力状态。

12.2.3　切应力极值 —— 主切应力

根据式(12.3b) 及取极值条件$\frac{\mathrm{d}\tau_\alpha}{\mathrm{d}\alpha}=0$，可得

$$\tan 2\alpha_0^* = \frac{\sigma_x-\sigma_y}{2\tau_{xy}} \tag{12.5a}$$

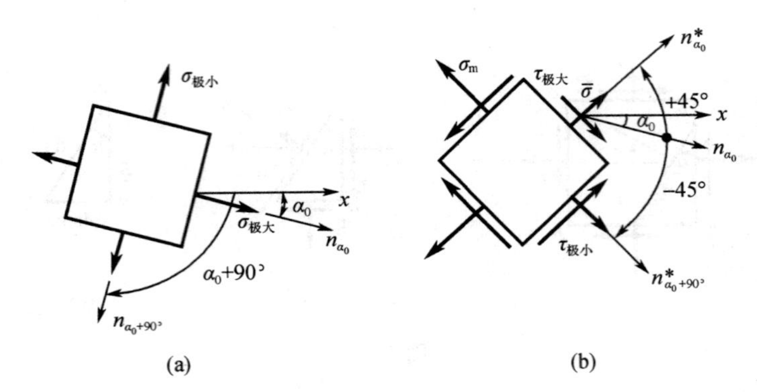

图 12.8

式中 α_0^* 为 τ_α 取极值时的 α 角且应有 α^* 和 $\alpha_0^*+90°$ 两个解。将相应值 $\sin 2\alpha_0^*$ 和 $\cos 2\alpha_0^*$ 分别代入式(12.3a) 和式(12.3b) 得

$$\tau_{极大,极小}=\pm\sqrt{\left(\frac{\sigma_x-\sigma_y}{2}\right)^2+\tau_{xy}^2}=\pm\frac{1}{2}(\sigma_{极大}-\sigma_{极小}) \tag{12.5b}$$

$$\sigma_{\alpha_0^*}=\sigma_{\alpha_0^*+90°}=\frac{1}{2}(\sigma_{极大}+\sigma_{极小})=\sigma_m$$

当倾角 α 转到 α_0^* 和 $\alpha_0^*+90°$ 面时，对应有 $\tau_{极大}$ 和 $\tau_{极小}$，且二者大小均为 $\frac{1}{2}(\sigma_{极大}-\sigma_{极小})$，方向相反，体现了切应力互等定理，而此两面上正应力大小均取平均值 $\frac{1}{2}(\sigma_{极大}+\sigma_{极小})$，如图 12.8(b) 所示。

切应力取极值的面称为主切平面，该切应力称为主切应力。注意到：

$$\tan 2\alpha_0^*\cdot\tan 2\alpha_0=-1$$

$$2\alpha_0^*=2\alpha_0\pm 90° \text{ 或 } \alpha_0^*=\alpha_0\pm 45°$$

因而主切平面与主平面成 $\pm 45°$ 夹角。

例 12.1 构件中一点的应力状态如图 12.9(a) 所示，试求：(1) 斜截面上的应力 $\sigma_{30°}$ 和 $\tau_{45°}$；(2) 主应力和主平面的位置；(3) 主切应力。

解 (1) 求斜截面上的应力 $\sigma_{30°}$ 和 $\tau_{45°}$

首先选取坐标系，确定单元体上相应的应力值 $\sigma_x=50$ MPa，$\sigma_y=-30$ MPa，$\tau_{xy}=-30$ MPa，斜截面上的应力按公式(12.3a) 得

$$\sigma_{30°}=\frac{50+(-30)}{2}+\frac{50-(-30)}{2}\cos(2\times 30°)-(-30)\sin(2\times 30°)=56\text{ MPa}$$

因此 $\sigma_{30°}$ 为拉应力。

按公式(12.3b) 得

$$\tau_{45°}=\frac{50-(-30)}{2}\sin(2\times 45°)+(-30)\cos(2\times 45°)=40\text{ MPa}$$

因此 $\tau_{45°}$ 为顺时针作用。

(2) 主应力和主平面的位置

按公式(12.4b) 得

$$\sigma_{极大}=\frac{50+(-30)}{2}+\sqrt{\left[\frac{50-(-30)}{2}\right]^2\times(-30)^2}=60\ \text{MPa}$$

$$\sigma_{极小}=\frac{50+(-30)}{2}-\sqrt{\left[\frac{50-(-30)}{2}\right]^2\times(-30)^2}=-40\ \text{MPa}$$

且知 $\sigma'=0$，按代数值排列有

$$\sigma_1=\sigma_{极大}=60\ \text{MPa},\quad \sigma_2=0,\quad \sigma_3=\sigma_{极小}=-40\ \text{MPa}$$

按公式(12.4a) 得

$$\tan 2\alpha_0=\frac{-2(-30)}{[50-(-30)]}=\frac{3}{4}$$

$$\alpha_0=18°24',\alpha'_0=108°24'$$

主应力方位如图 12.9(b) 所示。

(3) 主切应力

按公式(12.5b) 得

$$\tau_{\max}=\sqrt{\left[\frac{50-(-30)}{2}\right]^2+(-30)^2}=50\ \text{MPa}$$

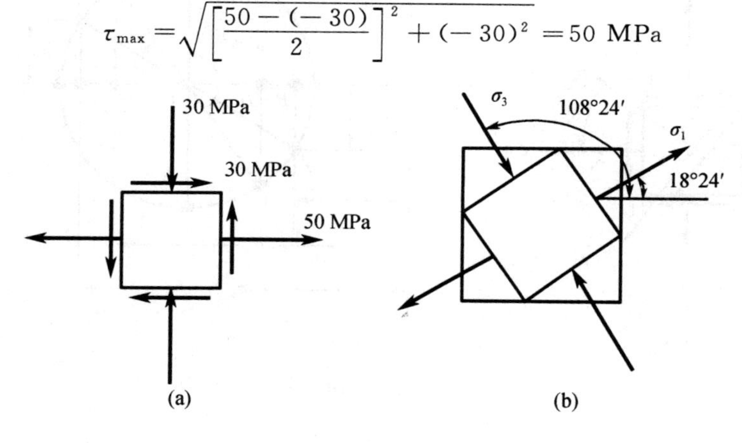

图 12.9

12.3　平面应力状态分析的图解法

12.3.1　应力圆方程

由式(12.3a) 和式(12.3b) 消去 $\sin 2\alpha$ 和 $\cos 2\alpha$ 得

$$\left(\sigma_\alpha-\frac{\sigma_x+\sigma_y}{2}\right)^2+\tau_\alpha^2=\left(\frac{\sigma_x-\sigma_y}{2}\right)^2+\tau_{xy}^2 \tag{12.6}$$

式(12.6) 为以 σ_α，τ_α 为变量的圆方程，以 σ_α 为横坐标轴，τ_α 为纵坐标轴，则此圆圆心 O 坐标为 $\left[\frac{1}{2}(\sigma_x+\sigma_y),0\right]$，半径为 $R=\left[\left(\frac{\sigma_x-\sigma_y}{2}\right)^2+\tau_{xy}^2\right]^{\frac{1}{2}}$，此圆称为应力圆或莫尔(Mohr) 圆。

12.3.2 应力圆的作法

应力圆法也称应力分析的图解法。作图 12.10(a) 所示已知平面一般应力状态的应力圆及求倾角为 α 的斜截面上应力 $\sigma_\alpha, \tau_\alpha$ 的步骤如下：

(1) 根据已知应力 $\sigma_x, \sigma_y, \tau_{xy}$ 值选取适当比例尺；

(2) 如图 12.10(b) 所示，在 $\sigma-\tau$ 坐标平面上，由图 12.10(a) 中微单元体的 1－1，2－2 面上已知应力作 $1(\sigma_x, \tau_{xy})$，$2(\sigma_y, -\tau_{xy})$ 两点；

(3) 过 1,2 两点作直线交 σ 轴于 C 点，以 C 为圆心，$C1$ 为半径作应力圆；

(4) 半径 $C1$ 逆时针(与微单元体上 α 转向一致)转过圆心角 $\theta=2\alpha$ 得 3 点，则 3 点的横坐标值 OG 即为 σ_α，纵坐标值 $3G$ 即为 τ_α。

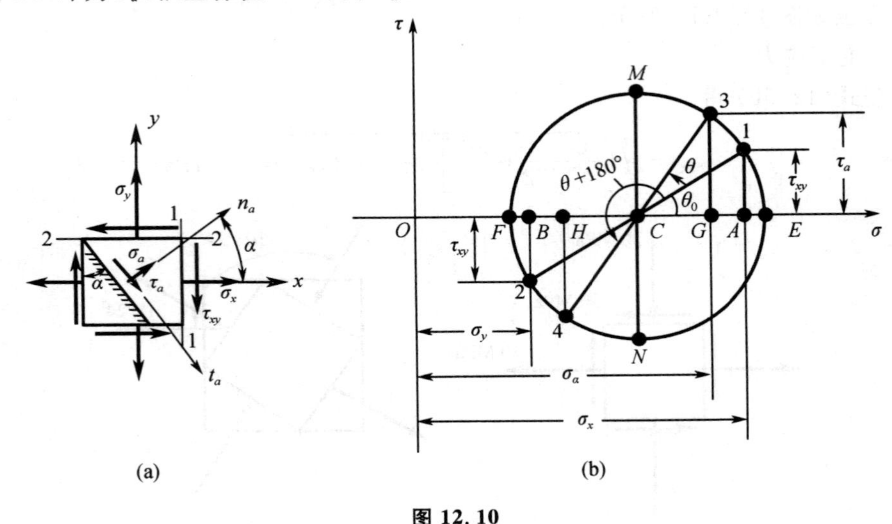

图 12.10

12.3.3 微单元体中面上应力与应力圆上点的坐标的对应关系(图 12.10(b))

(1) $OG=\sigma_\alpha$，$3G=\tau_\alpha$ 的证明

$$OG=OC+CG=OC+R\cos(\theta_0+\theta)=OC+R\cos\theta_0\cos\theta-R\sin\theta_0\sin\theta$$
$$=OC+CA\cos\theta-1A\sin\theta$$

因为

$$OC=OB+BC=\sigma_y+\frac{1}{2}(\sigma_x-\sigma_y)=\frac{1}{2}(\sigma_x+\sigma_y)$$

$$CA=CB=\frac{1}{2}(\sigma_x-\sigma_y)$$

$$1A=\tau_{xy}$$

则

$$OG=\frac{1}{2}(\sigma_x+\sigma_y)+\frac{1}{2}(\sigma_x-\sigma_y)\cos\theta-\tau_{xy}\sin\theta$$

令 $\theta=2\alpha$，对照上式与式(12.3a)，可知 $OG=\sigma_\alpha$。

$$3G = C3 \cdot \sin(\theta_0 + \theta) = R\cos\theta_0 \sin\theta + R\sin\theta_0\cos\theta$$
$$= CA \cdot \sin\theta + 1A \cdot \cos\theta = \frac{1}{2}(\sigma_x - \sigma_y)\sin 2\alpha + \tau_{xy}\cos 2\alpha$$

对照上式与式(12.3b)，可知 $3G = \tau_\alpha$。

(2) 几个重要的对应关系

$$OE = OC + CE = \frac{(\sigma_x + \sigma_y)}{2} + \sqrt{\left(\frac{\sigma_x - \sigma_y}{2}\right)^2 + \tau_{xy}^2} = \sigma_{极大}$$

$$OF = OC - CF = \frac{(\sigma_x + \sigma_y)}{2} - \sqrt{\left(\frac{\sigma_x - \sigma_y}{2}\right)^2 + \tau_{xy}^2} = \sigma_{极小}\text{（即式(12.4(b))）}$$

主平面位置：应力圆上由 1 点逆时针转过 $\theta_0 = 2\alpha_0$ 到 E 点。

$\tan\theta_0 = \tan 2\alpha_0 = -\dfrac{2\tau_{xy}}{(\sigma_x - \sigma_y)}$（即式(12.4(a)))，对应微单元体从 x 面顺时针转过 α_0 角（n_{α_0} 面）。

应力圆上再从 E 点转过 180° 到 F 点，对应微单元体上从 n_{α_0} 面继续转过 90° 到 $n_{\alpha_0+90^\circ}$ 面，此时 $\tau_{\alpha_0} = \tau_{\alpha_0+90^\circ} = 0$（即式(12.4(c)))。

建议读者对图 12.10(b) 中 M 和 N 点（对应主切应力）作同样讨论。

例 12.2　在例 12.1 中一点的应力状态如图 12.9(a) 所示，试用应力圆法求：(1) 斜截面上的应力 σ_{30°，τ_{45°；(2) 主应力和主平面的位置；(3) 主切应力。

解　(1) 作应力图

首先选取坐标系及比例尺，确定单元体上相应的应力值 $\sigma_x = 50$ MPa，$\sigma_y = -30$ MPa，$\tau_{xy} = -30$ MPa，作应力圆如图 12.11(a) 所示。

(2) 斜截面上的应力 σ_{30°，τ_{45°

使 CD_1 顺 α 角方向旋转 2α 角，分别量取其横坐标和纵坐标，即得

$$\sigma_{30^\circ} = 56\ \text{MPa}, \tau_{45^\circ} = 40\ \text{MPa}$$

如图 12.11(b) 所示。

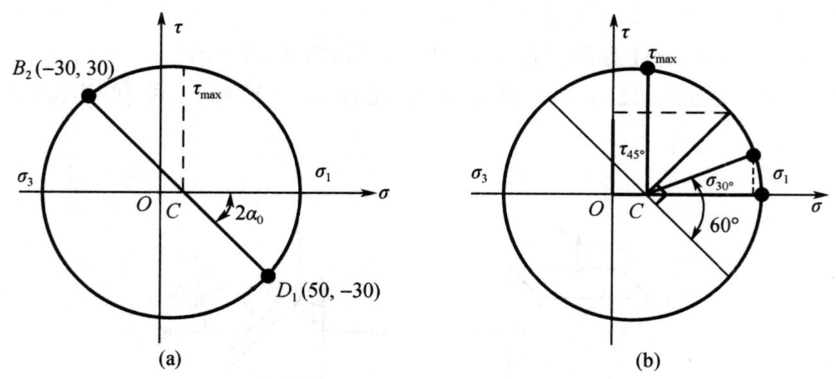

图 12.11

(3) 主应力和主平面的位置

从图 12.11(a) 中量取 σ 轴上相应坐标值得

$$\sigma_1 = \sigma_{极大} = 60\ \text{MPa}, \sigma_3 = \sigma_{极小} = -40\ \text{MPa}$$

$$\alpha_0 = 18°24', \alpha'_0 = 108°24'$$

(4) 主切应力

从图 12.11(b) 中量取应力圆上最高点的纵坐标值得

$$\tau_{max} = 50\ \text{MPa}$$

例 12.3 图 12.5(c) 所示受弯曲与扭转组合作用圆轴中的 1 点,可用图 12.12 所示应力圆求其主应力:

$\sigma_{极大,极小} = \dfrac{\sigma_x}{2} \pm \sqrt{\left(\dfrac{\sigma_x}{2}\right)^2 + \tau_{xy}^2}$,二向应力状态。

所以 $\sigma_1 = \sigma_{极大} > 0, \sigma_2 = 0, \sigma_3 = \sigma_{极小} < 0$

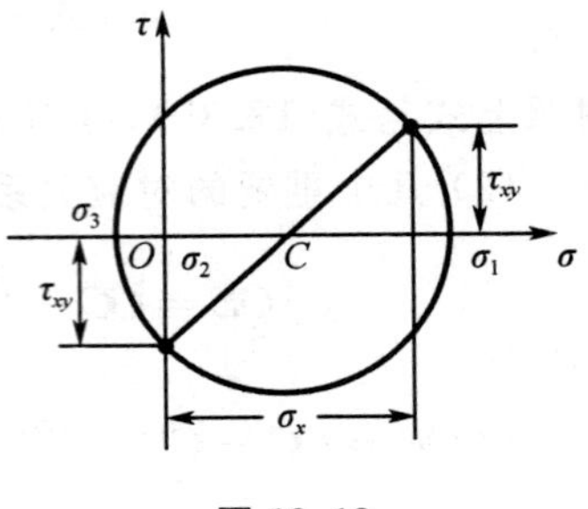

图 12.12

12.4 空间应力状态简介

12.4.1 主应力

对于空间一般应力状态(如图 12.9(a)),可以证明,总可将微元体转到某一方位,此时三对微面上只有正应力而无切应力作用(如图 12.13)。此三对微面即主平面,三个正应力即主应力(正应力极值)。空间一般应力状态具有三个非零的主应力,故也称三向应力状态。空间一般应力状态的三个主应力计算方法可参考其他教材。

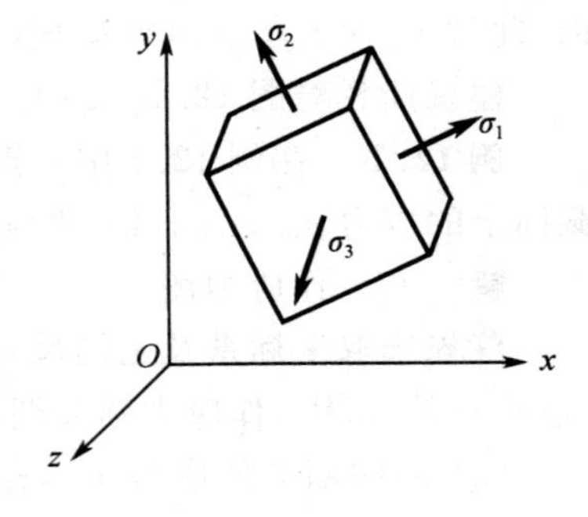

图 12.13

12.4.2 主切应力 最大切应力

若已知(或已求得)三个主应力,可求:

(1) 平行 σ_3 方向的任意斜截面 α 上的应力(如图 12.14(a))

由于 σ_3 不参加图 12.14(b) 所示微单元体的力平衡。可利用式(12.3a) 和式(12.3b) 得

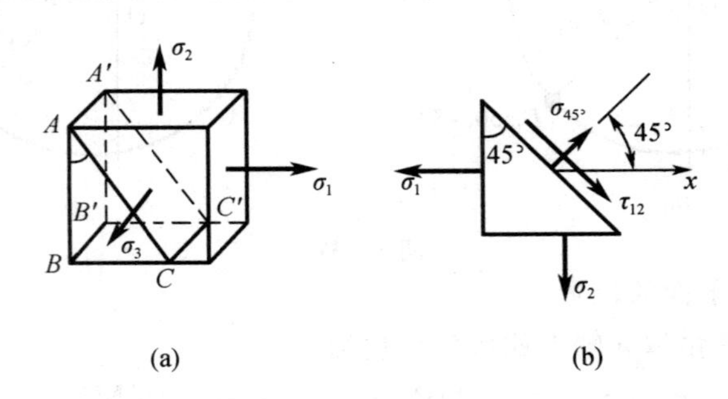

图 12.14

$$\sigma_\alpha = \frac{1}{2}(\sigma_1 + \sigma_2) + \frac{1}{2}(\sigma_1 - \sigma_2)\cos 2\alpha$$

$$\tau_\alpha = \frac{1}{2}(\sigma_1 - \sigma_2)\sin 2\alpha$$

相应于图 12.14(c) 中 σ_1, σ_2 构成的应力圆，此时主切应力为 $\tau_{12} = \pm\frac{1}{2}(\sigma_1 - \sigma_2), \alpha = \pm 45^\circ$(图 12.14(c) 上的 M_{12} 点)。

(2) 平行 σ_2 方向斜截面上的主切应力(见图 12.15(b))

主切应力：$\tau_{13} = \pm\frac{1}{2}(\sigma_1 - \sigma_3)$(见图 12.15(c) 中 σ_1, σ_3 构成的应力圆上 M_{13} 点)。

(3) 平行 σ_1 方向斜截面上的主切应力(见图 12.14(c) 中 M_{23} 点)

$$\tau_{23} = \pm\frac{1}{2}(\sigma_2 - \sigma_3)$$

结论：在按约定排列的三个非零主应力 $\sigma_1, \sigma_2, \sigma_3$ 做出的两两相切的三个应力圆中，可以找到三个相应的主切应力 $\tau_{12}, \tau_{13}, \tau_{23}$，其中最大切应力为

$$\tau_{\max} = \tau_{13} = \frac{\sigma_1 - \sigma_3}{2} \tag{12.7}$$

$\tau_{\max}$ 处在与 σ_1, σ_3 作用面成 $\pm 45^\circ$ 的面上。

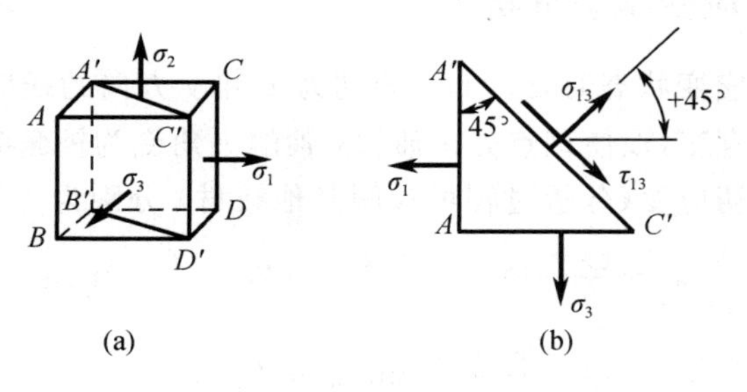

图 12.15

12.4.3　空间应力状态的应力圆

从主轴坐标系出发，主应力分别为 $\sigma_1, \sigma_2, \sigma_3$，对应于 σ_1 和 σ_2、σ_2 和 σ_3、σ_1 和 σ_3 组成的三个平面应力状态，分别有三个应力圆，统一画在应力坐标系 (σ, τ) 中，如图12.16 所示。可以证明，任意斜截面上的应力分量 σ, τ 都可以在此三个应力圆所围成的阴影区内找到唯一的对应点(D 点)。

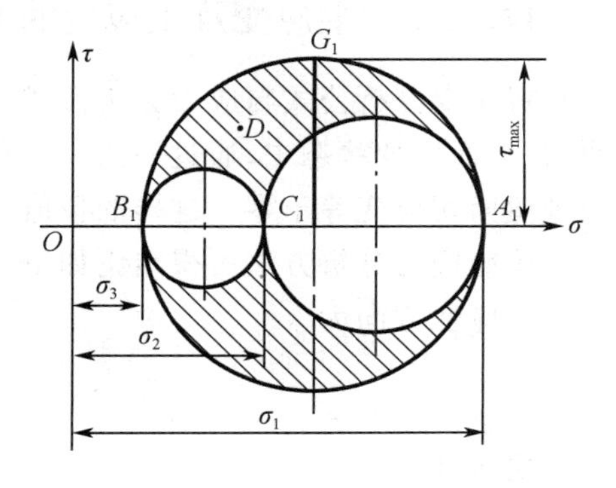

图 12.16

例 12.4　某点空间应力状态如图 12.17 所示，试求主应力和最大切应力。

解　由图 12.17 所示的空间应力状态可知，其中一个主应力为 $\sigma''' = -30$ MPa，另外两个主应力在与 σ''' 垂直的平面内，且不受 σ''' 的影响，可由与 σ''' 垂直的平面内应力状态求得。

确定单元体上相应的应力值 $\sigma_x = 60$ MPa，$\sigma_y = -60$ MPa，$\tau_{xy} = -50$ MPa，平面内的两个主应力可按公式(12.4b)得

$$\sigma' = \frac{60+60}{2} + \sqrt{\left(\frac{60-60}{2}\right)^2 + (-50)^2} = 110 \text{ MPa}$$

$$\sigma'' = \frac{60+60}{2} - \sqrt{\left(\frac{60-60}{2}\right)^2 + (-50)^2} = 10 \text{ MPa}$$

$$\sigma''' = -30 \text{ MPa}$$

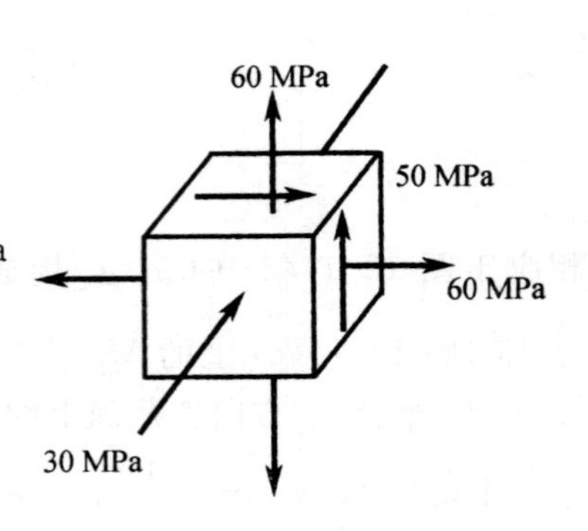

图 12.17

三个主应力排列为

$$\sigma_1 = 110 \text{ MPa}, \sigma_2 = 10 \text{ MPa}, \sigma_3 = -30 \text{ MPa}$$

最大切应力可按公式(12.7)求得

$$\tau_{\max} = \frac{\sigma_1 - \sigma_3}{2} = \frac{110-(-30)}{2} = 70 \text{ MPa}$$

12.5 平面应变状态分析简介

12.5.1 平面应变状态分析

某一点处于平面应变状态时，ε_x 与 ε_y 分别为 x 和 y 方向的线应变，设伸长时为正值，γ_{xy} 为 $x-y$ 面内的切应变，设使该点处 x 轴和 y 轴的夹角变为钝角时为正值。与 x 轴夹角为 α 方向的线应变和切应变(分析过程可参阅其他教材) 分别为

$$\varepsilon_\alpha = \frac{\varepsilon_x + \varepsilon_y}{2} + \frac{\varepsilon_x - \varepsilon_y}{2}\cos 2\alpha - \frac{\gamma_{xy}}{2}\sin 2\alpha \tag{12.8}$$

$$\frac{\gamma_\alpha}{2} = \frac{\varepsilon_x - \varepsilon_y}{2}\sin 2\alpha + \frac{\gamma_{xy}}{2}\cos 2\alpha \tag{12.9}$$

12.5.2 主应变及主应变的方向

将应变分析公式与应力分析公式比较，形式上完全相似。例如，对应于主应力和主平面，在平面应变状态中，通过一点一定存在两个相互垂直的方向，在这两个方向上，线应变为极值而切应变等于零。这样的极值线应变称为主应变。

按照应力分析方法可得结论如下。

主应变方向为

$$\tan 2\alpha_o = \frac{-\gamma_{xy}}{\varepsilon_x - \varepsilon_y} \tag{12.10}$$

主应变为

$$\varepsilon_{\max} = \frac{\varepsilon_x + \varepsilon_y}{2} + \sqrt{\left(\frac{\varepsilon_x - \varepsilon_y}{2}\right)^2 + \frac{\gamma_{xy}^2}{4}} \tag{12.11a}$$

$$\varepsilon_{\min} = \frac{\varepsilon_x + \varepsilon_y}{2} - \sqrt{\left(\frac{\varepsilon_x - \varepsilon_y}{2}\right)^2 + \frac{\gamma_{xy}^2}{4}} \tag{12.11b}$$

12.6　广义胡克定律

12.6.1　胡克定律

由第 1 章的内容可知：

(1) 如图 12.18(a) 所示，单向拉压时 $\sigma = E\varepsilon$ 或 $\varepsilon = \frac{\sigma}{E}$，横向线应变 $\varepsilon' = -\mu\varepsilon = -\mu\frac{\sigma}{E}$；

(2) 如图 12.18(b) 所示，纯剪切时 $\tau = G\gamma$ 或 $\gamma = \frac{\tau}{G}$。

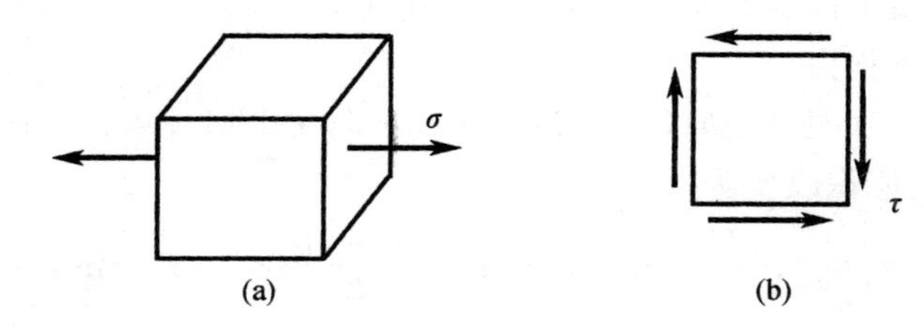

图 12.18

12.6.2　广义胡克定律

一般三向应力状态如图 12.19 所示，九个应力分量中只有六个量是独立的。即三个正应力相互独立，由切应力互等定理，切应力只有三个是独立的。三向应力状态可看成是三组单向应力状态和三组纯剪切的组合。对于各向同性材料线弹性小变形范围内，线应变只与正应力有关而与切应力无关，切应力变只与切应力有关而与正应力无关。

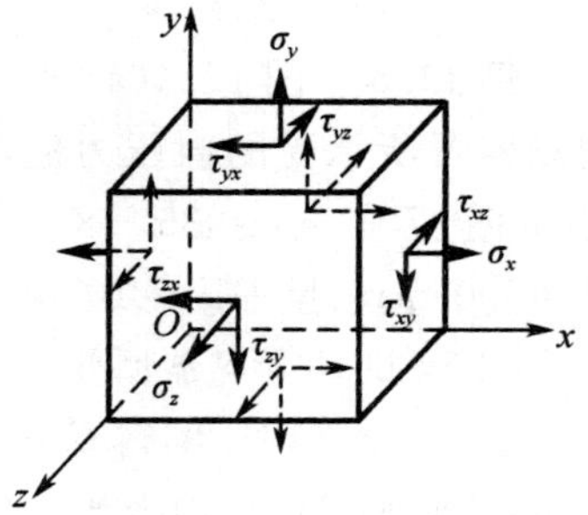

图 12.19

由叠加原理得应力与应变关系为

$$\varepsilon_x = \frac{1}{E}[\sigma_x - \mu(\sigma_y + \sigma_z)]$$

$$\varepsilon_y = \frac{1}{E}[\sigma_y - \mu(\sigma_x + \sigma_z)]$$

$$\varepsilon_z = \frac{1}{E}[\sigma_z - \mu(\sigma_y + \sigma_x)] \tag{12.12}$$

$$\gamma_{xy} = \frac{\tau_{xy}}{G}$$

$$\gamma_{yz} = \frac{\tau_{yz}}{G}$$

$$\gamma_{zx} = \frac{\tau_{zx}}{G} \tag{12.13}$$

如图 12.20 所示，当单元体六个面都是主平面时，主应力与主应变的关系为

$$\varepsilon_1=\frac{1}{E}[\sigma_1-\mu(\sigma_2+\sigma_3)]$$

$$\varepsilon_2=\frac{1}{E}[\sigma_2-\mu(\sigma_1+\sigma_3)]$$

$$\varepsilon_3=\frac{1}{E}[\sigma_3-\mu(\sigma_1+\sigma_2)] \qquad (12.14)$$

式(12.12)、式(12.13)和式(12.14)称为广义胡克定律。

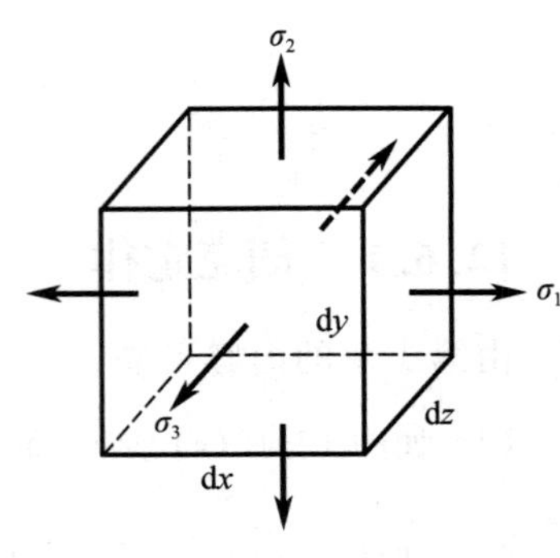

图 12.20

12.6.3 体积改变量与应力分量的关系

在图 12.20 中,变形前单元体体积:$V=\mathrm{d}x\cdot\mathrm{d}y\cdot\mathrm{d}z$。

变形后单元体体积为

$$V_1=(\mathrm{d}x+\Delta a)(\mathrm{d}y+\Delta b)(\mathrm{d}z+\Delta c)=\mathrm{d}x\cdot\mathrm{d}y\cdot\mathrm{d}z(1+\varepsilon_1)(1+\varepsilon_2)(1+\varepsilon_3)$$

体积应变,单位体积改变为

$$\theta=\frac{V_1-V}{V}=\varepsilon_1+\varepsilon_2+\varepsilon_3=\frac{1-2\mu}{E}(\sigma_1+\sigma_2+\sigma_3)$$

写成

$$\theta=\frac{3(1-2\mu)}{E}\cdot\frac{(\sigma_1+\sigma_2+\sigma_3)}{3}=\frac{\sigma_m}{k} \qquad (12.15)$$

式中,$k=\dfrac{E}{3(1-2\mu)}$为体积弹性模量;$\sigma_m=\dfrac{(\sigma_1+\sigma_2+\sigma_3)}{3}$为主应力平均值。

例 12.5 图 12.4(a)所示为承受内压的薄壁容器。为测量容器所承受的内压力值,在容器表面用电阻应变片测得环向应变 $\varepsilon_t=350\times10^{-6}$,若已知容器平均直径 $D=500$ mm,壁厚 $\delta=10$ mm,容器材料的 $E=210$ GPa,$\mu=0.25$,试计算容器所受的内压力 p。

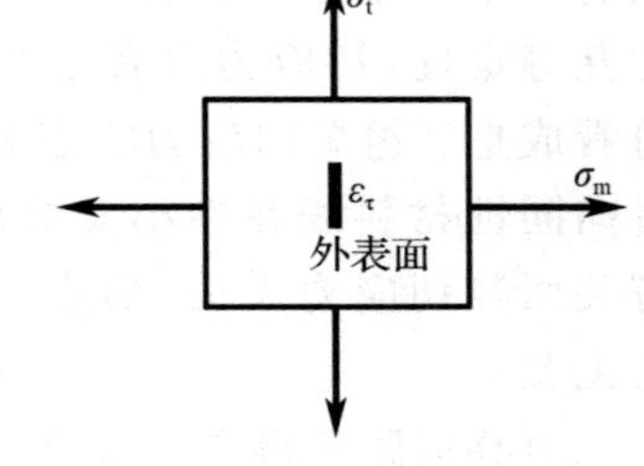

图 12.21

解 承受内压的薄壁容器表面的应力状态如图 12.21 所示,环向和纵向应力表达式分别为

$$\sigma_t=\frac{pD}{2\delta}$$

$$\sigma_m=\frac{pD}{4\delta}$$

根据广义胡克定律,得

$$\varepsilon_t=\frac{1}{E}(\sigma_t-\mu\sigma_m)=\frac{pD}{4\delta E}(2-\mu)$$

求的内压力 p 为

$$p=\frac{4\delta E\varepsilon_t}{D(2-\mu)}=\frac{4\times210\times10^9\times0.01\times350\times10^{-6}}{0.5\times(2-0.25)}=3.36\ \text{MPa}$$

例 12.6 图 12.22 中圆轴受扭转力偶矩 m_e 作用,已知 d,E,μ,由实验测得 ε_{-45°,试求力偶矩 m_e 的值。

解　分析考虑如何建立应变 ε_{-45° 与外力偶矩 m_e 的关系，取单元体如图 12.22(b)所示。

切应力为

$$\tau=\frac{T}{W_t}=\frac{m_e}{W_t}$$

应力状态分析如图 12.22(c) 所示，可求得与已知应变相对应的应力为

$$\sigma_{-45^\circ}=\tau,\sigma_{45^\circ}=-\tau$$

根据广义胡克定律

$$\varepsilon_{-45^\circ}=\frac{1}{E}(\sigma_{-45^\circ}-\mu\sigma_{45^\circ})=\frac{(\tau+\mu\tau)}{E}=\frac{1+\mu}{E}\tau=\frac{1+\mu}{E}\cdot\frac{m_e}{W_t}$$

求得

$$m_e=\frac{EW_t}{1+\mu}\varepsilon_{-45^\circ}=\frac{\pi d^3E\varepsilon_{-45^\circ}}{16(1+\mu)}$$

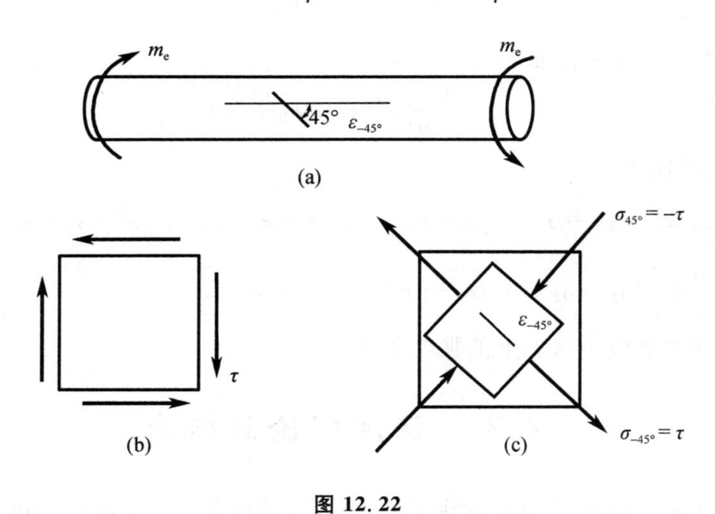

图 12.22

12.7　复杂应力状态下的应变比能

构件内一点应力状态上单位体积的应变能称为应变比能。

(1) 单向拉压时

应变比能 $v=\frac{1}{2}\sigma\varepsilon$。

(2) 三向应力状态下

弹性应变能等于外力功，只取决于外力最终数值，与外力作用次序无关，遵守能量守恒原理。

在线弹性范围内应变比能为

$$v=\frac{1}{2}\sigma_1\varepsilon_1+\frac{1}{2}\sigma_2\varepsilon_2+\frac{1}{2}\sigma_3\varepsilon_3$$

应用广义胡克定律得

$$v=\frac{1}{2E}[\sigma_1^2+\sigma_2^2+\sigma_3^2-2\mu(\sigma_1\sigma_2+\sigma_2\sigma_3+\sigma_3\sigma_1)] \tag{12.16}$$

因体积变化储存的应变比能称为体积改变比能 v_v；体积不变，只因形状改变储存的应变比能称为形状改变比能 v_f；总应变比能 ν 等于体积改变比能 v_v 和形状改变比能 v_f 的总和，即

$$v=v_v+v_f$$

以 $\sigma_m=\frac{(\sigma_1+\sigma_2+\sigma_3)}{3}$ 代替三个主应力，三个棱边变形相同，则有

$$v_v=\frac{1}{2}\sigma_m\varepsilon_m+\frac{1}{2}\sigma_m\varepsilon_m+\frac{1}{2}\sigma_m\varepsilon_m=\frac{3}{2}\sigma_m\varepsilon_m$$

由广义胡克定律得

$$\varepsilon_m=\frac{1-2\mu}{E}\sigma_m$$

将 ε_m 代入 v_v 得体积改变比能为

$$v_v=\frac{1-2\mu}{6E}(\sigma_1+\sigma_2+\sigma_3)^2 \tag{12.17}$$

于是，形状改变比能为

$$\begin{aligned} v_f &= \frac{1}{2E}\left[\sigma_1^2+\sigma_2^2+\sigma_3^2-2\mu(\sigma_1\sigma_2+\sigma_2\sigma_3+\sigma_3\sigma_1)\right]-\frac{1-2\mu}{6E}(\sigma_1+\sigma_2+\sigma_3)^2 \\ &= \frac{1+\mu}{6E}\left[(\sigma_1-\sigma_2)^2+(\sigma_2-\sigma_3)^2+(\sigma_3-\sigma_1)^2\right] \end{aligned} \tag{12.18}$$

上式可用来建立复杂应力状态下的强度条件。

12.8 强度理论的概念

不同材料在同一环境及加载条件下对“破坏”(或称为失效)具有不同的抵抗能力。

例如常温、静载条件下，低碳钢的拉伸破坏表现为塑性屈服失效，具有屈服极限 σ_s；铸铁破坏表现为脆性断裂失效，具有抗拉强度 σ_b。

同一材料在不同环境及加载条件下也表现出对失效的不同抵抗能力。

例如，在常温、静载条件下，圆柱形铸铁试件受压时，沿斜截面剪断；圆柱形铸铁试件受扭时，沿 45° 方向拉断(见图 12.17)。

对于简单的基本变形的应力状态，可直接通过相应的实验确定危险应力，考虑安全系数后，已建立起其强度条件为

$$\sigma\leqslant[\sigma] \text{ 或 } \tau\leqslant[\tau]$$

可见，其强度条件是完全建立在实验基础上的。

实际构件危险点往往处于复杂应力状态下，σ_1，σ_2，σ_3 可以是任意的，完全用实验方法确定复杂应力状态的破坏原因，建立其强度条件是难以实现的。所以解决这类问题，一般是依据部分实验结果，采用判断推理的方法，推测材料在复杂应力状态下的破坏原因，从而建立其强度条件。这种关于材料强度破坏决定因素的各种假说，称为强度理论。

建立常温静载一般复杂应力状态下的弹性失效准则——强度理论的基本思想是：

(1) 确认引起材料失效存在共同的力学原因，提出关于这一共同力学原因的假设；

(2) 根据实验室中标准试件在简单受力情况下的破坏实验（如拉伸），建立起材料在复杂应力状态下共同遵循的弹性失效准则和强度条件。

实际上，当前工程上常用的经典强度理论都是按脆性断裂和塑性屈服两类失效形式来分别提出其失效原因的假设，建立其强度条件的。

12.9　经典强度理论

12.9.1　四个常用强度理论

1. 最大拉应力理论（第一强度理论）

这一理论认为最大拉应力是引起材料发生脆性断裂的决定因素。即认为无论是什么应力状态，只要最大拉应力 σ_1 达到简单拉伸时的危险应力值 σ_b 时，则材料就发生断裂。根据这一理论，得到的最大拉应力断裂准则为

$$\sigma_1 = \sigma_b$$

将危险应力 σ_b 除以安全系数得许用拉应力$[\sigma_t]$，所以按第一强度理论建立的强度条件为

$$\sigma_1 \leqslant [\sigma] \tag{12.19}$$

第一强度理论适用范围：虽然只突出 σ_1 而未考虑 σ_2，σ_3 的影响，但它与铸铁、工具钢、工业陶瓷等多数脆性材料的实验结果较符合，特别适用于拉伸型应力状态（如 $\sigma_1 \geqslant \sigma_2 > \sigma_3 = 0$）或混合型应力状态中拉应力占优者（$\sigma_1 > 0, \sigma_3 < 0, |\sigma_1| > |\sigma_3|$）。

2. 最大伸长线应变理论（第二强度理论）

这一理论认为最大伸长应变是引起材料发生脆性断裂的决定因素。即认为无论是什么应力状态，只要最大伸长应变 ε_1 达到简单拉伸时的危险应变值 ε_b 时，则材料就发生断裂。根据这一理论，得到的最大伸长应变断裂准则为

$$\varepsilon_1 = \varepsilon_b = \frac{\sigma_b}{E}$$

由广义胡克定律得

$$\varepsilon_1 = \frac{1}{E}\left[\sigma_1 - \mu(\sigma_2 + \sigma_3)\right]$$

将 ε_1 代入上式得断裂准则为

$$\sigma_1 - \mu(\sigma_2 + \sigma_3) = \sigma_b$$

将危险应力 σ_b 除以安全系数得许用拉应力$[\sigma_t]$，所以按第二强度理论建立的强度条件为

$$\sigma_1 - \mu(\sigma_2 + \sigma_3) \leqslant [\sigma] \tag{12.20}$$

第二强度理论的适用范围：虽然考虑了 σ_2，σ_3 的影响，它只与石料、混凝土等少数脆性材料的实验结果较符合，铸铁在混合型压应力占优应力状态下（$\sigma_1 > 0, \sigma_3 < 0, |\sigma_1| <$

$|\sigma_3|$）的实验结果也较符合。

3. 最大切应力理论（第三强度理论）

这一理论认为最大切应力是引起材料发生塑性屈服的决定因素。即认为无论是什么应力状态，只要最大切应力 $\tau_{\max}$ 达到简单拉伸时的危险应力值 τ_s 时，则材料就发生塑性屈服。根据这一理论，得到的最大切应力屈服准则为

$$\tau_{\max}=\tau_s$$

任意应力状态下

$$\tau_{\max}=\frac{\sigma_1-\sigma_3}{2}$$

简单拉伸屈服试验中的极限应力为

$$\sigma_1=\sigma_s,\sigma_2=\sigma_3=0,\tau_s=\frac{\sigma_s}{2}$$

于是最大切应力屈服准则为

$$\sigma_1-\sigma_3=\sigma_s$$

将危险应力 σ_s 除以安全系数得许用应力$[\sigma]$，所以按第三强度理论建立的强度条件是

$$\sigma_1-\sigma_3\leqslant[\sigma] \tag{12.21}$$

第三强度理论的适用范围：虽然只考虑了最大主切应力 $\tau_{\max}=\tau_{13}$，而未考虑其他两个主切应力 τ_{12}，τ_{32} 的影响，但与低碳钢、铜、软铝等塑性较好材料的屈服试验结果较符合；并可用于判断像硬铝那样塑性变形较小，无颈缩材料的剪切破坏；但此准则不适用于二向、三向拉伸应力状态。此准则也称为特雷斯卡（Tresca）屈服准则。

4. 形状改变比能理论（第四强度理论）

这一理论认为形状改变比能是引起材料发生塑性屈服的决定因素。即认为无论是什么应力状态，只要形状改变比能 μ_f 达到简单拉伸时的危险值 $(u_f)_u$ 时，则材料就发生塑性屈服。根据这一理论，得到的形状改变比能屈服准则为

$$u_f=(u_f)_u$$

任意应力状态改变比能为

$$u_f=\frac{1+\mu}{6E}\left[(\sigma_1-\sigma_2)^2+(\sigma_2-\sigma_3)^2+(\sigma_3-\sigma_1)^2\right]$$

简单拉伸屈服试验中的相应临界值为

$$(u_f)_u=\frac{1+\mu}{6E}\cdot 2\sigma_s^2$$

形状改变比能准则为

$$\sqrt{\frac{1}{2}\left[(\sigma_1-\sigma_2)^2+(\sigma_2-\sigma_3)^2+(\sigma_3-\sigma_1)^2\right]}=\sigma_s$$

将危险应力 σ_s 除以安全系数得许用应力$[\sigma]$，所以按第四强度理论建立的强度条件为

$$\sqrt{\frac{1}{2}\left[(\sigma_1-\sigma_2)^2+(\sigma_2-\sigma_3)^2+(\sigma_3-\sigma_1)^2\right]}\leqslant[\sigma] \tag{12.22}$$

第四强度理论的适用范围：它既突出了最大主切应力对塑性屈服的作用，又适当考虑了其他两个主切应力的影响，它与塑性较好材料的试验结果比第三强度理论符合得更好；

但此准则不适用于二向、三向拉伸应力状态。此准则也称为米泽斯(Mises)屈服准则。

由于机械、动力行业遇到的载荷往往较不稳定,因而较多地采用偏于安全的第三强度理论;土建行业的载荷往往较为稳定,因而较多地采用第四强度理论。

各强度条件准则表达式(12.19)至(12.22)不等式左端是复杂应力状态下三个主应力的组合值。不同的准则具有不同的组合值。它是与单向拉伸应力值危险程度相当的。因此该组合值称为相当应力。

还应该指出,同一种材料,在不同应力状态作用下,也可以发生不同形式的破坏。例如,脆性材料在三向(均匀)压应力作用下,呈现塑性特征,应按第三或第四强度理论进行分析;而塑性材料在三向(均匀)拉应力作用下,呈现脆性特征,应按第一度理论进行分析。

12.9.2 莫尔强度理论简介

不同于四个经典强度理论,莫尔理论不专注于寻找(假设)引起材料失效的共同力学原因,而致力于尽可能地多占有不同应力状态下材料失效的试验资料,用宏观抽象的处理方法力图建立对该材料普遍适用(不同应力状态)的失效条件。

1. 自相似应力圆与材料的极限包络线

自相似应力圆:如果一点应力状态中所有应力分量都随各个外载荷增加而按同一比例同步增加,则表现为最大的应力圆自相似地扩大。

材料的极限包络线:随着外载荷成比例增加,应力圆自相似地扩大,到达该材料出现塑性屈服或脆性断裂时的极限应力圆。只要试验技术许可,力求得到尽可能多的对应不同应力状态的极限应力圆,这些应力圆的包络线即该材料的极限(状态)包络线。图12.23(a)所示即包含拉伸、圆轴扭转、压缩三种应力状态的极限包络线。

2. 莫尔强度理论

对拉伸与压缩极限应力圆所作的公切线是相应材料实际包络线的良好近似(图12.23(b))。实际载荷作用下的应力圆落在此公切线之内,则材料不会失效,到达此公切线即失效。由图12.23所示几何关系可推得莫尔强度失效准则。

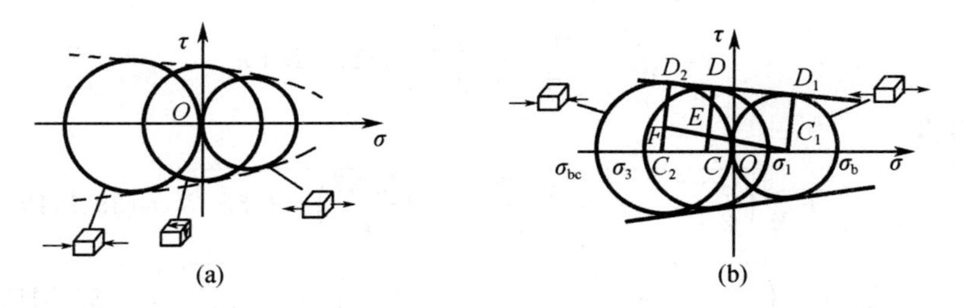

图 12.23

对于抗压屈服极限 σ_{sc} 大于抗拉屈服极限 σ_s 的材料(即 $\sigma_{sc} > \sigma_s$)

$$\sigma_1 - \frac{\sigma_s}{\sigma_{sc}}\sigma_3 = \sigma_s \tag{12.23a}$$

对于抗压强度极限 σ_{bc} 大于抗拉强度极限 σ_b 的材料(即 $\sigma_{bc} > \sigma_b$)

$$\sigma_1 - \frac{\sigma_b}{\sigma_{bc}}\sigma_3 = \sigma_b \tag{12.23b}$$

莫尔强度条件具有同一形式：

$$\sigma_1 - \frac{[\sigma_t]}{[\sigma_c]}\sigma_3 \leqslant [\sigma_t] \tag{12.23c}$$

对于大多数金属 $\sigma_{sc}=\sigma_s$，此时莫尔强度条件转化为最大切应力强度条件。

3. 莫尔强度理论适用范围

(1) 适用于从拉伸型到压缩型应力状态的广阔范围，可以描述从脆性断裂向塑性屈服失效形式过渡(或反之)的多种失效形态，例如"脆性材料"在压缩型或压应力占优的混合型应力状态下呈剪切破坏的失效形式；

(2) 特别适用于抗拉与抗压强度不等的材料；

(3) 在新材料(如新型复合材料)不断涌现的今天，莫尔强度理论从宏观角度归纳了大量失效数据与资料的处理方法，具有广阔的应用前景。

例 12.7 直径 $d=0.1$ m的圆钻杆受力情况如图 12.24(a) 所示，$m=7$ kN·m，$P=50$ kN，为碳钢构件，$[\sigma]=120$ MPa，试用第三强度理论校核该杆的强度。

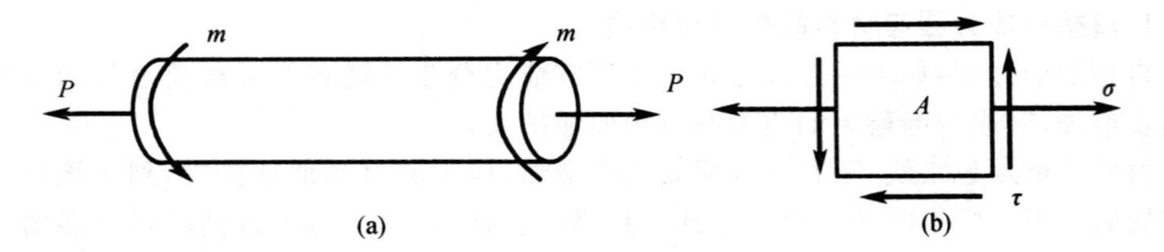

图 12.24

解 由截面法确定内力为

$$F_N = P, T = m$$

危险点 A 的应力状态如图 12.24(b) 所示，其中

$$\sigma = \frac{F_N}{A} = \frac{4\times 50}{\pi\times 0.1^2}\times 10^3 = 6.37\ \text{MPa}$$

$$\tau = \frac{T}{W_t} = \frac{16\times 7\,000}{\pi\times 0.1^3} = 35.7\ \text{MPa}$$

计算主应力得

$$\sigma_1' = \frac{\sigma}{2} + \sqrt{\left(\frac{\sigma}{2}\right)^2 + \tau^2} = \frac{6.37}{2} + \sqrt{\left(\frac{6.37}{2}\right)^2 + 35.7^2} = 39\ \text{MPa}$$

$$\sigma_3' = \frac{\sigma}{2} - \sqrt{\left(\frac{\sigma}{2}\right)^2 + \tau^2} = \frac{6.37}{2} - \sqrt{\left(\frac{6.37}{2}\right)^2 + 35.7^2} = -32\ \text{MPa}$$

所以

$$\sigma_1 = 39\ \text{MPa}, \sigma_2 = 0, \sigma_3 = -32\ \text{MPa}$$

按第三强度理论得

$$\sigma_1 - \sigma_3 = 71\ \text{MPa} < [\sigma]$$

因此构件安全。

习　　题

1. 选择题

(1) 关于题 12.1(1) 左图所示梁上 a 点的应力状态有下列 A,B,C 三种答案：

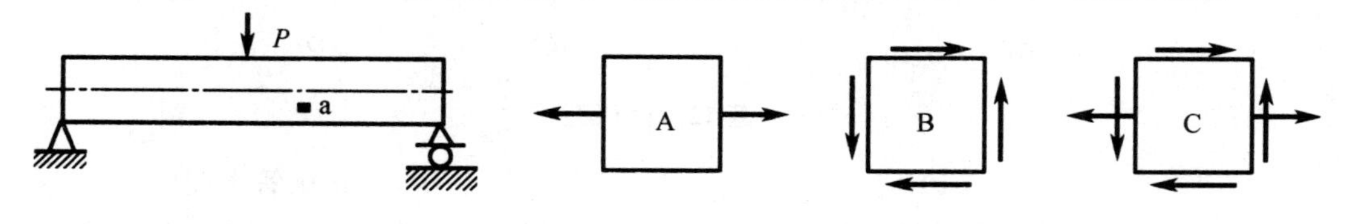

题 12.1(1) 图

正确答案是________。

(2) 对于题 12.1(2) 图所示三种应力状态(a),(b),(c)之间的关系,有下列四种答案：

(A) 三种应力状态均相同　　(B) 三种应力状态均不同

(C)(b) 和(c) 相同　　(D)(a) 和(c) 相同

正确答案是________。

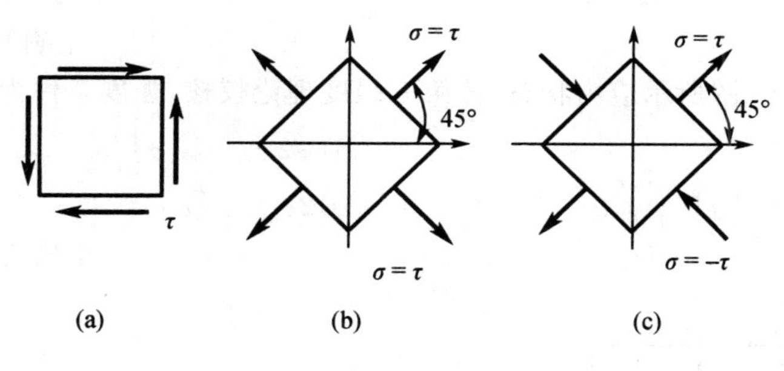

题 12.1(2) 图

(3) 关于题 12.1(3) 图所示单元体属于哪种应力状态,有下列四种答案：

(A) 单向应力状态

(B) 二向应力状态

(C) 三向应力状态

(D) 纯剪切应力状态

正确答案是________。

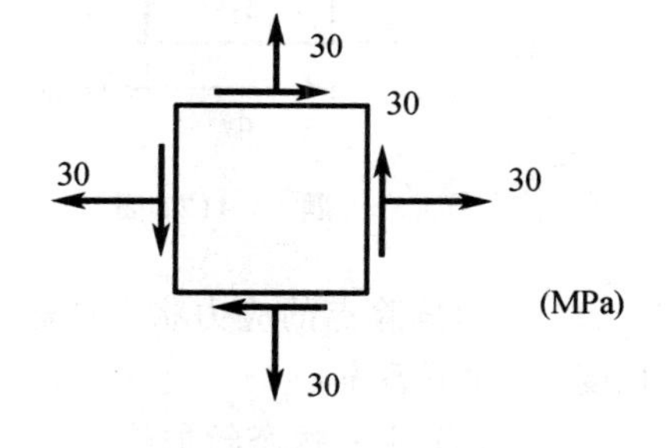

题 12.1(3) 图

(4) 关于主应力单元体的最大切应力作用面有题 12.1(4) 图所示四种答案：

正确答案是________。

(5) 三向应力状态中,若三个主应力相等,则三个主应变为：

(A) 等于零　　(B) $(1-2\mu)\sigma/E$

(C) $3(1-2\mu)\sigma/E$　　(D) $(1-2\mu)\sigma^2/E$

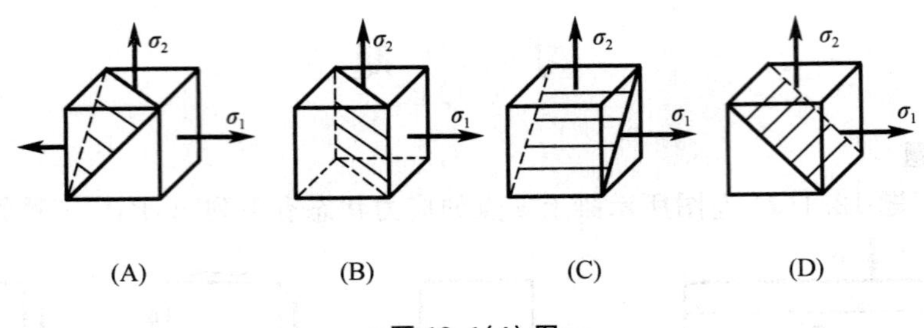

题 12.1(4) 图

正确答案是________。

(6) 点在三向应力状态中，若 $\sigma_3=\mu(\sigma_1+\sigma_2)$，则关于 ε_3 的表达式有以下四种答案：

(A) σ_3/E　　(B) $\mu(\varepsilon_1+\varepsilon_2)$

(C) 0　　(D) $-\mu(\sigma_1+\sigma_2)/E$

正确答案是________。

(7) 已知题 12.1(7) 图所示单元体 x 与 y 方向的线应变 $\varepsilon_x=\varepsilon_y=\varepsilon,\gamma_{xy}=0$。关于 ε_{45° 有四种答案：

(A) $\varepsilon_{45^\circ}=0$　　(B) $\varepsilon_{45^\circ}=\varepsilon$　　(C) $\varepsilon_{45^\circ}=\sqrt{2}\varepsilon$　　(D) $\varepsilon_{45^\circ}=2\varepsilon$

正确答案是________。

(8) 题 12.1(8) 图所示应力状态，按第三强度理论校核，强度条件为：

(A) $\tau_{xy}\leqslant[\sigma]$　　(B) $\sqrt{2}\tau_{xy}\leqslant[\sigma]$

(C) $-\sqrt{2}\tau_{xy}\leqslant[\sigma]$　　(D) $2\tau_{xy}\leqslant[\sigma]$

正确答案是________。

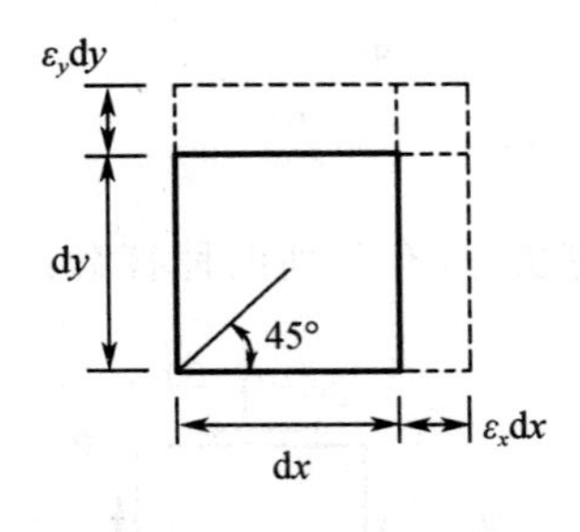

题 12.1(7) 图

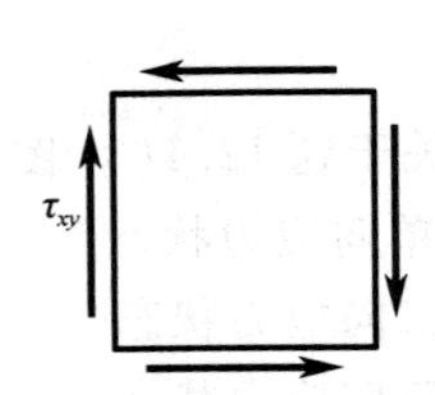

题 12.1(8) 图

(9) 两危险点的应力状态如题 12.1(9) 图所示，且 $\sigma=\tau$，由第四强度理论比较其危险程度，有如下答案：

(A)(a) 应力状态较危险　　(B)(b) 应力状态较危险

(C) 两者的危险程度相同　　(D) 不能判断

正确答案是________。

(10) 题 12.1(10) 图所示单元体的应力状态按第四强度理论，其相当应力 σ_{r_4} 为：

(A) $3\sigma/2$　　(B) 2σ　　(C) $\sqrt{7}\sigma/2$　　(D) $\sqrt{5}\sigma/2$

正确答案是________。

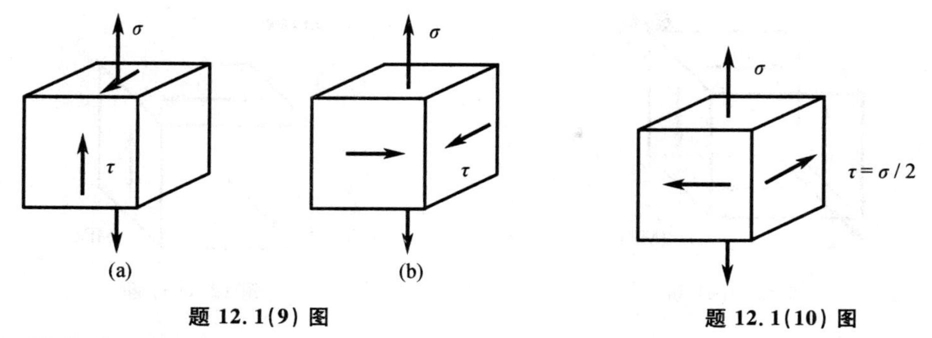

题 12.1(9) 图　　　　题 12.1(10) 图

2. 填空题

(1) 题 12.2(1) 图所示梁的 A,B,C,D 四点中，单向应力状态的点是________，纯切应力状态的点是 ________，在任何载荷值作用下截面上应力均为零的点是________。

(2)A 与 B 两点的应力状态如题 12.2(2) 图所示，已知两点处的主拉应力 σ_1 相同，则 B 点处的 τ_{xy} =________。

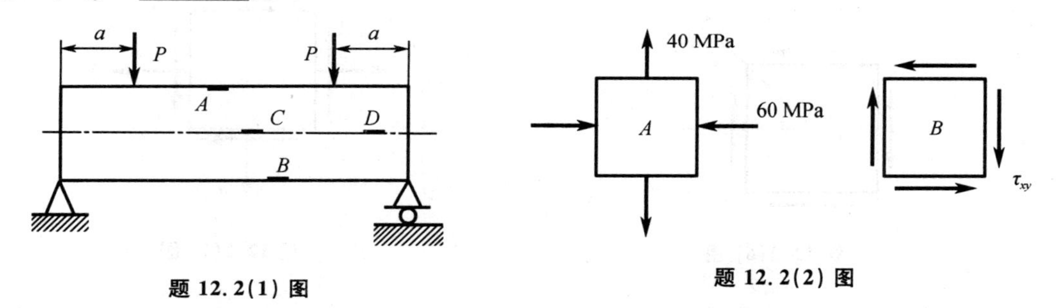

题 12.2(1) 图　　　　题 12.2(2) 图

(3) 题 12.2(3) 图所示 ①,②,③ 为三个平面应力状态的应力圆，试画出各应力圆所对应的主平面微元体上的应力。

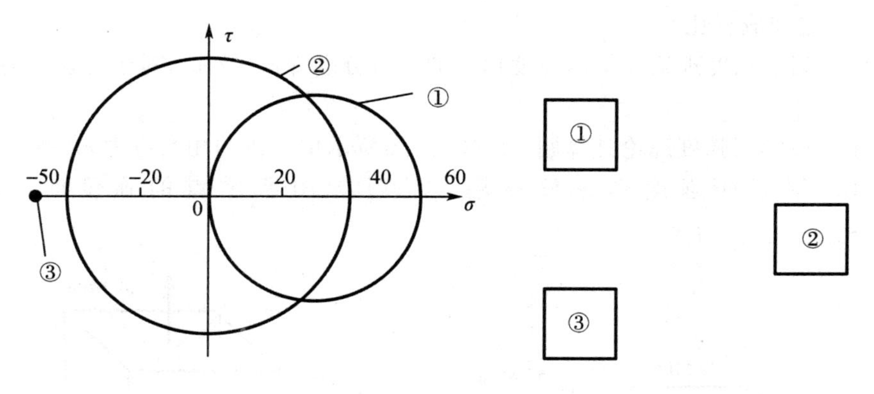

题 12.2(3) 图

(4) 某点的应力状态如题 12.2(4) 图所示，则主应力为：σ_1 = ______，σ_2 = ______，σ_3 = ______。

(5) 题 12.2(5) 图所示单元体的最大切应力 $\tau_{\max}$ =________ 。

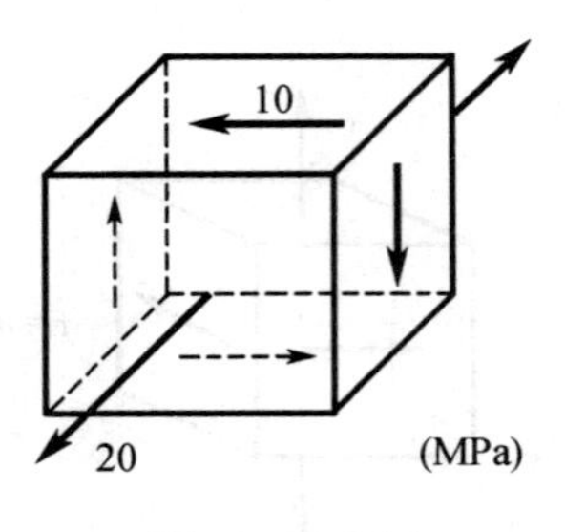

题 12.2(4) 图

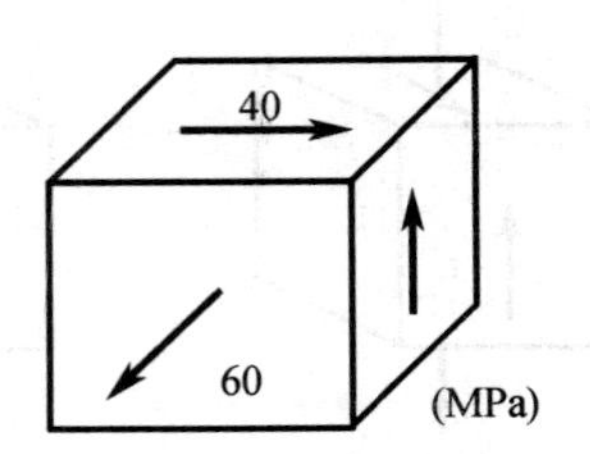

题 12.2(5) 图

(6) 某点的应力状态如题 12.2(6) 图所示，已知材料的弹性模量 E 和泊松比 μ，则该点沿 x 和 $\alpha=45^\circ$ 方向的线应变分别为 $\varepsilon_x=$________，$\varepsilon_{45^\circ}=$________。

(7) 某点的应力状态如题 12.2(7) 图所示，该点沿 y 方向的线应变 $\varepsilon_y=$________。

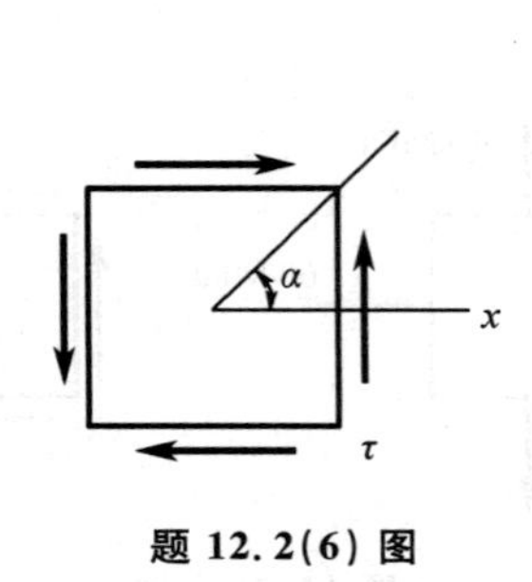

题 12.2(6) 图

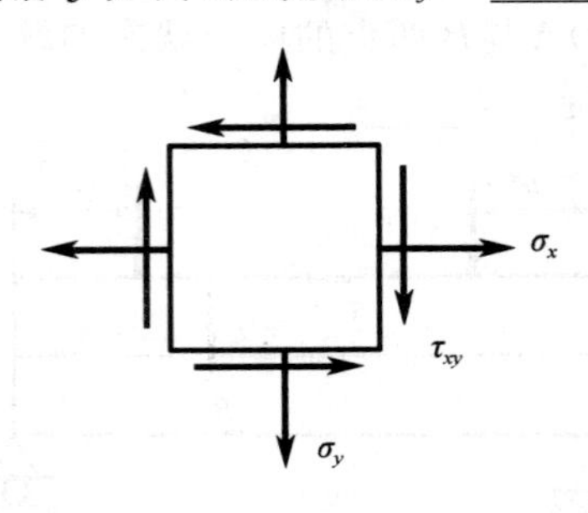

题 12.2(7) 图

(8) 设单元体的主应力为 $\sigma_1,\sigma_2,\sigma_3$，则单元体只有体积改变而无形状改变的条件是________；单元体只有形状改变而无体积改变的条件是________。

(9) 任意一点处的体积改变与________无关，而与该点处任意三个互相垂直的________之和成正比。

(10) 第三强度理论和第四强度理论的应力分别为 σ_{r_3} 及 σ_{r_4}，对于纯切应力状态，恒有 $\sigma_{r_3}/\sigma_{r_4}=$________。

(11) 按第三强度理论计算题 12.2(11) 图所示单元体的相当应力 $\sigma_{r_3}=$________。

(12) 用第四强度理论校核题 12.2(12) 图所示点的强度时，其相当应力 $\sigma_{r_4}=$________。

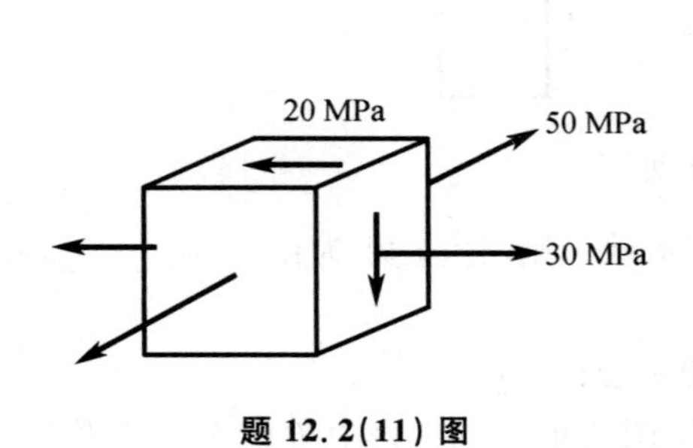

题 12.2(11) 图

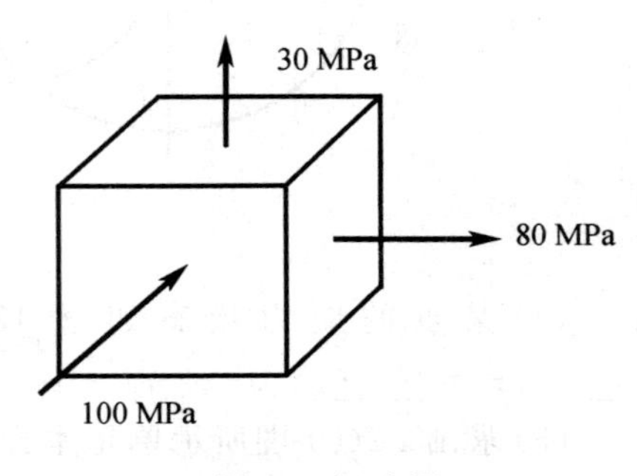

题 12.2(12) 图

(13) 危险点接近于三向均匀受拉的塑性材料，应选用________强度理论进行计算，因为此时材料的破坏形式为________。

(14) 铸铁构件危险点的应力状态为 $\sigma_1>0, \sigma_2=0, \sigma_3<0$。材料的 $[\sigma_t],[\sigma_c],E,\mu$ 均为已知，莫尔强度理论的表达式为：$\sigma_1-\frac{[\sigma_t]}{[\sigma_c]}\sigma_3\leqslant[\sigma]$。若用第二强度理论和莫尔强度理论计算的结果完全一样，则两理论的等效条件为________。

3. 计算题

(1) 从低碳钢零件中某点处取出一单元体，其应力状态如题 12.3(1) 图所示，试按第三、第四强度理论计算单元体的相当应力。单元体上的应力为 $\sigma_\alpha=60, \sigma_\beta=-80(\beta=\alpha+90°), \tau_\alpha=-40$（单位：MPa）。

(2) 题 12.3(2) 图所示受扭圆轴的 $d=30$ mm，材料的弹性模量 $E=2.1\times10^5$ MPa，泊松比 $\mu=0.3$，屈服极限 $\sigma_s=240$ MPa，试验测得沿 ab 方向的应变为 $\varepsilon=2.00\times10^{-6}$。试按第三强度理论确定设计该轴时采用的安全系数。

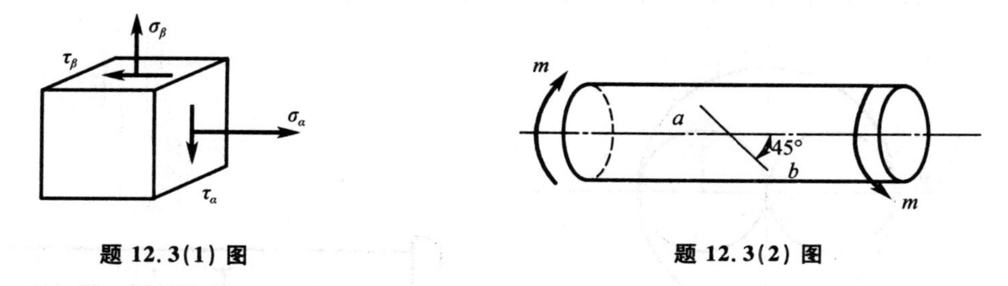

题 12.3(1) 图　　题 12.3(2) 图

(3) 如题 12.3(3) 图所示单元体，求：(1) 指定斜截面上的应力；(2) 主应力大小，并将主平面标在单元体图上。

(4) 试求题 12.3(4) 图所示应力状态的主应力及最大切应力，已知 $\sigma=\tau$。

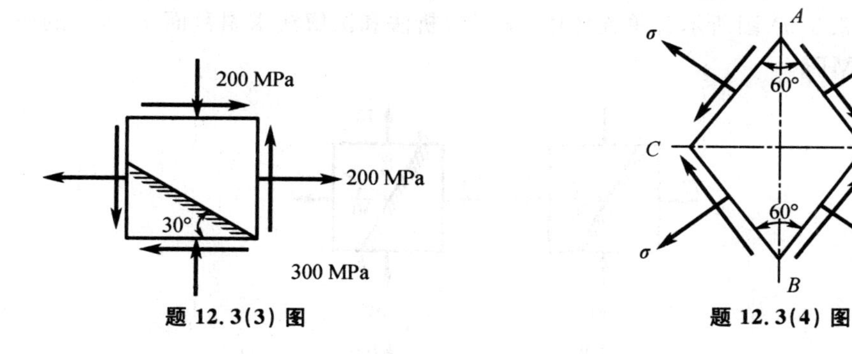

题 12.3(3) 图　　题 12.3(4) 图

(5) 题 12.3(5) 图所示薄壁圆筒受扭矩和轴向力作用。已知圆筒外径 $D=52$ mm，壁厚 $t=2$ mm，外扭矩 $m=600$ N·m，拉力 $P=20$ kN。

① 试用单元体表示 D 点的应力状态。

② 求出与母线 AB 成 30° 角的斜截面上的应力。

③ 求出 D 点的主应力与主平面位置（并在单元体上画出）。

(6) 构件上某点处的应力状态如题 12.3(6) 图所示。试求该点处的主应力及最大切应力的值，并画出三向应力状态的应力圆。

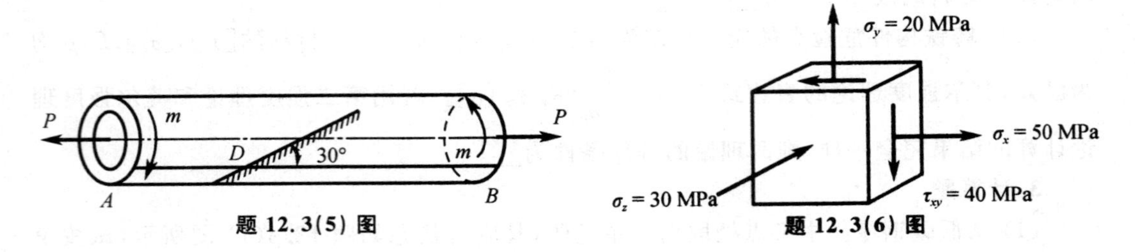

题 12.3(5) 图　　题 12.3(6) 图

(7) 已知单元体的应力圆如题 12.3(7) 图所示（应力单位为 MPa），试做出主单元体并在主单元体上标出与 A 点相对应的截面。

(8) 如题 12.3(8) 图所示薄壁容器承受内压。现由电阻片测得环向应变的平均值为 $\varepsilon'=0.35\times10^{-3}$，已知容器平均直径 $D=500$ mm，壁厚 $\delta=10$ mm，材料的 $E=210$ GPa，$\mu=0.25$。试求筒壁内轴向及环向应力，并求内压强 p。

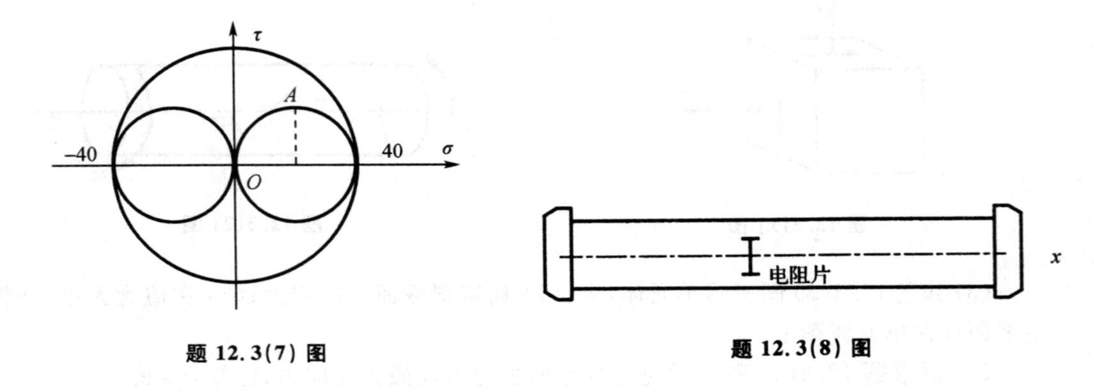

题 12.3(7) 图　　题 12.3(8) 图

(9) 在题 12.3(9) 图所示各单元体中，试用解析法和图解法求斜截面 a—b 上的应力，应力的单位为 MPa。

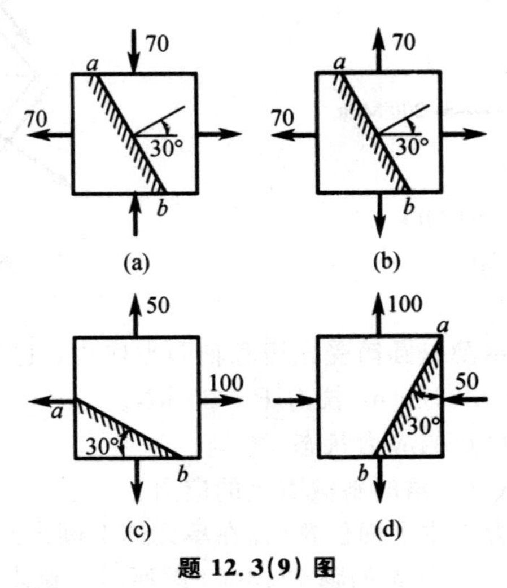

题 12.3(9) 图

(10) 已知应力状态如题 12.3(10) 图所示，图中应力单位皆为 MPa，试用解析法和图解法求：

① 主应力大小，主平面位置；

② 在单元体上绘出主平面及主应力方向；

③ 最大切应力。

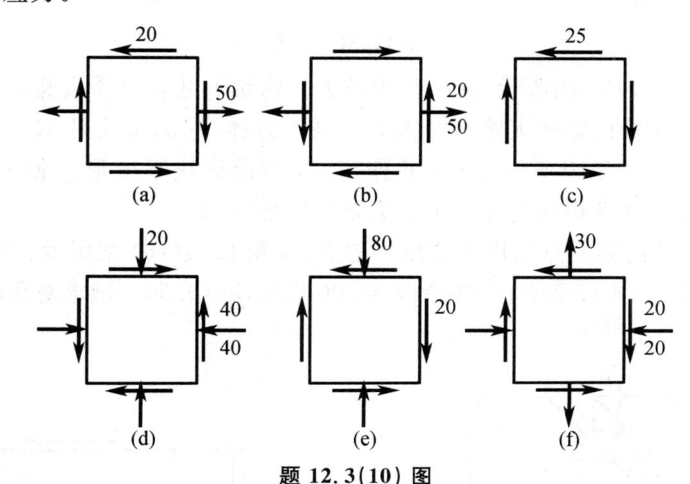

题 12.3(10) 图

(11) 如题 12.3(11) 图所示，锅炉直径 $D=1$ m，壁厚 $\delta=10$ mm，内受蒸汽压力 $p=3$ MPa，试求：

① 壁内主应力 σ_1，σ_2 及最大切应力 τ_{max}；

② 斜截面 a—b 上的正应力及切应力。

(12) 二向应力状态如题 12.3(12) 图所示，应力单位为 MPa，试求主应力并作应力圆。

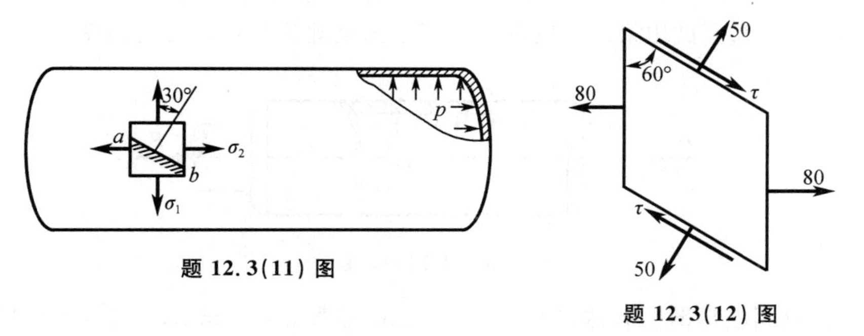

题 12.3(11) 图

题 12.3(12) 图

(13) 如题 12.3(13) 图所示，在处于二向应力状态的物体的边界 bc 上，A 点处的最大切应力为 35 MPa，试求 A 点的主应力。若在 A 点周围以垂直于 x 轴和 y 轴的平面分割出单元体，试求单元体各面上的应力分量。

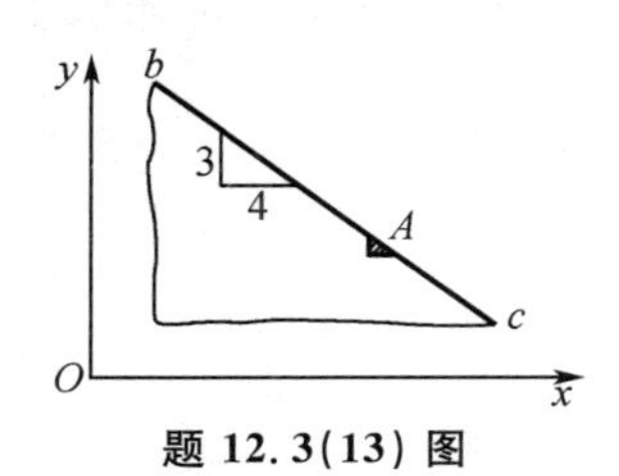

题 12.3(13) 图

(14) 试求题 12.3(14) 图所示各应力状态的主应力及最大切应力(应力单位为 MPa)。

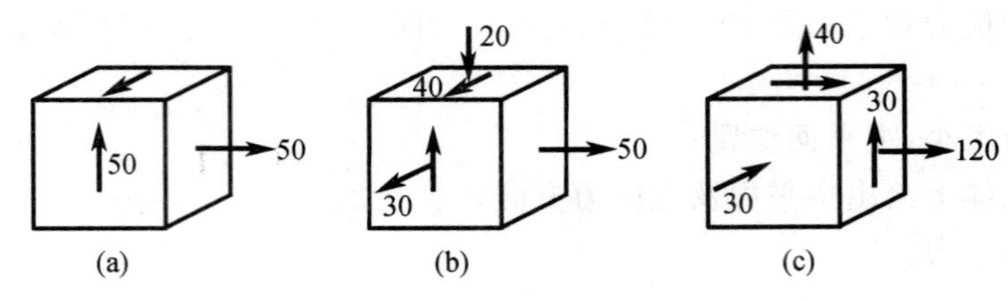

题 12.3(14) 图

(15) 如题 12.3(15) 图所示，在一体积较大的钢块上开有一个贯穿的槽，其宽度和深度都是 10 mm。在槽内紧密无隙地嵌入一铝制立方体，它的尺寸是 10 mm×10 mm×10 mm。当铝块受到压力 $F=6$ kN 的作用时，假设钢块不变形。铝的弹性模量 $E=70$ GPa，$\mu=0.33$。试求铝块的三个主应力及相应的变形。

(16) 从钢构件内某一点的周围取出一部分，如题 12.3(16) 图所示。根据理论计算已经求得 $\sigma=30$ MPa，$\tau=15$ MPa，材料的 $E=200$ GPa，$\mu=0.30$。试求对角线 AC 的长度改变 Δl。

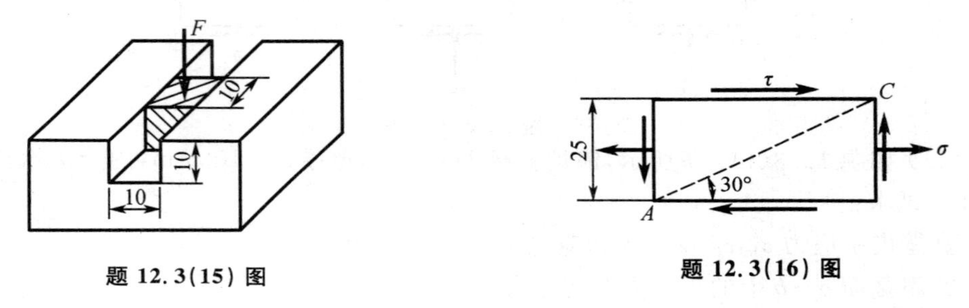

题 12.3(15) 图

题 12.3(16) 图

(17) 铸铁薄管如题 12.3(17) 图所示，管的外径为 2[illegible]0 mm，壁厚 $\delta=15$ mm，内压 $p=4$ MPa，$F=200$ kN。铸铁的抗拉及抗压许用应力分别为 $[\sigma_t]=30$ MPa，$[\sigma_c]=120$ MPa，$\mu=0.25$。试用第二强度理论及莫尔强度理论校核薄管的强度。

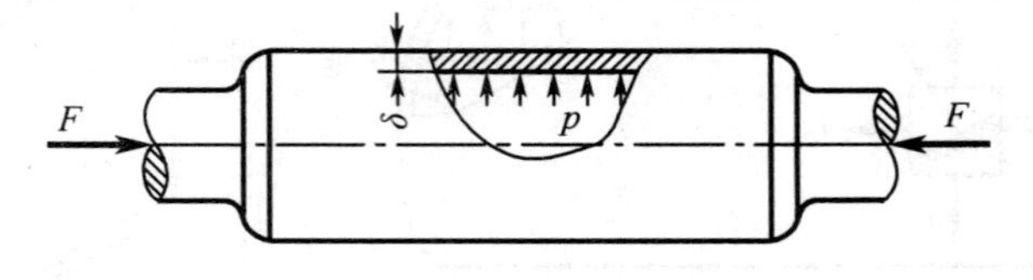

题 12.3(17) 图

(18) 钢制圆柱形薄壁容器，直径为 800 mm，壁厚 $\delta=4$ mm，$[\sigma]=120$ MPa。试用强度理论确定其可能承受的内压力 p。

第 13 章　组 合 变 形

13.1　组合变形的概念

前面各章分别讨论了杆件的拉伸(压缩)、剪切、扭转、弯曲等基本变形。工程结构中的一些构件又往往同时产生几种基本变形。例如,第 5 章图 5.8 所示钻床的立柱,由截面法求得的内力可知,立柱承受了由 F_N 引起的拉伸和由 M 引起的弯曲。又如,传动轴同时产生扭转和弯曲两种基本变形。这类由两种或两种以上基本变形组合的情况,称为组合变形。工程中常见的组合变形种类有:

(1) 斜弯曲(双向平面弯曲组合);

(2) 弯曲与拉伸(压缩) 组合(包括偏心拉压);

(3) 弯曲与扭转组合。

组合变形类型的判别方法有外力分解方法和内力分析方法两种。

处理组合变形构件的内力、应力和变形(位移) 问题时,可以运用基于叠加原理的叠加法。

叠加原理:如果内力、应力、变形等与外力呈线性关系,则在小变形条件下,复杂受力情况下组合变形构件的内力、应力、变形等力学响应可以分成几个基本变形单独受力情况下相应力学响应的叠加,且与各单独受力的加载次序无关。

13.2　斜　弯　曲

图 13.1(a) 所示构件具有两个对称面(y,z 为对称轴),横向载荷 P 通过截面形心与 y 轴成 α 夹角,现按叠加法介绍求解梁内最大弯曲正应力的解法与步骤。

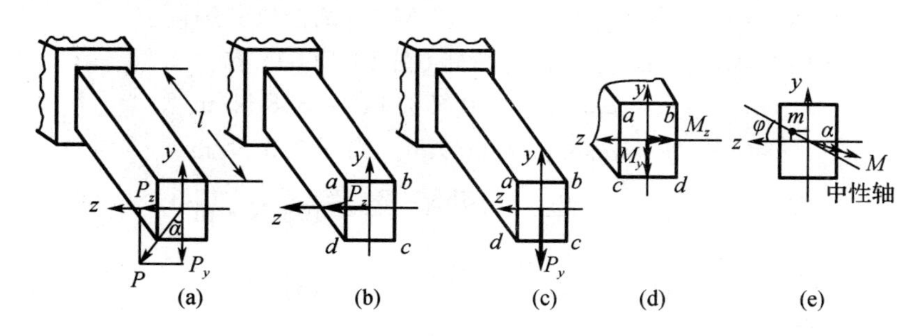

图 13.1

(1) 先将 P 沿横截面对称轴分解为 P_y 和 P_z,则有 $P_y = P\cos\alpha$,$P_z = P\sin\alpha$(图 13.1(a))。

(2) 得到相应的几种基本变形形式,分别计算可能危险点上的应力。先分别按两个平面弯曲计算，如图 13.1(b)，(c) 所示。P_y, P_z 在危险面(固定端)处分别有弯矩：$M_y=(P\sin\alpha)l$，$M_z=(P\cos\alpha)l$(图 13.1(d))。M_y 作用下产生以 y 轴为中性轴的平面弯曲，bc 与 ad 边上分别产生最大拉应力与最大压应力，即

$$\sigma'_{\max}=\pm\frac{M_y}{W_y}=\pm\frac{6Pl\sin\alpha}{b^2h} \tag{a}$$

M_z 作用下产生以 z 轴为中性轴的平面弯曲，ab 与 cd 边上分别产生最大拉应力与最大压应力

$$\sigma''_{\max}=\pm\frac{M_z}{W_z}=\pm\frac{6Pl\cos\alpha}{bh^2} \tag{b}$$

(3) 由叠加法求得组合变形情况下，原载荷作用下危险点的应力。即 P_y, P_z 共同作用下危险点(b, d 点)弯曲正应力(同一点同向的正应力代数相加)

$$|\sigma|_{\max}=\frac{M_y}{W_y}+\frac{M_z}{W_z}=\frac{6Pl}{b^2h^2}(h\sin\alpha+b\cos\alpha) \tag{13.1}$$

上述横向载荷 P 产生的弯曲区别于平面弯曲，称斜弯曲。它有以下两个特点：

(1) 构件的轴线变形后不再是载荷作用平面内的平面曲线，而是一条空间曲线；

(2) 横截面内中性轴不再与载荷作用线垂直，或中性轴不再与弯矩矢量重合(如为实心构件)。如图 13.1(e) 所示，横截面上任意点 $m(y,z)$ 的正应力为

$$\sigma=\sigma'+\sigma''=-\frac{M_y}{I_y}z+\frac{M_z}{I_z}y \tag{13.2}$$

根据中性轴定义，令 $\sigma=0$，即得中性轴位置表达式

$$\tan\varphi=\frac{y}{z}=\frac{I_z}{I_y}\frac{M_y}{M_z}=\frac{I_z}{I_y}\tan\alpha$$

当 $I_z\neq I_y$ 时，$\varphi\neq\alpha$；现为矩形($h>b$)，$I_z>I_y$，则 $\varphi>\alpha$，形成斜弯曲，中性轴与 M 矢量不重合。

当 $I_z=I_y$(如图 13.1(a) 中为圆截面)时，$\varphi=\alpha$，即载荷通过截面形心任意方向均形成平面弯曲，若圆截面直径为 D，则有

$$|\sigma|_{\max}=\frac{M}{W}=\frac{32}{\pi D^3}\sqrt{M_y^2+M_z^2} \tag{13.3}$$

例 13.1 如图 13.2(a) 所示矩形截面木檩条，$b=60$ mm，$h=120$ mm，跨长 $L=3$ m，受集度为 $q=800$ N/m 的均布力作用，$[\sigma]=12$ MPa，试校核其强度。

解 将 q 向两对称轴分解，分别计算弯矩(图 13.2(b))有

$$q_y=q\sin\alpha=800\times0.447=358\ \text{N/m}$$

$$q_z=q\cos\alpha=800\times0.894=715\ \text{N/m}$$

$$M_{z\max}=\frac{q_yL^2}{8}=\frac{358\times3^2}{8}=403\ \text{N}\cdot\text{m}$$

$$M_{y\max}=\frac{q_zL^2}{8}=\frac{715\times3^2}{8}=804\ \text{N}\cdot\text{m}$$

梁发生斜弯曲变形，按式(13.2) 计算危险点的应力，得

$$\sigma_{\max}=\frac{M_z}{W_z}+\frac{M_y}{W_y}=\frac{403}{\dfrac{120\times60^2\times10^{-9}}{6}}+\frac{804}{\dfrac{60\times120^2\times10^{-9}}{6}}=6.15\ \text{MPa}<[\sigma]$$

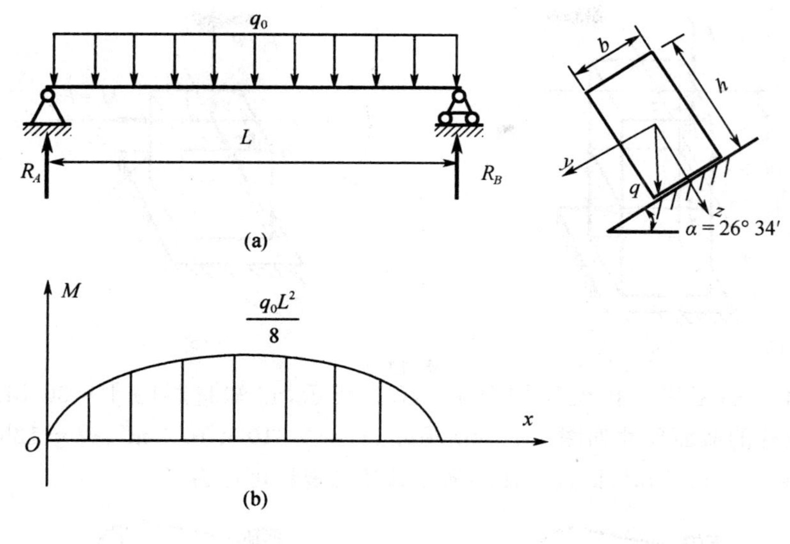

图 13.2

因此檩条安全。

13.3　拉伸或压缩与弯曲的组合变形

13.3.1　危险点应力及强度条件

以图 13.3(a) 所示偏心压缩问题为例,可以用载荷简化处理法,将作用于点 $F(y_p, z_p)$ 的偏心载荷 P 向构件轴线(或端面形心 O) 平移,得到相应于中心压缩和两个平面弯曲的外载荷。现在直接用截面法(内力处理法)。如图 13.3(b) 所示,端面上偏心压缩力 P 在横截面上产生的内力分量为

$$F_N = P, M_y = Pz_p, M_z = Py_p$$

在该横截面上任意点 $m(y, z)$ 处的正应力为压应力和两个平面弯曲(分别绕 y 轴和 z 轴)正应力的叠加:

$$\sigma_m = -\frac{P}{A} - \frac{Pz_P z}{I_y} - \frac{Py_P y}{I_z} \tag{13.4}$$

a 点有最大压应力 σ_a, d 点有最大拉应力 σ_d,即

$$\sigma_a = \sigma_{\max}^{压} = -\frac{P}{A} - \frac{Pz_P}{W_y} - \frac{Py_P}{W_z}$$

$$\sigma_d = \sigma_{\max}^{拉} = -\frac{P}{A} + \frac{Pz_P}{W_y} + \frac{Py_P}{W_z} \tag{13.5a}$$

式中, $W_y = \frac{I_y}{z_{\max}}$; $W_z = \frac{I_z}{y_{\max}}$。

其强度条件为

$$\sigma_{\max}^{拉} \leqslant [\sigma_t], \sigma_{\max}^{压} \leqslant [\sigma_C] \tag{13.5b}$$

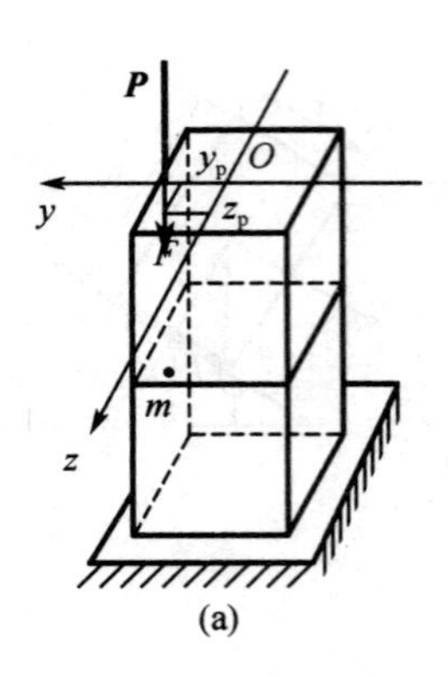

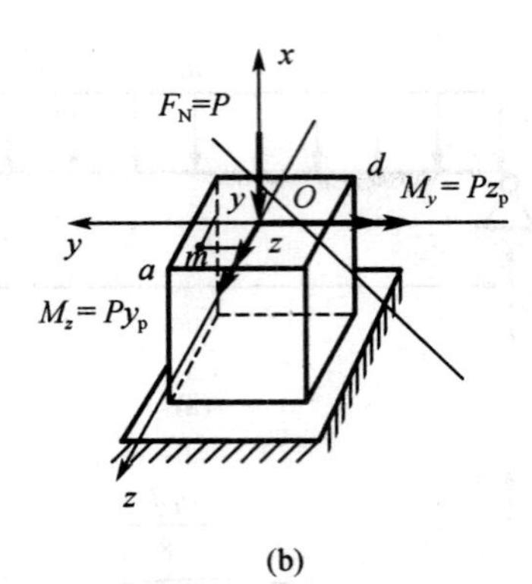

图 13.3

例 13.2 小型压力机框架如图 13.4(a) 所示，已知材料$[\sigma_t]=30$ MPa，$[\sigma_C]=160$ MPa，立柱的截面尺寸如图 13.4(b) 所示，$I_z=5\ 310\times10^{-8}$ m^4，$y_1=125$ mm，$y_2=75$ mm，$A=15\times10^{-3}$ m^2，试按立柱的强度条件确定许可压力 F。

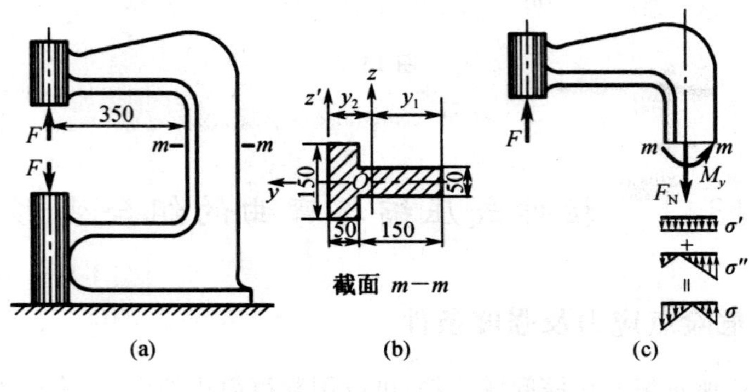

图 13.4

解 由截面法求立柱截面上的内力，得

$$\sum F_y=0, F_N=F\ (\mathrm{N})$$

$$\sum m_z=0,\quad M_z=(350+75)\times10^{-3}F=425\times10^{-3}F(\mathrm{N\cdot m})$$

变形特征为偏心拉伸，首先进行基本变形的应力计算。

轴力 F_N 作用时有

$$\sigma_N=\frac{F_N}{A}=\frac{F}{15\times10^{-3}}\ (\mathrm{Pa})$$

弯矩 M 作用时有

$$\sigma_M=\frac{M_z}{I_z}y$$

其中

$$\sigma_{Mt\max}=\frac{425\times10^{-3}F\times75\times10^{-3}}{5\ 310\times10^{-8}}\ (\mathrm{Pa}),\quad \sigma_{Mc\max}=-\frac{425\times10^{-3}F\times125\times10^{-3}}{5\ 310\times10^{-8}}\ (\mathrm{Pa})$$

由叠加法可得组合变形时的应力计算公式有

$$\sigma=\sigma_N+\sigma_M$$

横截面上应力分布规律如图 13.4(c) 所示，左右两危险点都是单向应力状态，按简单拉压的强度条件有

$$\sigma_{\text{tmax}} = \frac{F}{15 \times 10^{-3}} + \frac{425 \times 10^{-3} \times 75 \times 10^{-3} F}{5\ 310 \times 10^{-8}} \leqslant [\sigma_{\text{t}}] = 30 \times 10^{6}$$

得

$$F \leqslant 45.1 \times 10^{3}\ \text{N}$$

由

$$\sigma_{\text{cmax}} = \left| \frac{F}{15 \times 10^{-3}} - \frac{425 \times 10^{-3} \times 125 \times 10^{-3} F}{5\ 310 \times 10^{-8}} \right| \leqslant [\sigma_{\text{c}}] = 160 \times 10^{6}$$

得

$$F \leqslant 171.3 \times 10^{3}\ \text{N}$$

因此取$[F]=45.1$ kN。

例 13.3　简易起重机如图 13.5(a) 所示，$P=8$ kN，AB 梁为工字形，材料的$[\sigma]=100$ MPa，试选择工字梁型号。

解　移动载荷 P 作用于 B 点时，AB 梁的内力最大，取 AB 梁受力分析如图 13.5(b) 所示。AB 梁为拉伸与弯曲的组合变形。

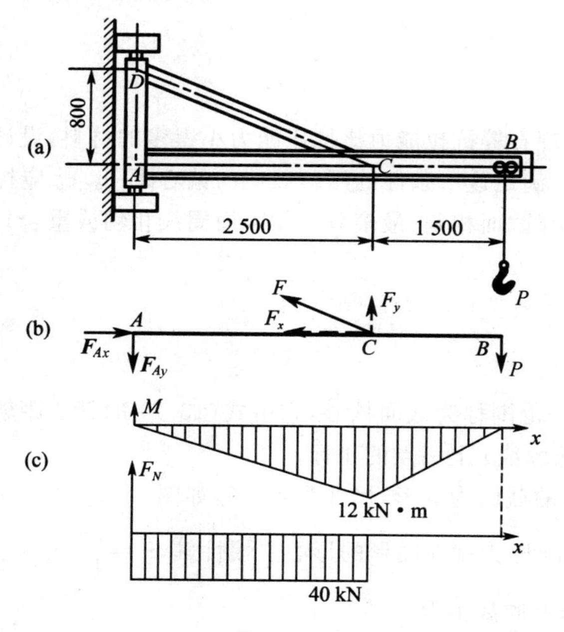

图 13.5

作轴力图和弯矩图(如图 13.5(c))，C 点的左侧截面为危险截面，有

$$F_{\text{N}} = 40\ \text{kN},\ M_{\max} = 12\ \text{kN} \cdot \text{m}$$

由于拉伸与弯曲的组合变形的强度条件中含有面积 A 和抗弯截面系数 W_z 两个未知量，不能直接求解。

按弯曲正应力强度条件

$$\sigma_{\mathrm{M\,max}}=\frac{M_{\max}}{W_z}\leqslant[\sigma]$$

求得 $W_z=120\times10^{-6}\ \mathrm{m}^3=120\ \mathrm{cm}^3$，选取16号工字钢。其中 $W_z=141\ \mathrm{cm}^3$，$A=20.1\ \mathrm{cm}^2$。

再校核强度

$$\sigma_{\max}=\left|\frac{F_{\mathrm{N}}}{A}+\frac{M_{\max}}{W_z}\right|=100.1\ \mathrm{MPa}>[\sigma]$$

因此不安全，但可控制使用。

13.3.2 中性轴位置和截面核心

让式(13.4)中 $\sigma_{\mathrm{m}}=0$，并定义截面惯性半径 $i_y=\sqrt{\frac{I_y}{A}}$，$i_z=\sqrt{\frac{I_z}{A}}$。设中性轴上任意点坐标为 (y_o,z_o)。则由式(13.4)得

$$1+\frac{z_{\mathrm{p}}z_o}{i_y^2}+\frac{y_{\mathrm{p}}y_o}{i_z^2}=0 \tag{13.6}$$

这是一个不通过形心 O 的中性轴方程(直线方程)。它在 y 轴和 z 轴上截距分别为

$$y_{\mathrm{ot}}=-\frac{i_z^2}{y_{\mathrm{p}}}$$

$$z_{\mathrm{ot}}=-\frac{i_y^2}{z_{\mathrm{p}}} \tag{13.7}$$

对于混凝土、大理石等抗拉能力比抗压能力小得多的材料，设计时不希望偏心压缩在构件中产生拉应力。满足这一条件的压缩载荷的偏心距 y_{p}，z_{p} 应控制在横截面中一定范围内(使中性轴不会与截面相割，最多只能与截面周线相切或重合)，由式(13.7)有

$$y_{\mathrm{p}}=-\frac{i_z^2}{y_{\mathrm{ot}}}$$

$$z_p=-\frac{i_y^2}{z_{\mathrm{ot}}} \tag{13.8}$$

横截面上存在的这一范围称为截面核心，它由式(13.8)的偏心距轨迹线围成。式中 y_{ot}，z_{ot} 为横截面周边(轮廓线)上一点的坐标。

例 13.4 短柱的截面为矩形，尺寸为 $b\times h$，如图13.6(a)所示，试确定截面核心。

解 对称轴 y，z 即为截面图形的形心主惯性轴，$i_y^2=\frac{b^2}{12}$，$i_z^2=\frac{h^2}{12}$。设中性轴与 AB 边重合，则它在坐标轴上的截距为

$$y_{\mathrm{ot}}=-\frac{h}{2},\ z_{\mathrm{ot}}=\infty$$

于是偏心距为

$$y_{\mathrm{p}}=-\frac{i_z^2}{y_{\mathrm{ot}}}=\frac{h}{6},\ z_{\mathrm{p}}=-\frac{i_y^2}{z_{\mathrm{ot}}}=0$$

即图13.6(a)中的 a 点。同理若中性轴为 BC 边，相应为 b 点，$b(0\ ,\frac{b}{6})$。依此类推，由于中性轴方程为直线方程，最后可得图13.6(a)中矩形截面的截面核心为 $abcd$(阴影线所示)。

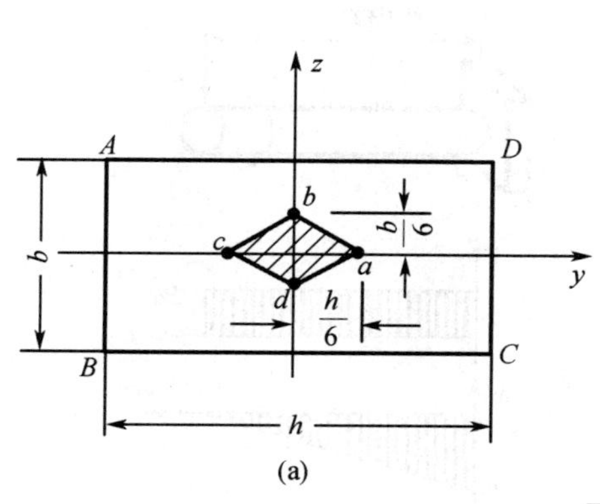

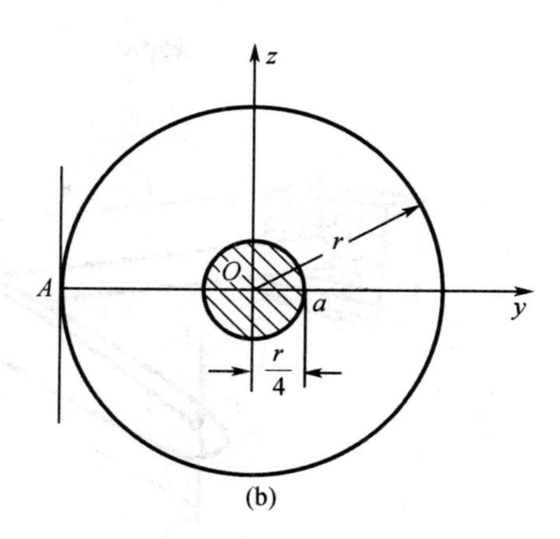

图 13.6

读者可以自行证明，图 13.6(b) 所示半径为 r 的圆截面短柱，其截面核心为半径 $y_p = \frac{r}{4}$ 的圆形。

13.4　弯曲与扭转组合变形的强度计算

如图 13.7(a) 所示，以直角曲拐为例分析 AB 段变形形式，建立强度条件。

通过外力简化分析可知 AB 段是弯曲与扭转的组合。在计算 AB 段强度时，应首先确定 AB 段的内力分布，找出危险截面的位置。作扭矩图和弯矩图，如图 13.7(b) 所示。从图13.7(b) 可以看出固定端 A 截面是危险截面，其最大内力为

$$T_{\max} = Pa, M_{\max} = Pl$$

A 截面在弯矩 M_z 作用下，D_1 和 D_2 两点的正应力最大；在扭矩 T 作用下，截面周边各点扭转切应力最大；在 D_1 和 D_2 两点上同时有最大正应力与最大扭转切应力，所以 D_1 和 D_2 是截面上的危险点，D_1 和 D_2 两点的应力状态如图 13.7(c) 所示，其截面上的应力为

$$\sigma = \sigma_{\max} = \frac{M_{\max}}{W_z}, \tau = \tau_{\max} = \frac{T_{\max}}{W_t} \tag{a}$$

危险点上有 σ 和 τ 同时作用，必须应用强度理论进行强度分析。如果构件是塑性材料制造的，则可选用第三或第四强度理论进行强度分析，其相当应力为

$$\sigma_{r3} = \sigma_1 - \sigma_3 \leqslant [\sigma] \tag{13.9a}$$

$$\sigma_{r4} = \sqrt{\frac{1}{2}\left[(\sigma_1 - \sigma_2)^2 + (\sigma_2 - \sigma_3)^2 + (\sigma_3 - \sigma_1)^2\right]} \leqslant [\sigma] \tag{13.9b}$$

D_1 和 D_2 两点的应力状态的主应力为

$$\sigma_{1,3} = \frac{\sigma}{2} \pm \sqrt{\left(\frac{\sigma}{2}\right)^2 + \tau^2}, \sigma_2 = 0 \tag{b}$$

对于塑性材料，可选用第三和第四强度理论，考虑式(b) 后有

$$\sigma_{r3} = \sqrt{\sigma^2 + 4\tau^2} \leqslant [\sigma] \tag{13.10a}$$

$$\sigma_{r4} = \sqrt{\sigma^2 + 3\tau^2} \leqslant [\sigma] \tag{13.10b}$$

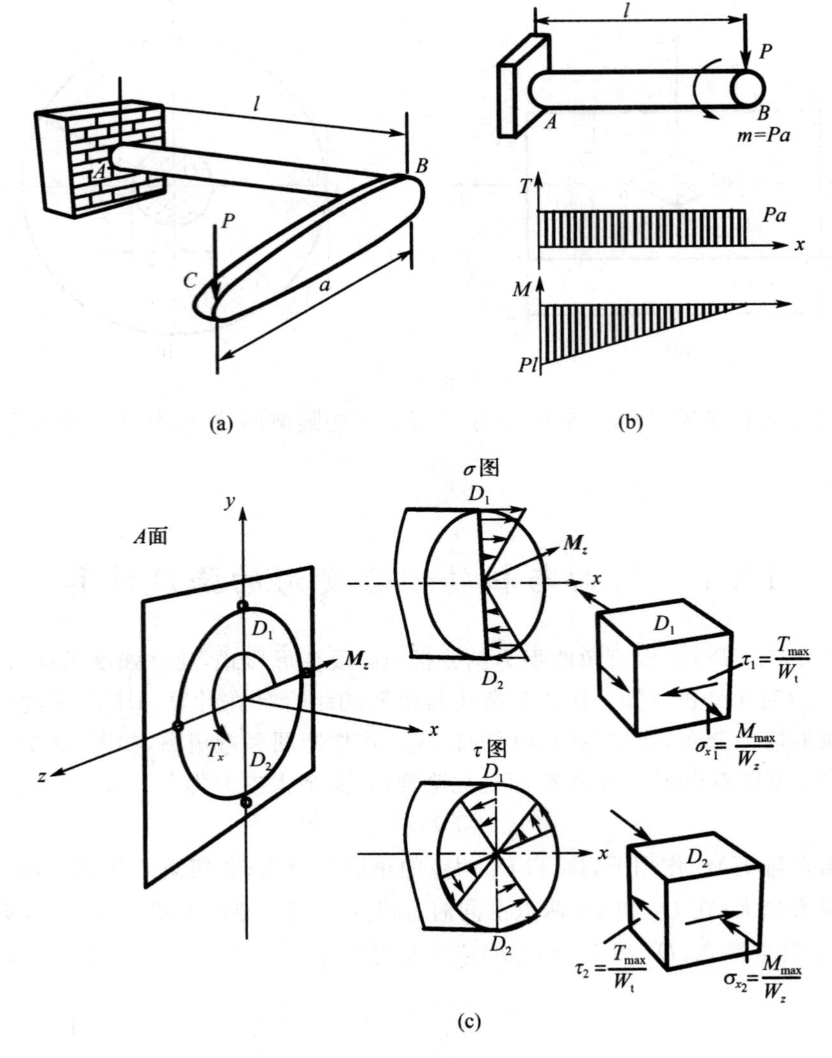

图 13.7

对直径为 d 的圆截面，有 $W_t=2W_z$，$W_z=\frac{\pi}{32}d^3$，考虑式(a)后，式(13.10a)和式(13.10b)可写成下列形式

$$\sigma_{r_3}=\frac{1}{W_z}\sqrt{M^2+T^2}\leqslant[\sigma] \tag{13.11a}$$

$$\sigma_{r_4}=\frac{1}{W_z}\sqrt{M^2+0.75T^2}\leqslant[\sigma] \tag{13.11b}$$

例 13.5 绞车如图 13.8(a)所示，已知轮盘半径 $R=0.2$ m，轴直径 $d=40$ mm，材料的许用应力 $[\sigma]=80$ MPa，试按第三强度理论求许可载荷 $[P]$。

解 (1) 内力分析确定组合变形类型，作扭矩图和弯矩图如图 13.8(b)所示。

(2) 确定危险截面在 B 点右侧面，有 $T_{\max}=PR=0.2P$，$M_{\max}=PL/4=0.25P$。

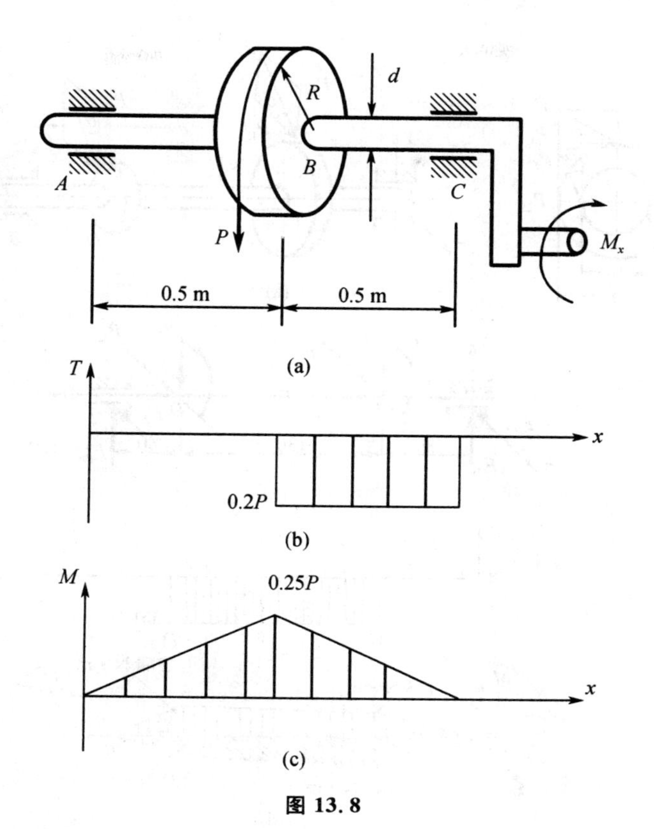

图 13.8

（3）按第三强度理论

$$\frac{1}{W_z}\sqrt{M^2+T^2}\leqslant[\sigma]$$

将相关数据代入上式有

$$\frac{P\sqrt{0.25^2+0.2^2}}{\dfrac{40^3\pi\times10^{-9}}{32}}\leqslant 80\times10^6$$

求得 $P\leqslant 1\ 570$ N，因此取 $[P]=1\ 570$ N。

例 13.6　如图 13.9(a) 所示齿轮轴 AB，已知轴的转速 $n=265$ r/min，输入功率 $P=10$ kW，两齿轮节圆直径 $D_1=396$ mm，$D_2=168$ mm，压力角 $\alpha=20°$，轴的直径 $d=50$ mm，材料为 45 号钢，许用应力 $[\sigma]=50$ MPa。试校核轴的强度。

解　（1）轴的外力分析

将啮合力分解为切向力与径向力，并向齿轮中心（轴线上）平移。考虑轴承约束力后得轴的受力图如图 13.9(b) 所示。由 $\sum m_x(F)=0$ 得

$$m_C=m_D=9\ 550\frac{P}{n}=9\ 550\frac{10}{265}=361\ \text{N}\cdot\text{m}$$

由扭转力偶计算相应切向力和径向力为

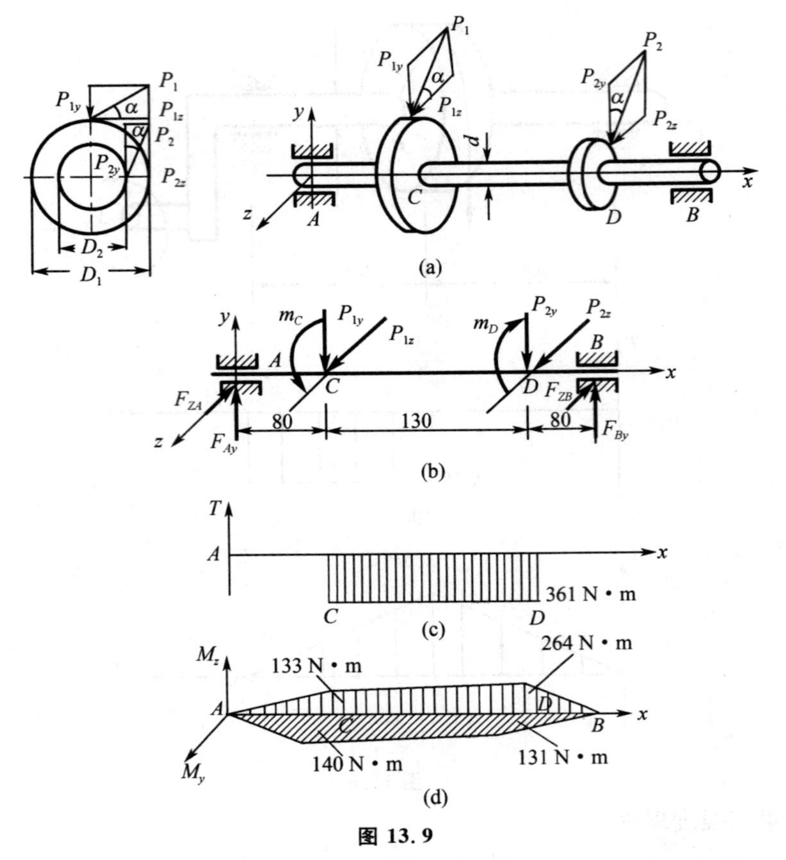

图 13.9

$$\begin{cases} m_C = P_{1z}\dfrac{D_1}{2} \\ P_{1z} = \dfrac{2T_C}{D_1} = \dfrac{2\times 361}{0.396} = 1\ 823\ \text{N} \\ P_{1y} = P_{1z}\tan 20^\circ = 1\ 823\times 0.364 = 664\ \text{N} \end{cases}$$

$$\begin{cases} m_D = P_{2y}\dfrac{D_2}{2} \\ P_{2y} = \dfrac{2T_D}{D_2} = \dfrac{2\times 361}{0.168} = 4\ 300\ \text{N} \\ P_{2z} = P_{2y}\tan 20^\circ = 4\ 300\times 0.364 = 1\ 565\ \text{N} \end{cases}$$

轴上铅垂面内的作用力 P_{1y},P_{2y},约束力 F_{Ay},Y_{By} 构成铅垂面内的平面弯曲,由平衡条件 $\sum m_{z,B}(F)=0$ 和 $\sum m_{z,A}(F)=0$ 可求得

$$F_{Ay}=1\ 664\ \text{N}, F_{By}=3\ 300\ \text{N}$$

轴上水平面内的作用力 P_{1z}、P_{2z},约束力 F_{Az}、F_{Bz} 构成水平面内的平面弯曲,由平衡条件 $\sum m_{y,B}(F)=0$ 和 $\sum m_{y,A}(F)=0$,可求得

$$F_{Az}=1\ 750\ \text{N}\ ,\ F_{Bz}=1\ 638\ \text{N}$$

(2) 作内力图

分别作轴的扭矩图 T 图(图 13.9(c)),铅垂面内外力引起的轴的弯矩图 M_z 图,水平面外力引起的轴的弯矩图 M_y 图(图 13.9(d))。

(3) 强度校核

由弯矩图及扭矩图确定可能危险面为 C(右)面和 D(左)面。由式 $M=\sqrt{M_y^2+M_z^2}$ 有

$$M_C=\sqrt{140^2+133^2}=193\ \mathrm{N\cdot m}$$

$$M_D=\sqrt{131^2+264^2}=294\ \mathrm{N\cdot m}$$

所以 D 面更危险。

对于塑性材料,应采用第三强度理论或第四强度理论进行强度校核。

按第三强度理论有

$$\frac{1}{W}\sqrt{M_D^2+T^2}=\frac{\sqrt{294^2+361^2}}{0.1\times 0.05^3}=37.4\times 10^6\ \mathrm{Pa}=37.4\ \mathrm{MPa}<[\sigma]=55\ \mathrm{MPa}$$

按第四强度理论有

$$\frac{1}{W}\sqrt{M_D^2+0.75T^2}=\frac{\sqrt{294^2+0.75\times 361^2}}{0.1\times 0.05^3}$$

$$=34.4\times 10^6\ \mathrm{Pa}=34.4\ \mathrm{MPa}<[\sigma]=55\ \mathrm{MPa}$$

因此构件安全。

习 题

1. 选择题

(1) 三种受压杆件如题 13.1(1) 图所示,设杆 1、杆 2 和杆 3 中的最大压应力(绝对值)分别用 $\sigma_{\max1}$,$\sigma_{\max2}$ 和 $\sigma_{\max3}$ 表示,它们之间的关系有四种答案:

(A) $\sigma_{\max1}<\sigma_{\max2}<\sigma_{\max3}$　　(B) $\sigma_{\max1}<\sigma_{\max2}=\sigma_{\max3}$

(C) $\sigma_{\max1}<\sigma_{\max3}<\sigma_{\max2}$　　(D) $\sigma_{\max1}=\sigma_{\max3}<\sigma_{\max2}$

正确答案是________。

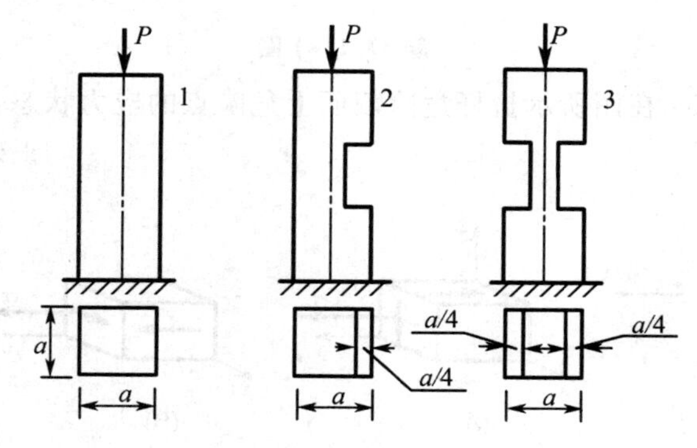

题 13.1(1) 图

(2) 题 13.1(2) 图所示曲杆受作用面垂直于杆轴线的外力偶 m 作用,曲杆将发生的变

形为：

(A) 扭转变形　　(B) 弯曲变形

(C) 扭转与弯曲组合变形　　(D) 拉压扭转与弯曲组合变形

正确答案是________。

(3) 题 13.1(3) 图所示结构，其中 AD 杆发生的变形为：

(A) 弯曲变形　　(B) 压缩变形

(C) 弯曲与压缩的组合变形　　(D) 弯曲与拉伸的组合变形

正确答案是________。

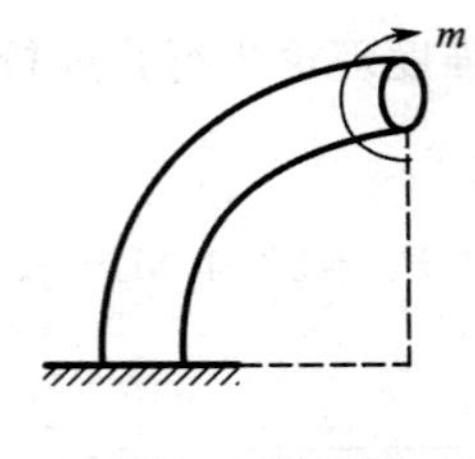

题 13.1(2) 图

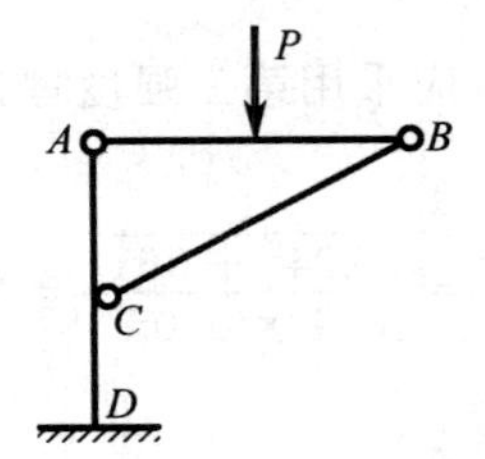

题 13.1(3) 图

(4) 用第三强度理论校核题 13.1(4) 图所示杆的强度时，四种答案：

(A) $\frac{P}{A}+[(\frac{M}{W_z})^2+4(\frac{T}{W_t})^2]^{1/2}\leqslant[\sigma]$　　(B) $\frac{P}{A}+\frac{M}{W_z}+\frac{T}{W_t}\leqslant[\sigma]$

(C) $[(\frac{P}{A}+\frac{M}{W_z})^2+(\frac{T}{W_t})^2]^{1/2}\leqslant[\sigma]$　　(D) $[(\frac{P}{A}+\frac{M}{W_z})^2+4(\frac{T}{W_t})^2]^{1/2}\leqslant[\sigma]$

正确答案是________。

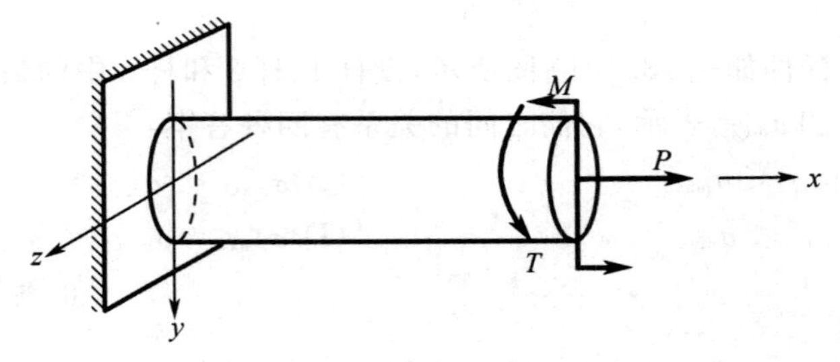

题 13.1(4) 图

(5) 如题 13.1(5) 在图所示折杆危险截面上危险点的应力状态，现有如下三种答案：

正确答案是________。

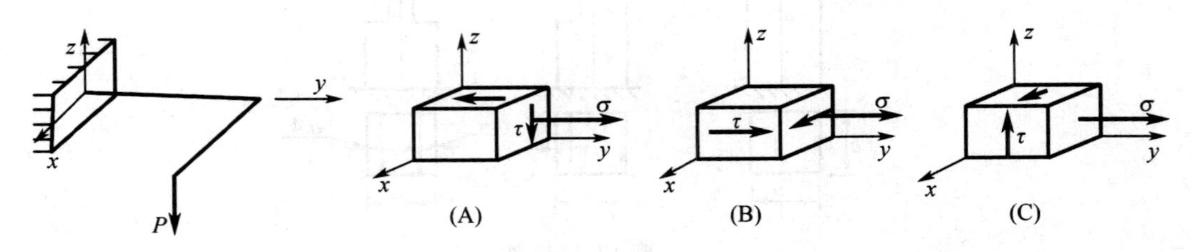

题 13.1(5) 图

2. 填空题

(1) 如题 13.2(1) 图所示圆截面空间折杆，该杆各段的变形形式：AB 段为__________；BC 段为__________；CD 段为__________。

(2) 偏心压缩实际上就是________和________的组合变形问题。

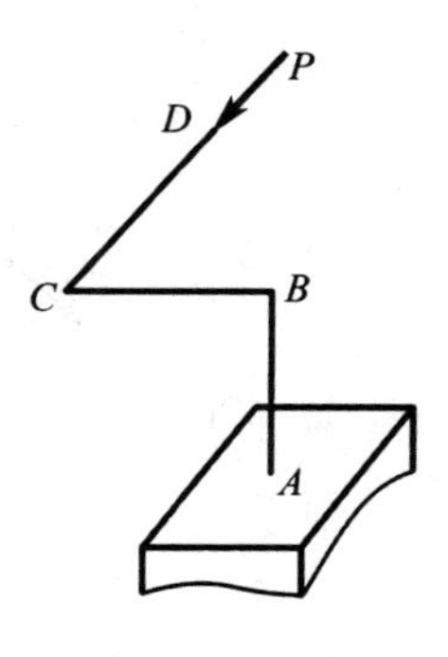

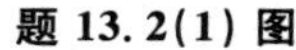
题 13.2(1) 图

3. 计算题

(1) 三角形托架受力如题 13.3(1) 图所示，杆 AB 为 16 号工字钢，$A=26.1\times10^2\ \mathrm{mm}^2$，$W_z=141\times10^3\ \mathrm{mm}^3$，已知钢的$[\sigma]=100$ MPa，试校核杆的强度。

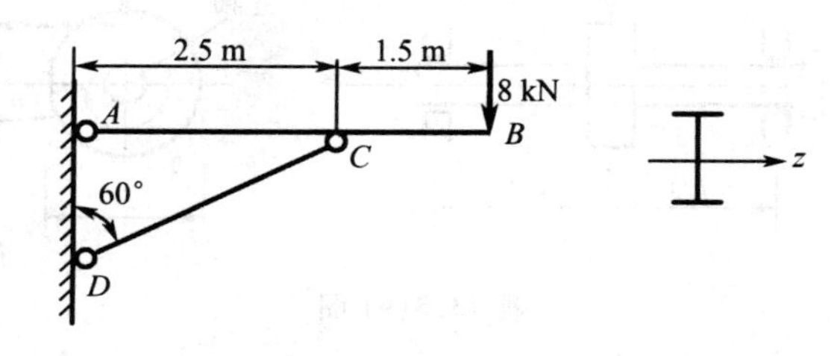

题 13.3(1) 图

(2) 铸铁框架如题 13.3(2) 图所示，其强度由 I－I 截面上的应力控制。已知 $A=2.1\times10^4\ \mathrm{mm}^2$，$I_z=74.38\times10^6\ \mathrm{mm}^4$，$[\sigma_t]=28$ MPa，$[\sigma_c]=80$ MPa，求此框架的许可载荷$[P]$。

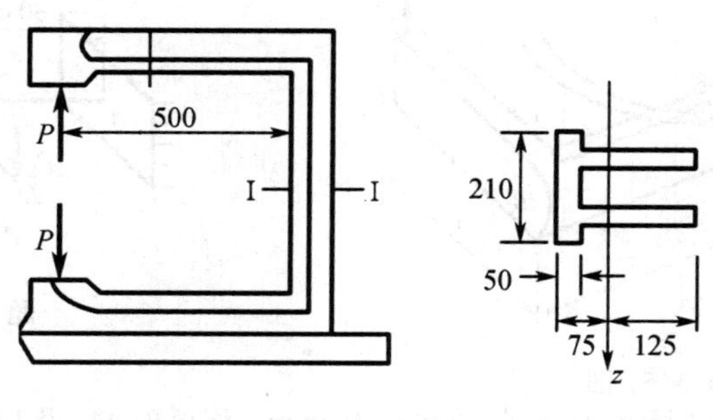

题 13.3(2) 图

(3) 两端铰支的矩形截面梁受力如题 13.3(3) 图所示，其尺寸为 $h=80$ mm，$b=40$ mm，$[\sigma]=120$ MPa，试校核梁的强度。

(4) 如题 13.3(4) 图所示齿轮传动轴由电动机带动，作用在齿轮上的力如图所示，已知轴的直径$d=30$ mm，$F_n=0.8$ kN，$F_\tau=2$ kN，$l=50$ mm，齿轮节圆直径$D=200$ mm。试用第三强度理论校核轴的强度。已知轴的$[\sigma]=80$ MPa。

(5) 题 13.3(5) 图所示水平直角折杆受竖直力 P 作用，已知轴直径 $d=100$ mm，$a=400$ mm，$E=200$ GPa，$\mu=0.25$，在 D 截面顶点 K 测出轴向应变$\varepsilon_0=2.75\times10^{-4}$。试求该折杆危险点的相当应力 σ_{r3}。

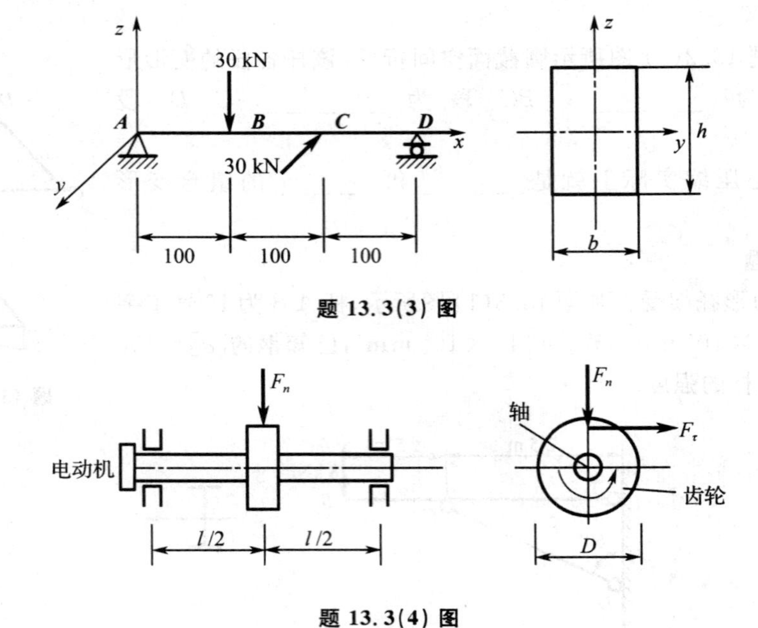

题 13.3(3) 图

题 13.3(4) 图

(6) 直径为 d 的圆截面钢杆处于水平面内，AB 杆垂直于 CD 杆，铅垂作用力 $P_1=2$ kN，$P_2=6$ kN，如题 13.3(6) 图所示，已知 $d=7$ cm，材料的许用应力$[\sigma]=110$ MPa。试用第三强度理论校核该杆的强度。

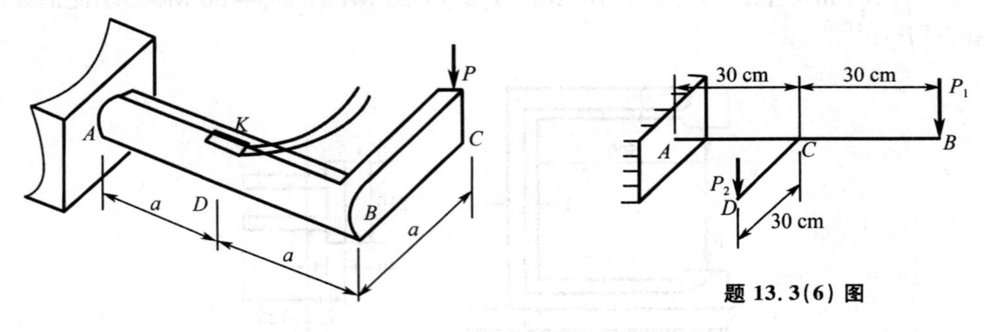

题 13.3(6) 图

题 13.3(5) 图

(7) 如题13.3(7)图所示圆轴直径$d=20$ mm，受弯矩M_y及扭矩M_x作用。若由试验测得轴表面上 A 点沿轴线方向的线应变$\varepsilon_0=6\times10^{-4}$，$B$ 点沿与轴线成 45° 方向的线应变$\varepsilon_{45^\circ}=4\times10^{-4}$，已知材料的$E=200$ GPa，$\mu=0.25$，$[\sigma]=160$ MPa。试求M_y及M_x，并按第四强度理论校核轴的强度。

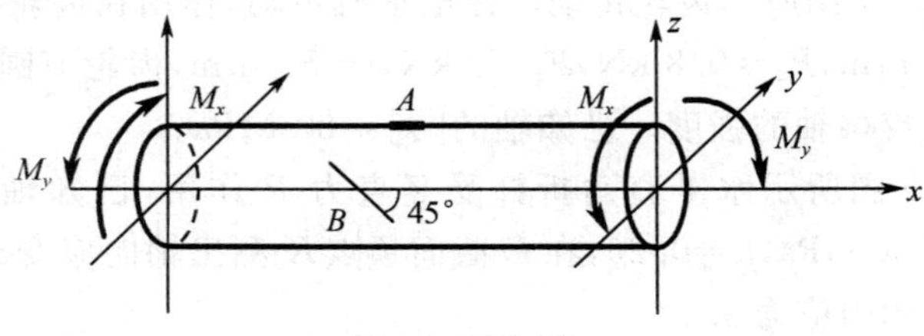

题 13.3(7) 图

(8) 如题 13.3(8) 图所示起重架的最大起吊重力(包括行走小车等) 为 $W = 40$ kN。横梁 AC 由两根 18 号槽钢组成，材料为 Q235 钢，许用应力$[\sigma] = 120$ MPa。试校核横梁的强度。

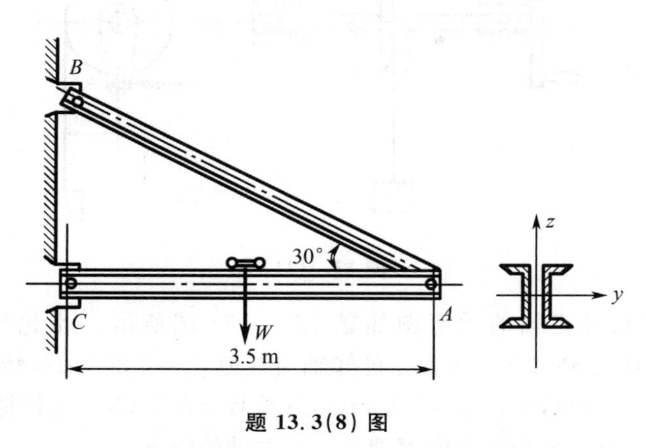

题 13.3(8) 图

(9) 题 13.3(9) 图所示短柱受载荷 F_1 和 F_2 的作用，试求固定端截面上顶点 A,B,C 及 D 的正应力，并确定其中性轴的位置。

(10) 题 13.3(10) 图所示钻床的立柱为铸铁制成的，$F = 15$ kN，许用拉应力$[\sigma_t] = 35$ MPa。试确定立柱所需直径 d。

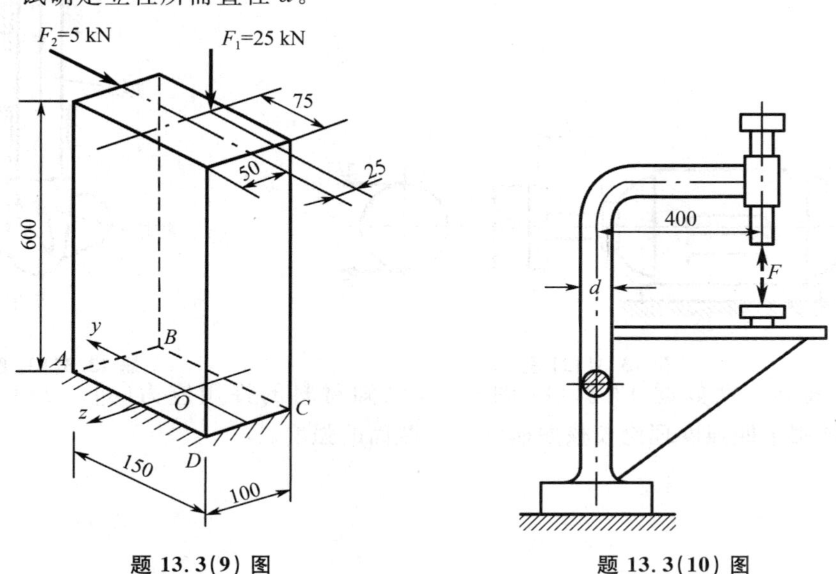

题 13.3(9) 图　　　　题 13.3(10) 图

(11) 手摇绞手如题 13.3(11) 图所示，轴的直径 $d = 30$ mm，材料为 Q235 钢，许用应力$[\sigma] = 80$ MPa。试按第三强度理论，求绞车的最大起吊重力 P。

(12) 如题 13.3(12) 图所示，电动机的功率为 $P = 9$ kW，转速为 $n = 715$ r/min，带轮直径 $D = 250$ mm，主轴外伸部分长度为 $l = 120$ mm，主轴直径 $d = 40$ mm。若许用应力$[\sigma] = 60$ MPa，试用第三强度理论校核轴的强度。

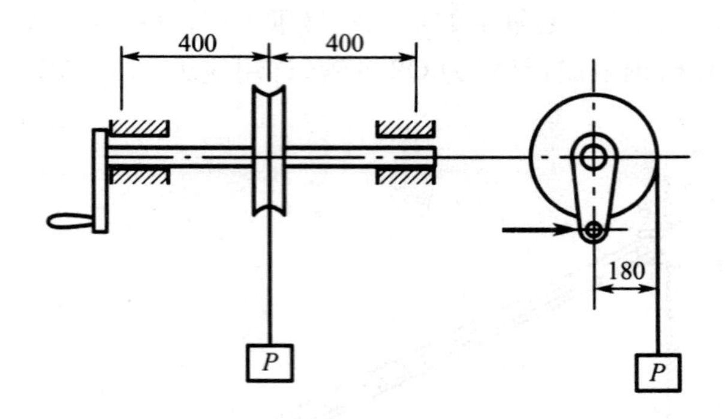

题 13.3(11) 图

(13) 某型水轮机主轴的示意图如题 13.3(13) 图所示。水轮机组的输出功率为 $P=37\ 500$ kW,转速 $n=150$ r/min。已知轴向推力 $F_z=4\ 800$ kN,转轮重 $W_1=390$ kN;主轴的内径 $d=340$ mm,外径 $D=750$ mm,自重 $W=285$ kN。主轴材料为 45 钢,其许用应力为$[\sigma]=80$ MPa。试按第四强度理论校核主轴的强度。

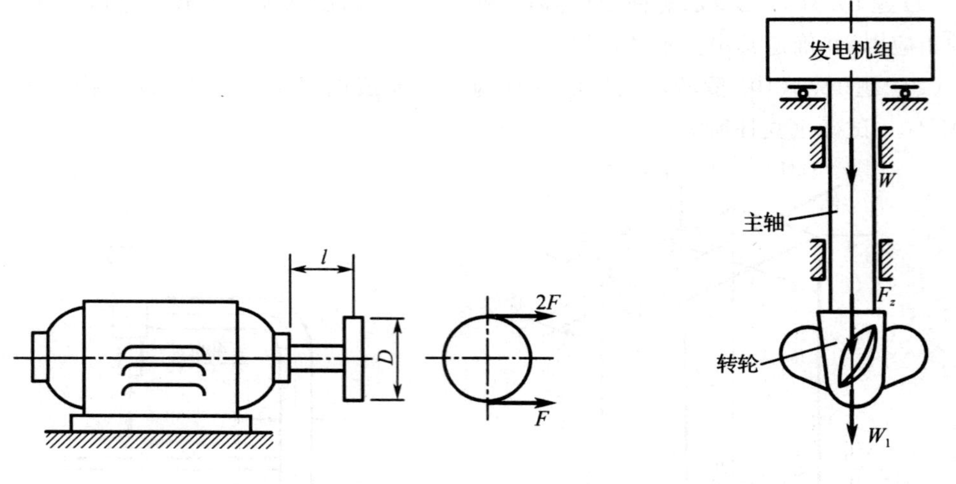

题 13.3(12) 图

题 13.3(13) 图

(14) 铸钢曲柄如题 13.3(14) 图所示,已知材料的许用应力$[\sigma]=120$ MPa,$F=30$ kN。试用第四强度理论校核曲柄 $m—m$ 截面的强度。

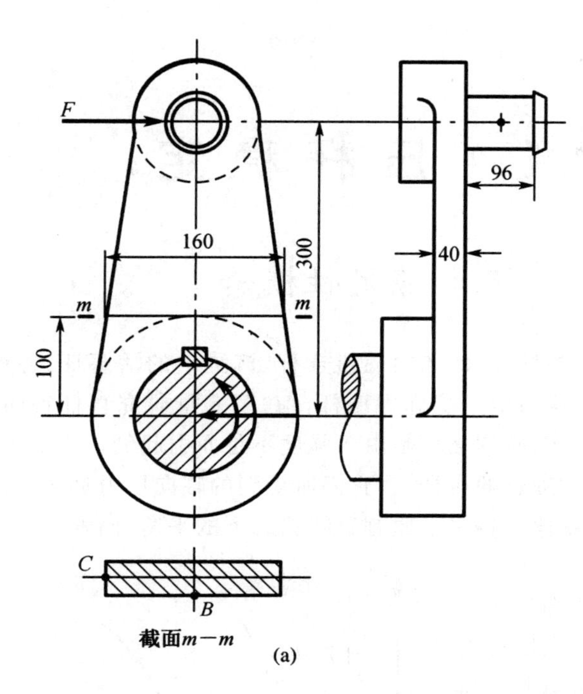

(a)

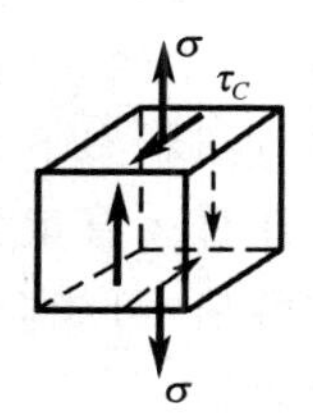

C点处的应力状态
(b)

题 13.3(14) 图

第 14 章　压 杆 稳 定

14.1　压杆稳定性概念

工程中有许多细长的轴向压缩杆件，例如内燃机连杆、汽缸中的活塞杆、各种桁架中的压杆、建筑结构中的立柱等，材料力学中统称为压杆。在第 6 章研究直杆轴向压缩时，总认为杆是在直线状态下维持平衡，杆的破坏是由于强度不足而引起的。事实上，这样考虑只对短粗的压杆才有意义，而对细长的压杆，当它们所受到的轴向压力远未达到其发生强度破坏时的数值，可能会突然变弯而丧失了原有直线状态下的平衡，而发生破坏。

1. 压杆稳定性

压杆的稳定性是指压杆在轴向压力作用下保持直线平衡状态的能力；又因弹性体受力后的任意平衡状态都对应着某个唯一的变形状态，所以也是指弹性压杆受压后的轴向缩短变形平衡状态的能力。如图 14.1(a) 所示，一端固定，一端自由的弹性均质等直杆受毫无偏心的轴向压力作用（这就是所谓的理想压杆）。如图14.1(b) 所示，当轴向压力 F 小于某个定值 F_{cr} 时，压杆将保持直线平衡状态，即使施加一微小干扰力，使杆轴到达一个微弯曲线位置，然后撤销干扰力，压杆仍然能回到原有的直线位置，称压杆初始直线位置的平衡状态是稳定的；如图 14.1(c) 所示，当轴向压力 F 大于某个定值 F_{cr} 时，压杆只要受到某一微小干扰力的作用，它将由微弯曲状态继续弯曲到一个挠度更大的曲线位置去平衡，甚至折断，称压杆初始直线位置的平衡状态是不稳定的；如图 14.1(d) 所示，当轴向压力 F 等于某个定值 F_{cr} 时，在干扰力撤销后，压杆不能恢复到原有的直线平衡状态，仍保持为微弯曲线的位置不动，称压杆初始直线位置的平衡是临界平衡或中性平衡。

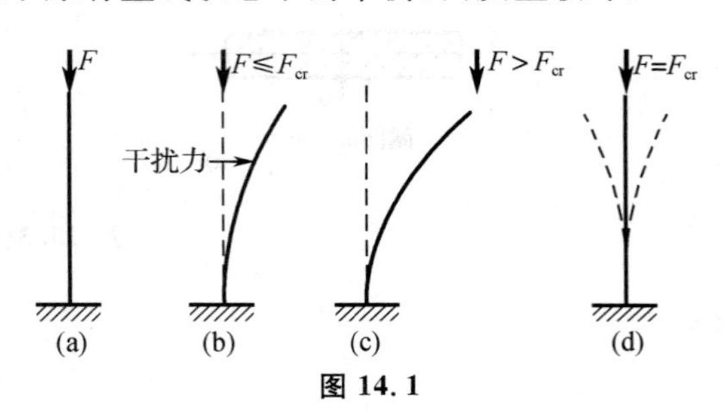

图 14.1

2. 压杆稳定与失稳

通过前面的分析可知，压杆原有的直线平衡状态是否稳定，与所受轴向压力的大小有关。当轴向压力由小逐渐增大到某一数值时，压杆的直线平衡状态由稳定过渡到不稳定，这种破坏现象称为压杆丧失稳定性或简称压杆失稳，是不同于强度破坏的又一种破坏形式。

3. 压杆临界力

压杆的直线平衡状态由稳定过渡到不稳定时，轴向压力的这个临界值称为压杆的临界力或临界载荷，即压杆保持在微弯平衡状态时的最小轴向压力，用 F_{cr} 表示。为了保证压杆安全可靠地工作，必须使压杆处于直线平衡形式，因而压杆是以临界力作为其极限承载能力的。

14.2　细长压杆的临界力

14.2.1　两端铰支细长压杆的临界力

如图 14.2 所示，两端铰支细长压杆在轴向压力 F 作用下处于微弯平衡状态。在 x 截面处将压杆截开并取左半部分为研究对象，进行受力分析。

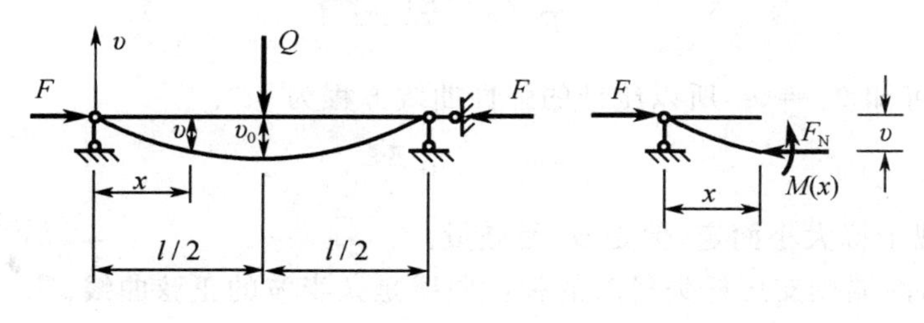

图 14.2

取 x 截面的形心为矩心建立力矩平衡方程，得到任意截面 x 上的弯矩为

$$M(x) = -Fv \tag{14.1a}$$

当弯曲变形很小时，压杆内的应力小于材料的比例极限，这条挠曲线可用小挠度微分方程来表示

$$v'' = \frac{M(x)}{EI} \tag{14.1b}$$

把式(14.1a) 代入式(14.1b) 得微弯挠曲线的微分方程式为

$$v'' = \frac{-Fv}{EI} \tag{14.1c}$$

令

$$k^2 = \frac{F}{EI} \tag{14.1d}$$

于是，式(14.1c) 可写为

$$v'' + k^2 v = 0 \tag{14.1e}$$

其通解为

$$v = C_1 \sin kx + C_2 \cos kx \tag{14.1f}$$

积分常数 C_1 和 C_2 可根据边界条件确定：

(1) 当 $x=0$ 时，$v(0)=0$；

(2) 当 $x=l$ 时，$v(l)=0$。

将上述边界条件代入式(14.1f) 分别得 $C_2=0$，$C_1 \sin kl=0$。如果 $C_1=0$，由式(14.1f) 可得 $v \equiv 0$，这表示未加干扰时压杆可在直线位置平衡，这与开始的假设相矛盾。所以 $C_1 \neq 0$，只有 $\sin kl=0$，这要求 $kl=\pm n\pi(n=0,1,2,3,\cdots)$，将其代入式(14.1d)，解得

$$F = \frac{n^2\pi^2 EI}{l^2}(n=0,1,2,3,\cdots) \tag{14.1g}$$

由上式可知，使压杆保持微弯平衡状态的最小轴向压力为

$$F_{cr}=F_{min}=\frac{\pi^2 EI}{l^2} \tag{14.2a}$$

此式即计算两端铰支压杆临界力的表达式，该公式是瑞士科学家欧拉在1744年首先提出的，所以又称为欧拉公式。因此，临界力 F_{cr} 也称为欧拉临界力。此式表明，欧拉临界力与抗弯刚度 EI 成正比，与杆长的平方 l^2 成反比。应用欧拉公式时应注意，因为截面的惯性矩 I 是多值的，而且压杆总是在抗弯能力最小的纵向平面内失稳，所以当端部各个方向的约束相同时，式中的 I 为压杆横截面的最小形心惯性矩，即

$$F_{cr}=\frac{\pi^2 EI_{min}}{l^2} \tag{14.2b}$$

根据上述分析可知 $C_1=v_0$，所以压杆的弹性曲线方程为

$$v=v_0\sin\frac{\pi x}{l} \tag{14.3}$$

式中，v_0 的值视干扰大小而定，但是 v_0 是微量。

由此可见，两端铰支压杆失稳时的弹性曲线是条半波的正弦曲线。

14.2.2 不同杆端约束细长压杆的临界力

前面推导的是两端铰支细长压杆的临界力，对于不同杆端约束情况的弹性压杆，临界力的表达式也因此不同。但是只要采用上述方法可推导出类似的临界力计算公式，它们的临界力表达式可统一写为

$$F_{cr}=\frac{\pi^2 EI_{min}}{(\mu l)^2} \tag{14.4}$$

式中，l 是压杆的实际长度；μ 为长度系数。

实际约束应简化成什么样的计算简图，设计时都必须遵循设计规范。各种约束条件下等截面细长压杆临界力的欧拉公式及长度系数的取值见表14.1。

表 14.1

支承情况	两端铰支	一端固定 另一端铰支	两端固定	一端固定 另一端自由	两端固定但可沿 横向相对移动
失稳时挠曲线形状	F_{cr}, B, A, l	F_{cr}, B, C, A, l, $0.7l$ C—挠曲线拐点	F_{cr}, B, D, C, A, l, $0.5l$ C、D—挠曲线拐点	F_{cr}, l, $2l$	F_{cr}, l, $0.5l$ C—挠曲线拐点
临界力 F_{cr} 欧拉公式	$F_{cr}=\frac{\pi^2 EI}{l^2}$	$F_{cr}=\frac{\pi^2 EI}{(0.7l)^2}$	$F_{cr}=\frac{\pi^2 EI}{(0.5l)^2}$	$F_{cr}=\frac{\pi^2 EI}{(2l)^2}$	$F_{cr}=\frac{\pi^2 EI}{l^2}$
长度系数 μ	$\mu=1$	$\mu\approx 0.7$	$\mu=0.5$	$\mu=2$	$\mu=1$

14.3　欧拉公式的应用范围　临界应力总图

14.3.1　临界应力

当细长压杆所受轴向压力达到临界力时，其横截面上的平均压应力称为临界应力，用符号 σ_{cr} 表示，设压杆横截面面积为 A，则

$$\sigma_{cr}=\frac{F_{cr}}{A}=\frac{\pi^2 E}{(\mu l)^2}\cdot\frac{I}{A} \tag{14.5}$$

式中，$\frac{I}{A}$ 仅与截面的形状及尺寸有关。

若令 $\frac{I}{A}=i^2$，i 称为截面的惯性半径，则有

$$\sigma_{cr}=\frac{\pi^2 E}{\lambda^2} \tag{14.6}$$

式(14.6)是应力形式的欧拉公式，式中

$$\lambda=\frac{\mu l}{i} \tag{14.7}$$

λ 称为压杆的柔度，是一个无量纲的量，它集中反应了压杆的长度、约束条件、截面形状及尺寸对临界应力的影响。

14.3.2　欧拉公式的应用范围

在推导欧拉公式时用到了挠曲线微分方程，而挠曲线微分方程又仅适用于杆内应力低于材料比例极限 σ_P 的情况，所以欧拉公式的应用范围是临界应力不超过材料的比例极限，即

$$\sigma_{cr}=\frac{\pi^2 E}{\lambda^2}\leqslant\sigma_P \tag{14.8}$$

由上式可得

$$\lambda\geqslant\sqrt{\frac{\pi^2 E}{\sigma_P}} \tag{14.9}$$

欧拉公式成立时压杆柔度的最小值用 λ_p 表示，称为临界柔度，则有

$$\lambda_P=\sqrt{\frac{\pi^2 E}{\sigma_P}} \tag{14.10}$$

由上述分析可知，欧拉公式的应用范围为 $\lambda\geqslant\lambda_p$。当压杆的柔度大于或等于临界柔度时，压杆发生弹性失稳，这类压杆称为细长杆或大柔度杆。对于不同的材料，因弹性模量 E 和比例极限 σ_p 各不相同，所以临界柔度的数值亦不相同。

14.3.3　经验公式及临界应力总图

当压杆的柔度 $\lambda<\lambda_p$ 时，压杆横截面上的临界应力已经超过比例极限，属于弹塑性稳

定问题，欧拉公式已不适用。对于这类失稳问题，目前工程中普遍采用的是一些以实验为基础的经验公式。这里介绍两种经常使用的经验公式：直线公式与抛物线公式。

1. 直线公式

把临界应力与压杆的柔度表示成如下的线性关系

$$\sigma_{cr} = a - b\lambda \tag{14.11}$$

式中，a 和 b 是与材料性能有关的常数，单位为 MPa，可在相关的工程手册中查到。

几种常见材料的 a 和 b 如表 14.2 所示。

表 14.2　直线公式的系数 a 和 b

材料（σ_s，σ_b 的单位为 MPa）		a/MPa	b/MPa
A3 钢	$\sigma_b \geqslant 372$ $\sigma_s = 235$	304	1.12
优质碳钢	$\sigma_b \geqslant 471$ $\sigma_s = 306$	461	2.568
硅　钢	$\sigma_b \geqslant 510$ $\sigma_s = 353$	578	3.744
铸　铁		332.2	1.454
强　铝		373	2.15
松　木		28.7	0.19

对于很小柔度的压杆，当它所受到的压应力达到材料的屈服极限 σ_s（塑性材料）或强度极限 σ_b（脆性材料）时，在失稳破坏之前，就因强度不足而发生强度破坏。对于这种压杆，不存在稳定性问题，其临界应力应该为屈服极限或强度极限。这样看来，直线公式也应有它的应用范围。以塑性材料为例，有

$$\sigma_{cr} = a - b\lambda \leqslant \sigma_s \tag{14.12}$$

由上式可得

$$\lambda \geqslant \frac{a - \sigma_s}{b} \tag{14.13}$$

直线公式成立时压杆柔度 λ 的最小值用 λ_s 表示，即

$$\lambda_s = \frac{a - \sigma_s}{b} \tag{14.14}$$

如同 λ_p 一样，λ_s 也只与材料有关。这样，当压杆的柔度 λ 值满足 $\lambda_p \geqslant \lambda \geqslant \lambda_s$ 条件时，临界应力用直线公式计算，这样压杆被称为中长杆或中柔度杆。当压杆的柔度 $\lambda < \lambda_s$ 时，压杆将发生强度破坏，而不是失稳，这类压杆称为小柔度杆或粗短杆。

综上所述，压杆的临界应力随着压杆柔度变化的情况可用图 14.3 的曲线来表示。该曲线是采用直线公式时的临界应力总图。总图表明：

(1) λ_P 是区分大柔度杆和中柔度杆的柔度值，也是能够使用欧拉公式计算临界应力的最小柔度值；

（2）随着柔度的增大，压杆的破坏形式逐渐由强度破坏过渡到失稳破坏，λ_s 是区分这两种破坏形式的分界柔度值；

（3）压杆的临界应力随柔度的增大而减小。

2. 抛物线公式

对于由结构钢与低合金钢等材料制成的中柔度杆，可以把临界应力 σ_{cr} 与柔度 λ 的关系表示为如下形式

$$\sigma_{cr}=\sigma_s\left[1-a\left(\frac{\lambda}{\lambda_c}\right)^2\right],\quad (\lambda\leqslant\lambda_c) \tag{14.15}$$

式中，σ_s 是材料的屈服极限；a 是与材料性能有关的常数；λ_c 是欧拉公式与抛物线公式应用范围的分界柔度值。

对低碳钢和低锰钢

$$\lambda_c=\pi\sqrt{\frac{E}{0.57\sigma_s}} \tag{14.16}$$

由式(14.16)和式(14.15)，可以绘出如图 14.4 所示的采用抛物线公式时的临界应力总图。

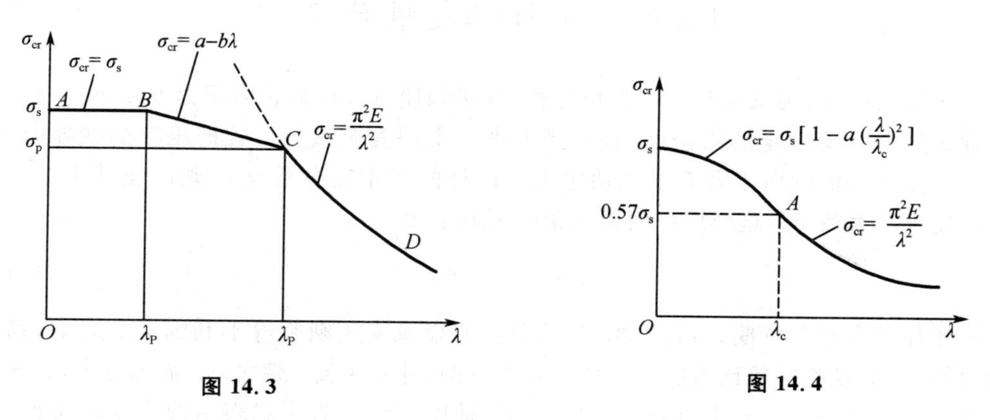

图 14.3　　　　图 14.4

例 14.1　已知三根材料和截面完全相同的压杆，杆长均为 $l=300$ mm，矩形截面杆边长分别为 $b=12$ mm，$h=20$ mm，材料为 A3 钢，弹性模量 $E=200$ GPa，$\lambda_P=100$，$\lambda_s=57$，$\sigma_s=240$ MPa，$a=304$ MPa，$b=1.12$ MPa，试求三种支承（① 一端固定，一端自由；② 两端铰支；③ 两端固定）情况下压杆的临界应力和临界力。

解　(1) 一端固定，一端自由

柔度计算 $\lambda=\frac{\mu l}{i}$，$i=\sqrt{\frac{I_{min}}{A}}=\sqrt{\frac{\frac{b^3h}{12}}{bh}}=3.46$ mm

$$\lambda=\frac{2\times300}{3.46}=173>\lambda_P=100$$

因此用欧拉公式计算临界应力。

$$\sigma_{cr}=\frac{\pi^2E}{\lambda^2}=\frac{\pi^2\times200\times10^3}{173^2}=65.1\ \text{MPa}。$$

临界压力 $P_{cr}=\sigma_{cr}A=65.1\times12\times20=15.8$ kN。

(2) 两端铰支

柔度计算 $\lambda=\frac{\mu l}{i}=\frac{1\times300}{3.46}=86.7$ ，$\lambda_p\geqslant\lambda\geqslant\lambda_s$

因此用经验公式计算临界应力。

$\sigma_{cr}=a-b\lambda=304-1.12\times86.7=206.9$ MPa。

临界压力 $P_{cr}=\sigma_{cr}A=206.9\times12\times20=49.7$ kN。

(3) 两端固定

柔度计算 $\lambda=\frac{\mu l}{i}=\frac{0.5\times300}{3.46}=43.3$ ，$\lambda<\lambda_s$

因此属强度破坏。

取 $\sigma_{cr}=\sigma_s=240$ MPa。

临界压力 $P_{cr}=\sigma_{cr}A=240\times12\times20=57.6$ kN。

可见端部约束条件对临界力影响较大。

14.4 压杆稳定性计算

在工程实际中，为使压杆不丧失稳定性，就必须使压杆中的轴向压力 $F\leqslant F_{cr}$。此外，为了保证压杆具有一定的安全度，还应当考虑一定的安全系数。若把压杆的临界力 F_{cr} 与压杆实际承受的轴向压力 F 的比值定义为压杆的工作安全系数 n，则应使其不低于规定的稳定安全系数 n_{st}，这样压杆的稳定条件可表示为

$$n=\frac{F_{cr}}{F}\geqslant n_{st} \tag{14.17}$$

由于压杆存在初弯曲、材料不均匀、载荷偏心以及支座缺陷等不利因素的影响，稳定安全系数 n_{st} 的取值一般比强度安全系数要大一些，并且柔度 λ 越大，n_{st} 值也越大，具体的取值可以从有关设计手册中查到。式(14.17) 是用安全系数形式表示的稳定性条件，在机械、动力、冶金等工业部门，由于载荷情况复杂，一般都采用安全系数法进行稳定计算。工作安全系数还可以用临界应力与工作应力的比值表示，这样压杆的稳定条件还可以表达为

$$n=\frac{\sigma_{cr}}{\sigma}\geqslant n_{st} \tag{14.18}$$

稳定条件可以解决以下三类问题：① 校核稳定性；② 设计截面尺寸；③ 确定外载荷。

还应指出，在压杆计算中，有时会遇到压杆局部有截面被削弱的情况，如杆上有开孔、切槽等。

由于压杆的临界载荷是由研究整个压杆的弯曲变形来确定的，局部截面的削弱对整体变形影响较小，故稳定计算中仍用原有的截面几何量。但强度计算是根据危险点的应力进行的，故必须对削弱了的截面进行强度校核。

例 14.2 图 14.5 所示托架的撑杆为钢管，外径 $D=50$ mm，内径 $d=40$ mm，两端球

形铰支，材料为 A3 钢，$E=206\ \text{GPa}$，$\lambda_p=100$，$\lambda_s=57$，$q=4\ \text{kN/m}$，稳定安全系数 $n_{st}=3$，试校核 BC 杆的稳定性。

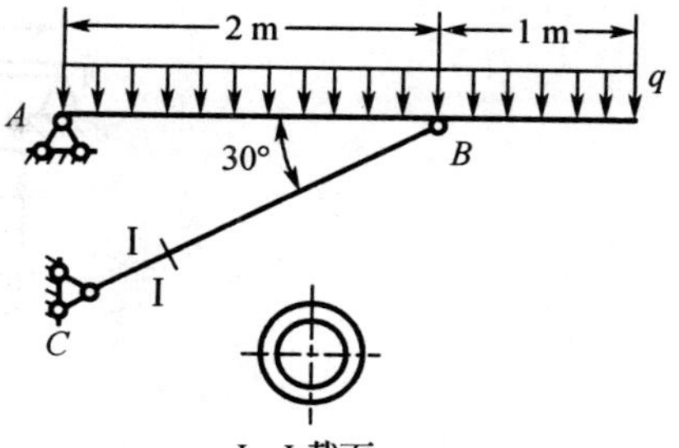

图 14.5

I—I 截面

解　(1) 求 BC 杆的实际承受的轴向压力

以 AB 梁为分离体，对 A 点取矩有

$$\sum M_A=0,\ -q\cdot 3\cdot \frac{3}{2}+F_{NBC}\sin 30°\times 2=0$$

得 BC 杆的轴力为 $F_{NBC}=18\ \text{kN}$。

(2) 求 BC 杆的临界力

$$A=\frac{\pi(D^2-d^2)}{4}=\frac{\pi(50^2-40^2)}{4}=707\ \text{mm}^2$$

$$I=\frac{\pi(D^4-d^4)}{64}=\frac{\pi(50^4-40^4)}{64}=181\ 132\ \text{mm}^4$$

$$i=\sqrt{\frac{I}{A}}=\sqrt{\frac{181\ 132}{707}}=16\ \text{mm}$$

$$\lambda=\frac{\mu l}{i}=\frac{1\times\dfrac{2}{\cos 30°}\times 10^3}{16}=144.3>\lambda_p$$

因此
$$P_{cr}=\sigma_{cr}A=\frac{\pi^2 E}{\lambda^2}\cdot A=69\ \text{kN}$$

(3) 稳定性计算

$$n=\frac{F_{cr}}{F_{NBC}}=\frac{69}{18}=3.83\geqslant n_{st}$$

所以该杆满足稳定性要求。

例 14.3　图 14.6(a) 所示结构中 AC 与 CD 杆均用 A3 钢制成，C，D 两处均为球铰。AC 杆为矩形截面，CD 杆为圆形截面，两杆材料的 $E=200\ \text{GPa}$，$\sigma_b=400\ \text{MPa}$，$\sigma_s=240\ \text{MPa}$，$\sigma_p=200\ \text{MPa}$，$\lambda_p=100$，$\lambda_s=61$。直线型经验公式的系数 $a=304\ \text{MPa}$，$b=1.118\ \text{MPa}$。强度安全系数 $n=2.0$，稳定安全系数 $n_{st}=3.0$。试确定结构的最大许可载荷 P。

解　(1) 对 AC 梁进行强度计算

由 AC 杆弯矩图(图 14.6(b))可知危险截面为 B 截面

$$\sigma_{max}=\frac{M_{max}}{W}=\frac{2P/3}{bh^2/6}\leqslant[\sigma]=\frac{\sigma_s}{n}$$

得

$$P\leqslant 97.2\ \text{kN}$$

(2) 对 CD 杆进行稳定性计算

杆的柔度为

$$\lambda=\frac{\mu l}{i}=\frac{1\times 1}{d/4}=200>\lambda_p$$

临界力为

$$F_{cr}=\sigma_{cr}\cdot A=\frac{\pi^2 E}{\lambda^2}\cdot A=15.5\ \text{kN}$$

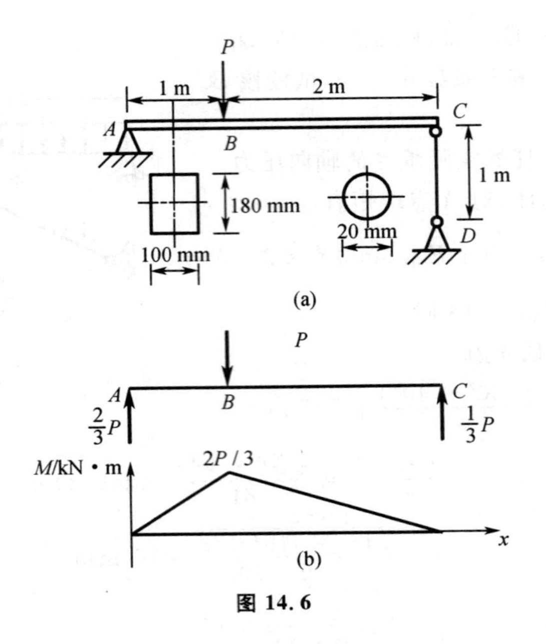

图 14.6

稳定性计算

$$n=\frac{F_{cr}}{F_C}=\frac{15.5}{P/3}\geqslant n_{st}=3$$

得

$$P\leqslant 15.5\ \mathrm{kN}$$

故取$[P]=15.5\ \mathrm{kN}$。

14.5 提高压杆稳定性的措施

要想提高压杆的稳定性，就要设法提高压杆的临界力或临界应力。由欧拉公式(14.6)可知，临界应力与材料的弹性模量 E 有关。然而，不同强度的钢材，例如优质高强度钢材与低碳钢，它们的弹性模量相差不大。所以，对于细长杆，选用优质高强度钢材不但不会有效地提高压杆的稳定性，反而增加了构件的成本，造成了浪费。这样看来，提高压杆的稳定性，应该尽可能地减小压杆的柔度。由式(14.7)可知，应该选用合理的截面形状，尽量减小压杆的长度以及增加支承的刚性。

1. 选择合理的截面形状

压杆的承载能力取决于最小的惯性矩 I，当压杆各个方向的约束条件相同时，使截面对两个形心主轴的惯性矩尽可能大，而且相等，是压杆合理截面的基本原则。因此，薄壁圆管(图 14.7(a))、正方形薄壁箱形截面(图 14.7(b))是理想截面，它们各个方向的惯性矩相同，且惯性矩比同等面积的实心杆大得多。

但这种薄壁杆的壁厚不能过薄，否则会出现局部失稳现象。对于型钢截面(工字钢、槽钢、角钢等)，由于它们的两个形心主轴惯性矩相差较大，为了提高这类型钢截面压杆的承载能力，工程实际中常用几个型钢，通过缀板组成一个组合截面，如图 14.7(c)、(d) 所示。并选用合适的距离 a，使 $I_z=I_y$，这样可以大大提高压杆的承载能力。但设计这种组合截面杆时，应注意控制两缀板之间的距离，以保证单个型钢的局部稳定性。

2. 减小压杆的长度

减小压杆的长度，可使柔度 λ 降低，从而提高了压杆的临界载荷。工程中，为了减小柱子的长度，通常在柱子的中间设置一定形式的支承，它们与其他构件连接在一起后，对柱子形成支点，限制了柱子的弯曲变形，起到减小柱长的作用。对于细长杆，若在柱子中设置一个支点，则长度减小一半，而承载能力可增加到原来的四倍。

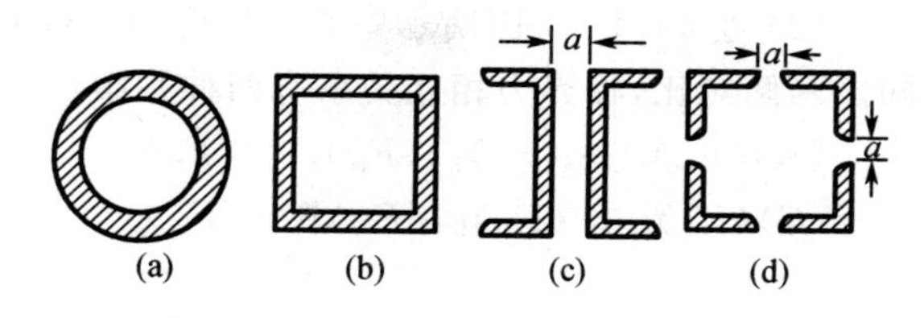

图 14.7

3. 增加支承的刚性

对于大柔度的细长杆，一端铰支另一端固定压杆的临界载荷比两端铰支的大一倍。因此，杆端越不易转动，杆端的刚性越大，长度系数就越小，因此柔度就越小。

最后需要指出的是，对于压杆，除了可以采取上述几方面的措施以提高其承载能力外，在可能的条件下，还可以从结构方面采取相应的措施。例如，将结构中的压杆转换成拉杆，这样就可以从根本上避免失稳问题，以图 14.8 所示的支架为例，在不影响结构使用的条件下，若图 14.8(a) 所示结构改换成图 14.8(b) 所示结构，则 AB 杆由承受压力变为承受拉力，从而避免了压杆的失稳问题。

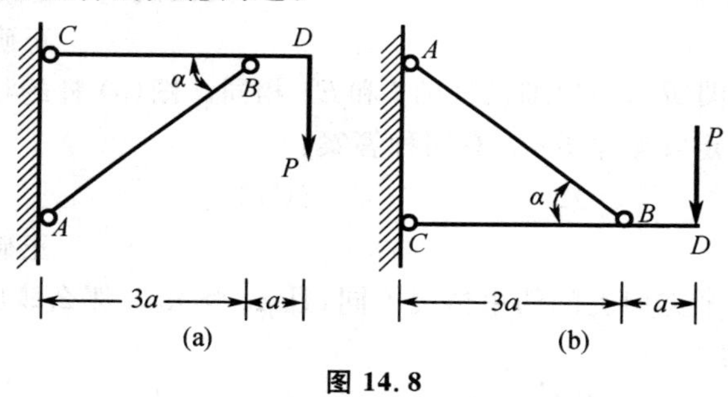

图 14.8

习　　题

1. 选择题

(1) 如题 14.1(1) 图所示，用等边角钢制成的一端固定，一端自由的细长压杆，已知材料的弹性模量 E，$I_x=m$，$I_{x0}=n$，形心 C，杆长 l，临界载荷 F_{cr} 有四种答案：

(A) $\pi^2 En/(2l)^2$

(B) $\pi^2 E(n-m)/(2l)^2$

(C) $\pi^2 E(2m-n)/(2l)^2$

(D) $\pi^2 Em/(2l)^2$

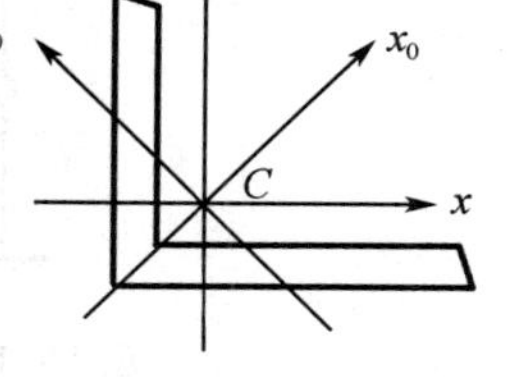

题 14.1(1) 图

正确答案是________。

(2) 题 14.1(2) 图所示中心受压杆(a)、(b)、(c)、(d)。其材料、长度及抗弯刚度均相同。两两对比，临界力相互关系有四种答案：

(A) $(F_{cr})_a > (F_{cr})_b$，$(F_{cr})_c < (F_{cr})_d$　　(B) $(F_{cr})_a < (F_{cr})_b$，$(F_{cr})_c > (F_{cr})_d$

(C) $(F_{cr})_a > (F_{cr})_b$，$(F_{cr})_c > (F_{cr})_d$　　(D) $(F_{cr})_a < (F_{cr})_b$，$(F_{cr})_c < (F_{cr})_d$

正确答案是________ 。

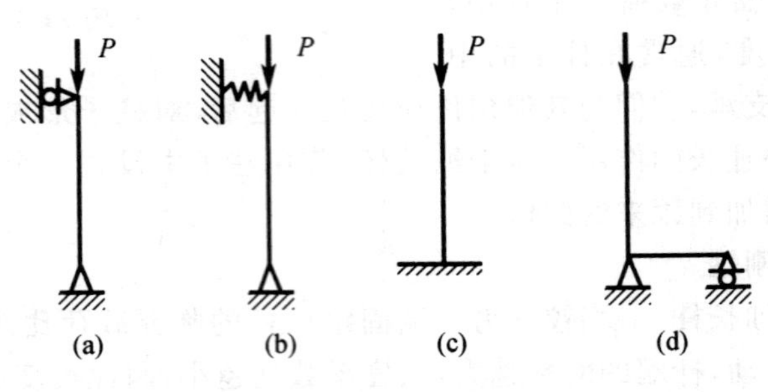

题 14.1(2) 图

(3) 题 14.1(3) 图所示材料、截面形状和面积都相同的压杆 AB 和 BC，杆长 $l_1 = 2l_2$，在受压时有四种失稳答案：

(A) AB 杆先失稳　　(B) BC 杆先失稳

(C) 两者同时失稳　　(D) 无法判断失稳情况

正确答案是________ 。

(4) 题 14.1(4) 图所示两根细长杆的 l 和 EI 相同。图(a) 杆的稳定安全系数 $n_{st} = 4$；则图(b) 杆实际的稳定安全系数 n_{st} 有四种答案：

(A) 1　　(B) 2　　(C) 3　　(D) 4

正确答案是________ 。

(5) 若压杆在两个方向上的约束情况不同，且 $\mu_y > \mu_z$。那么该压杆的合理截面应满足的条件有四种答案：

(A) $I_y = I_z$　　(B) $I_y > I_z$　　(C) $I_y < I_z$　　(D) $\lambda_y = \lambda_z$

正确答案是________ 。

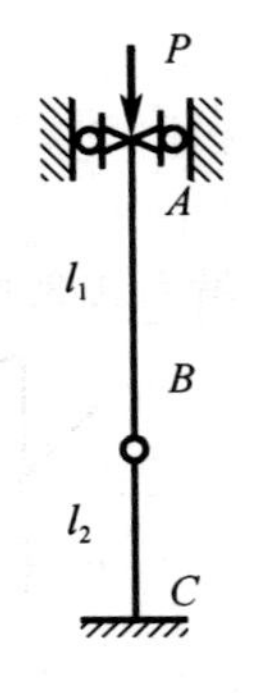

题 14.1(3) 图

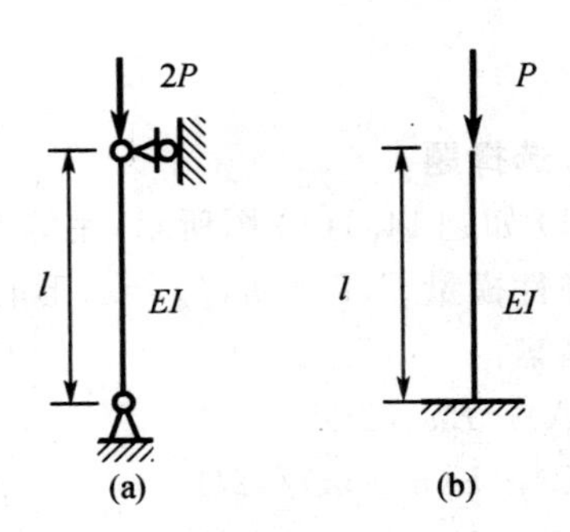

题 14.1(4) 图

(6) 两根中心受压杆的材料和支承情况相同，若两杆的所有尺寸均成比例，即彼此几何相似，则两杆的临界应力比较有四种答案：

(A) 相等　　　　　　　　　　　　　(B) 不等

(C) 只有两杆均为细长杆时，才相等　　(D) 只有两杆均非细长杆时，才相等

正确答案是________。

(7) 两根细长杆，直径、约束均相同，但材料不同，且 $E_1=2E_2$，则两杆临界应力的关系有四种答案：

(A) $(\sigma_{cr})_1=(\sigma_{cr})_2$　　　　(B) $(\sigma_{cr})_1=2(\sigma_{cr})_2$

(C) $(\sigma_{cr})_1=(\sigma_{cr})_2/2$　　　　(D) $(\sigma_{cr})_1=3(\sigma_{cr})_2$

正确答案是________。

2. 填空题

(1) 如题 14.2(1) 图所示三种结构，各自的总长度相等，所有压杆截面形状和尺寸以及材料均相同，且均为细长杆。已知两端铰支压杆的临界力为 $F_{cr}=20$ kN，则图(b) 压杆的临界力为________，图(c) 压杆的临界力为________。

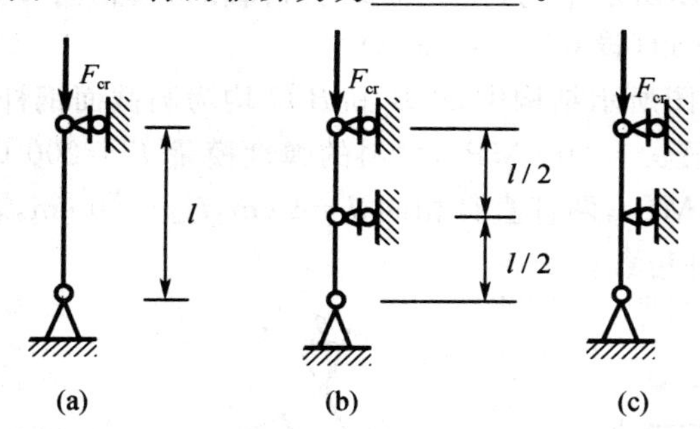

题 14.2(1) 图

(2) 在一般情况下，稳定安全系数比强度安全系数大。这是因为实际压杆总是不可避免地存在________、________以及________等不利因素的影响。当柔度 λ 越大时，这些因素的影响也越________。

(3) 非细长杆如果误用了欧拉公式计算临界力，其结果比实际________；横截面上的正应力有可能________。

(4) 将圆截面压杆改成面积相等的圆环截面压杆，其他条件不变，其柔度将________，临界应力将________。

3. 计算题

(1) 如题14.3(1) 图所示，刚性水平梁由 1，2 两根同材料的杆支承。1 杆两端固定，截面为正方形，边长为 a，2 杆两端铰支，截面为圆形，直径为 d，并且 $d=2a$。材料的弹性模量为 E，杆长 $l=30\ d$，此材料能采用欧拉公式的临界柔度为 100。试求力 P 作用在 $A\ B$ 梁上的什么位置时，此结构承担的载荷为最大。

(2) 如题 14.3(2) 图所示，有一矩形截面的压杆，在 $x-y$ 面内失稳时两端为铰支，并在中间加一支座 C，此压杆在 $x-z$ 面内失稳时两端可看成是固定端。上述中间支座 C 对

$x-y$ 面内失稳有约束作用，但对 $x-z$ 面失稳则无约束作用。试问此压杆的截面尺寸 b 和 h 的比值为何值时最合理？设材料的弹性模量为 E，压杆在失稳时的临界应力在弹性范围之内。

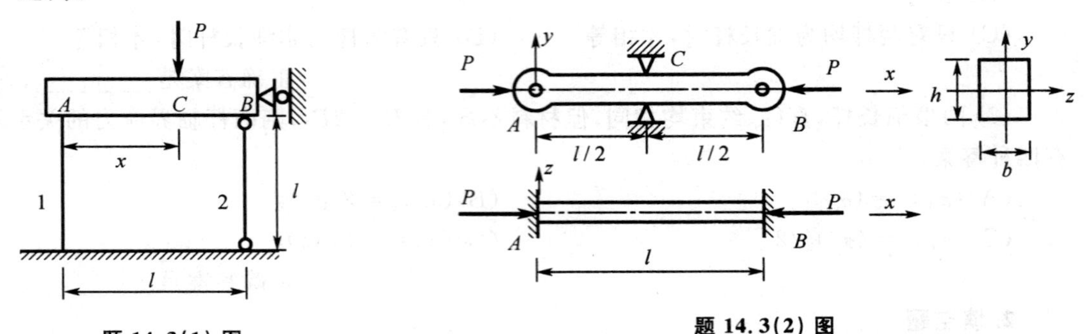

题 14.3(1) 图　　题 14.3(2) 图

(3) 如题 14.3(3) 图所示结构，尺寸如图所示，立柱为圆截面，材料的 $E=200$ GPa，$\sigma_p=200$ MPa。若稳定安全系数 $n_{st}=2$，试校核立柱的稳定性。

(4) 如题 14.3(4) 图所示结构，杆 1 和 2 的截面和材料相同，均为细长压杆，试确定使载荷 P 为最大值时的 θ 角（设 $0<\theta<\pi/2$）。

(5) 在题 14.3(5) 图所示结构中，AB 和 BC 均为圆截面钢杆，已知材料的屈服极限 $\sigma_s=240$ MPa，比例极限 $\sigma_p=200$ MPa，材料的弹性模量 $E=200$ GPa。直线公式的系数 $a=304$ MPa，$b=1.12$ MPa，两杆直径相同 $d=4$ cm，$l_{AB}=40$ cm，若两杆的安全系数均取为 3，试求结构的最大许可载荷 P。

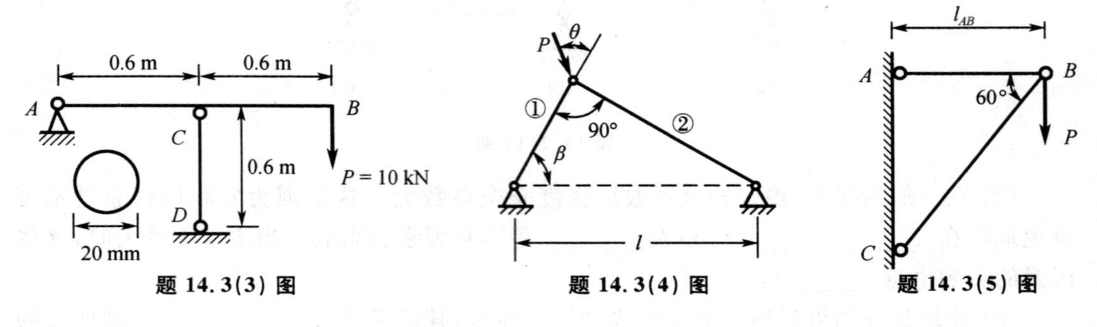

题 14.3(3) 图　　题 14.3(4) 图　　题 14.3(5) 图

附录Ⅰ　平面图形的几何性质

附录Ⅰ.1　静矩和形心

1. 静矩

静矩为平面图形的面积对某坐标轴的一次矩。

设某已知平面图形(如图Ⅰ.1所示),图形面积为 A,在图形平面内取直角坐标系 yOz,在坐标为 (y,z) 处取一微面积 $\mathrm{d}A$,$z\mathrm{d}A$ 和 $y\mathrm{d}A$ 分别称为微面积 $\mathrm{d}A$ 对 y 轴和 z 轴的静矩,则平面图形对 y 轴和 z 轴的静矩定义式分别为

$$S_y = \int_A z\mathrm{d}A, S_z = \int_A y\mathrm{d}A \qquad (Ⅰ.1)$$

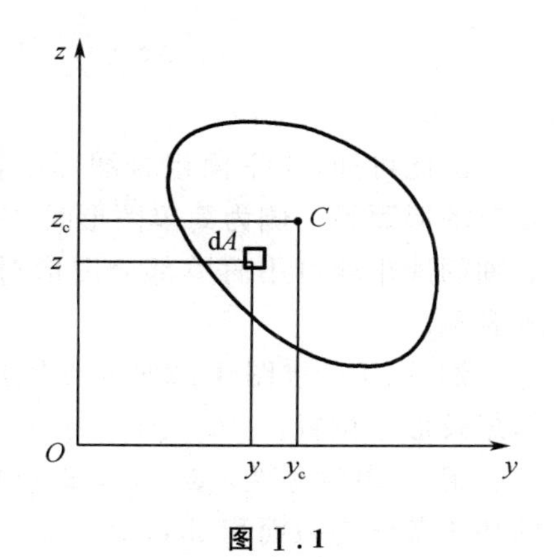

图Ⅰ.1

静矩量纲为长度的三次方,即 m^3。由静矩定义式可知,随着所选取坐标系 yOz 的位置不同,静矩 S_y,S_z 可能为正、为负或为零。

2. 静矩和形心的关系

由于均质薄板的重心与平面图形的形心有相同的坐标,即

$$z_C = \frac{\int_A z\mathrm{d}A}{A}, y_C = \frac{\int_A y\mathrm{d}A}{A}$$

由此可得薄板形心的 z_C 坐标为

$$z_C = \frac{\int_A z\mathrm{d}A}{A} = \frac{S_y}{A}$$

同理有

$$y_C = \frac{S_z}{A}$$

所以形心坐标为

$$z_C = \frac{S_y}{A}, y_C = \frac{S_z}{A} \qquad (Ⅰ.2)$$

或

$$S_y = A \cdot z_C, S_z = A \cdot y_C$$

由静矩和形心之间的关系可知,平面图形对形心坐标轴的静矩等于零;反之,若平面图形对某一个坐标轴的静矩等于零,则该轴必然通过平面图形的形心。静矩与所选坐标

轴有关，其值可能为正、负或零。

3. 组合截面的形心

如果一个平面图形是由几个简单平面图形组成的，称为组合平面图形。设第 i 块分图形的面积为 A_i，形心坐标为 (y_{Ci}, z_{Ci})，则其静矩和形心坐标分别为

$$S_z = \sum_{i=1}^{n} A_i y_{Ci}, S_y = \sum_{i=1}^{n} A_i z_{Ci} \tag{Ⅰ.3}$$

该式表达的含义是：微面积对 z 轴静矩的代数和即为整个图形面积对 z 轴的静矩。

$$y_C = \frac{S_z}{A} = \frac{\sum_{i=1}^{n} A_i y_{Ci}}{\sum_{i=1}^{n} A_i}, \quad z_C = \frac{S_y}{A} = \frac{\sum_{i=1}^{n} A_i z_{Ci}}{\sum_{i=1}^{n} A_i} \tag{Ⅰ.4}$$

由此可知，当平面组合图形中，形心坐标轴一侧为复杂图形而另一侧为简单图形时，求复杂部分图形对形心轴的静矩就可用简单部分图形对形心轴静矩的负值来表示。

例 Ⅰ.1 求图 Ⅰ.2 所示半圆形对坐标轴 y，z 轴的静矩及形心位置。

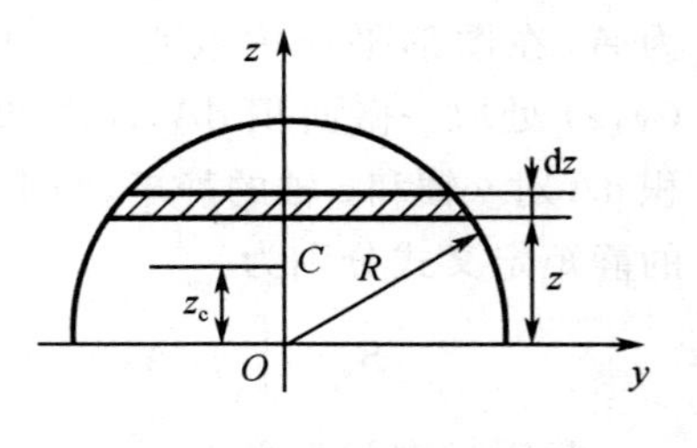

图 Ⅰ.2

解 由对称性，$y_C = 0$，$S_z = 0$。现取平行于 y 轴的狭长条作为微面积 dA，即

$$dA = y dz = 2\sqrt{R^2 - z^2}\, dz$$

所以

$$S_y = \int_A z\, dA = \int_0^R z \cdot 2\sqrt{R^2 - z^2}\, dz = \frac{2}{3}R^3$$

$$z_C = \frac{S_y}{A} = \frac{4R}{3\pi}$$

附录 Ⅰ.2 惯性矩 极惯性矩 惯性积 惯性半径

1. 惯性矩

设某已知平面图形（如图 Ⅰ.3 所示），图形面积为 A，在图形平面内取直角坐标系 yOz，在坐标为 (y, z) 处取一微面积 dA，则 $z^2 dA$ 和 $y^2 dA$ 分别称为微面积 dA 对 y 轴和 z 轴的惯性矩，平面图形对 y 轴和 z 轴的惯性矩定义式分别为

$$I_y = \int_A z^2 dA, I_z = \int_A y^2 dA \tag{Ⅰ.5}$$

惯性矩量纲为长度的四次方，恒为正，且面积分布离轴越远惯性矩越大。

组合图形的惯性矩。设 I_{yi}，I_{zi} 为分图形的惯性矩，则总图形对同一轴惯性矩为

$$I_y = \sum_{i=1}^{n} I_{yi}, \quad I_z = \sum_{i=1}^{n} I_{zi} \tag{Ⅰ.6}$$

2. 极惯性矩

若以 ρ 表示微面积 dA 到坐标原点 O 的距离，则定义图形对坐标原点 O 的极惯性矩为

$$I_p = \int_A \rho^2 \mathrm{d}A \qquad (Ⅰ.7)$$

因为

$$\rho^2 = y^2 + z^2$$

所以极惯性矩与(轴)惯性矩有如下关系

$$I_p = \int_A (y^2 + z^2) \mathrm{d}A = I_y + I_z \qquad (Ⅰ.8)$$

该式表明,图形对任意两个互相垂直轴的(轴)惯性矩之和,等于它对该两轴交点的极惯性矩。

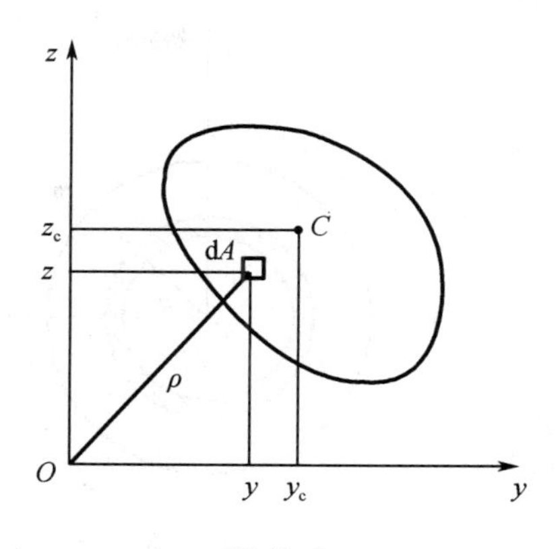

图Ⅰ.3

3. 惯性积

微面积 $\mathrm{d}A$ 与它到 y 轴和 z 轴的垂直距离的乘积 $yz\mathrm{d}A$ 定义为微面积对两正交坐标轴的惯性积,则整个图形对一对正交轴 y、z 轴的惯性积为

$$I_{yz} = \int_A yz \mathrm{d}A \qquad (Ⅰ.9)$$

惯性积量纲是长度的四次方。I_{yz} 可能为正,为负或为零。若 y ,z 轴中有一个为对称轴则其惯性积为零。

4. 惯性半径

将惯性矩表示为某截面图形的面积与某一长度平方的乘积,即

$$I_y = i_y^2 A, \quad I_z = i_z^2 A$$

上式可以改写为

$$i_y = \sqrt{\frac{I_y}{A}}, \quad i_z = \sqrt{\frac{I_z}{A}} \qquad (Ⅰ.10)$$

式中,i_y,i_z 分别称为图形对 y 轴和对 z 轴的惯性半径。

例Ⅰ.2 求图Ⅰ.4 所示直径为 D 的圆形截面的 I_p,I_y,I_z,I_{yz}。

解 如图所示取 $\mathrm{d}A$,根据极惯性矩的定义得

$$I_p = \int_0^{\frac{D}{2}} \rho^2 2\pi\rho \mathrm{d}\rho = \frac{\pi D^4}{32}$$

根据公式(Ⅰ.9)及对称性得

$$I_y = I_z = \frac{1}{2} I_p = \frac{\pi D^4}{64}, I_{yz} = 0$$

例Ⅰ.3 求图Ⅰ.5 所示矩形对过形心对称轴 y、z 的惯性矩。

解 先计算截面对 y 轴的惯性矩 I_y,取平行于 y 轴的狭长条(如图Ⅰ.5 所示)作为微面积,根据公式(Ⅰ.5)中的第二个公式可得

$$I_y = \int_A z^2 \mathrm{d}A = \int_{-\frac{h}{2}}^{\frac{h}{2}} bz^2 \mathrm{d}z = \frac{bh^3}{12}$$

同理可得

$$I_z = \int_A y^2 \mathrm{d}A = \int_{-\frac{b}{2}}^{\frac{b}{2}} hy^2 \mathrm{d}y = \frac{b^3 h}{12}$$

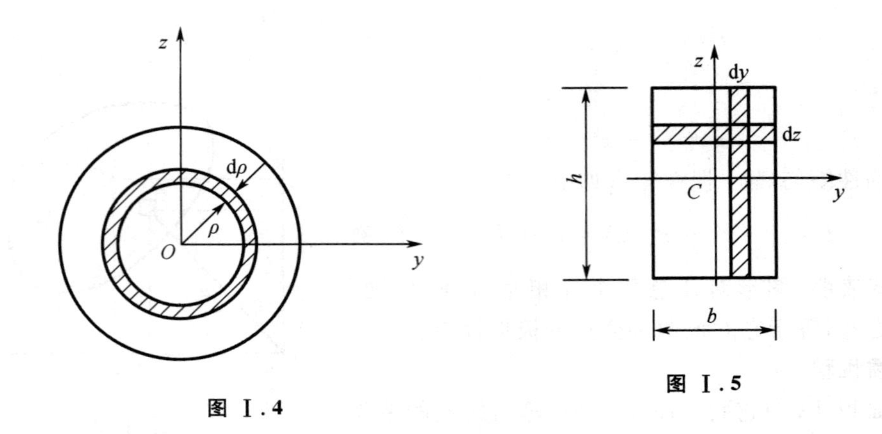

图 Ⅰ.4

图 Ⅰ.5

附录 Ⅰ.3 平行移轴公式

由于同一平面图形对于相互平行的两对直角坐标轴的惯性矩或惯性积并不相同，如果其中一对直角坐标轴是图形的形心轴(y_C，z_C)时，如图 Ⅰ.6 所示，可得到如下平行移轴公式：

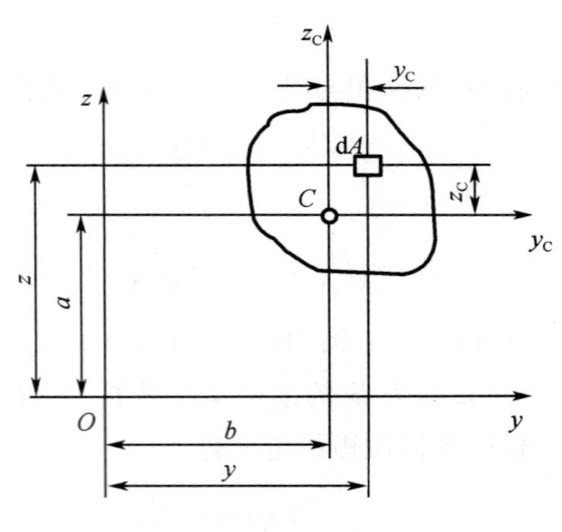

图 Ⅰ.6

$$\begin{cases} I_y = I_{y_C} + a^2 A \\ I_z = I_{z_C} + b^2 A \\ I_{yz} = I_{y_C z_C} + abA \end{cases} \tag{Ⅰ.11}$$

简单证明如下：

$$I_y = \int_A z^2 \mathrm{d}A = \int_A (z_C + a)^2 \mathrm{d}A = \int_A z_C^2 \mathrm{d}A + 2a\int_A z_C \mathrm{d}A + a^2 \int_A \mathrm{d}A$$

其中，$\int_A z_C \mathrm{d}A$ 为图形对形心轴 y_C的静矩，其值应等于零，则得

$$I_y = I_{y_C} + a^2 A$$

同理可证公式(Ⅰ.11) 中的其他两式。这就是平面图形对于平行轴惯性矩与惯性积

之间关系的平行移轴定理。该定理表明：

(1) 图形对任意轴的惯性矩，等于图形对于与该轴平行的形心轴的惯性矩，加上图形面积与两平行轴间距离平方的乘积。

(2) 图形对于任意一对直角坐标轴的惯性积，等于图形对于平行于该坐标轴的一对通过形心的直角坐标轴的惯性积，加上图形面积与两对平行轴间距离的乘积。

(3) 因为面积及 a^2，b^2 项恒为正，故自形心轴移至与之平行的任意轴，惯性矩总是增加的。所以，同一平面图形对所有相互平行的坐标轴的惯性矩，对形心轴的惯性矩为最小。

(4) a，b 为原坐标系原点在新坐标系中的坐标，故二者同号时惯性积为正，异号时为负。所以，移轴后惯性积有可能增加也可能减少。因此，在使用惯性积移轴公式时应注意 a，b 的正负号。

例 Ⅰ.4　求图 Ⅰ.7 所示半径为 r 的半圆形截面对于 z 轴的惯性矩，其中 z 轴与半圆形的底边平行，相距为 r。

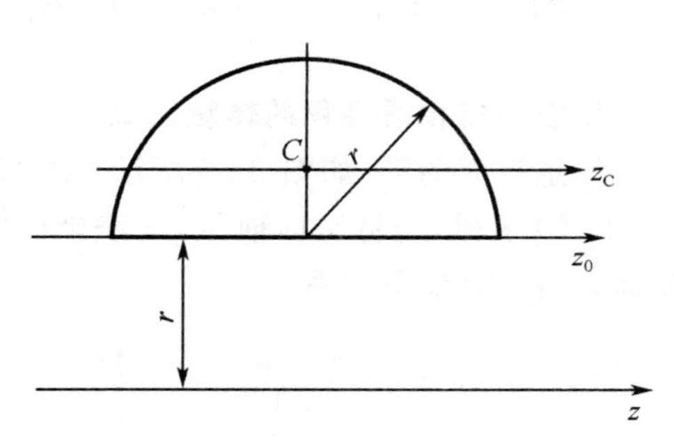

图 Ⅰ.7

解　已知半圆形截面对其底边的惯性矩为

$$I_{z_0}=\frac{1}{2}\times\frac{\pi D^4}{64}=\frac{\pi r^4}{8}$$

用平行移轴定理得截面对形心轴的惯性矩为

$$I_{zc}=\frac{\pi r^4}{8}-\frac{\pi r^2}{2}\left(\frac{4r}{3\pi}\right)^2=\frac{\pi r^4}{8}-\frac{8\pi r^4}{9}$$

再用平行移轴定理，得截面对 z 轴的惯性矩为

$$I_z=I_{zc}+a^2A=\frac{\pi r^4}{8}-\frac{8\pi r^4}{9}+\left(r+\frac{4r}{3\pi}\right)^2\cdot\frac{\pi r^2}{2}=\frac{5\pi}{8}r^4+\frac{4}{3}r^4+\frac{8r^4}{9\pi}-\frac{8\pi r^4}{9}$$

工程计算中应用最广泛的是组合图形对于其形心轴的惯性矩。为此必须首先确定图形的形心以及形心轴的位置。因为组合图形都是由一些简单的图形(例如矩形、正方形、圆形等)所组成，所以在确定其形心时，可将组合图形分解为若干简单图形，并应用式(Ⅰ.4)确定组合图形的形心位置。以形心为坐标原点建立坐标系，坐标轴一般与简单图形的形心主轴平行。确定简单图形对自身形心轴的惯性矩，再利用平行移轴定理确定各个简单图形对形心轴的惯性矩，相加后便得到整个图形相对于其形心轴的惯性矩。

例 Ⅰ.5　求图 Ⅰ.8 所示组合截面对形心轴的惯性矩 I_{z_C}，其中腹板和翼缘的厚度均为 20 mm。

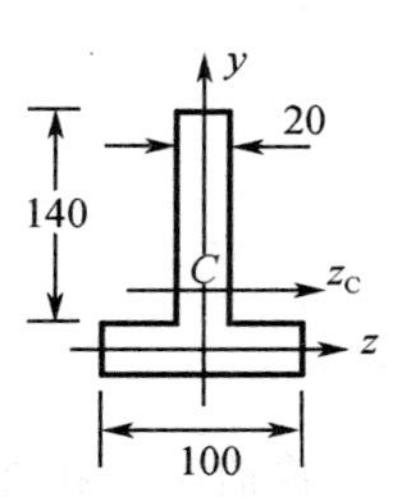

图 Ⅰ.8

解　(1) 求截面形心位置，把图形分为上下两部分小矩形

$$y_C=\frac{140\times20\times80+100\times20\times0}{140\times20+100\times20}=46.67\ \text{mm}$$

(2) 求各简单截面对其组合截面形心轴的惯性矩

$$I_{z_{C1}}=\frac{1}{12}\times 20\times 140^3+(80-46.67)^2\times 20\times 140=7.68\times 10^6\ \mathrm{mm}^4$$

$$I_{z_{C2}}=\frac{1}{12}\times 100\times 20^3+46.67^2\times 20\times 100=4.43\times 10^6\ \mathrm{mm}^4$$

(3) 求整个截面的惯性矩

$$I_{z_C}=I_{z_{C1}}+I_{z_{C2}}=7.68\times 10^6+4.43\times 10^6=12.11\times 10^6\ \mathrm{mm}^4$$

附录Ⅰ.4 转轴公式 主惯性轴 形心主惯性轴

1. 惯性矩和惯性积的转轴公式

任意平面图形(如图Ⅰ.9所示)对 y 轴和 z 轴的惯性矩和惯性积,可由公式(Ⅰ.5)和式(Ⅰ.9)求得,若将坐标轴 y,z 绕坐标原点 O 旋转 α 角,且以逆时针转角为正,则新旧坐标轴之间应有如下关系

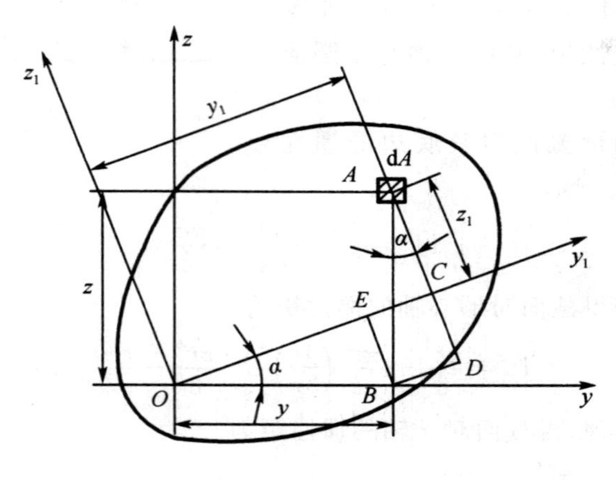

图Ⅰ.9

$$y_1=y\cos\alpha+z\sin\alpha$$
$$z_1=z\cos\alpha-y\sin\alpha$$

将此关系式代入惯性矩及惯性积的定义式,则可得相应量的新、旧转换关系,即转轴公式:

$$I_{y_1}=\int_A z_1^2\,\mathrm{d}A=\frac{I_y+I_z}{2}+\frac{I_y-I_z}{2}\cos 2\alpha-I_{yz}\sin 2\alpha \tag{Ⅰ.12}$$

$$I_{z_1}=\frac{I_y+I_z}{2}-\frac{I_y-I_z}{2}\cos 2\alpha+I_{yz}\sin 2\alpha \tag{Ⅰ.13}$$

$$I_{y_1z_1}=\frac{I_y-I_z}{2}\sin 2\alpha+I_{yz}\cos 2\alpha \tag{Ⅰ.14}$$

将前两式相加得

$$I_{y_1}+I_{z_1}=I_y+I_z=I_{\mathrm{P}}$$

上式表明,截面对于通过同一点的任意一对相互垂直的坐标轴的两惯性矩之和为一

常数，并等于截面对该坐标原点的极惯性矩。

2. 截面的主惯性轴和主惯性矩

根据前面的知识可知，当坐标轴绕原点旋转，α 角改变时，I_{y1} 及 I_{z1} 亦相应随之变化，但其和不变。因此，当 I_{y1} 变至极大值时，I_{z1} 必达到极小值。将 I_{y1} 的表达式对 α 求导数，令其为零，并用 α_0 表示 I_{y1} 及 I_{z1} 取得极值时的方位角，得

$$\tan 2\alpha_0 = -\frac{2I_{yz}}{I_y - I_z} \tag{Ⅰ.15}$$

满足该式的 α_0 有两个值，即 α_0 和 $\alpha_0 + \frac{\pi}{2}$。它们分别对应着惯性矩极大值和极小值的两个坐标轴的位置。将 $\alpha = \alpha_0$ 时惯性积 $I_{y_1z_1}$ 的表达式两端同时除以 $\cos 2\alpha_0$，再把式（Ⅰ.15）中 $\tan 2\alpha_0$ 代入可得图形对于这样两个轴的惯性积为零。

定义　过一点存在这样一对坐标轴，图形对于其惯性积等于零，这一对坐标轴便称为过这一点的主惯性轴，简称主轴。图形对主轴的惯性矩称为主轴惯性矩，简称主惯性矩。

由公式（Ⅰ.15）求出 $\sin 2\alpha_0$，$\cos 2\alpha_0$，再代入公式（Ⅰ.12）和（Ⅰ.13）即可得到主惯性矩的计算公式为

$$I_{\substack{\max \\ \min}} = \frac{I_y + I_z}{2} \pm \sqrt{\left(\frac{I_y - I_z}{2}\right)^2 + I_{yz}^2} \tag{Ⅰ.16}$$

3. 形心主惯性轴

若主轴通过平面图形的形心则称为形心主惯性轴，简称形心主轴。平面图形对形心主轴的惯性矩称为形心主惯性矩。若图形有一根对称轴，则此轴即为形心主惯性轴之一，另一形心主惯性轴为通过形心并与对称轴垂直的轴；若图形有两根对称轴，则此两轴即为形心主惯性轴；若图形有三根对称轴，则通过形心的任意一轴均为形心主惯性轴，且主惯性矩相等。

习　　题

1. 选择题

(1) 如题Ⅰ.1(1)图所示，z_C 轴是轴心轴，z_C 轴以下面积对 z_C 轴的静矩 S_{z_C} 有四种答案：

(A) $ah_1^2/2$　　(B) $a^2h_1/2$　　(C) $ab(h_2 + a/2)$　　(D) $ab(h_2 + a)$

正确答案是________。

(2) 工字形截面如题Ⅰ.1(2)图所示，I_z 有四种答案：

(A) $(11/144)bh^3$　　(B) $(11/121)bh^3$　　(C) $bh^3/32$　　(D) $(29/144)bh^3$

正确答案是________。

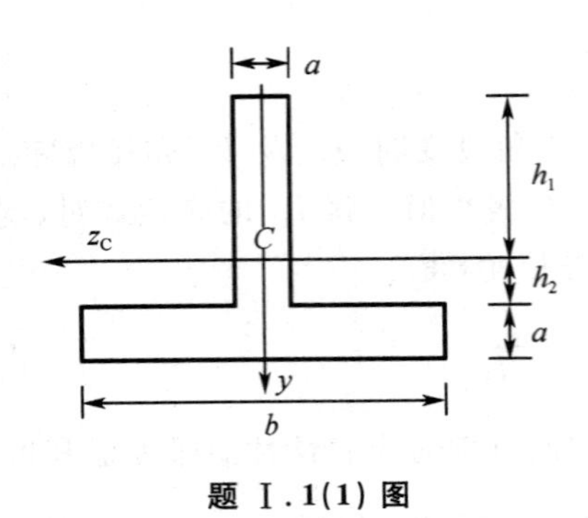

题 Ⅰ.1(1) 图

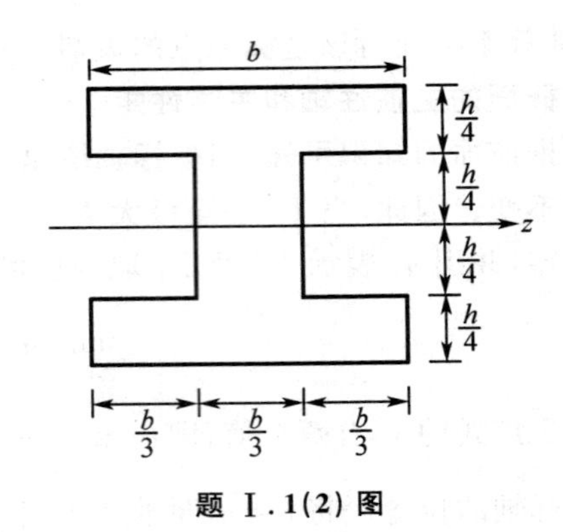

题 Ⅰ.1(2) 图

(3) 如题 Ⅰ.1(3) 图所示，已知平面图形的形心为 C，面积为 A，对 z 轴的惯性矩为 I_z，则图形对 z_1 轴的惯性矩有四种答案：

(A) $I_z + b^2A$　　(B) $I_z + (a+b)^2A$　　(C) $I_z + (a^2 - b^2)A$　　(D) $I_z + (b^2 - a^2)A$

正确答案是________。

(4) 如题 Ⅰ.1(4) 图所示，一矩形截面，C 为形心，阴影面积对 z_C 轴的静矩为 $(S_z)_A$，其余部分面积对 z_C 轴的静矩为 $(S_z)_B$，$(S_z)_A$ 与 $(S_z)_B$ 之间的关系有四种答案：

(A) $(S_z)_A > (S_z)_B$　　(B) $(S_z)_A < (S_z)_B$

(C) $(S_z)_A = (S_z)_B$　　(D) $(S_z)_A = -(S_z)_B$

正确答案是________。

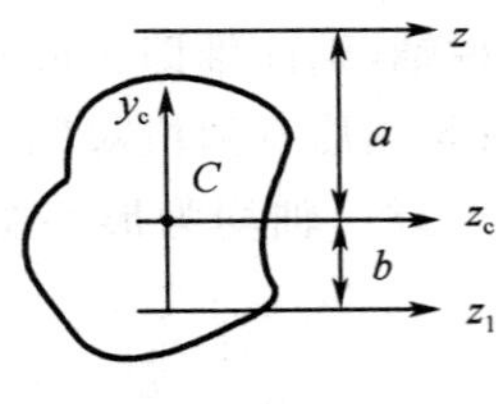

题 Ⅰ.1(3) 图

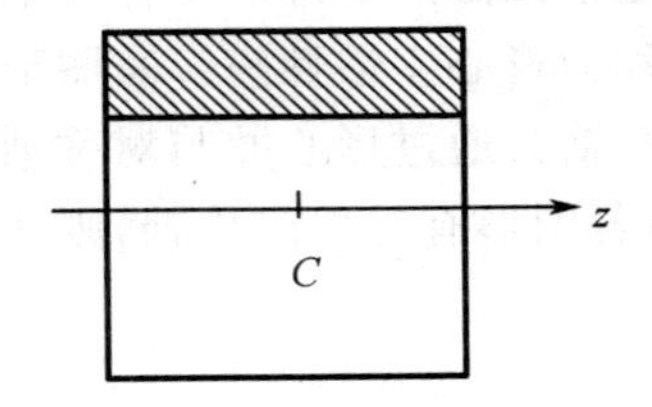

题 Ⅰ.1(4) 图

(5) 题 Ⅰ.1(5) 图所示两截面的惯性矩的关系有四种答案：

(A) $(I_y)_a > (I_y)_b$，$(I_z)_a = (I_z)_b$　　(B) $(I_y)_a = (I_y)_b$，$(I_z)_a > (I_z)_b$

(C) $(I_y)_a = (I_y)_b$，$(I_z)_a < (I_z)_b$　　(D) $(I_y)_a < (I_y)_b$，$(I_z)_a = (I_z)_b$

正确答案是________。

(6) 题 Ⅰ.1(6) 图所示 Z 形截面对 z，y 轴的惯性积的大小有四种答案：

(A) $I_{zy} > 0$　　(B) $I_{zy} = 0$

(C) $I_{zy} < 0$　　(D) 不能判定 I_{zy} 与零的关系

正确答案是________。

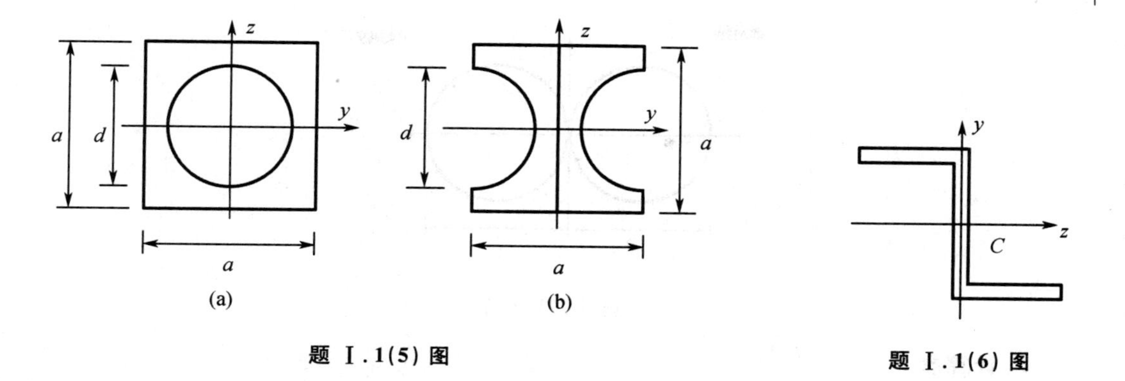

题Ⅰ.1(5)图

题Ⅰ.1(6)图

2. 填空题

(1) 如题Ⅰ.2(1)图所示三角形 ABC，已知 $I_{z_1}=bh^3/12$，z_2 轴平行 z_1 轴，则 I_{z_2} 为________。

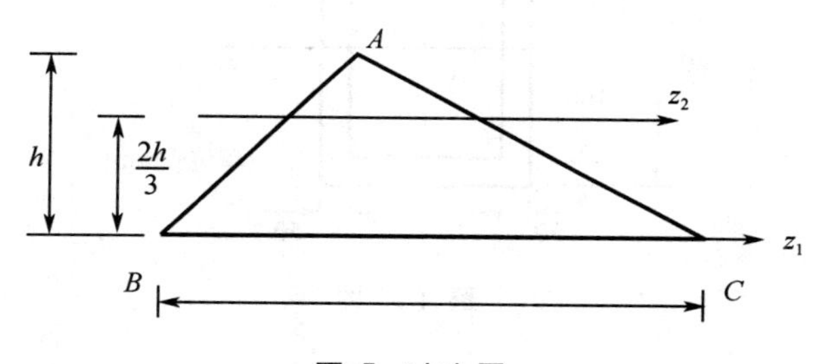

题Ⅰ.2(1)图

(2) 如题Ⅰ.2(2)图所示，已知 z_C 为形心轴，则截面对 z_C 轴的静矩 $S_{z_C}=$________，z_C 轴上下两侧图形对 z_C 轴的静矩 S_{z_C}(上)与 S_{z_C}(下)的关系是________。

(3) 对题Ⅰ.2(3)图所示矩形，若已知 I_z,I_y,b,h，则 $I_{z_1}+I_{y_1}=$________。

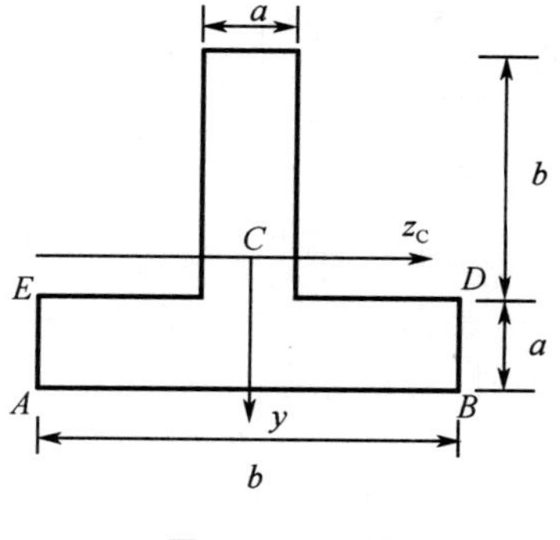

题Ⅰ.2(2)图

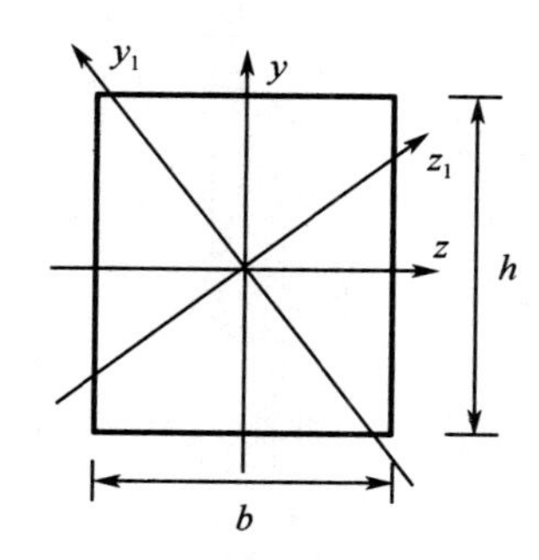

题Ⅰ.2(3)图

(4) 如题Ⅰ.2(4)图所示组合图形，由两个直径相等的圆截面组成，此组合图形对形心主轴 y 的惯性矩 I_y 为________。

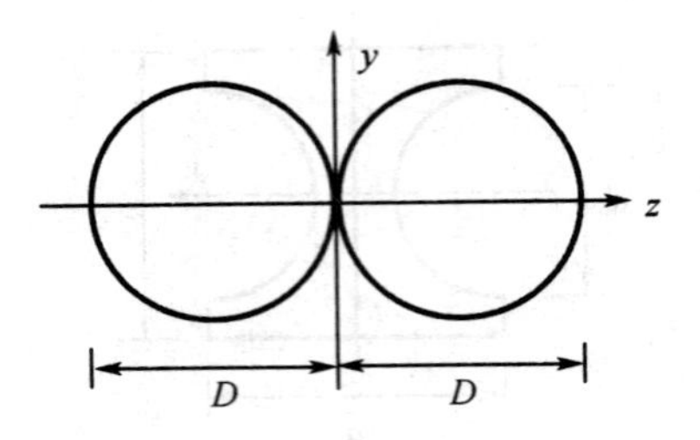

题 Ⅰ.2(4) 图

3. 计算题

计算题 Ⅰ.3 图所示箱式截面对水平形心轴 z_C 的位置和惯性矩 I_{z_C}。

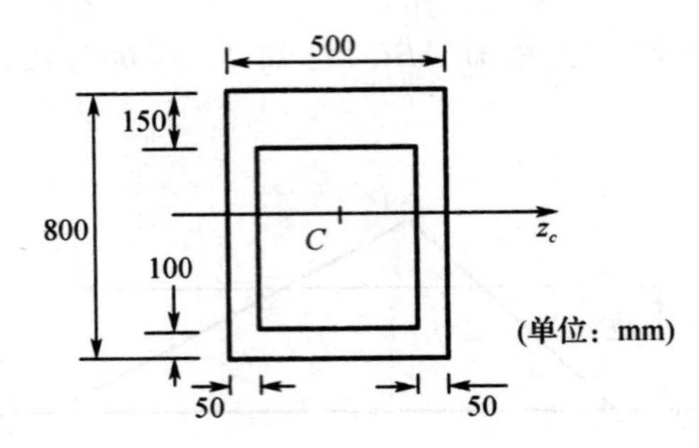

题 Ⅰ.3 图

附录Ⅱ　型　钢　表

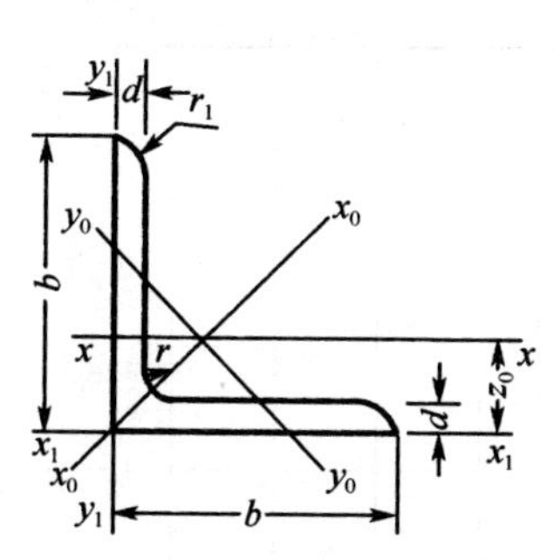

表 1　热轧等边角钢(GB 700—79)

符号意义：b——边宽；　r_0——项端圆弧半径；
d——边厚；　I——惯性矩；
r——内圆弧半径；　i——惯性半径；
r_1——边端内弧半径；　w——截面系数；
r_2——边端外弧半径；　z_0——重心距离。

角钢号数	尺寸/mm			截面面积 /cm^2	理论重量 /(kg·m^{-1})	外表面积 /m^2	参考数值										z_0/cm
							$x-x$			x_0-x_0			y_0-y_0			x_1-x_1	
	b	d	r				I_x /cm^4	i_x /cm	W_x /cm^3	I_{x0} /cm^4	i_{x_0} /cm	W_{x0} /cm^3	I_{y0} /cm^4	i_{y0} /cm	W_{y0} /cm^3	I_{x_1} /cm^4	
2	20	3	3.5	1.132	0.889	0.078	0.40	0.59	0.29	0.63	0.75	0.45	0.17	0.39	0.20	0.81	0.60
		4		1.459	1.145	0.077	0.50	0.58	0.36	0.78	0.73	0.55	0.22	0.38	0.24	1.09	0.64
2.5	25	3		1.432	1.124	0.098	0.82	0.76	0.46	1.29	0.95	0.73	0.34	0.49	0.33	1.57	0.73
		4		1.859	1.459	0.097	1.03	0.74	0.59	1.62	0.93	0.92	0.43	0.48	0.40	2.11	0.76
3.0	30	3	4.5	1.749	1.373	0.117	1.46	0.91	0.68	2.31	1.15	1.09	0.61	0.59	0.51	2.71	0.85
		4		2.276	1.786	0.117	1.84	0.90	0.87	2.92	1.13	1.37	0.77	0.58	0.62	3.63	0.89
3.6	36	3		2.109	1.656	0.141	2.58	1.11	0.99	4.09	1.39	1.61	1.07	0.71	0.76	4.68	1.00
		4		2.756	2.163	0.141	3.29	1.09	1.28	5.22	1.38	2.05	1.37	0.70	0.93	6.25	1.04
		5		3.382	2.654	0.141	3.95	1.08	1.56	6.24	1.36	2.45	1.65	0.70	1.09	7.84	1.07
4.0	40	3	5	2.359	1.852	0.157	3.59	1.23	1.23	5.69	1.55	2.01	1.49	0.79	0.96	6.41	1.09
		4		3.086	2.422	0.157	4.60	1.22	1.60	7.29	1.54	2.58	1.91	0.79	1.19	8.56	1.13
		5		3.791	2.976	0.156	5.53	1.21	1.96	8.76	1.52	3.01	2.30	0.78	1.39	10.74	1.17

续表 1

角钢号数	尺寸/mm			截面面积/cm²	理论重量/(kg·m⁻¹)	外表面积/m²	参考数值										z₀/cm
							x—x			x₀—x₀			y₀—y₀			x₁—x₁	
	b	d	r				I_x /cm⁴	i_x /cm	W_x /cm³	I_{x0} /cm⁴	i_{x_0} /cm	W_{x0} /cm³	I_{y0} /cm⁴	i_{y0} /cm	W_{y0} /cm³	I_{x_1} /cm⁴	
4.5	45	3	5	2.659	2.088	0.177	5.17	1.40	1.58	8.20	1.76	2.58	2.14	0.90	1.24	9.12	1.22
		4		3.486	2.736	0.177	6.65	1.38	2.05	10.56	1.74	3.32	2.75	0.89	1.54	12.18	1.26
		5		4.292	3.369	0.176	8.04	1.37	2.51	12.74	1.72	4.00	3.33	0.88	1.81	15.25	1.30
		6		5.076	3,985	0.176	9.33	1.36	2.95	14.76	1.70	4.64	3.89	0.88	2.06	18.36	1.33
5	50	3	5.5	2.971	2.332	0.197	7.18	1.55	1.96	11.37	1.96	3.22	2.98	1.00	1.57	12.50	1.34
		4		3.897	3.059	0.197	9.26	1.54	2.56	14.70	1.94	4.16	3.85	0.99	1.96	16.69	1.38
		5		4.803	3.770	0.196	11.21	1.53	3.13	17.79	1.92	5.03	4.64	0.98	2.31	20.90	1.42
		6		5.688	4.465	0.196	13.05	1.52	3.68	20.68	1.91	5.85	5.42	0.98	2.63	25.14	1.46
5.6	56	3	6	3.343	2.624	0.221	10.19	1.75	2.48	16.14	2.20	4.08	4.24	1.13	2.02	17.56	1.48
		4		4.390	3.446	0.220	13.18	1.73	3.24	20.92	2.18	5.28	5.46	1.11	2.52	23.43	1.53
		5		5.415	4.251	0.220	16.02	1.72	3.97	25.42	2.17	6.42	6.61	1.10	2.98	29.33	1.57
		8		8.367	6.568	0.219	23.63	1.68	6.03	37.37	2.11	9.44	9.89	1.09	4.16	47.24	1.68
6.3	63	4	7	4.978	3.907	0.248	19.03	1.96	4.13	30.17	2.46	6.78	7.89	1.26	3.29	33.35	1.70
		5		6.143	4.822	0.248	23.17	1.94	5.08	36.77	2.45	8.25	9.57	1.25	3.90	41.73	1.74
		6		7.288	5.721	0.247	27.12	1.93	6.00	43.03	2.43	9.66	11.20	1.24	4.46	50.14	1.78
		8		9.515	7.469	0.247	34.46	1.90	7.75	54.56	2.40	12.25	14.34	1.23	5.47	67.11	1.85
		10		11.657	9.151	0.246	41.09	1.88	9.39	64.85	2.36	14.56	17.33	1.22	6.36	84.31	1.93

续表 1

角钢号数	尺寸/mm			截面面积 /cm²	理论重量 /(kg·m⁻¹)	外表面积 /m²	参考数值										z_0/cm
							$x-x$			x_0-x_0			y_0-y_0			x_1-x_1	
	b	d	r				I_x /cm⁴	i_x /cm	W_x /cm³	I_{x0} /cm⁴	i_{x_0} /cm	W_{x0} /cm³	I_{y0} /cm⁴	i_{y0} /cm	W_{y0} /cm³	I_{x_1} /cm⁴	
7	70	4	8	5.570	4.372	0.275	26.39	2.18	5.14	41.80	2.74	8.44	10.99	1.40	4.17	45.74	1.86
		5		6.875	5.397	0.275	32.21	2.16	6.32	51.08	2.73	10.32	13.34	1.39	4.95	57.21	1.91
		6		8.460	6.406	0.275	37.77	2.15	7.48	59.93	2.71	12.11	15.61	1.38	5.67	68.73	1.95
		7		9.424	7.398	0.275	43.09	2.14	8.59	68.35	2.69	13.81	17.82	1.38	6.34	80.29	1.99
		8		10.667	8.373	0.274	48.17	2.12	9.68	76.37	2.68	15.43	19.98	1.37	6.98	91.92	2.03
(7.5)	75	5	9	7.367	5.818	0.295	39.97	2.33	7.32	63.30	2.92	11.94	16.63	1.50	5.77	70.56	2.04
		6		8.797	6.905	0.294	46.95	2.31	9.64	74.38	2.90	14.02	19.51	1.49	6.67	84.55	2.07
		7		10.160	7.976	0.294	53.57	2.30	9.93	84.96	2.89	16.02	22.18	1.48	7.44	98.71	2.11
		8		11.503	9.030	0.294	59.99	2.28	11.20	95.07	2.88	17.93	24.86	1.47	8.19	112.97	2.15
		10		14.126	11.089	0.294	71.98	2.26	13.64	113.92	2.84	21.48	30.05	1.46	9.56	141.71	2.22
8	80	5	9	7.912	6.211	0.315	48.79	2.48	8.34	77.33	3.13	13.67	20.25	1.60	6.65	85.36	2.15
		6		9.397	7.376	0.314	57.35	2.47	9.87	90.98	3.11	16.08	23.72	1.59	7.65	102.50	2.19
		7		10.860	8.525	0.314	65.58	2.46	11.37	104.07	3.10	18.40	27.09	1.58	8.58	119.70	2.23
		8		12.303	9.658	0.314	73.49	2.44	12.83	116.60	3.08	20.61	30.39	1.57	9.46	136.97	2.27
		10		15.126	11.874	0.313	88.43	2.42	15.64	140.09	3.04	24.76	36.77	1.56	11.08	171.74	2.35
9	90	6	10	10.637	8.350	0.354	82.77	2.79	12.61	131.26	3.51	20.63	34.28	1.80	9.95	145.87	2.44
		7		12.301	9.656	0.354	94.83	2.78	14.54	150.47	3.50	23.64	39.18	1.78	11.19	170.30	2.48
		8		13.994	10.946	0.353	106.47	2.76	16.42	168.97	3.48	26.55	43.97	1.78	12.35	194.80	2.52
		10		17.167	13.476	0.353	128.58	2.74	20.07	203.90	3.45	32.04	53.26	1.76	14.52	244.07	2.59
		12		20.306	15.940	0.352	149.22	2.71	23.57	236.21	3.41	37.12	62.22	1.75	16.49	293.76	2.67

续表 1

角钢号数	尺寸/mm			截面面积 /cm²	理论重量 /(kg·m⁻¹)	外表面积 /m²	参考数值										z_0/cm
							$x-x$			x_0-x_0			y_0-y_0			x_1-x_1	
	b	d	r				I_x /cm⁴	i_x /cm	W_x /cm³	I_{x0} /cm⁴	i_{x_0} /cm	W_{x0} /cm³	I_{y0} /cm⁴	i_{y0} /cm	W_{y0} /cm³	I_{x_1} /cm⁴	
10	100	6	12	11.932	9.366	0.393	114.95	3.01	15.68	181.98	3.90	25.74	47.92	2.00	12.69	200.07	2.67
		7		13.796	10.830	0.393	131.86	3.09	18.10	208.97	3.89	29.55	54.74	1.99	14.26	233.54	2.71
		8		15.638	12.276	0.393	148.24	6.08	20.47	235.07	3.88	33.24	61.41	1.98	15.75	267.09	2.76
		10		19.261	15.120	0.392	179.51	3.05	25.06	284.68	3.84	40.26	74.35	1.96	18.54	334.48	2.84
		12		22.800	17.898	0.391	208.90	3.03	29.48	330.95	3.81	46.80	86.84	1.95	21.08	402.34	2.91
		14		26.256	20.611	0.391	236.53	3.00	33.73	374.06	3.77	52.90	99.00	1.94	23.44	470.75	2.99
		16		29.627	23.257	0.390	262.53	2.98	37.82	414.16	3.74	58.57	110.89	1.94	25.63	539.8	3.06
11	110	7	12	15.196	11.928	0.433	177.16	3.41	22.05	280.94	4.30	36.12	73.38	2.20	17.51	310.64	2.96
		8		17.238	13.532	0.433	199.46	3.40	24.95	316.49	4.28	40.69	82.42	2.19	19.39	355.20	3.01
		10		21.261	16.690	0.432	242.19	3.38	30.60	384.39	4.25	49.42	99.98	2.17	22.91	444.65	3.09
		12		25.200	19.782	0.431	282.55	3.35	36.05	448.17	4.22	57.62	116.93	2.15	26.15	534.60	3.16
		14		29.056	22.809	0.431	320.71	3.32	41.31	508.01	4.18	65.31	133.40	2.14	29.14	625.16	3.24
12.5	125	8	14	19.750	15.504	0.492	297.03	3.88	32.52	470.89	4.88	53.28	123.16	2.50	25.86	521.01	3.37
		10		24.373	19.133	0.491	361.67	3.85	39.97	573.89	4.85	64.93	149.46	2.48	30.62	651.93	3.45
		12		28.912	22.696	0.491	423.16	3.83	41.17	671.44	7.82	75.96	174.88	2.46	35.03	783.42	3.53
		14		33.367	26.193	0.490	481.65	3.80	54.16	763.73	4.78	86.41	199.57	2.45	39.13	915.61	3.61
14	140	10		27.373	21.488	0.551	514.65	4.34	50.58	817.27	5.46	82.56	212.04	2.78	39.20	915.11	3.82
		12		32.215	25.222	0.551	603.68	4.31	59.80	958.79	5.43	96.85	248.57	2.76	45.02	1 099.28	3.90
		14		37.567	29.490	0.550	688.81	4.28	68.75	1 093.56	5.40	110.47	284.06	2.75	50.45	1 284.22	3.98
		16		42.539	33.393	0.549	770.24	4.26	77.46	1 221.81	5.36	123.42	318.67	2.74	55.55	1 470.07	4.06

续表 1

角钢号数	尺寸/mm			截面面积 /cm²	理论重量 /(kg·m⁻¹)	外表面积 /m²	参考数值										z_0/cm
							$x-x$			x_0-x_0			y_0-y_0			x_1-x_1	
	b	d	r				I_x /cm⁴	i_x /cm	W_x /cm³	I_{x0} /cm⁴	i_{x_0} /cm	W_{x0} /cm³	I_{y0} /cm⁴	i_{y0} /cm	W_{y0} /cm³	I_{x_1} /cm⁴	
16	160	10	16	31.502	24.729	0.630	779.53	4.98	66.70	1 237.30	6.27	109.36	321.76	3.20	52.76	1 365.33	4.31
		12		37.441	29.391	0.630	916.58	4.95	78.98	1 455.68	6.24	128.67	377.49	3.18	60.74	1 639.57	4.39
		14		43.296	33.987	0.629	1 048.36	4.92	90.95	1 655.02	6.20	147.17	431.70	3.16	68.24	1 914.68	4.47
		16		49.067	38.518	0.629	1 175.08	4.89	102.63	1 865.57	6.17	164.89	484.59	3.14	75.31	2 190.82	4.55
18	180	12		42.241	33.159	0.710	1 321.35	5.59	100.82	2 100.10	7.05	165.00	3.58	78.41	2 332.80	4.89	
		14		48.896	38.388	0.709	1 514.48	5.56	116.25	2 407.42	7.02	165.00	625.53	3.56	88.38	2 723.48	4.97
		16		55.467	43.542	0.709	1 700.99	5.54	131.13	2 703.37	6.98	189.14	698.60	3.55	97.83	3 115.29	5.05
		18		61.955	48.634	0.708	1 875.12	5.50	145.64	2 988.24	6.94	212.40	762.01	3.51	105.14	3 502.43	5.13
20	200	14	18	54.642	42.894	0.788	2 103.55	6.20	144.70	3 343.26	7.82	236.40	863.83	3.98	111.82	3 734.10	5.46
		16		62.013	48.680	0.788 8	2 366.15	6.18	163.65	3 760.89	7.79	265.93	971.41	3.96	123.96	4 270.39	5.54
		18		69.301	54.401	0.787	2 620.64	6.15	182.22	4 164.54	7.75	294.48	1 076.74	3.94	135.52	4 808.13	5.62
		20		76.505	60.056	0.787	2 867.30	6.12	200.42	4 554.55	7.72	322.06	1 180.04	3.93	146.55	5 347.51	5.69
		24		90.661	71.168	0.785	2 338.25	6.07	236.17	5 294.97	7.64	374.41	1 381.53	3.90	166.55	6 457.16	5.87

注：1. $r_1=\frac{1}{3}d, r_2=0$。

2. 角钢长度：

钢号	2～4 号	4.5～8 号	9～14 号	16～20 号
长度	3～9 m	4～12 m	4～19 m	6～19 m

3. 一般采用材料：A2，A3，A5，A3F。

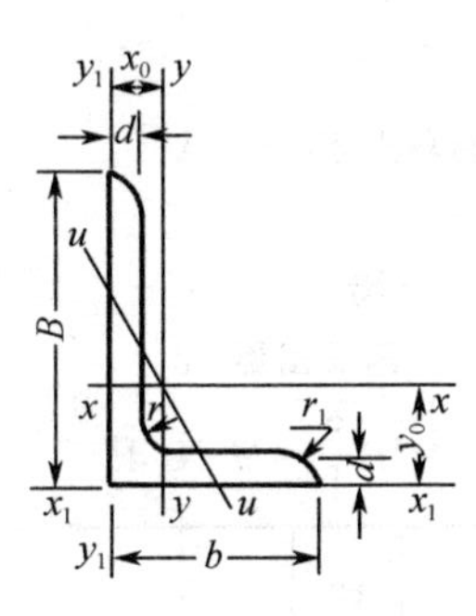

表 2　热轧不等边角钢(GB 701—79)

符号意义：B——长边宽度；　b——短边宽度；

d——边厚；　r——内圆弧半径；

r_1——边端内弧半径；　r_2——边端外弧半径；

r_0——顶端圆弧半径；　I——惯性矩；

i——惯性半径；　W——截面系数；

x_0——重心距离；　y_0——重心距离。

角钢号数	尺寸/mm				截面面积	理论重量	外表面积	参考数值													
								$x-x$			$y-y$			x_1-x_1		y_1-y_1		$u-u$			
	B	b	d	r	/cm²	/(kg·m⁻¹)	/m²	I_x /cm⁴	i_x /cm	W_x /cm³	I_y /cm⁴	i_y /cm	W_y /cm³	I_{x_1} /cm⁴	y_0 /cm	I_{y_1} /cm⁴	x_0 /cm	I_u /cm⁴	i_u /cm	W_u /cm³	tanα
2.5/1.6	25	16	3	3.5	1.162	0.912	0.080	0.70	0.78	0.43	0.22	0.44	0.19	1.56	0.86	0.43	0.42	0.14	0.34	0.16	0.392
			4		1.499	1.176	0.079	0.88	0.77	0.55	0.27	0.43	0.24	2.09	0.90	0.59	0.46	0.17	0.34	0.20	0.381
3.2/2	32	20	3		1.492	1.171	0.102	1.53	1.01	0.72	0.46	0.55	0.30	3.27	1.08	0.82	0.49	0.28	0.43	0.25	0.382
			4		1.939	1.522	0.101	1.93	1.00	0.93	0.57	0.54	0.39	4.37	1.12	1.12	0.53	0.35	0.42	0.32	0.374
4/2.5	40	25	3	4	1.890	1.484	0.127	3.08	1.28	1.15	0.93	0.70	0.49	6.39	1.32	1.59	0.59	0.56	0.54	0.40	0.386
			4		2.467	1.936	0.127	3.93	1.26	1.49	1.18	0.69	0.63	8.53	1.37	2.14	0.63	0.71	0.54	0.52	0.383
4.5/2.8	45	28	3	5	2.149	1.687	0.143	4.45	1.44	1.47	1.34	0.79	0.62	9.10	1.47	2.23	0.64	0.80	0.61	0.51	0.383
			4		2.806	2.203	0.143	5.69	1.42	1.91	1.70	0.78	0.80	12.13	1.51	3.00	0.68	1.02	0.60	0.66	0.380
5/3.2	50	32	3	5.5	2.431	1.908	0.161	6.24	1.60	1.84	2.02	0.91	0.82	12.49	1.60	3.31	0.73	1.20	0.70	0.68	0.404
			4		3.177	2.494	0.160	8.02	1.59	2.39	2.58	0.90	1.06	16.65	1.65	4.45	0.77	1.53	0.69	0.87	0.402
5.6/3.6	56	36	3	6	2.743	2.153	0.181	8.88	1.80	2.32	2.92	1.03	1.05	17.54	1.78	4.70	0.80	1.73	0.79	0.87	0.408
			4		3.590	2.818	0.180	11.45	1.79	3.03	3.76	1.02	1.37	23.39	1.82	6.33	0.85	2.23	0.79	1.13	0.408
			5		4.415	3.466	0.180	13.45	1.77	3.71	4.49	1.01	1.65	29.25	1.87	7.94	0.88	2.67	0.78	1.36	0.404

续表 2

角钢号数	尺寸/mm				截面面积 /cm²	理论重量 /(kg·m⁻¹)	外表面积 /m²	参考数值												
								$x-x$			$y-y$			x_1-x_1		y_1-y_1		$u-u$		
	B	b	d	r				I_x /cm⁴	i_x /cm	W_x /cm³	I_y /cm⁴	i_y /cm	W_y /cm³	I_{x_1} /cm⁴	y_0 /cm	I_{y_1} /cm⁴	x_0 /cm	I_u /cm⁴	i_u /cm	W_u /cm³	tanα
6.3/4	63	40	4	7	4.058	3.185	0.202	16.49	2.02	3.87	5.23	1.14	1.70	33.30	2.04	8.63	0.92	3.12	0.88	1.40	0.398
			5		4.993	3.920	0.202	20.02	2.00	4.74	6.31	1.12	2.71	41.63	2.08	10.86	0.95	3.76	0.87	1.71	0.396
			6		5.908	4.638	0.201	23.36	1.96	5.59	7.29	1.11	2.43	49.98	2.12	13.12	0.99	4.34	0.86	1.99	0.393
			7		6.802	5.339	0.201	26.53	1.98	6.40	8.24	1.10	2.89	58.07	2.15	15.47	1.03	4.97	0.86	2.29	9.389
7/4.5	70	45	4	7.5	4.547	3.570	0.226	23.17	2.26	4.86	7.55	1.29	2.17	45.92	2.24	12.36	1.02	4.40	0.98	1.77	0.410
			5		5.609	4.403	0.225	27.95	2.23	5.92	9.13	1.28	2.65	57.10	2.28	15.39	1.06	5.40	0.98	2.19	0.407
			6		6.647	5.218	0.225	32.53	2.21	6.95	10.62	1.26	3.12	68.35	2.32	18.58	1.09	6.35	0.98	2.59	0.404
			7		7.657	6.011	0.225	37.22	2.20	8.03	12.01	1.25	3.57	79.99	2.39	21.84	1.13	7.16	0.97	2.94	0.402
(7.5/5)	75	50	5	8	6.125	4.808	0.245	34.86	2.39	6.83	12.61	1.44	3.30	70.00	2.40	21.04	1.17	7.41	1.10	2.74	0.435
			6		7.260	5.699	0.245	41.12	2.38	8.12	14.70	1.42	3.88	84.30	2.44	25.37	1.21	8.54	1.08	3.19	0.435
			8		9.467	7.431	0.244	52.39	2.35	10.52	18.53	1.40	4.99	112.50	2.52	35.23	1.29	10.87	1.07	4.10	0.429
			10		11.590	9.098	0.244	62.71	2.33	12.79	21.96	1.38	6.04	140.80	2.60	43.43	1.36	13.10	1.06	4.99	0.423
8/5	80	50	5	8	6.375	5.005	0.255	41.96	2.56	7.78	12.82	1.42	3.32	85.21	2.60	21.06	1.14	7.66	1.10	2.74	0.388
			6		7.560	5.935	0.255	49.49	2.56	9.25	14.95	1.41	3.91	102.53	2.65	25.41	1.18	8.85	1.08	3.20	0.387
			7		8.724	6.848	0.255	56.16	2.54	10.58	16.96	1.39	4.48	119.33	2.69	29.82	1.21	10.18	1.08	3.70	0.384
			8		9.867	7.745	0.254	62.83	2.52	11.92	18.85	1.38	5.03	136.41	2.73	34.32	1.15	11.38	1.07	4.16	0.381
9/5.6	90	56	5	9	7.212	5.661	0.287	60.45	2.90	9.92	18.32	1.59	4.21	121.32	2.91	29.53	1.25	10.98	1.23	3.49	0.485
			6		8.557	6.717	0.286	71.03	2.88	11.74	21.42	1.58	4.96	145.59	2.95	35.58	1.29	12.90	1.23	4.18	0.384
			7		9.880	7.756	0.286	81.01	2.86	13.49	24.36	1.57	5.70	169.66	3.00	41.71	1.33	14.67	1.22	4.72	0.382
			8		11.183	8.779	0.286	91.03	2.85	15.27	27.15	1.56	6.41	194.17	3.04	47.93	1.36	16.34	1.21	5.29	0.380

续表 2

角钢号数	尺寸/mm				截面面积 /cm^2	理论重量 /($kg \cdot m^{-1}$)	外表面积 /m^2	参考数值													
								$x-x$			$y-y$			x_1-x_1		y_1-y_1		$u-u$			
	B	b	d	r				I_x /cm^4	i_x /cm	W_x /cm^3	I_y /cm^4	i_y /cm	W_y /cm^3	I_{x_1} /cm^4	y_0 /cm	I_{y_1} /cm^4	x_0 /cm	I_u /cm^4	i_u /cm	W_u /cm^3	$\tan\alpha$
10/6.3	100	63	6	10	9.617	7.550	0.320	99.06	3.21	14.64	30.94	1.79	6.35	199.71	3.24	50.50	1.43	18.42	1.38	5.25	0.394
			7		11.111	8.722	0.320	113.45	3.29	16.88	35.26	1.78	7.29	233.00	3.28	59.14	1.47	21.00	1.38	6.02	0.393
			8		12.584	9.878	0.319	127.37	3.18	19.08	39.39	1.77	8.21	266.32	3.32	67.88	1.50	23.50	1.37	6.78	0.391
			10		15.467	12.142	0.319	153.81	3.15	23.32	47.12	1.74	9.98	333.06	3.40	85.73	1.58	28.33	1.35	8.24	0.387
10/8	100	80	6	10	10.637	8.350	0.354	107.04	3.17	15.19	61.24	2.40	10.16	199.83	2.95	102.68	1.97	31.65	1.72	8.37	0.627
			7		12.301	9.656	0.354	122.73	3.16	17.52	70.08	2.39	11.71	233.29	3.00	119.98	2.01	36.17	1.72	9.60	0.606
			8		13.944	10.946	0.353	137.92	3.14	19.81	78.58	2.37	13.21	266.61	3.04	137.37	2.05	40.58	1.71	10.30	0.625
			10		17.167	13.476	0.353	166.87	3.12	24.24	94.65	2.35	16.12	333.63	3.12	172.48	2.13	49.10	1.69	13.12	0.622
10/7	110	70	6	10	10.637	8.350	0.354	133.37	3.54	17.85	42.92	2.01	7.90	265.78	3.53	69.08	1.57	25.36	1.54	6.53	0.403
			7		12.301	9.656	0.354	153.00	3.53	20.60	49.01	2.00	9.09	310.07	3.57	80.82	1.61	28.95	1.53	7.05	0.402
			8		13.944	10.946	0.353	172.04	3.51	23.30	54.87	1.98	10.25	354.39	3.62	92.70	1.65	32.45	1.53	8.45	0.401
			10		17.167	13.476	0.353	208.39	3.48	28.54	64.88	1.96	12.48	443.13	3.70	116.83	1.72	39.20	1.51	10.29	0.397
12.5/8	125	80	7	11	14.096	11.066	0.403	227.98	4.02	26.86	74.42	2.30	12.01	454.99	4.01	120.32	1.80	43.81	1.76	9.92	0.408
			8		15.980	12.551	0.403	256.77	4.01	30.41	83.49	2.28	13.56	519.99	4.06	137.85	1.84	49.15	1.75	11.18	0.407
			10		19.712	15.474	0.402	312.04	3.98	37.33	100.67	2.26	16.56	650.09	4.14	173.40	1.92	59.45	1.74	13.64	0.404
			12		23.351	18.330	0.402	364.41	3.95	44.01	11.667	2.24	19.43	780.30	4.22	209.67	2.00	69.35	1.72	16.01	0.400
11/9	140	90	8	12	18.036	14.160	0.453	365.64	4.50	38.48	120.69	2.59	17.34	730.53	4.50	195.79	2.04	70.83	1.98	14.31	0.411
			10		22.261	17.475	0.452	445.50	4.47	47.31	146.03	2.56	21.22	913.20	4.58	245.92	2.12	85.82	1.96	17.48	0.409
			12		26.400	20.724	0.451	521.59	4.44	55.87	169.79	2.54	24.95	1096.09	4.66	296.89	2.19	100.21	1.95	20.54	0.406
			14		30.456	23.908	0.451	594.10	4.42	64.18	192.10	2.51	28.54	1279.26	4.74	348.82	2.27	114.13	1.94	23.52	0.403

续表 2

角钢号数	尺寸/mm				截面面积/cm^2	理论重量/($kg \cdot m^{-1}$)	外表面积/m^2	参考数值													
								$x-x$			$y-y$			x_1-x_1		y_1-y_1		$u-u$			
	B	b	d	r				I_x/cm^4	i_x/cm	W_x/cm^3	I_y/cm^4	i_y/cm	W_y/cm^3	I_{x_1}/cm^4	y_0/cm	I_{y_1}/cm^4	x_0/cm	I_u/cm^4	i_u/cm	W_u/cm^3	$\tan\alpha$
16/10	160	100	10	13	25.315	19.875	0.512	668.69	5.14	62.13	205.03	2.85	26.56	1 362.89	5.24	336.59	2.28	121.47	2.19	21.92	0.390
			12		30.054	23.592	0.511	784.91	5.11	73.49	239.06	2.82	31.28	1 635.56	5.32	405.94	2.36	142.33	2.17	25.79	0.388
			14		34.709	27.247	0.510	896.30	5.08	84.56	271.20	2.80	35.83	1 908.50	5.40	476.42	2.43	162.23	2.16	29.56	0.385
			16		39.281	30.835	0.510	1 003.04	5.05	95.33	301.60	2.77	40.24	2 181.79	5.48	548.22	2.51	182.57	2.16	33.44	0.382
18/11	180	110	10	14	28.373	22.273	0.571	956.25	5.80	78.96	278.11	3.13	32.49	1 940.40	5.89	447.22	2.44	166.50	2.42	26.88	0.376
			12		33.712	26.464	0.571	1 124.72	5.78	93.53	325.03	3.10	38.32	2 328.38	5.98	538.94	2.52	194.87	2.40	31.66	0.374
			14		38.967	30.589	0.570	1 286.91	5.75	107.76	369.55	3.08	43.97	2 716.60	6.06	631.95	2.59	222.30	2.39	36.32	0.372
			16		44.139	34.649	0.569	1 443.06	5.72	121.64	411.85	3.06	49.44	3 105.15	6.14	726.46	2.67	248.94	2.38	40.87	0.369
20/12.5	200	125	12	14	37.912	29.761	0.641	1 570.90	6.44	116.73	483.16	3.57	49.99	3 193.85	6.54	787.74	2.83	285.79	2.74	41.23	0.392
			14		43.867	34.436	0.640	1 800.97	6.41	134.65	550.83	3.54	57.44	3 726.17	6.62	922.47	2.91	326.58	2.73	47.34	0.390
			16		49.739	39.045	0.639	2 023.35	6.38	152.18	615.44	3.52	64.69	4 258.86	6.70	1 058.86	2.99	366.21	2.71	53.32	0.388
			18		55.526	43.588	0.639	2 238.30	6.35	169.33	677.19	3.49	71.74	4 792.00	6.78	1 197.13	3.06	404.83	2.70	59.18	0.385

注：1. $r_1=\frac{1}{3}d, r_2=0, r_0=0$；

2. 角钢长度：2.5/1.6～5.6/3.6 号，长 3～9 m；6.3/4～9/5.6 号，长 4～12 mm；10/6.3～14/9 号，长 4～19 m；16/10～20/12.5 号，长 6～19 m。

3. 一般采用材料为 A2，A3，A5，A3F。

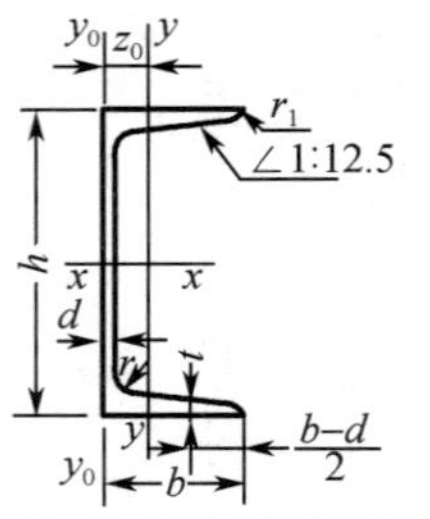

表 3　热轧普通槽钢(GB 707—65)

h—— 高度；
b—— 腿宽；
d—— 腰厚；
t—— 平均腿厚；
r—— 内圆弧半径；
r_1—— 腿端圆弧半径；
I—— 惯性矩；
w—— 截面系数；
i—— 惯性半径；
z_0——$y-y$ 与 y_0-y_0 轴线间距离。

型号	尺寸/mm						截面面积/cm²	理论重量/(kg·m⁻¹)	参考数值							
									$x-x$			$y-y$			y_0-y_0	z_0/cm
	h	b	d	t	r	r_1			W_x/cm³	I_x/cm⁴	i_x/cm	W_y/cm³	I_y/cm⁴	i_y/cm	I_{y0}/cm⁴	
5	50	37	4.5	7	7	3.5	6.93	5.44	14.4	26	1.94	3.55	12.3	1.1	20.9	1.35
6.3	63	40	4.8	7.5	7.5	3.75	12.444	6.63	16.123	50.786	2.453		11.872	1.185	28.38	1.36
8	80	43	5	8	8	4	14.24	12.04	25.3	101.3	3.15	5.79	16.6	1.27	37.4	1.43
10	100	48	5.3	12.5	12.5	4.25	12.74	10	39.7	198.3	3.95	7.8	25.6	1.41	54.9	1.52
12.6	126	53	5.5	9	9	4.5	15.69	12.37	62.137	391.466	4.953	14.242	37.99	1.567	77.09	1.59
14a	140	58	6	9.5	9.5	4.75	18.51	14.53	80.5	563.7	5.52	13.01	53.2	1.7	107.1	1.71
b	140	60	8	9.5	9.5	4.75	21.31	16.73	87.1	609.4	5.35	14.12	61.1	1.69	120.6	1.67
16a	160	63	6.5	10	10	5	21.95	17.23	108.3	866.2	6.28	16.3	73.3	1.83	144.1	1.8
16	160	65	8.5	10	10	5	25.15	19.74	116.8	934.5	6.1	17.55	83.4	1.82	160.8	1.75
18a	180	68	7	14.5	14.5	5.25	25.69	20.17	141.4	1 272.7	7.04	20.03	98.6	1.96	189.7	1.88
18	180	70	9	14.5	14.5	5.25	29.29	22.99	152.2	1 369.9	6.84	21.52	111	1.95	210.1	1.84
20a	200	73	7	11	11	5.5	28.83	22.63	178	1 780.4	7.86	24.2	128	2.11	244	2.01
20	200	75	9	11	11	5.5	32.83	25.77	191.4	1 913.7	7.64	25.88	143.6	2.09	268.4	1.95
22a	220	77	7	11.5	11.5	5.75	31.84	24.90	217.6	2 393.9	12.67	28.17	157.8	2.23	298.2	2.1
22	220	79	9	11.5	11.5	5.75	36.24	28.45	233.8	2 571.4	8.42	30.05	176.4	2.21	326.3	2.03
a	250	78	7	12	12	6	34.91	27.47	269.597	3 369.62	9.823	30.607	175.529	2.243	322.256	2.065
25b	250	80	9	12	12	6	39.91	31.39	282.402	3 530.04	9.405	32.657	196.421	2.218	353.187	1.982
c	250	82	11	12	12	6	44.91	35.32	295.236	3 690.45	9.065	35.926	218.415	2.206	384.133	1.921
a	280	82	7.5	12.5	12.5	6.25	40.02	31.42	340.328	4 764.59	14.91	35.718	217.989	2.333	387.566	2.097
28b	280	84	9.5	12.5	12.5	6.25	45.62	35.81	366.46	5 130.45	10.6	37.929	242.144	2.304	427.589	2.016
c	280	86	11.5	12.5	12.5	6.25	51.22	40.21	392.594	5 496.32	1 035	40.301	267.602	2.286	426.597	1.951
a	320	88	8	14	14	7	48.7	38.22	474.879	7 598.06	12.49	46.473	304.787	2.502	552.31	2.242
32b	320	90	10	14	14	7	55.1	43.25	509.012	8 144.2	12.15	49.157	336.332	2.471	592.933	2.158
c	320	92	12	14	14	7	61.5	48.28	543.145	8 690.33	11.88	52.642	374.175	2.467	643.299	2.092
a	360	96	9	16	16	8	60.89	47.8	659.7	11 874.2	13.97	63.54	455	2.73	818.4	2.44
36b	360	98	11	16	16	8	68.09	53.45	702.9	12 651.8	13.63	66.85	496.7	2.7	880.4	2.37
c	360	100	13	16	16	8	75.29	50.1	746.1	13 429.4	13.36	70.02	536.4	2.67	947.9	2.34
a	400	100	14.5	18	18	9	75.05	58.91	878.9	17 577.9	15.30	78.83	592	2.81	1 067.7	2.49
40b	400	102	12.5	18	18	9	83.05	65.19	932.2	18 644.5	14.95	82.52	640	2.78	1 135.6	2.44
c	400	104	14.5	18	18	9	91.05	71.47	985.6	19 711.2	14.71	86.19	687.8	2.75	1 220.7	2.42

注：1. 槽钢长度：5～8号，长5～12 m；10～18号，长5～19 m；20～40号，长6～19 m。

2. 一般采用材料：A2，A3，A5，A3F。

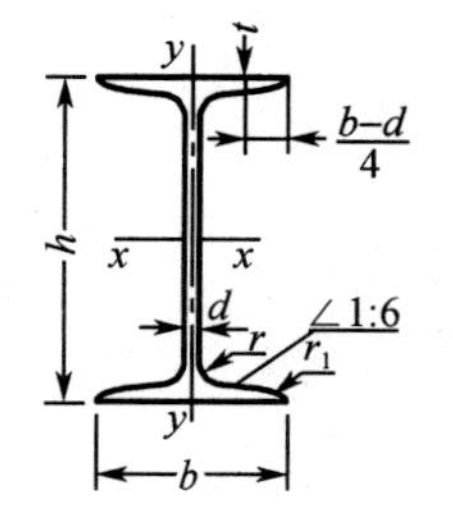

表 4　热轧普通槽钢(GB 707—65)

h——高度；
b——腿宽；
d——腰厚；
i——平均腿厚；
r——内圆弧半径；
r_1——腿端圆弧半径；
I——惯性矩；
W——截面系数；
i——惯性半径；
S——半截面的静力矩。

型号	尺寸/mm						截面面积/cm²	理论质量/(kg·m⁻¹)	参考数值						
									x−x				y−y		
	h	b	d	t	r	r_1			I_x/cm⁴	W_x/cm³	i_x cm	I_x/S_x/cm	I_y/cm⁴	W_y/cm³	i_y/cm
10	100	68	4.5	7.6	6.5	3.3	14.3	11.2	245	49	4.14	12.59	33	9.72	1.5
12.6	126	74	5	8.4	7	3.5	18.1	14.2	488.43	77.529	5.195	10.85	46.906	12.677	1.6
14	140	80	5.5	9.1	7.5	3.8	21.5	16.9	712	102	5.76	12	64.4	16.1	1.73
16	160	88	6	9.9	8	4	26.1	20.5	1 130	141	6.58	13.8	93.1	21.2	1.89
18	180	94	6.5	10.7	8.5	4.3	30.6	24.1	1 660	185	7.36	15.4	122	26	2
20a	200	100	7	11.4	9	4.5	35.5	27.9	2 370	237	12.51	17.2	158	31.5	2.12
20b	200	102	9	11.4	9	4.5	39.5	31.1	2 500	250	7.96	16.9	169	33.1	2.06
22a	220	110	7.5	12.3	7.5	4.8	42	33	3 400	309	12.99	18.9	225	40.9	2.31
22b	220	112	9.5	12.3	9.5	4.8	46.4	36.4	3 570	325	8.79	18.7	239	42.7	2.27
25a	250	116	8	13	10	5	48.5	38.1	5 023.54	401.88	14.18	21.58	280.046	48.283	2.403
25b	250	118	10	13	10	5	53.5	42	5 283.96	422.72	9.938	21.27	309.297	52.423	2.404
28a	280	122	12.5	13.7	14.5	5.3	55.45	43.4	7 114.14	508.15	11.32	24.62	345.051	56.565	2.495
28b	280	124	10.5	13.7	10.5	5.3	61.05	47.9	7 480	534.29	11.08	24.24	379.496	61.209	2.493
32a	320	130	9.5	15	11.5	5.8	67.05	52.7	11 075.5	692.2	12.84	27.46	459.93	70.758	2.619
32b	320	132	11.5	15	11.5	5.8	73.45	57.7	11 621.4	726.33	12.58	27.09	501.53	75.989	2.614
32c	320	134	13.5	15	11.5	5.8	79.95	62.8	12 167.5	760.47	12.34	26.77	543.81	81.166	2.608
36a	360	136	10	15.8	12	6	76.3	59.9	15 760	875	14.4	30.7	552	81.2	2.69
36b	360	138	12	15.8	12	6	83.5	65.6	16 530	919	14.1	30.3	582	84.3	2.64
36c	360	140	14	15.8	12	6	90.7	71.2	17 310	962	13.8	29.9	612	87.4	2.6
40a	400	142	14.5	16.5	12.5	6.3	86.1	67.6	21 720	1 090	15.9	34.1	660	93.2	2.77
40b	400	144	12.5	16.5	12.5	6.3	94.1	73.8	22 780	1 140	15.6	33.6	692	96.2	2.71
40c	400	146	14.5	16.5	12.5	6.3	102	80.1	23 850	1 190	15.2	33.2	727	99.6	2.65
45a	450	150	11.5	18	13.5	6.8	102	80.4	32 240	1 430	17.7	38.6	855	114	2.89
45b	450	152	13.5	18	13.5	6.8	111	87.4	33 760	1 500	17.4	38	894	118	2.84
45c	450	154	15.5	18	13.5	6.8	120	94.5	35 280	1 570	17.1	37.6	938	12	2.79
50a	500	158	12	20	14	7	119	936.6	46 470	1 860	19.7	42.8	1 120	142	3.07
50b	500	160	14	20	14	7	129	101	48 560	1 940	19.4	42.4	1 170	146	3.01
50c	500	162	16	20	14	7	139	109	50 640	2 080	19	41.8	1 220	151	2.96
56a	560	166	12.5	21	14.5	7.3	135.25	106.2	65 585.6	2 342.31	22.02	47.73	1 370.16	165.08	3.182
56b	560	168	14.5	21	14.5	7.3	164.45	115	68 512.5	2 446.69	21.63	47.17	1 486.75	174.25	3.162
56c	560	170	16.5	21	14.5	7.3	157.85	123.9	71 439.4	2 551.41	21.27	46.66	1 558.39	183.34	3.158
63a	630	176	13	22	15	7.5	154.9	121.6	93 916.2	2 981.47	24.62	54.17	1 700.55	193.24	3.314
63b	630	178	15	22	15	7.5	176.5	131.5	98 083.6	3 163.98	24.2	53.51	1 812.07	203.6	3.289
63c	630	180	17	22	15	7.5	180.1	141	102 251.1	3 298.42	23.82	52.92	1 924.91	213.88	3.268

注：1. 工字钢长度：10 ～ 18 号，长 5 ～ 19 m；20 ～ 63 号，长 6 ～ 19 m。

2. 一般采用材料：A2，A3，A5，A3F。

参考文献

[1] 王振发.工程力学[M].北京:科学出版社,2003.
[2] 刘鸿文.材料力学[M].4版.北京:高等教育出版社,2004.
[3] 孙训方,方孝淑,关来泰.材料力学[M].4版.北京:高等教育出版社,2002.
[4] 赵九江,张少实,王春香.材料力学[M].哈尔滨.哈尔滨工业大学出版社,1995.
[5] 孙望超,李冬华.工程力学[M].北京:北京科学技术出版社,1994.
[6] 范钦珊,施燮琴,孙汝劼.工程力学[M].北京:高等教育出版社,1989.